高等教育安全科学与工程类系列教材
消防工程专业系列教材

火灾风险评估

主　编　余明高　郑立刚
参　编　伍爱友　尤　飞　杨永斌
　　　　陈　静　陈长飞　陈俊敏　韩雪峰
主　审　廖光煊

机械工业出版社

本书共分8章，主要内容包括：绪论，火灾危险源的危害特性、辨识及其管理，火灾风险评估的基本方法及其选择，定性的火灾风险评估方法，定量的火灾风险评估方法，人员疏散安全性评估，火灾防治对策措施，火灾风险评估案例。本书在编写过程中，主要参考了目前多所高校的"火灾风险评估"课程讲义，并借鉴以往同类专著、教材的优点，在内容上既重视理论，又包含有工程应用；既介绍典型的防灭火技术，又囊括新近相关科技成果，突出体现实用性、适应性、使用性、先进性和系统性。

本书主要作为消防工程及相关专业的本科教材，同时可作为消防部门的职工培训教材，还可供从事防灭火工作的科研及工程技术人员学习参考。

图书在版编目(CIP)数据

火灾风险评估/余明高，郑立刚主编.—北京：机械工业出版社，2012.12（2025.2重印）

高等教育安全科学与工程类系列教材.消防工程专业系列教材

ISBN 978-7-111-40394-4

Ⅰ.①火… Ⅱ.①余… ②郑… Ⅲ.①火灾—风险分析—高等学校—教材 Ⅳ.①TU998.12

中国版本图书馆CIP数据核字(2012)第271732号

机械工业出版社（北京市百万庄大街22号 邮政编码100037）
策划编辑：冷 彬 责任编辑：冷 彬
版式设计：赵颖喆 责任校对：陈 越
封面设计：张 静 责任印制：单爱军
北京虎彩文化传播有限公司印刷
2025年2月第1版第10次印刷
184mm×260mm·19.25印张·473千字
标准书号：ISBN 978-7-111-40394-4
定价：49.80元

电话服务	网络服务
客服电话：010-88361066	机 工 官 网：www.cmpbook.com
010-88379833	机 工 官 博：weibo.com/cmp1952
010-68326294	金 书 网：www.golden-book.com
封底无防伪标均为盗版	机工教育服务网：www.cmpedu.com

序一

“安全工程”本科专业是在1958年建立的“工业安全技术”、“工业卫生技术”和1983年建立的“矿山通风与安全”本科专业基础上发展起来的。1984年，国家教委将“安全工程”专业作为试办专业列入普通高等学校本科专业目录之中。1998年7月6日，教育部发文颁布《普通高等学校本科专业目录》，“安全工程”，本科专业（代号：081002）属于工学门类的“环境与安全类”（代号：0810）学科下的两个专业之一[㊀]。“高等院校安全工程专业教学指导委员会”1997年的调查结果显示，1958~1996年年底，全国各高校累计培养安全工程专业本科生8130人。近年，安全工程本科专业得到快速发展，到2005年年底，在教育部备案的设有安全工程本科专业的高校已达75所，2005年全国安全工程专业本科招生人数近3900名[㊁]。

按照《普通高等学校本科专业目录》的要求，以及院校招生和专业发展的需要，原来已设有与“安全工程专业”相近但专业名称有所差异的高校，现也大都更名为“安全工程”专业。专业名称统一后的“安全工程”专业，专业覆盖面大大拓宽。同时，随着经济社会发展对安全工程专业人才要求的更新，安全工程专业的内涵也发生很大变化，相应的专业培养目标、培养要求、主干学科、主要课程、主要实践性教学环节等都有了不同程度的变化，学生毕业后的执业身份是注册安全工程师。但是，安全工程专业的教材建设与专业的发展出现尚不适应的新情况，无法满足和适应高等教育培养人才的需要。为此，组织编写、出版一套新的安全工程专业系列教材已成为众多院校的翘首之盼。

机械工业出版社是有着悠久历史的国家级优秀出版社，在高等学校安全工程学科教学指导委员会的指导和支持下，根据当前安全工程专业教育的发展现状，本着“大安全”的教育思想，进行了大量的调查研究工作，聘请了安全科学与工程领域一批学术造诣深、实践经验丰富的教授、专家，组织成立了教材编审委员会（以下简称编审委），决定组织编写“高等教育安全工程系列‘十一五’教材”[㊂]。并先后于2004年8月（衡阳）、2005年8月（葫芦岛）、2005年12月（北京）、2006年4月（福州）组织召开了一系列安全工程专业本科教材建设研讨会，就安全工程专业本科教育的课程体系、课程教学内容、教材建设等问题反复进行了研讨，在总结以往教学改革、教材编写经验的基础上，以推动安全工程专业教学改革和教材建设为宗旨，进行顶层设计，制订总体规划、出版进度和编写原则，计划分期分批

㊀ 按《普通高等学校本科专业目录》（2012版），“安全工程”本科专业（专业代码：082901）属于工学学科的“安全科学与工程类”（专业代码：0829）下的专业。

㊁ 这是安全工程本科专业发展过程中的一个历史数据，没有变更为当前数据是考虑到该专业每年的全国招生数量是变数，读者欲加了解，可在具有权威性的相关官方网站查得。

㊂ 自2011年10月，更名为“高等教育安全科学与工程类系列教材”。

出版30余门课程的教材，以尽快满足全国众多院校的教学需要，以后再根据专业方向的需要逐步增补。

由安全学原理、安全系统工程、安全人机工程学、安全管理学等课程构成的学科基础平台课程，已被安全科学与工程领域学者认可并达成共识。本套系列教材编写、出版的基本思路是，在学科基础平台上，构建支撑安全工程专业的工程学原理与由关键性的主体技术组成的专业技术平台课程体系，编写、出版系列教材来支撑这个体系。

本套系列教材体系设计的原则是，重基本理论，重学科发展，理论联系实际，结合学生现状，体现人才培养要求。为保证教材的编写质量，本着“主编负责，主审把关”的原则，编审委组织专家分别对各门课程教材的编写大纲进行认真仔细的评审。教材初稿完成后又组织同行专家对书稿进行研讨，编者数易其稿，经反复推敲定稿后才最终进入出版流程。

作为一套全新的安全工程专业系列教材，其“新”主要体现在以下几点：

体系新。本套系列教材从“大安全”的专业要求出发，从整体上考虑、构建支撑安全工程学科专业技术平台的课程体系和各门课程的内容安排，按照教学改革方向要求的学时，统一协调与整合，形成一个完整的、各门课程之间有机联系的系列教材体系。

内容新。本套系列教材的突出特点是内容体系上的创新。它既注重知识的系统性、完整性，又特别注意各门学科基础平台课之间的关联，更注意后续的各门专业技术课与先修的学科基础平台课的衔接，充分考虑了安全工程学科知识体系的连贯性和各门课程教材间知识点的衔接、交叉和融合问题，努力消除相互关联课程中内容重复的现象，突出安全工程学科的工程学原理与关键性的主体技术，有利于学生的知识和技能的发展，有利于教学改革。

知识新。本套系列教材的主编大多由长期从事安全工程专业本科教学的教授担任，他们一直处于教学和科研的第一线，学术造诣深厚，教学经验丰富。在编写教材时，他们十分重视理论联系实际，注重引入新理论、新知识、新技术、新方法、新材料、新装备、新法规等理论研究成果，及工程技术实践成果和各校教学改革的阶段性成果，充实与更新了知识点，增加了部分学科前沿方面的内容，充分体现了教材的先进性和前瞻性，以适应时代对安全工程高级专业技术人才的培育要求。本套系列教材中凡涉及安全生产的法律法规、技术标准、行业规范，全部采用最新颁布的版本。

安全是人类最重要和最基本的需求，是人民生命与健康的基本保障。一切生活、生产活动都源于生命的存在。如果人们失去了生命，一切都无从谈起。全世界平均每天发生约68.5万起事故，造成约2200人死亡的事实，使我们确认，安全不是别的什么，安全就是生命。安全生产是社会文明和进步的重要标志，是经济社会发展的综合反映，是落实以人为本的科学发展观的重要实践，是构建和谐社会的有力保障，是全面建设小康社会、统筹经济社会全面发展的重要内容，是实施可持续发展战略的组成部分，是各级政府履行市场监管和社会管理职能的基本任务，是企业生存、发展的基本要求。国内外实践证明，安全生产具有全局性、社会性、长期性、复杂性、科学性和规律性的特点，随着社会的不断进步，工业化进程的加快，安全生产工作的内涵发生了重大变化，它突破了时间和空间的限制，存在于人们日常生活和生产活动的全过程中，成为一个复杂多变的社会问题在安全领域的集中反映。安全问题不仅对生命个体非常重要，而且对社会稳定和经济发展产生重要影响。党的十六届五中全会提出“安全发展”的重要战略理念。安全发展是科学发展观理论体系的重要组成部分，安全发展与构建和谐社会有着密切的内在联系，以人为本，首先就是要以人的生命为本。“安全·生命·稳定·发展”是一个良性循环。安全科技工作者在促进、保证这一良性循环中起着重要作用。安全科技人才匮乏是我国安全生产形势严峻的重要原因之一。加快培养安全科技人才也是解开安全难题的钥匙之一。

高等院校安全工程专业是培养现代安全科学技术人才的基地。我深信，本套系列教材的出版，将对我国安全工程本科教育的发展和高级安全工程专业人才的培养起到十分积极的推进作用，同时，也为安全生产领域众多实际工作者提高专业理论水平提供了学习资料。当然，由于这是第一套基于专业技术平台课程体系的教材，尽管我们的编审者、出版者夙兴夜寐，尽心竭力，但由于安全工程学科具有在理论上的综合性与应用上的广泛性相交叉的特性，开办安全工程专业的高等院校所依托的行业类型又涉及军工、航空、化工、石油、矿业、土木、交通、能源、环境、经济等诸多领域，安全科学与工程的应用也涉及到人类生产、生活和生存的各个方面，因此，本套系列教材依然会存在这样和那样的缺点、不足，难免挂一漏万，诚恳地希望得到有关专家、学者的关心与支持，希望选用本套系列教材的广大师生在使用过程中给我们多提意见和建议。谨祝本套系列教材在编者、出版者、授课教师和学生的共同努力下，通过教学实践，获得进一步的完善和提高。

“嘤其鸣矣，求其友声”，高等院校安全工程专业正面临着前所未有的发展机遇，在此我们祝愿各个高校的安全工程专业越办越好，办出特色，为我国安全生产战线输送更多的优秀人才。让我们共同努力，为我国安全工程教育事业的发展作出贡献。

中国科学技术协会书记处书记㊀

中国职业安全健康协会副理事长

中国灾害防御协会副会长

亚洲安全工程学会主席

高等学校安全工程学科教学指导委员会副主任

安全科学与工程类专业教材编审委员会主任

北京理工大学教授、博士生导师

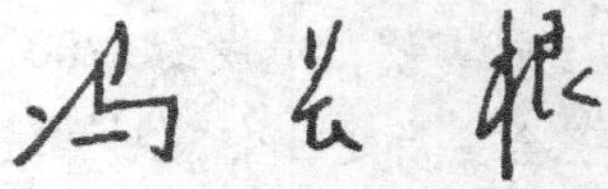

2006年5月

㊀　曾任中国科学技术协会副主席。

序二

1998年7月，教育部颁布的《普通高等学校本科专业目录和专业介绍》将消防工程归入工学门类，实行开放办学政策。开设消防工程专业的高等院校随之迅速增加，学生数量不断增长，形成了可喜的发展局面。随着我国社会的发展，以人为本的消防安全理念不断深入人心，对高素质消防工程专业技术人才的需求旺盛，消防工程专业已逐渐成为高等教育的热门专业之一。

与大好的专业发展形势不协调的是，目前，我国开设消防工程专业的普通高等院校，还没有一套系统、适用的专业系列教材。为满足学科发展的需求，提高消防工程专业高等教育的培养质量，组织编写、出版一套体系完善、结构合理、内容科学的消防工程专业系列教材势在必行，同时也是众多院校的共同愿望。

机械工业出版社是有着60年历史的国家级优秀出版社，也是教育部认定的规划教材出版基地。该社根据当前消防工程专业的发展现状，进行了大量的调研工作，协同较早前成立的安全工程专业教材编审委员会并在其指导下，聘请消防工程领域的一批学术造诣深、实践经验丰富的专家教授，成立了教材编审委员会，组织编写该专业系列教材。该社先后在西安（2008年11月）、株洲（2010年3月）、长沙（2010年10月）组织召开了一系列消防工程专业本科教学研讨会，就消防工程专业本科教育的课程体系、课程内容、教材建设等问题进行了深入研讨，确定分阶段出版该专业的系列教材，以尽快满足众多院校的教学要求与人才培养目标的需求。

本套系列教材的编写，本着“重基本理论、重学科发展、重理论联系实际”的教材体系建设原则，在强调内容创新的同时，要体现出学科体系的系统性、完整性、专业性等特点。同时，采取“编委会评审、主编负责、主审把关”的方式确保每本教材的编写质量。本套系列教材还积极吸纳消防工程的设计单位、施工单位和公安消防专业人士的实践经验，在理论联系实际方面较以往同类教材实现了较大突破，提高了教材的工程实用价值。

由于消防工程内容的广泛性和交叉性，开办消防工程专业的高校所依托的行业背景和领域不同，因此，本套系列教材依然会存在不足，诚恳希望得到有关专家、学者的关心和支持，希望选用本套系列教材的师生在使用过程中多提意见和建议。谨祝本套系列教材通过教学实践，获得进一步的完善和提高。

高等院校消防工程专业正面临着前所未有的发展机遇，在此我们祝愿各个高校的消防工程专业办出水平、办出特色，为我国消防事业输送更多的优秀人才。

中国消防协会理事

消防工程专业教材编审委员会主任

中南大学教授、博士生导师

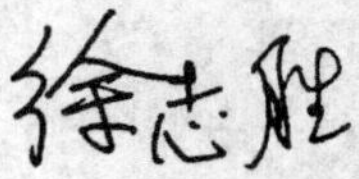

2011 年 6 月

前　言

近年来，我国的火灾形势仍很严峻，重、特大火灾事故时有发生。如何采取措施预防火灾事故的发生以减少财产损失和人员伤亡是目前火灾安全领域需要解决的重大问题。随着我国经济的快速发展，大型复杂的建筑物大量出现，消防安全问题突出，现有建筑防火设计规范已不能完全满足要求。而火灾风险评估能够依据火灾的发生、发展规律及控制原理，对火灾危险性进行定性、定量评估，并可根据评估结果制定消防安全措施，对有效控制火灾事故的发生具有重要的指导作用。

“安全第一，预防为主”是火灾防治中必须遵循的基本原则。因此本书针对目前火灾防治的需要，在介绍火灾风险概念和研究现状的基础上，重点从火灾危险、危害因素及辨识、火灾风险评估基本方法及选择原则出发，阐述了定性及定量的火灾风险评估方法，人员疏散安全性评估方法，依据火灾风险评估确定的火灾防治对策措施，最后结合火灾风险评估案例，介绍了火灾风险评估的整个过程。为了配合教学，每章后面都附有思考题。

本书在编写过程中，主要参考了目前各参编高校的“火灾风险评估”课程讲义，并借鉴以往同类专著、教材的优点，在内容上既重视理论，又包含有工程应用；既介绍典型的防灭火技术，又囊括新近相关科技成果，突出体现实用性、适应性、使用性、先进性和系统性。希望本书对消防工程专业的教学起到推动和促进作用，同时对从事防灭火工作的工程技术人员有所裨益，以提高从事消防行业人员的防灭火技能和水平，减少事故发生，促进我国经济的持续、和谐、快速发展。

全书共分为 8 章，具体的编写分工如下：第 1 章由河南理工大学余明高编写，第 2 章由湖南科技大学伍爱友编写，第 3 章由南京工业大学尤飞编写，第 4 章由中国人民武装警察部队学院杨永斌和浙江消防总队宁波消防支队陈静编写，第 5 章由华北水利水电学院陈长飞编写，第 6 章由西南交通大学陈俊敏编写，第 7 章由河南理工大学郑立刚和河南焦作消防支队李志峰编写，第 8 章由南京工业大学韩雪峰编写。全书由余明高、郑立刚负责统稿，余明高教授负责最终定稿。

在编写过程中广泛地收集和参阅了国内外有关资料和文献，在此特向参阅资料和文献的作者致以谢意。

由于编者水平有限，书中难免存在缺点和错误，恳请广大读者批评指正。

编　者

目录

序一

序二

前言

第1章　绪论 ………………………… 1

1.1　火灾及其危害 ………………………… 1

1.2　火灾的分类及其特点 ………………… 2

1.3　我国火灾的现状及发展趋势 …… 4

1.4　火灾风险评估的目的、意义及作用 ………………………… 5

1.5　国内外火灾风险评估方法的研究现状 ………………………… 8

思考题 ………………………… 10

第2章　火灾危险源的危害特征、辨识及其管理 ………………… 11

2.1　火灾主要危险源及危害特征…… 11

2.2　火灾危险源辨识…………………… 21

2.3　基于风险的火灾危险源管理…… 39

思考题 ………………………… 48

第3章　火灾风险评估的基本方法及其选择 ………………………… 49

3.1　概述………………………… 49

3.2　火灾风险评估的基本方法……… 49

3.3　火灾风险评估方法的选择……… 69

思考题 ………………………… 71

第4章　定性火灾风险评估方法 ……… 72

4.1　安全检查表法………………………… 72

4.2　古斯塔夫法………………………… 76

4.3　风险指数法………………………… 82

4.4　其他定性评估方法简介 ……… 102

4.5　评估实例 ………………………… 106

思考题………………………… 110

第5章　定量火灾风险评估方法……… 111

5.1　概述 ………………………… 111

5.2　定量火灾风险评估的基本内容 ………………………… 112

5.3　火灾场景设定与火灾设定 …… 118

5.4　基于事件树的火灾风险定量分析方法 ………………………… 125

5.5　基于统计理论的火灾风险分析方法 ………………………… 132

5.6　评估实例 ………………………… 154

思考题………………………… 164

第6章　人员疏散安全性评估………… 166

6.1　概述 ………………………… 166

6.2　火灾环境下人员心理和行为特征 ………………………… 169

6.3　火灾环境下人员安全疏散的影响因素 ………………………… 175

6.4　人员疏散设计的重要参数及计算方法 ………………………… 178

6.5　人员疏散时间的构成及其计算方法 ………………………… 183

6.6　常用的人员疏散模拟软件 …… 200

6.7　人员疏散安全性评估的模拟计算实例 ………………………… 218

思考题………………………… 225

第7章　火灾防治对策措施………… 226

7.1　火灾防治的基本原则 ………… 226

7.2　火灾探测与报警 ………………… 226

7.3　防火的对策措施 ………………… 238

7.4　灭火的对策措施 ………………… 249

7.5　烟气的控制与管理 ……………… 254

思考题 …… 267

第 8 章　火灾风险评估案例 …… 268

8.1　项目概述 …… 268

8.2　安全目标的确定 …… 268

8.3　火灾危险源辨识 …… 268

8.4　火灾场景的设定及火灾危害性评估 …… 271

8.5　人员安全疏散评估 …… 277

8.6　火灾探测与自动喷水灭火系统评估 …… 286

8.7　结论和建议 …… 290

参考文献 …… 293

第 1 章

绪 论

1.1 火灾及其危害

燃烧与火是最常见的自然现象之一。火的使用是人类进入文明时代的重要标志，在漫长的历史长河中，火的使用极大地促进了人类文明的进程。起初，人类主要是利用火来烧烤食物、御寒取暖、防御野兽，逐渐发展到利用火来制作生活用具、生产工具和武器；与此同时，由于用火不慎、自燃、雷击以及故意纵火等各种原因造成的火灾爆炸事故也如影随形，一直威胁并危害着人类社会的安全。

从本质上讲，火是一种燃烧现象。燃烧是指可燃物与氧化剂发生的氧化还原反应，它服从于化学动力学、化学热力学的定律以及其他自然的基本定律（质量守恒、能量守恒），但其放热、发光、发烟、伴有火焰等基本特征表明它不同于一般的氧化还原反应。

火具有两面性：当可控制时，它能给人类带来光明和温暖、健康和智慧，促进人类物质文明不断发展；当不可控制时，它则给人类带来具有很大破坏性和多发性的灾害，对人类生命财产和生态环境构成巨大的威胁。这种违反人的意愿，在时间和空间上失去控制，并给人类带来灾害的燃烧现象就是火灾。

火灾是各种灾害中发生最为频繁并极具毁灭性的灾害之一。火灾对人类和社会造成的破坏非常巨大，所造成的损失大大超过了其直接财产损失。根据联合国“世界火灾统计中心”提供的资料，近年来，在全球范围内，每年发生的火灾就有 600 万 ~ 700 万起，每年有 65000 ~ 75000 人死于火灾。因此，火灾防治是人类社会的一项长期的重要任务。

火灾的发生既有确定性又有随机性。火灾作为一种燃烧现象，其规律具有确定的一面，同时又具有随机性的一面。可燃物着火引起火灾，必须具备一定的条件，遵循一定的规律。这个规律既可以在模拟实验中再现，也可以抽象为控制火灾过程的数学模型，这就是火灾过程模拟研究的科学依据。但在一个地区、一段时间里，什么单位、什么地方、什么时间发生火灾，往往是很难预测的，即对于一场具体火灾来说，其发生又具有随机性。

火灾的发生是自然因素和社会因素共同作用的结果。火灾的发生首先与建筑科技、消防设施、可燃物燃烧特性，以及火源、天气、风速、地形、地物等物理化学因素有关。但火灾的发生绝不是纯粹的自然现象，还与人们的生活习惯、文化修养、操作技能、教育程度、法律知识以及规章制度、文化经济等社会因素有关。因此，火灾消防工作是一项复杂的、涉及各个方面的系统工程。

火灾的危险性随时代进步而增大。尽管随着社会经济的发展、科学技术的进步，人们对火灾的抗御能力不断提高。但伴随着高层建筑、大型化工企业、大型商贸大厦、大型宾馆、大型饭店和写字楼、大型集贸市场等不同大型建筑的涌现，新工艺、新设备、新型装饰材料的广泛使用，用火用电量激增，火灾的发生也相应增加。

1.2 火灾的分类及其特点

火灾可以从不同的角度进行分类，如根据燃烧对象、起火原因、损失程度和火灾发生地点等分类。

1.2.1 根据燃烧对象分类

根据燃烧对象的不同，可以将火灾分为 A、B、C、D、E、F 六类［见《火灾分类》（GB/T 4968—2008）］：

A 类火灾：指固体物质火灾，这种物质往往具有有机物性质，一般在燃烧时能产生热的余烬，如木材、棉、毛、麻、纸张火灾等。

B 类火灾：指液体火灾和可熔化的固体火灾，如汽油、煤油、原油、甲醇、乙醇、沥青、石蜡火灾等。

C 类火灾：指气体火灾，如煤气、天然气、甲烷、乙烷、丙烷、氢气等。

D 类火灾：指金属火灾，如钾、钠、镁火灾等。

E 类火灾：带电火灾。物体带电燃烧的火灾。

F 类火灾：烹饪器具内的烹饪物（如动植物油脂）火灾。

1.2.2 根据起火原因分类

按照物质运动变化产生燃烧的不同条件，将火灾分为自然性火灾和行为性火灾。

自然性火灾有直接发生的，如火山喷发、雷击起火等，也有条件性的次生火灾，如干旱高温的自燃、地下煤炭的阴燃等。

行为性火灾，除了人为破坏性火灾之外。经常而广泛地发生着无意识行为性火灾，如生活用火不慎引起的火灾、生产活动中违规操作引发的火灾等。

1.2.3 根据火灾损失严重程度分类

特别重大火灾：死亡 30 人以上[㊀]，或者 100 人以上重伤，或者 1 亿元以上直接财产损失的火灾。

重大火灾：10 人以上 30 人以下死亡，或者 50 人以上 100 人以下重伤，或者 5000 万元以上 1 亿元以下直接财产损失的火灾。

较大火灾：3 人以上 10 人以下死亡，或者 10 人以上 50 人以下重伤，或者 1000 万元以上 5000 万元以下直接财产损失的火灾。

一般火灾：3 人以下死亡，或 10 人以下重伤，或者 1000 万元以下直接财产损失。

㊀ 本标题下火灾严重程度分类中所称的“以上”包括本数，“以下”不包括本数。

1.2.4 根据火灾发生地点分类

地上火灾：包括地上建筑火灾和森林火灾。

森林火灾：指失去人为控制，在林地内自由蔓延和扩展，对森林、森林生态系统和人类带来一定危害和损失的林火行为。

工矿火灾及交通工具火灾：指发生在水面上的火灾。

火灾损失统计表明，发生次数最多、损失最严重者当属建筑火灾，而且各类建筑物是人们生产、生活的场所，也是财产极为集中的地方。因此建筑火灾造成的损失十分严重，且直接影响人们的各种活动。

（1）建筑物的装修材料及其内部设施燃烧速度快

1）建筑物室内装饰物、吊顶、墙壁、地板等多数采用了易燃、可燃材料，这些材料与火源接触燃烧速度快。

2）室内陈设可燃物品多，如采用地毯、床上用品、家具等大量可燃材料。

（2）起火因素多

1）一些面积大、层数多的高层和地下建筑，其内部使用功能复杂，可燃物品多、火灾负荷大、人员集中，用火用电量大，容易引起火灾。

2）洁净厂房的某些生产工序中使用易燃易爆化学危险品，还有部分民用建筑使用天然气和石油液化气燃料。这些物质一旦泄漏于室内空间，很难散发出去，容易达到爆炸极限而引起火灾和爆炸事故。

（3）火灾蔓延途径多

高层建筑物竖向管井多，一幢高层建筑一般设有楼梯间、管道井、电缆井、排风道、垃圾道等竖向管井，如果没有考虑防火分隔措施或采取的措施不当，发生火灾时，起到了拔火的烟囱作用。试验证明，在火灾初起阶段，因空气对流而产生的烟气，在水平方向扩散速度为0.3m/s。在火灾发展猛烈阶段，由于高温的作用，热对流而产生的烟扩散速度为0.5～0.8m/s，而烟气沿楼梯等竖向管井的垂直扩散速度为3～4m/s，也就是说，一座高度为100m的高层建筑只要25～33s，烟气顺垂直通道从底层就能扩散到屋顶。

（4）疏散、扑救难度大

1）高层建筑发生火灾，一是由于建筑层数多，垂直距离大，需要较长的疏散时间；二是人员物资比较集中，疏散时容易出现拥挤状态；三是发生火灾时烟气和火势向上蔓延快，给安全疏散带来困难。

2）地下建筑火灾特点与地上建筑不同，一是火灾情况下人员疏散与火灾烟气扩散方向一致，易造成疏散困难和人员伤害；二是温度高、烟气大，火灾时烟气很难排出，散热缓慢，室内温度上升快；三是无自然采光，如果无事故照明，建筑内一片漆黑，人员无法疏散；四是扑救困难，难以确定起火点，由于屏障作用造成火场通信不畅等因素，给火灾扑救带来很大影响。

经济损失和人员伤亡大，房屋建筑发展趋势多为大型化、高层化、多功能，人员多，物资集中，设备贵重，一旦发生火灾事故，人员疏散困难，不便于抢救、疏散物资和设备，往往能造成很大的人员伤亡和经济损失。

1.3 我国火灾的现状及发展趋势

近年来，随着我国经济建设的快速发展，导致火灾的因素也大量增加，火灾形势日趋严峻。根据发达国家的发展过程判断，我国潜在火灾高发生率将呈上升趋势。

1.3.1 我国火灾现状

（1）我国火灾形势日趋严重，火灾威胁与危害逐年加剧

由图1-1、图1-2可以看出，在20世纪90年代火灾造成的损失占历年损失高比重，表明火灾危害近年加剧。除了新中国成立初期，历年火灾伤亡人数没有大的变化，说明火灾始终给人们带来巨大的伤亡，降低火灾对人民生命和财产的危害势在必行。

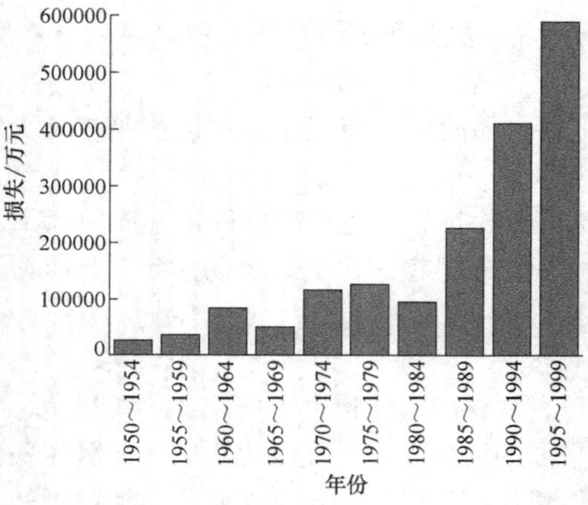

图1-1 20世纪50~90年代我国每五年火灾所造成损失统计

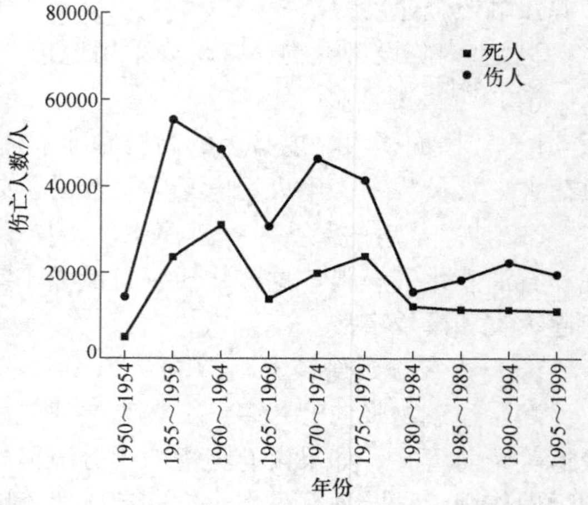

图1-2 20世纪50~90年代我国每五年火灾所造成人员伤亡数量统计

（2）火灾发生率、造成的直接财产损失危害伴随着社会经济的发展呈上升趋势

我国火灾统计资料表明，20世纪80年代以来，我国GDP年均增长达9.5%，城市居民人均收入提高了17倍。与此同时，全国的火灾损失从80年代初的每年平均3亿多元，上升到90年代中期以来的15亿多元，增加了约4倍。进入21世纪的4年里，我国平均每年发生火灾达23万多起，比20世纪90年代同期增长了6倍；平均每年火灾直接财产损失约15.5亿元。

（3）群死群伤的特大火灾仍时有发生

1991年以来，全国共发生一次死亡10人以上或死亡、重伤20人以上的群死群伤火灾134次，死亡3514人，并且经历了1993~1994年、1997年和2000年的三次高峰。其中，1993~1994年是新中国成立以来群死群伤火灾最集中的两年，共计31次，造成1218人死亡。1994年新疆克拉玛依市友谊馆特大火灾和辽宁阜新市艺苑歌舞厅特大火灾分别导致325人和233人死亡。1997年出现第二次高峰，共发生群死群伤火灾19次，造成433人死亡。2000年再次反弹，其中河南洛阳市东都商厦和河南焦作市天堂俱乐部两起特大火灾分别导致309人和74人死亡，全年发生群死群伤火灾9次，死亡人数达501人。

相比20世纪80年代群死群伤火灾明显增多。90年代一次死亡30人以上的火灾19起，共死亡1772人，平均每起群死群伤火灾死亡93人，比80年代的群死群伤火灾严重得多（每次多每起死亡人数多32人），见表1-1。

表1-1 20世纪80年代与90年代群死群伤火灾情况对比

项 目	80年代	90年代	增长（%）
群死群伤/起	11	19	72.7
死亡人数/人	677	1772	161.7
平均每起死亡人数/人	61.5	93	51.2

1.3.2 我国火灾发展趋势

我国目前正处于经济起飞阶段，借鉴世界发达国家（包括美国、日本等）经济起飞阶段的火灾规律，可以预见在我国经济发展的这一进程中，将出现以下趋势：

1）经济的发展使热力、电力的使用大大增加，在生产过程中，多种易燃、可燃的新物品新材料得到了大量使用，多种电气产品、塑料与化纤产品、燃油与燃气在各行各业中的使用范围越来越广。这都造成火灾危险性大大增加，不仅容易失火，而且容易演化为大火或爆炸。

2）由于生产或经营的需要，修建了许多新型建筑物，主要表现在高层建筑、地下建筑及大型商场、剧场、仓库、车间、候车厅等迅速出现。与普通建筑相比，这些建筑物的火灾危险性具有很多新特点，不仅容易造成火灾蔓延，而且灭火难度增大。人们还缺少有效的预防与扑救的措施和经验。

3）生产和交换的发展还带动交通运输事业的迅速发展。大量可燃物的运输，众多人员的转移，都引起转运过程中火灾危险性增大，商业、服务行业等第三产业的迅速崛起也使人员和可燃物高度集中，也增加了起火因素。

4）在经济起步时期，企业的经营者容易滋生片面追求利润而忽视安全的思想，尤其是那些基础较差而又急于快速发展的企业。这类企业的建筑和设备差，还往往因资金缺乏而使用一些质量较差的材料，从而埋下了较多的火灾隐患；此外保证正常生产与生活的安全设施不足，加上人们的安全意识薄弱，这便为火灾的发生开了方便之门。

5）在城市（镇）迅速膨胀过程中，容易出现规划上的缺陷，这主要表现在城市的市政工程、安全防灾设计和设施、环境保护等方面存在先天不足，或严重滞后于城市的扩展。

因此，在我国现阶段的经济建设过程中，火灾必将成为一种不容忽视的灾害。有必要对那些危险场合，尤其是近期涌现的特殊建筑（如高层建筑、地下建筑、大型体育场馆及大型商场、剧场、仓库、车间、候车厅等）进行火灾风险评估，并开展性能化防火分析和设计，以降低其危险性，从而达到减少火灾发生次数及降低火灾损失的目的。

1.4 火灾风险评估的目的、意义及作用

关于风险评估的定义，国内外许多学者已对其进行了科学、系统的概括和提炼，主要有以下观点：

第一，风险评估是对系统存在的危险性进行定性和定量分析，得出系统发生危险的可能性及其程度的评估，以寻求最低事故率、最少的损失和最优的安全投资效益。

第二，风险评估是综合运用安全系统工程方法对系统的风险程度进行预测和度量。它不同于安全评比，也不同于安全检查。进行企业的风险评估可使宏观管理抓住重点，分类指导，也可为微观管理提供可靠的基础数据，是实现科学管理的重要环节。

第三，风险评估是以系统安全为目的，按照科学的程序和方法，对系统中的危险因素、发生事故的可能性及损失与伤害程度进行调查研究与分析论证，从而评估系统总体的安全性，以及为制定基本预防和防护措施提供科学的依据。它的着眼点是危险因素产生的负效应，主要从损失和伤害的可能性、影响范围、严重程度及应采取的对策等方面进行分析评估。

第四，风险评估是采用系统科学的方法确认系统存在的危险性，并根据其风险大小采取相应的安全措施，以达到系统安全的过程。

归纳起来，风险评估的定义主要包括以下要点：

1）采用系统科学的理论和方法。

2）对系统的安全性进行预测和分析-辨识危险，先定性、后定量认识危险。

3）寻求最佳的对策，控制事故（危险的控制与处理），达到系统安全的目的。

任何生产系统，在其寿命周期内都有发生事故的可能。区别只在发生的频率和事故的严重程度（即风险大小）不同而已。因为在制造、试验、安装、生产和维修过程中普遍存在着危险性。在一定条件下，如果对危险性失去控制或防范不周就会发生事故，造成人员伤亡和财产损失。为了抑制危险性，使其不发展为事故，或减少事故造成的损失，就必须对它有充分的认识，掌握危险发展为事故的规律，也就是要充分揭示系统存在的所有危险性及其形成事故的可能性和发生事故的损失大小，即评估系统客观存在的风险大小。

按照风险评估结果的量化程度，风险评估方法可分为定性风险评估方法和定量风险评估方法。

1.4.1 火灾风险评估的目的

火灾风险评估可以更加客观、准确地认识火灾的危险性，从而为人们预防火灾、控制火灾和扑灭火灾提供依据和支持。由于火与人们的生产、生活息息相关，所以火灾风险评估同样有着很强的应用背景，主要有以下三个方面。

1. 为建筑物的性能化防火设计提供依据

自20世纪中后期开始，超高层超大规模，设计新颖的建筑在世界上多个国家和地区如雨后春笋般出现。随着社会的发展和建筑技术的不断进步，这些超高超大、设计新颖的建筑和将会进一步增多。我国也不例外，特别是近年来随着城市化进程的不断加快，城市规模不断扩大，城区面积不断增加，在城市规模不断扩大的同时，城市建筑也出现了新的特点：

1）由传统的低层或多层建筑向中高层或超高的大型建筑转变。

2）建筑材料由传统的砖瓦等相对单一的材料向钢材等新型材料转变。

3）建筑功能由单一简单的建筑物向大型复杂的现代建筑物转变。

由于当今城市功能复杂的大型建筑和超大型公共娱乐场所的大量建设，再加上城市人员集中、建筑物密集、人员疏散困难等原因，一旦发生火灾就有可能造成巨大的财产损失和人员伤亡，并造成严重的社会影响。由于现行建筑防火设计规范无法解决这些大型、超大型建筑的消防设计问题，所以只能借助于性能化防火设计降低火灾危险，而合理的建筑性能化防火设计又离不开科学的火灾风险评估方法。合理的火灾风险评估能够帮助人们认识火灾的危险程度以及可能造成的损失状况，从而对防灭火对策提供科学的指导。

2. 为保险行业制定合理的保险费率提供科学依据

保险是一种信用行为，当保户向保险公司交付了保险费，就意味着同时也把可能发生的风险转嫁给了保险公司。保险公司收取了保险费，签订了保险合同，也就承担了风险发生后补偿损失的义务。精算、核保是保险的第一步，保险费率的确定必须建立在科学、合理的风险评估基础之上。火灾本身具有确定性和随机性的双重规律，火灾事故的发生也受可燃物、环境、防灭火设备等诸多因素影响。作为风险的一种情况，火灾风险评估就显得更加有意义。

3. 为性能化设计规范和相关安全法规制度的制定做准备

开展性能化防火设计并制定相应的防火设计规范是必然的趋势。随着我国火灾科学与消防工程学科的不断发展，随着大量实际工程经验的积累，火灾风险评估的方法和性能化设计的水平将会有很大程度上的提高，这对今后性能化防火设计规范的制定打下了坚实的基础。同时，随着我国法制制度的不断完善，在新时期、新的条件下也会出现一些相关安全法规制度，而这些法规制度的制定也离不开大量火灾风险评估的结果和经验。

1.4.2 火灾风险评估的意义和作用

首先，风险评估是火灾科学与消防工程的重要组成部分，对完善火灾科学与消防工程学科体系有着重要的作用。对火灾的科学认识实际上就是对火灾的确定性和随机性这两种复杂性的深入认识。确定性规律开展研究的时间比较长，也得出了很多成果，但对于火灾的随机性，人们的认识还不够。由于火灾过程的复杂性，火灾作为灾害事件的偶发性，以及现有信息资料和理论知识的不完备性，使得火灾风险评估体系不能期望建立在对灾害自身确定性规律的完备认识的基础上，风险评估本身既涉及确定性又涉及不确定性，而其不确定性既包含随机不确定性又包含模糊不确定性。火灾风险评估就是与火灾的随机性相关的一个研究方向，它对于完善火灾的双重性规律有着十分重要的意义。同时，火灾风险评估对促进性能化防火设计的发展，指导实际消防工程以及消防、保险等相关行业的发展也将产生重大影响。

其次，风险评估是火灾科学和消防工程今后发展的重点。当前，全球对火灾科学防治越来越高的要求促使火灾安全工程在技术层面上必须发生以下三个转变：① 由被动式的灾害防治技术向以“清洁阻燃、智能探测、清洁快速定位”为主要环节的主动式灾害防治技术的转变；② 由传统的“处方式”设计向科学的安全工程设计的转变；③ 由火灾防治的传统管理模式向科学管理和应急预案模式的转变。其中第二个转变的核心部分就是对火灾风险评估方法学的研究与开展。迄今，火灾风险评估方法学已成为火灾科学基础研究中的另一重要课题，其研究内容同时涉及灾害的自然属性和社会属性两个方面。在火灾机理和规律已有知识的基础上，运用数值模拟技术、统计理论、随机过程理论和模糊数学理论的火灾风险评估方法已经开始受到学术界的广泛重视，其基础理论方面的研究方兴未艾。

通过火灾风险评估可以全面了解城市各区域的火灾风险状况，研究各区域的火灾风险如何随外界条件的改变而变化，给出其发生火灾的可能性及造成的后果的严重程度，以便为寻求最低火灾发生率或火灾事故损失以及最优的消防安全投资提供可靠的理论依据。与其他类型的风险相比，火灾风险具有很多特殊性，主要表现在影响火灾风险的因素中有些因素的影响是长期潜在的，难以预料何时会引发火灾事故，而火灾风险评估的主要任务是准确识别系统中存在的火灾风险因素，并对这些火灾风险因素的影响程度作出恰当的评估，确定城市各区域的火灾风险状况，为评价城市火灾风险等级以及下一步研究奠定基础。

1.5 国内外火灾风险评估方法的研究现状

1.5.1 国外火灾风险评估方法的研究现状

为了预防和控制火灾事故的发生，减少火灾伤亡事故，世界各国对火灾风险评估的方法和理论进行了广泛的研究和探索。国外关于火灾风险评估方法学的研究主要是从 20 世纪 70 年代开始，具体研究状况可大致用以下几点概括：

1）以现行“处方式”消防规范为依据，逐项检查消防设计方案是否符合规范要求，属于对照规范评定。如 NRCC（National Research Council of Canada）的火灾风险评估模型在火灾行为和人的行为方面使用了统计数据；日本提出了“建筑综合防火安全设计方法”。其主要的不足之处是过多地参考了建筑法规，过于依赖建筑基本法。而很多实际工程并不能照搬规范，尤其是一些结构和用途复杂的新型建筑和新城区规划建设时，按现有规范很难设计，缺乏评估依据。

2）以故障树分析（FTA）、事件树分析（ETA）等为代表的逻辑分析法。这类方法运用运筹学原理对火灾的原因和结果进行逻辑分析，能够揭示导致火灾的各基本事件之间的逻辑关系，并进行定性的描述，把系统的火灾事故与各子系统有机地联系在一起，并指出预防火灾发生的途径及应采取的控制措施。但逻辑分析法建树复杂，需要考虑的因素较多，数据收集工作往往难以实现，定量分析困难；同时，引起火灾事故发生的管理因素之间及其与其他因素之间的关系很难用简单的“与”、“或”等逻辑关系准确描述；分支对结果的影响是通过其存在概率来反映的，获取困难。

3）综合评估方法。通过系统工程的方法，考察各系统组成要素的相互作用以及对建筑物火灾发生发展的影响，作出对整个建筑物的消防安全性能评估。如 Klein、Harding、Yoshida、Siu MingLo、Chandrasekaran 等对火灾状况进行评估时，过多地依赖专家的意见，主观性较强，综合评估结果难以达到科学化与合理化。

4）火灾模化的方法。如 Bruschlinsky、Chow 和 Peacock 等人给出了 150 多种不同类型和级别的火灾模型，如建筑群及居民区火灾及蔓延模型、城市火灾及消防队的处置法（多属性组织与管理）模型、地下火灾模型等，但是评估结果的可靠性依赖于火灾模型的精确性，而建立能够精确模拟实际火灾的模型必须搞清火灾机理，明确包括人员行为和消防管理在内的各方面参数之间的数学关系，需要积累丰富的数据资料，工作涉及面广，工作量大，而且现阶段诸多火灾模型的实验条件应用在风险评估中不可避免地存在一定的局限性。

1.5.2 国内火灾风险评估方法的研究现状

我国关于火灾风险评估学的研究相对一些发达国家起步较晚，但是随着近些年来与国外的相关研究机构的交流，也已经开展了火灾风险评估方面的研究工作，并取得了一定的成果。国内目前公安部所属的天津、上海、四川和沈阳四个消防科学研究所、中国建筑科学研究院建筑防火研究所、国家经贸委的劳动安全科学研究中心以及中国科学技术大学火灾科学国家重点实验室、同济大学、中国人民武装警察部队学院等科研单位和高校都在开展火灾风险评估相关方面的研究工作。

1986 年，公安部天津消防科学研究所开始介绍国外火灾模拟的相关方法和进展。特别是在“九五”期间，天津消防科学研究所在国外相关程序的基础上，开发了主要针对大型地下商场人员疏散的模型 FEgress，该模型在考虑人流方面具有一些突出的特点。

1989 年中国科学技术大学火灾科学国家重点实验室的成立，标志着中国的火灾基础研究迈出了新的一步，开始有了国家级的重点研究机构。在过去的几年中，火灾科学国家重点实验室的研究者取得了可喜的进展。在建筑火灾的计算机模拟方面，率先提出了场-区-网复合模型，该研究成果已被日本和英国等国的火灾研究者采用。场-区-网复合模型基于场、区、网模型的结合，同时利用体积守恒方法进行改进。

在国内的火灾研究中，火灾风险评估方法学虽是一个新的研究内容，但在这方面已取得了一定进展，特别是《国家重点基础研究发展计划》火灾动力学演化与防治基础（973）的立项，给予火灾风险评估的研究很大的支持。火灾风险评估中可以实现简化模型和一般统计理论的结合，而基于火灾动力学与小样本统计理论耦合的火灾风险评估方法则是未来的发展方向。以下介绍该项目的子课题 6 主要包括的研究内容。

1）我国典型场所火灾环境下人群疏散规律。该项主要是建立典型场所（如中、高层建筑和人口密集的公共建筑）火灾环境下人群疏散模型，研究人员疏散中个体效应与群体效应和火灾环境对人员疏散的影响，探索疏散中的阻塞现象，综合人的心理行为特征和环境变化，解决目前人员疏散的难点问题，揭示我国典型场所火灾环境下人群疏散规律。

2）疏导技术和疏导方式对疏散速率的影响。主要是建立建筑物内人员疏散速率的动态数学模型，深入研究影响人员疏散速率的各类因素。基于人群控制和人群管理理论，开发出切实有效的疏散技术，同时通过理论分析和试验方法，验证诱导疏散技术的功效。

3）小样本火灾事件的统计理论。建立无（或有限）火灾事件记录的统计分析理论和火灾记录数据有删失的统计分析方法，研究火灾损失额的概率规律；建立基于小样本统计理论的火灾现象实验设计方法以及系统可靠性理论的火灾风险评估方法。

4）基于火灾动力学和小样本统计理论祸合的风险评估方法。基于火灾双重性规律的思想，运用火灾动力学理论，包括火灾发生和火蔓延模型、烟气传播模型，结合小样本统计理论和小样本火灾实验方法，建立以典型建筑为代表的火灾环境下的风险评估方法。

同时，公安部消防局针对国家“九五”科技攻关项目“地下和大空间建筑火灾特性研究”，组织了天津、沈阳、四川、上海四个消防科学研究所、中国科学技术大学火灾科学国家重点实验室以及中国建筑科学院建筑防火研究所等科研机构进行共同攻关，建成了实体试验设施和配套测试系统，建立了地下和大空间建筑火灾的数学模型、计算机模型和相关数据库，为特殊建筑环境下的火灾风险评估提供了可靠的支持。“重大工业事故与大城市火灾防范及应急技术研究”列入了国家“十五”科技攻关项目计划，其中与火灾相关的部分就包括风险评估、性能化设计等方面的内容。

近几年来，国内多次召开的火灾科学与消防工程的学术会议也推动了火灾风险评估的发展，如2003火灾科学与消防工程国际学术会议、第一届建筑物性能化防火设计方法与评估技术研讨会等。

火灾的双重性规律决定了科学的火灾风险评估方法应该考虑确定性规律又涉及不确定性规律，这就决定了火灾风险评估的发展趋势：

1）建立评估危险源的指标体系和量化方法，并利用模糊数学和信息扩散理论等建立基于不完备样本的风险评估统计模型。

2）利用数据库技术，综合考虑所考察对象的环境因素，建立基于火灾确定性规律的动态风险评估模型。

当前和今后一段时间，还有一些火灾风险评估方法的基础问题有待解决：

1）基于火灾确定性规律的危险性统计评估方法。传统的风险评估方法只是从统计学的角度来构建其理论体系。如何结合确定性动力学演化理论与统计理论来发展建立在对火灾演化机理和规律现有认识基础上的事件树分析和故障树分析等危险性统计评估方法，是火灾风险评估方法学的重要研究课题。

2）火灾风险的动态模型。对火灾风险分析而言，基于统计理论的分析方法总体上是一种静态分析方法。运用随机过程模型构建评估火灾风险的动态模型，借此研究某一系统特定条件下发生火灾后风险概率的时间分布，发展体现火灾随时间传播过程的风险评估理论，也是值得深入研究的课题。

思 考 题

1. 简述火灾科学与消防工程之间的关系。
2. 简述火灾风险评估的目的、意义及作用。

第 2 章

火灾危险源的危害特征、辨识及其管理

2.1 火灾主要危险源及危害特征

火灾是失去控制的燃烧所造成的灾害。它是一种频繁发生的、危害严重的事故。凡是具备燃烧条件的地方，如果用火不当，或由于某种事故或其他因素，造成火焰不受限制地向外扩展，就可能形成火灾。

根据危险源分类，火灾的第一类危险源包括可燃物、火灾烟气及燃烧产生的有毒、有害气体成分，第二类危险源是人们为了防止火灾发生、减小火灾损失所采取的消防措施中的隐患。

2.1.1 可燃物

可燃物的存在是火灾发生的根本原因。可燃物可分为气相、液相和固相三种形态。发生燃烧时，它们与空气混合的难易程度不同，因而其燃烧状况存在较大差别。可以使用火灾荷载密度、发生火灾后的热释放速率、可燃物起火后对环境的辐射热流量等指标来衡量建筑物内可燃物的危害程度。

1. 火灾载荷

火灾荷载与火灾的严重程度之间有很明显的关系，没有可燃材料就不可能发生火灾；可燃材料越多火灾也就越严重。所以火灾荷载的确定为火灾危险源判定与火灾危险性分析尤为重要。

（1）材料的燃烧值

任何材料燃烧时都会释放大量的能量，这种能量的具体量值可以通过燃烧热来确定。燃烧热也被称为热值，用单位质量的材料完全燃烧所释放的总热量来定义。或者更标准地说是标准条件下氧化剂与可燃材料反应且生成产物所产生的反应热。这个热值可以通过理论公式计算获得，也可以通过试验测得。

通过热力学与热化学理论对可燃物的燃烧过程进行计算，从而洞悉这期间能量的变化情况，这就是热值的理论计算。具体计算是利用能量守恒定律对化学反应过程中化学能与热能的能量转化进行解释，进而根据化学中热力学的基本原理来对化合物热值进行计算。

1）热力学第一定律。热力学第一定律说的是一个物体体系在某一个特定的状态会具有一定的能量，如果这个状态因为外部原因而发生变化，体系中能量变化与引起这种状态变化的具体途径或者手段无关，仅与体系的始末状态有关。根据热力学第一定律，所有物质在燃烧过程中所释放的热以及体系做的功分别可用 Q 和 W 来表示：

$$Q = \Delta u + W = u_2 - u_1 = W \tag{2-1}$$

式中 u_1、u_2——始态和终态时体系的内能；

Δu——始态和终态间的内能变化。

2）恒压热、恒容热和焓变。火灾的能量来源是热效应。恒压过程、恒容过程以及绝热过程等各种过程共同构成了物系的化学反应这一复杂的过程。如果仅有体积做功，这种情况下化学反应过程可以分别称为恒容热以及恒压热过程。

由上面的定义可以把体系所具有的热容量称为焓，进而把产物与反应物之间的焓差称为标准焓变。

$$\Delta H = H_{产物} - H_{反应物} = \sum_i (n_i H_i)_{产物} - \sum_i (n_i H_i)_{反应物} \tag{2-2}$$

式中 n_i——任何一种反应物或者生成物的摩尔数；

H_i——反应压力和反应温度下任一反应物或者生成物的摩尔焓。

由上述公式计算得到的这个燃烧值称为定压燃烧值，这个燃烧值表示的是在恒压条件下所产生的燃烧值，这里用 Q_p 来表示；如果在定容条件下，并且反应的整个过程体积没有出现膨胀，这时候反应所放出的燃烧热被称为定容燃烧热，用 Q_r 表示，两者关系如下：

$$Q_r = Q_p + 2.43(n_2 - n_1) \tag{2-3}$$

式中 n_1——反应前体系中气体的总摩尔数；

n_2——反应后体系中气体的总摩尔数。

在化学反应中，物质通过化学反应从反应物转化为生成物，这个过程必然会伴随能量的转换，反应期间的热效应可以用热化学方程表示。这里引入化学当量的概念，通过反应过程以及化学当量方程式可以计算出化学当量。不管化学反应分为几个步骤，整个过程中所吸收或者说放出的净能量是不改变的。

根据这一热力学基本原理，化合物的燃烧热可以通过反应焓变计算出。比如甲烷的燃烧反应中，假设所有碳通过化学反应均匀燃烧全部变成 CO_2，所有氢通过化学反应全部转化为 H_2O，并且假定在反应过程中燃烧产物把氧气消耗殆尽，这种情况下甲烷和氧就是完全燃烧，方程式就可以写为：

$$CH_4 + 2O_2 \rightarrow CO_2 + 2H_2O$$

由此可计算得到 1mol 甲烷完全燃烧所释放的热量为 802.5kJ，也就是热值为50MJ · kg^{-1}。部分材料的燃烧热值见表 2-1、表 2-2。

表 2-1　各类材料的热值（固体和液体）

材料	热值/(MJ · kg^{-1})	材料	热值/(MJ · kg^{-1})	材料	热值/(MJ · kg^{-1})	材料	热值/(MJ · kg^{-1})
固体		软木	29	粗石蜡	47	微粒板	18
无烟煤	34	棉花	18	泡沫橡胶	37	塑料	
柏油	41	谷物	17	异戊二烯橡胶	45	工程塑料	36
沥青	42	黄油	41	轮胎	32	环氧树脂	19
纤维素	17	厨房垃圾	18	丝绸	19	三聚氰胺树脂	34
木炭	35	皮革	19	稻草	16	羟基类化合物	18
服装	19	油毡	20	木材	18	甲醛	29
烟煤 煤炭	31	纸和纸板	17	羊毛	23	聚酯纤维	31

（续）

材料	热值/（MJ·kg^{-1}）	材料	热值/（MJ·kg^{-1}）	材料	热值/（MJ·kg^{-1}）	材料	热值/（MJ·kg^{-1}）
加固材料	21	聚氯乙烯	17	石蜡油	41	乙炔	48
聚苯乙烯	44	脲醛树脂	15	烈酒	29	丁烷	46
聚异氰酸酯	20	脲醛泡沫	14	焦油	38	一氧化碳	10
泡沫材料	24	液体		苯	40	氢	120
聚碳酸酯	29	汽油	44	苯甲醇	33	丙烷	46
聚丙烯	43	柴油	41	乙醇	27	甲烷	50
聚氨酯	23	亚麻籽油	39	异丙基酒精	31	乙醇	27
聚氨酯泡沫	26	甲醇	20	气体			

表2-2　部分成型家具的热值　（单位：MJ）

摆放位置	家具类型		热值	摆放位置	家具类型	热值
厨房	木家具	餐桌	340	客厅及餐厅	金属写字台	840
		凳子	170		单屉桌（空）	330
		椅子	250		衣柜	500
	金属-木混合家具	椅子（金属腿）	60		钢琴	2800
		桌子（金属腿）	250		收录机	110
		凳子	40	卧室	电视机	150
	混合家具（包括所装物品）	大碗橱	1200		普通床	1100
		小食品柜	420		木床	1600
客厅及餐厅	餐具橱		1500～2000		木床带棉垫	450
	书橱（每平方米书架搁板及所带物品）		840		木床带塑料垫	480
	小家具		250		床头柜	160
	独角小圆桌		100		双门大衣柜	1680
	小餐桌		170		三门或四门大衣柜	2500
	方桌		420		五斗橱	1000
	装活动板加长的桌子		600	过道、门厅及其他	单门壁橱	700
	单人扶手椅		330		双门壁橱	1300
	沙发		840		三门壁橱	2000
	椅子（未填塞垫料）		70		四门壁橱	850
	椅子（填塞垫料）		250		木地板	83.5
	两头沉写字台		2200		地毯（毡）	50
	一头沉写字台		1200		窗帘（每平方米窗面积）	10

（2）火灾载荷密度及其确定方法

火灾荷载密度即发生火灾所在的空间内所有的可燃物燃烧产生的总热量能。很明显，火灾荷载越大，一旦发生火灾所造成的危险性也就越大，同时需要的防火措施也就越严。一般情况下，建筑物总的火灾荷载不能很好地阐述它与作用面积之间的关系，所以就有了火灾荷载密度这一概念。火灾荷载密度就是指室内所有可燃物完全燃烧产生的总热量和相对应的房间特征参考面之间的比值，即单位面积 A 上可燃物的总热量。

火灾荷载分为三种：一是固定式火灾荷载，用 Q_1 表示，主要指房间内装修用的位置固定不变的可燃物，如地面、吊顶、壁纸等；二是活动性火灾荷载，用 Q_2 表示，主要指房间内正在使用且位置可变性较大的可燃物，如家具、衣物、书籍等；三是临时性火灾荷载，用 Q_3 表示，主要指房间使用者暂时放置的可燃体。总的火灾荷载可以写成：

$$Q = Q_1 + Q_2 + Q_3$$

火灾荷载密度表示为：

$$q = \frac{Q}{A} = \frac{Q_1 + Q_2 + Q_3}{A}$$

由于临时火灾荷载存在不确定性，在常规计算中常不予考虑，则：

$$q = \frac{Q_1 + Q_2}{A} = q_1 + q_2$$

1）固定式火灾荷载密度。固定式火灾荷载 Q_1 在建筑物使用周期内一般情况下是不变的，因为其中大部分荷载在建造时就已经固定，如建筑物的门窗、地板、壁橱等。用 q_1 表示固定式火灾载荷密度，于是有：

$$q_1 = \frac{\sum M_v \Delta h_c}{A_t} \tag{2-4}$$

式中 q_1——固定式火灾荷载密度（MJ/m^2）；

M_v——着火房间内单个可燃物的质量（kg）；

Δh_c——单个可燃物的有效热值（MJ/kg）；

A_t——着火房间内地板面积（m^2）。

2）活动式火灾荷载密度。活动式火灾荷载 Q_2 的确定要比固定式火灾荷载 Q_1 难得多，主要是由于涉及的物品外形及种类繁多。比较常用的方法有统计法和计算法两种。运用计算法需要将某些家具以及其他物品的整体燃烧热量能进行测定，然后逐一计算。这种方法精确度比较高，但在技术上却比较复杂。针对这一情况，很多国家都作了一些统计计算，表 2-3 给出了一些国家基本认可的火灾荷载密度。

表 2-3 各类建筑中火灾荷载密度

房屋类型	平均火灾荷载密度/($MJ \cdot m^{-2}$)	分位值		
		80%	90%	95%
医院	230	350	440	520
医院仓库	2000	3000	3700	4400
办公室	420	570	670	760
商店	600	900	1100	1300
住宅	780	870	920	970
工厂	300	470	590	720
工厂仓库	1180	1800	2240	2690
图书馆	1500	2550	2250	—
学校	285	360	410	450

2. 火灾热释放速率

火灾热释放速率是决定火灾发展及火灾危害的一个主要参数，也是采取消防对策的基本依据，具有重要的参考意义。火灾热释放速率与建筑内的火灾荷载密度、可燃物种类、建筑物通风情况等因素相关。由于火灾过程是一个复杂的非线性过程，火灾中热释放速率的确定是很困难的。现在一般采用通过实验研究典型物品的火灾燃烧特性，并据此估计特定火灾中的热释放速率。

一般情况下可燃材料的净燃烧量与需要的氧气成正比，例如可以表示为释放 1.31×10^4kJ 热量需要消耗 1kg 氧气。且对于绝大多数可燃物来说，这个数量误差不超过 5%。鉴于此，当可燃物在空气环境中燃烧且外部辐射条件一定时，可以通过测量燃烧物中氧浓度及排气量来确定材料在燃烧过程中的放热量以及放热速度。

3. 火灾时对周围环境的热流量

热辐射是物体因其自身温度而发射的一种电磁辐射。当物体被加热，其温度上升时，一方面它通过对流损失部分热量，同时也将通过热辐射损失部分热量。火灾时可燃物起火后，起火区域有较高的温度，同时产生高温烟气，这些高温区域将通过热辐射将热量传递到周围的人或物表面，当人或物表面受到的辐射热流量达到一定值后，就会被灼烧或起火燃烧。

辐射热量的物体，其单位表面上发射出的热量与媒介质的状态无关，而是与物体的绝对温度和面积成正比，即燃烧物体的温度越高、面积越大，辐射强度及辐射热越大。而接受辐射热的物体，其受热量和两者间距离的平方成反比，即距离越近，受热量越多；距离越远，受热越少。在火灾发生时，放射物表面（火焰）的温度通常都在 1000℃以上。而一般可燃物质在空气中的自燃点始终低于 800℃（如木材为 200～300℃，煤油为 240～290℃，石油沥青为 270～300℃），由于受到火焰的灼烤可能会燃起来，曾经发生过距离火灾现场 200m 的建筑物，由于辐射热的作用而发生了火灾。

2.1.2 烟气及有毒、有害气体

火灾发生时，伴随滚滚浓烟、闪闪火光的是大量对人有毒、有害的烟气的产生，如 CO、CO_2、HCN、HCl、H_2S。随着近代石油化学工业的发展，合成高分子材料的品种和数量增多，这个问题变得越来越突出了。各种高分子材料作为建筑材料和装饰材料广泛应用于建筑物中，虽然它们具有质轻、美观、施工方便等优点，但它们绝大多数为易燃材料，一旦发生火灾会产生大量的烟和毒性气体，而这些烟和毒气对人体是有极大危害的。

1. 火灾烟气的定义与产生的原因

（1）火灾烟气的定义

美国材料和试验学会（ASTM）给烟下的定义是：某种物质在燃烧或分解时散发出的固态或液态悬浮微粒。而一般在上述定义外还加上“以及混合进去的任何空气”。可燃物质燃烧时会产生大量的烟。烟是由极小的炭黑粒子、完全燃烧或未完全燃烧的灰及可燃烧分解产物组成的。如木头燃烧时会产时灰黑色的烟；石油产品、树脂燃烧时会产生黑色的烟；纸张、草类燃烧会产生黄白色的烟；毛发、橡胶、皮革燃烧时会生成淡黄色的烟等。

（2）火灾烟气产生的原因

据有关资料分析，20 世纪 80 年代后，火灾中人员的伤亡有 80% 是由于烟气中毒或窒息所造成的。随着我国经济的快速发展和人民生活水平的提高，人们对生活、娱乐的场所提出

了更高的要求。无论是在民居还是在宾馆、商场以及各种娱乐场所等地点，都大量使用了各种各样的装修材料。这些材料除了通常使用的石膏、木板以外，还有各种各样的有机合成材料，比如有酚树脂、聚苯乙烯、聚氯乙烯、环氧树脂等。这些装修材料的大量使用，是发生火灾时产生大量的有毒有害气体的直接原因。图 2-1 是利用美国 NIST 火灾研究所开发研制的 FAST 软件简单模拟一个房间在使用简单装修和没有使用装修时发生火灾后的温度和烟气生成量的模拟图形。其中下标 1 代表没有经过装修的房间；下标 2 代表经过装修的房间。从图中我们可以看出，即使使用了简单的装修材料，在发生火灾时，其产生的烟气含量都有了明显的增加。这也说明为了降低在发生火灾时人员的伤亡量，我们必须开发研制出新型的建筑装修材料，使这些材料在满足人们对房间美观舒适要求的基础上，更能够满足防火的要求，且使得在发生火灾时产生的有毒烟气量减少到最低。

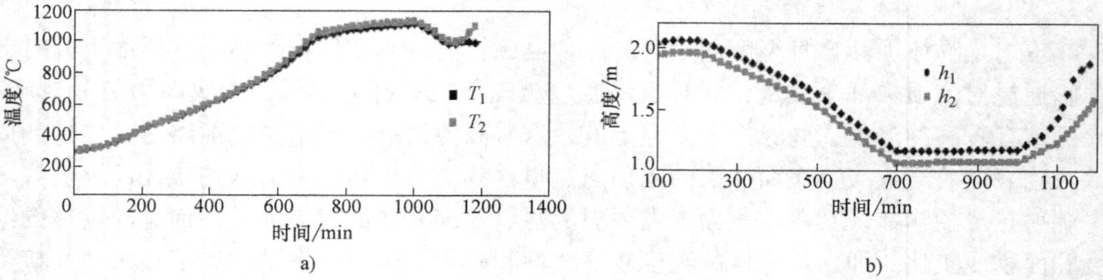

图 2-1　烟气产生状况对比图

a）温度对比　b）烟层高度对比

2. 火灾烟气的危害特征

火灾烟气的组成随燃烧材料的不同而变化，其成分也比较复杂。无论是什么样的气体组分，其危害都表现为以下几方面：

（1）烟气的遮光性

光穿过烟气时，这些颗粒或液滴会降低光的强度。烟气的遮光性就是根据测量一定光束穿过烟场后的强度衰减决定的。通常将烟气的光学密度定义为：

$$D = -\lg(I_0/I) \tag{2-5}$$

式中　D——烟气的光学密度；

I_0——由光源射入长度给定的空间的光束的强度；

I——该光束由该空间射出后的强度。

由于烟气的减光作用，人在有烟场合下的能见度必然有所下降，而这会对火灾中人员的安全疏散造成严重影响。能见度是指人们在一定环境下刚刚能看到某个物体的最远距离。能见度与烟气的散射和吸收系数、烟气的颜色、物体的亮度、背景的亮度、观察者的视力及观察者对光线的敏感度都有关。烟气中对人眼有刺激作用的成分也对人在烟气中的能见度有很大影响。

（2）高温与热损伤

尽管大部分伤亡缘于吸入有毒烟气，但火灾最明显的危害仍在于其产生的大量热量。热量中的一部分由烟气携带。根据一般室内火灾升温曲线，着火中心 5min 后即可达到 500℃以上，最高温度可达到 1000℃以上。人体皮肤温度约为 45℃时即有灼痛感，而吸入的气体温度超过70℃，就会使气管、支气管内黏膜充血以及出血、起水泡，组织坏死，并引起肺部扩张，因肺水肿而死亡。

人员对烟气高温的忍受能力与人员本身的身体状况、人员衣服的透气性和隔热程度、空气的湿度等有关。考虑火灾烟气对人员的上述三种危害，一般设定以下三种判据：

1）烟气层高度高于人眼特征高度，烟气层温度在180℃以下，这可以保证人体接受的烟气辐射热通量小于0.25W/cm^2（对人体造成灼伤的临界辐射热通量）。

2）烟气层高度低于人眼特征高度，热烟气直接对人员造成烧伤，这种情况下的烟气层温度为110～120℃。

3）烟气层高度低于人眼特征高度，烟气内有毒有害气体对人员造成伤害，可以根据某种有害燃烧产物的含量是否达到了危险临界浓度来判定危险状态。例如，CO含量达到0.25%就可构成对人员的伤害。

在某场火灾中，上述三种危险状况哪一项先到达就取这项作为危险判断根据。

(3) 缺氧

发生火灾时，可燃烧物质燃烧要消耗空气中大量的氧。实践可知，随着燃烧的持续，氧浓度逐渐减少。发生轰然时，氧浓度急剧减少。在轰燃最盛期，氧浓度只有3%左右。对处于着火房间的人们来说，氧气的短时致死（短时间内人因缺氧而死亡）浓度为6%。但即使含氧量约为6%～14%，人们虽然不会短时死亡，但也会因为失去活动能力和智力下降而不能够逃离现场。氧浓度降低对人体的危害见表2-4。

表2-4 空气中氧浓度降低对人体的危害

氧浓度（%）	对人体的危害
16～12	呼吸和脉搏数加快
14～9	判断力下降、全身虚脱、发晕
10～6	意识不清、引起痉挛、6～8min死亡
0	为5min致死浓度

(4) 毒性

火灾中产生的燃烧产物，通常包括可燃材料燃烧或热解释放的气体及生成的烟尘。烟尘是指燃烧产物中的气溶胶或凝固相成分，火灾气体（ASTM 1994）是指材料在相应温度热解或燃烧释放的可在空气中传播的气相产物。烟尘和有毒气体通常是火灾中受害者首先遭受的有害物质，其危害在于阻碍视线而拖延逃生时间或导致人体器官先期失能（Early Incapacitation）。这种材料燃烧产物对生物体造成病理或生理效应的毒性效力称为燃烧毒性，其毒害程度与剂量（浓度与暴露时间的乘积）有关，不是绝对值。

燃烧毒性是造成人员死亡的主要因素之一。美国消防协会（NFPA）对历年有毒烟气致死人数和受害者死亡地点的统计数据表明，每年由于烟气吸入中毒死亡的人数占火灾死亡人数的2/3～3/4，而其中60%～80%的人员均在远离火源的位置死亡，说明有毒气体在建筑空间的传播造成了更大范围的事故。因此，从1970年左右开始，烟气毒性（即燃烧产物毒性）一直成为40多年来火灾科学中持续关注和讨论的话题。

一般认为，火灾中产生毒害的气体有一氧化碳、氢氰酸、二氧化碳、丙烯醛、氯化氢、氧化氮、混合的燃烧生成气体。这些有毒气体通常可分为以下三类：窒息物或可产生麻醉的毒物；刺激物、感觉刺激物或肺刺激物；具有其他或特殊异常毒性的毒物。在药理学术语中，“麻醉剂”是一种可导致人失去知觉（即麻醉），同时丧失痛感的药。在燃烧毒理学中，该术语最初是指能导致中枢神经系统抑制，进而失去知觉，最终导致死亡的窒息性毒物。窒息性或可产生麻醉的毒物的效应取决于积累的剂量，即浓度乘以暴露时间。毒性效应的强烈程度随剂量的增加而增加。虽然许多窒息物都来源于材料的燃烧，但在燃烧生成气体中，只测出了一氧化碳和氢氰酸产生强烈急性毒性效应的最小浓度。

刺激效应实质上可由所有燃烧生成的气体产生，燃烧毒理学家通常认为刺激效应有两种类型：感觉刺激，包括对眼睛和上呼吸道的刺激；肺刺激，作用于肺的刺激。多数刺激物可产生具有感觉刺激和肺刺激特性的体征和症状。眼睛刺激是一种只取决于刺激物浓度的即刻效应，可以根据阻碍受害者逃离火场的能力来估算。角膜中的神经末梢受到刺激会产生疼痛、反复眨眼和流泪，强烈的刺激还可以导致眼睛损伤。受害者闭上眼睛虽然能够部分缓解这些效应，但却会妨碍自己逃离火场。空气中的刺激物会进入上呼吸道，刺激那里的神经受体，在鼻、嘴、喉内产生灼热感并导致粘液分泌。感觉效应主要与刺激物的浓度有关，一般不随暴露时间的增加而增强。在灵长目动物身上，继初始感觉刺激的体征出现后，大量被吸入的刺激物便进入肺部并显示出肺刺激的症状。肺刺激的特征是咳嗽、支气管缩窄和肺流阻力增大。通常，暴露于高浓度下达 6～48h 便会出现组织炎症、组织损伤、肺水肿以及随后的死亡。暴露于肺刺激物中还会增加对细菌感染的敏感性。与感觉刺激不同，肺刺激效应既与刺激物浓度有关又与暴露持续时间有关。部分材料火灾时释放的主要有毒有害气体见表 2-5。

表 2-5　部分装饰材料燃烧产物表

聚合物	气态燃烧产物/（mg/g 聚合物）										
	CO_2	CO	COS	SO_2	N_2O	NH_3	HCN	CH_4	C_2H_4	C_2H_2	HCl
聚乙烯	502	195						5	187	10	
聚苯乙烯	594	207						7	2	6	
尼龙—66	563	194				4	26	39	82	7	
聚丙烯酰胺	783	173				32	2	20	13	4	
聚丙烯酯	630	132					59	8			
聚氨酯	625	160					1	17	37	6	
聚苯硫	1892	219	3	451							
环氧树脂	961	228					3	33	5	6	
三聚氰胺树脂	702	190			27	135	59	2	1		
木材、纸张	1397	66									
聚氯乙烯	590	207						7	2		279

从表中可以看出危害最大的是 CO，通过对大量火灾案例的分析研究和对死者的解剖分析也可得出，CO 是烟气中致人死亡的主要杀手。因 CO 而致死的人数占烟毒致死人数的 40% 以上。此外，由于 CO_2 的刺激作用及多种有毒气体的混合效应，如 CO 与 CO_2 的混合，可以加深呼吸的程度，并促使呼吸加快，增强 CO 与血红蛋白的结合，因而使毒性效应更强。

表 2-6 列出了若干有毒的气体的毒性增大序列。表中的估计值 Lc_{50} 表示在给定时间内能

导致暴露者 50% 死亡的气体含量。多种有毒气体的共同存在可能加强毒性。

表 2-6 若干有毒气体的毒性增大序列

气体种类		假定 Lc_{50}（10^{-4}%）	
符号	中文名	5min	30min
CO_2	二氧化碳	>150 000	>150 000
C_2H_4O	乙醛		20 000
$C_2H_4O_2$	醋酸		11 000
NH_3	氨	20 000	9 000
HCl	氯化氢	16 000	3 700
CO	一氧化碳		3 000
HBr	溴化氢		3 000
NO	一氧化氮	10 000	2 500
COS	硫化羰		2 000
H_2S	硫化氢		2 000
C_3H_4N	氢丙烯		2 000
HF	氟化氢	10 000	2 000
COF_2	氟化羰		750
NO_2	二氧化氮	5 000	500
C_3H_5O	丙烯醛	750	300
CH_2O	甲醛		250
SO_2	二氧化硫		500
HCN	氰化氢	280	135
$C_9H_6O_2N_2$	酸酯		约 100
$COCl_2$	氯化羰	50	90
C_4F_8	八氟化四碳	28	6

（5）恐怖性

人群在高温烟气情况下，也会引发心理恐惧，由此也会引发各种各样的异常心理和行为，从而会造成灾害损失的进一步扩大。这些心理和行为主要表现为恐惧、从众、逆反以及绝望等。

恐惧心理表现为：惊慌害怕、言行错乱、判断和意志力下降等。

从众心理表现为：没有主见，随大流，火灾情况下别人向哪儿跑，自己也向哪儿跑。火灾中出现的门口尸体堆积如山的现象充分说明了这一点。

逆反心理表现为：不该做的事情反而去做，不该打开的门窗反而打开，不该冲向浓烟区反而冲向浓烟区。

绝望心理表现为："破罐子破摔"、"听天由命"，甚至跳楼、躲在床下等死等。

（6）减光性

当火灾弥漫时，可见光因受到粒子的遮蔽而减弱，能见度大大降低。同时，烟气中的一些气体，如 NH_3、SO_2 等的刺激使人的眼睛睁不开，从而妨碍人员的疏散。

2.1.3 消防对策与消防管理中的危险源

为了防止建筑火灾的发生、减少火灾损失，人们总要采取各种消防对策和消防管理手段控制或改变火灾过程。这些消防对策从本质上来说是采取措施来约束、限制火灾中的可燃物、烟气等危险源。一个理想化的情况是这些措施完全能够约束、限制火灾危险源，则采用了这些措施的建筑就不会发生火灾，是安全的。但是，根据系统安全理论，绝对安全的系统是不存在的，这些消防对策和消防管理手段中总会存在一些隐患，这些隐患导致了建筑物发生火灾的可能。这些消防隐患也是建筑物发生火灾的危险源之一，从其性质来看，属于第二类危险源。

在建筑火灾中，各种防治火灾、减少火灾中人员伤亡和财产损失的消防对策的应用应当参照火灾发生发展过程进行考虑。图 2-2 给出了火灾发展时间线及所采用的相应的消防对策。

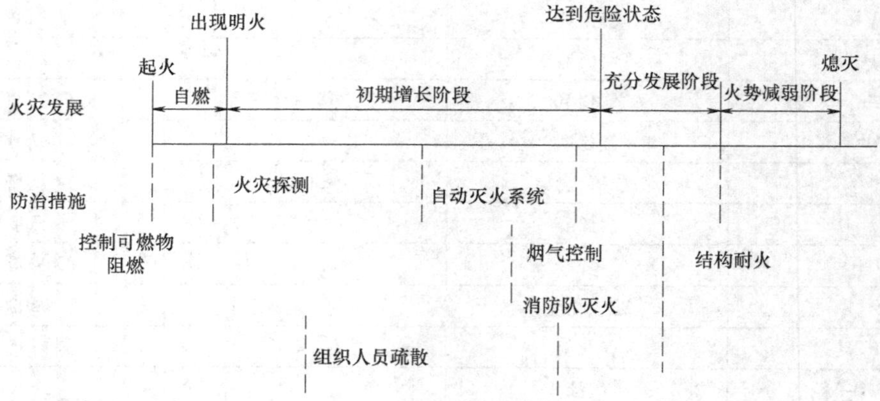

图 2-2 火灾发展与消防对策

控制起火是防止或减少火灾损失的第一个关键环节，为此应当了解各类可燃材料的着火特性，将其控制在危险范围之外。具体实施手段包括严格控制建筑物内的火灾荷载密度；对建筑装修材料的燃烧等级进行严格限定，对容易着火的场所或部位采用难燃材料或不燃材料；控制可燃物与点火源的接触；通过阻燃技术改变某些材料的燃烧性能等。

在实施这些措施时，由于对可燃物的性能了解不够，对可燃物的控制不严格，可能会导致建筑物发生火灾的可能性增大。

火灾自动探测报警系统是防止火灾的另一关键环节。自动探测报警系统可在火灾发生早期探测到火情并迅速报警，为人员安全疏散提供宝贵的信息，且可以通过联动系统启动有关消防设施来扑救或控制火灾。但是自动探测报警系统存在一定的故障率，存在误报的情况；另外如果自动报警系统安装不合理，会出现报警死角，影响自动报警系统的工作。

自动灭火系统可以及时将火灾扑灭在早期或将火灾的影响控制在限定范围内，并能有效地保护室内的某些设施免受损坏。同样自动灭火系统存在一定的故障率，这对控制火灾的发展和蔓延影响很大。

建筑物内人员安全疏散的设计及建筑物火灾时期人员安全疏散的组织对保证人员在危险

条件来临之前疏散到安全地点非常重要。目前，很多建筑物存在安全疏散不合理、安全通道堵塞、安全线路指示不明的现象，另外，很多建筑物的使用人员对建筑内的疏散通道不熟悉，一旦发生火灾，将会导致人员安全疏散无法顺利进行，造成群死群伤的恶性后果。

如前所述，火灾时的烟气是对人员生命安全构成威胁的重要危险源。在建筑火灾中，防止烟气的蔓延是一个极为重要的问题。挡烟垂壁、蓄烟仓、机械排烟系统、自然排烟系统等都是人们为了防止烟气蔓延而采取的消防措施。在建筑设计中，不合理的建筑结构可能会导致烟气聚积、排烟不通畅等问题；由于对烟气运动的规律认识不足，在排烟系统的设计中也可能存在一些不合理的地方；另外为了防止火灾蔓延，建筑内常常喷涂防火涂料，这些防火涂料在受火时往往具有较高的发烟性及毒性，可能对人员生命安全构成威胁。

对于较大型的火灾，一般需要消防队来扑救。消防队到达火灾现场的时间越短，越有利于控制火灾。影响消防队到达火灾现场展开扑救的因素包括建筑物与最近的消防队的距离；建筑物与消防队之间的路况；建筑物内消防通道的顺畅情况；消防队的训练程度；建筑物内及周围消火栓的情况等。

许多建筑火灾经常可以发展到轰燃阶段，在这种情况下，火灾常常对建筑结构产生影响。近年来国内外发生了多起由于火灾造成建筑物整体坍塌的事故，最著名的就是美国“9·11”事件，世贸中心大楼整体倒塌。在建筑设计中应考虑建筑构件的耐火性能，核算相关构件的耐火极限。

2.2 火灾危险源辨识

消防安全管理是指围绕火灾危险源展开的各种管理活动。火灾危险源是可能导致火灾发生或火灾危害增大的各类潜在不安全因素。消防安全管理除了对火灾危险源进行控制以外，还需要对某些不安全因素没有得到有效控制而发生的火灾（通常是指初期火灾）进行处置。因此，消防安全管理始终是围绕火灾危险源进行的。但是，目前许多单位对火灾危险源的辨识、判定尚无统一的认识，也缺乏简便易行且行之有效的科学方法。

2.2.1 火灾危险源辨识的层次与程序

2009年5月实施的《中华人民共和国消防法》（以下简称《消防法》）提出了“政府统一领导、部门依法监管、单位全面负责、公民积极参与”的消防工作原则。单位是社会的基本单元，也是社会消防管理的基本单元。单位对消防安全和致灾因素的管理能力，反映了社会公共消防安全管理水平，在很大程度上决定了一个城市、一个地区的消防安全形势。《消防法》进一步强化了机关、团体、企业、事业等单位在保障消防安全方面的消防安全职责，明确单位的主要负责人是本单位的消防安全责任人。可见，增强单位自身的消防安全管理能力，是贯彻落实《消防法》的客观要求。

1. *火灾危险源辨识的层次*

《消防监督检查规定》第36条规定了六种可以确定为“火灾隐患”的情形，并规定：“重大火灾隐患按照国家有关标准认定。”这里的“按照国家有关标准认定”指的是GA653—2006《重大火灾隐患判定方法》（以下简称《判定方法》）。

由《判定方法》可知，火灾隐患通常是指违反消防法律法规，可能导致火灾发生或火灾危害增大，并由此可能造成火灾事故后果和严重社会影响的各类潜在不安全因素。

根据火灾隐患的严重程度可分为重大火灾隐患、非重大火灾隐患两类。显然，重大火灾隐患可能造成特大火灾事故和严重社会影响，是需要特别注意的。《判定方法》以保护公民人身和公私财产的安全为目标，为公民、法人、其他组织和公安消防机构提供了科学判定重大火灾隐患的方法，也为消防安全评估提供了依据。

虽然非重大火灾隐患的后果没有重大火灾隐患那么严重，但作为一种火灾隐患，也是需要及时辨识和整改的，否则，将是对消防安全的威胁。由此可见，公安机关消防机构对重大火灾隐患、非重大火灾隐患有了十分明确的规定。各类组织在消防安全管理过程中，需要结合自身实际，按照上述规定和技术标准，查找隐患，加以整改。

那么，不属于上述规定、标准范畴之内的可能导致火灾或爆炸事故的消防安全因素，应当称之为“火灾危险源”。火灾危险源如果不加以整改、清除，就可能成为火灾隐患，甚至成为重大火灾隐患。反之，重大火灾隐患或非重大火灾隐患整改不彻底，也可能构成火灾危险源。

2. 火灾危险源辨识的程序

燃烧是物质与氧化剂之间的放热反应，通常会同时出现火焰或可见光。而火灾是在时间或空间上失去控制的燃烧所造成的灾害。因此辨识火灾的危险隐患，就是辨识燃烧的危险隐患。

（1）两类火灾危险隐患

如前所述根据能量意外释放论，危险隐患能够造成人员伤亡、财产损失、工作环境破坏的能量。火灾危险隐患可分为两种：

1）系统中存在的、可能发生意外释放的可引起火灾的能量或危险物质。主要有：① 系统中存在的可燃物质，并通过计算确定其能否引起火灾，并根据其释放的频率、数量划分危险等级；② 系统中存在的点火源，点火源可以是明火，也可以是高温表面，也可以是电火花，判断其是否为点火源，主要依据就是其所具有的能量是否能引起可燃物质的燃烧；③ 系统中存在的助燃物，辨识过程中主要分析环境中氧气的含量；④ 其他与燃烧、减灾有关的设施、设备情况，如通风条件、泄压面积等。

2）导致约束、限制可引起火灾的能量或危险物质措施失效或破坏的各种不安全因素。利用系统安全理论分析系统中不安全因素，其主要包括人、机（物）、环境及管理等问题，以及人的不安全行为、物的不安全状态、不良的人文环境和自然环境、系统中存在的管理缺陷。

（2）识别火灾危险隐患的存在

目前，对火灾危险隐患辨识的方法主要有：安全检查表、预先危险性分析、危险与可操作性研究、事件树分析、事故树分析、作业条件危险性评价和火灾爆炸危险指数评价方法。根据系统特点，采用合理的辨识方法，对系统中存在的火灾隐患进行全方位、深层次的认识，从而提高防火救援工作效率。

1）预先危害分析。预先危害分析是一种系统安全分析方法。它主要用于新系统设计、已有系统改造之前的方案设计、选址阶段，人们还没有掌握其详细资料的时刻，用来分析、辨识可能出现或已经存在的危险源，并尽可能在付诸实施前找出预防、改正的措施，消除或控制危险源。

这种分析方法的优点在于允许人们在系统开发的早期识别、控制危险因素，可以用最小的代价消除或减少系统中的危险源，它为制定整个系统寿命期间的安全操作规程提出依据。

2）危险性和可操作性研究。这种分析方法应用系统的审查方法来审查新设计或已有的生产工艺和工程意图，以评价因装置、设备的个别部分的误操作或机械故障引起的潜在危险，并评价其对整个工厂的影响。

3）故障类型和影响分析。故障类型和影响分析是对系统的各组成部分、元素进行的分析。系统的组成部分或元素在运行过程中会发生故障，并且往往可能发生不同类型的故障。不同类型的故障对系统的影响是不同的。这种分析方法首先找出系统中各组成部分及元素可能发生的故障及其类型，查明各种类型故障对邻近部分或元素的影响以及最终对系统的影响，然后提出避免或减少这些影响的措施。

4）事件树分析。事件树分析是一种按照事件发展的时间顺序由初始事件开始推论可能的后果进行危险源辨识的方法。

一起事故的发生是许多原因事件相继发生的结果，其中一些事件的发生是以另一些事件首先发生为条件的。事件树以一初始事件为起点，按每一事件可能的后续事件只能取完全对立的两种状态（成功或失败，正常或故障，安全或危险等）之一的原则，逐步向结果方向发展，直到达到系统故障或事故为止。

事件树分析起源于决策树分析，是一种归纳的系统安全分析方法，可以用于定性分析，也可以用于定量分析。

5）事故树分析。事故树分析是从特定的故障事件（或事故）开始，利用事故树考察可能引起该事件发生的各种原因事件及其相互关系的系统安全分析方法。它本来是一种复杂系统可靠性分析方法，由于可靠性与安全性有密切的因果关系，所以事故树分析方法在安全工程领域得到了广泛应用。

在系统寿命不同阶段的危险源辨识中，应选择相应的系统安全分析方法。例如在系统开发、设计早期可以应用预先危害分析方法；在系统设计或运行阶段可以应用危险性和可操作性研究、故障类型和影响分析等方法进行详细分析，或者应用事件树分析、事故树分析等方法对特定的事故或系统故障进行详细分析。

（3）确定火灾危险隐患特性

根据火灾隐患辨识工作中发现的火灾隐患，对其进行认真分析，确定其存在条件及引发火灾的因素，即火灾危险隐患特性。一定强度的引发火灾的能量，因存在条件不同，所显现的危险性也不同，被触发转换为事故的可能性大小也不同。因此，危险因素特性的分析是火灾危险隐患的重要环节。火灾危险隐患包括：可燃物存储条件、物理状态系数、装载设备状况、防护条件及管理条件；助燃物的种类、来源；点火源的能量、出现频率等。

2.2.2 两类火灾危险源及火灾危险源辨识的一般方法

1. 两类火灾危险源

（1）第一类火灾危险源

1）概念与分类。第一类火灾危险源的辨识即对燃爆危险物进行辨识。凡是能够引起火灾及爆炸危险的物质称为燃爆危险物。燃爆危险物可分为以下九种：可燃性气体（蒸气）、易燃和可燃液体、可燃固体、可燃性粉尘、自燃性物质、忌水性物质、氧化剂、爆炸品和混合危险性物质。

2）各种燃爆物的危险特性。可燃性气体的燃爆危险性主要与其爆炸极限、最小发火能量（最小点燃电流）、闪点、最大试验安全间隙、燃烧热或分解热有关。可燃性气体的爆炸极限范围越大，最小发火能量（最小点燃电流）越小，最大试验安全间隙越小，燃烧热或分解热越大，其燃爆危险性越大。实际中在判断可燃气体燃爆危险性的时候，往往只需考虑可燃气体的爆炸下限和最小发火能量（最小点燃电流）。因为在空气中，当可燃气体达到其爆炸下限的时候，只要遇到达到其最小发火能量的火源，便会发生爆炸。

可燃性液体的燃爆危险性主要与其闪点有关，闪点越低的可燃液体，其燃爆危险性越大。另外，一定温度下，由于蒸发，可燃性液体表面会形成一定浓度的蒸气，如果这个浓度达到蒸气的爆炸极限，遇到具有一定能量的引火源时，也会发生燃烧爆炸。

可燃固体的火灾危险性主要取决于它们本身的结构和组成。一般说来：可燃固体的燃点越低，热分解越容易；比表面积越大，其火灾危险性越大。

根据固体物质燃点高低、易燃性大小及燃烧猛烈程度，可分为一级易燃固体和二级易燃固体两类。一级易燃固体的燃点或自燃点低，易燃烧或爆炸，燃烧速度快，并释放有毒气体。一级易燃固体主要有红磷及含磷化合物、部分硝基化合物（如二硝基甲苯、二硝基萘等）、闪光粉、氨基化钠等。二级易燃固体的火灾危险性比一级易燃固体的火灾危险性小，主要有部分硝基化合物（如二硝基丙烷、硝基芳烃等）、易燃金属粉、碱金属氨基化合物、萘及其衍生物、硫磺、生松香等。

可燃粉尘按存在粉尘爆炸危险性的行业可分为金属粉尘、煤炭粉尘、轻纺原料产品粉尘、合成材料粉尘、火药和炸药粉尘、粮食粉尘、农副产品粉尘、饲料粉尘等。

判断粉尘燃爆危险性的主要指标是爆炸极限（通常是爆炸下限）和最小点火能量，可燃粉尘的爆炸下限和最小点火能量越小，其爆炸危险性越大。

自燃性物质是指无明火直接作用，由于受热升温或本身自行放热达到自燃点而自行燃烧的物质。显而易见，自燃点越低的自燃性物质，越容易自燃。常见的自燃性物质包括以下几类：

1）由氧化热引起自燃的物质，如黄磷、煤、油脂等。

2）由分解热引起自燃的物质，如硝化纤维、赛璐珞、有机过氧化物等。

3）由水解热引起自燃的物质，如烷基铝类化合物。

4）由发酵热引起自燃的物质，如稻草、木屑、籽棉等。

忌水性物质是指遇水或吸收空气中的水分时发热且有着着火危险的物质，常见的忌水性物质主要包括以下几类：

1）活泼金属及其合金，如钾、钠、铷、钾钠合金等；还有某些金属的氢化物，如氢化钠、氢化钙等。它们遇水都会发生剧烈反应，放出氢气与大量热，其热量能使氢气自燃或爆炸。

2）金属碳化物，如碳化钙、碳化钾等。它们遇水也反应生成可燃气体，并放出热量，放出的热量也可引起可燃气体自燃或爆炸。

3）硼氢化合物，如二硼氢、硼氢化钠等。

4）金属磷化物，如磷化钙、磷化锌等。

5）其他，如保险粉（低亚硫酸钠）等，遇水呈炽热状态并分解出可燃气体，有燃爆危险。另外还有一些物质，如生石灰等，遇水反应放出大量的热，容易引燃周围的易燃物。

氧化剂中主要是有机氧化剂本身会燃烧。另外，某些氧化剂当受热、撞击、摩擦或日光照射时，本身会分解，产生大量气体及大量放热，从而引起爆炸。还有些氧化剂遇水、遇酸或遇到比它更强的氧化剂时都会发生燃烧爆炸。

爆炸品的危险性主要与其理化性质有关。通常用敏感度来衡量爆炸品发生爆炸反应的难易程度。敏感度的高低以引起炸药爆炸反应所需的最小能量来表示，这个外界能量称为起爆能。起爆能越小，则炸药的敏感度越高。常见的爆炸品有 TNT、苦味酸、硝化甘油等。

属于第一类火灾危险源的混合危险性物质主要包括以下两种情况：

1）混合危险性物质中的一种或几种本身是可燃物，与氧化剂混合时发生燃烧或爆炸。如苯胺与发烟硫酸混合就是这种情况。

2）混合危险性物质混合后生成可燃性气体或爆炸性物质。如电石与水混合生成乙炔，乙炔与铜、银、汞盐反应生成易爆的乙炔铜（银、汞）。

（2）第二类火灾危险源

第二类火灾危险源是导致可燃物意外释放能量的各种因素，它包括人、物、环境三方面的问题。

1）人的因素问题主要包括人的不安全行为和人失误。人的不安全行为一般指人明显违反安全操作规程的行为。如人在高温表面烘烤衣物就是一种不安全行为。人失误是指人的行为的结果偏离了预定的标准。如人在带电修理机器设备时不小心短路，短路产生的电火花引燃了附近的易燃物。

2）物的因素问题可以概括为物的不安全状态和物的故障（或失效）。物的不安全状态是指机械设备、物质等明显不符合安全要求的状态。如把易燃易爆物质与一般仓储物存放于同一仓库。物的故障（或失效）是指机械设备、零部件等由于性能低下而不能实现预定功能的现象。如设备故障运行使电流过载，造成电气火灾。物的因素可能直接使约束、限制能量或危险物质的措施失效而发生事故，也可能诱发人的因素问题，人的因素问题有时也造成物的因素问题。

3）环境因素主要指系统运行的环境，包括温度、湿度、照明、粉尘、通风换气、噪声、振动等物理环境以及企业的软环境等。不良的物理环境、企业的规章制度不健全、管理不善等都会引起人的因素问题或物的因素问题。

由于第二类火灾危险源的种类较多，所以要辨识所有第二类火灾危险源往往比较困难。实际操作中要根据各企业的实际情况，从以上几方面考虑，才会取得较好的效果。

2. 火灾危险源辨识一般方法

（1）重大危险源的数量、区域的确定

《危险化学品重大危险源辨识》（GB18218—2009）为辨识重大危险源提供了标准依据和方法。被评价单位涉及危险物质的生产、使用、储存和经营等活动的，应按《重大危险源辨识》进行重大危险源辨识，确定重大危险源的数量、区域。依据物质的危险特性及其数量，将重大危险源分为生产场所重大危险源和储存区重大危险源，填写重大危险源统计表。确定重大危险源，对重大危险源存在的场所进行整顿。

（2）可燃液体、可燃气体火灾危险源辨识

具有化学工业生产性质的被评价单位以及有可燃液体、可燃气体存在的空间或场所，其火灾危险源辨识应按照火灾爆炸指数进行评价，确定火灾爆炸危险源的位置、区域。经评价确定的火灾爆炸危险源的位置、区域应确定为消防安全重点部位。火灾爆炸指数是对化工工艺过程和生产装置的火灾爆炸危险性进行评价及采取相应安全措施的一种方法。火灾爆炸指数评价法以工艺过程中的物料火灾爆炸潜在危险性为基础，结合工艺条件、物料量等因素求取火灾爆炸指数，进而可求出经济损失的大小，以经济损失评价生产装置的安全性。评价中定量的依据是以往事故的统计资料、物质潜在能量和现行安全措施的状况。

（3）可燃固体火灾危险源辨识

1）调查建筑物、构筑物室内可燃物的名称、数量，填写火灾荷载登记表（见表2-7）。

表2-7　火灾荷载登记表

建筑空间名称	可燃物名称	可燃物质量/kg	火灾荷载/MJ	备　注

火灾荷载是衡量建筑物室内所容纳可燃物数量多少的一个参数，是研究火灾全面发展阶段性状态的基本要素。简单一点，就是建筑物容积所有可燃物由于燃烧而可能释放出的总能量。在建筑物发生火灾时，火灾荷载直接决定着火灾持续时间的长短和室内温度的变化情况。因而，在消防工作中，很有必要了解火灾荷载的概念，合理确定火灾荷载数值。

火灾荷载和火灾的严重程度之间的关系是很明显的，没有可燃物就没有火灾；可燃物越多，火灾越严重。因此火灾荷载的计算非常重要。然而，不只是可燃物的数量重要，而且单位空间里的可燃材料的类型也很重要。因为有些材料在燃烧时每单位质量比其他单位材料释放更多的能量。这就是为什么火灾荷载经常用MJ而不是kg来表示的原因。有时，采用一些我们熟悉的数据，如通过把一个空间内所有的可燃材料的热能等值地转化成当量的木材数量来表示该区间内的火灾荷载。

建筑物内的可燃物可分为固定可燃物和容载可燃物两类。固定可燃物是指墙壁、顶棚、楼板等结构材料及装修材料所采用的可燃物以及门窗、固定家具等所采用的可燃物。容载可燃物是指家具、书籍、衣物、寝具、摆设等构成的可燃物。固定可燃物数量很容易通过建筑物的设计图准确地求得。容载可燃物数量很难准确计算，一般由调查统计确定。

建筑物中可燃物种类很多，其燃烧发热量也因材料性质不同而异。为便于研究，实际中常根据燃烧热值把某种材料换算为等效发热量的木材，用等效木材的质量表示可燃物的数量，称为等效可燃物的量。一般地说，大空间所容纳的可燃物比小空间要多，因此等效可燃物的数量与建筑面积或容积的大小有关。为便于研究火灾性状，一般把火灾范围内单位地板面积的等效可燃物木材的数量定义为火灾荷载。

2）根据火灾荷载登记表，确定火灾荷载密度值。火灾荷载包括固定式火灾荷载、活动式火灾荷载和临时性火灾荷载，填写火灾荷载密度表（见表2-8）。

表 2-8　火灾荷载密度表

建筑空间名称	固定式火灾荷载/MJ	活动式火灾荷载/MJ	临时性火灾荷载/MJ	荷载密度/(kg/m^2)

火灾荷载密度是指单位建筑面积上的火灾荷载。一般住宅楼的火灾荷载密度为 35 ~ 60kg/m^2，高级旅馆达 45 ~ 60 kg/m^2。

近 30 年来，火灾科学与消防工程技术发展迅速，以建筑防火性能化设计为标志的消防安全工程学方兴未艾。仅我国内地，就出版多部专业著作，系统而详尽地阐述了火灾荷载密度在建筑防火性能化设计的应用。如李引擎等编著的《建筑防火性能化设计》就详细总结了一些国家基本认可的火灾荷载密度。然而，对于消防安全评价来说，调查建筑物或构筑物的火灾荷载，确定火灾荷载密度，仍然是重要而不可省略的基础性工作，而不能简单地采用这些表格内的数据。当然，对于有些不属于消防安全重点单位的被评价单位，可以参考这些数据，但必须保证偏差不会太大。

火灾危险来源并不是一成不变的。例如，一定数量的汽油放置在办公室内，显然是一个火灾危险源，但是不久它就被移动或者被用掉了。那么，这个房间的火灾危险性一下子就降低很多了，这是很容易理解的事情。对于这些情况，就要引入"固定式火灾荷载、活动式火灾荷载和临时性火灾荷载"这三个概念了。在火灾危险源辨识的过程中，火灾荷载的统计要包括固定式火灾荷载、活动式火灾荷载和临时性火灾荷载这三个方面，才能保证火灾荷载的统计趋于客观。

在具体实施火灾荷载统计的工作时，要注意临时性火灾荷载的区别。有些建筑物，可燃物相对稳定，火灾危险性相对较小，只要统计固定式火灾荷载和活动式火灾荷载就可以了。但是有些建筑物的某些房间，就必须加大临时性火灾荷载的统计量。例如有些设置在建筑物内部的收发室，除了里面的常见物品外，有时经常用于临时放置其他物品，甚至是汽油、植物油等可燃物品，虽然这些可燃物的放置时间并不长，但是因为这些可燃物的临时存放，增大了收发室的火灾危险性。因此在统计时，要加大这类建（构）筑物或者建（构）筑物内某一房间的临时性火灾荷载，以确保安全。

3）按照火灾荷载密度值的类比及其他情况，标注消防安全重点部位。

"消防安全重点部位"这个概念是根据《消防法》提出的。《消防法》第十七条规定："消防安全重点单位除应当履行本法第十六条规定的职责外，还应当履行下列消防安全职责：① 确定消防安全管理人，组织实施本单位的消防安全管理工作；② 建立消防档案，确定消防安全重点部位，设置防火标志，实行严格管理；③ 实行每日防火巡查，并建立巡查记录；④ 对职工进行岗前消防安全培训，定期组织消防安全培训和消防演练。"可见，确定消防安全重点部位对于一个组织的消防安全是有很重要的意义的。

火灾荷载密度值是一组可以互相比照的数据，显然，这个值越大，其火灾危险性也就越大。但是，并不是火灾荷载密度值这一项就足以判定消防安全重点部位的。例如，在某一建筑物中，尽管里面堆放的是纸张，且还有很多人在里面工作，即使这个房间火灾荷载密度值与其他房间的火灾荷载密度值相比并不高，但这样的话并不能认定这个房间的火灾危险性就低。这是因为，这个房间的纸张一旦燃烧，会在一定时间内释放出有毒的烟气，对内部工作人员来说是很大的威胁，会在短时间内使人窒息，威胁到人的生命安全。那么，考虑到这一点，就应将这个房间的危险性设定得更加高一些。举这个例子是想说明，在确定被评价单位的消防安全重点部位或者进行火灾危险源辨识的时候，要综合考虑各种潜在的、隐性的因素，这样才能使火灾危险源辨识做到科学、客观。考虑上述因素后，可建立火灾危险程度分析表（见表2-9）。

表2-9 火灾危险程度统计分析表

建筑空间名称	火灾载荷密度/m^3	人员密度/（人/m^2）	危险程度（级）	备注

4）对消防安全重点部位进行火灾分析并进行排序；确定火灾危险源的位置、危险程度；确定消防安全重点部位的位置、危险程度。

此处所说的“进行火灾分析”，一般是指三种方式：一是计算机火灾模拟，简单地说，就是将建筑物或构筑物的图样输入计算机，设定一个火源，看火灾燃烧以后会出现什么状况，如可以达到多高的温度、烟气如何蔓延等。目前流行的模拟计算有区域模拟和场模拟两种，两者求解连续介质流动、传热传质和化学反应动力学的基本方程。场模拟能够以足够的空间分辨率揭示物理过程的细节，但由于计算量大，对火焰区的湍流和化学反应的处理较为困难，主要用于咨询和评估过程的计算模拟；区域模拟注重整体效果，以适当的工程近似描述各个物理过程，简化了方程组，大幅度地减少了计算的复杂程度和计算时间，是工程设计主要采用的计算方法。目前，这项技术主要应用于建筑防火性能化设计，很多建设工程项目都在采用这项技术。应该说，这些模拟还是相当可靠的，能够模拟出火灾发生以后的很多性状。在条件允许的情况下，应当首先采用这种方法；其次是理论计算。理论计算也有较高的可靠性，而且比较快；再者就是火灾实验，即建设一座专门的火灾实验场所进行实验。

这三种方法各有长处，也各有短处。对于比较重要的部位，可以综合几种方式，相互对照一下结果，这样更加科学、客观。当然，有时为了提高工作效率，也可以直接采用理论计算。总之，不管采取什么方法，都要在资料翔实、数据来源正确的前提下进行。在评价报告的正文中，要列出所参考文献的作者、出版单位、版次等基本信息，以便于查找和核实。

根据表2-9得出的火灾荷载密度和人员密度统计情况，火灾荷载密度最大且人员密度值最大的建筑空间，火灾危险性越大；火灾危险程度分为A、B、C、D四级，A级最危险。按火灾荷载密度和人员密度两个指标，综合排序得出火灾危险性最大的建筑空间。按人员密度单指标排序，结合火灾荷载密度得出火灾危险性最大的建筑空间。此表只能用作类比，确定消防安全重点部位。

5）对有异议的消防安全重点部位进行复核。如果运用以上方法确定的消防安全重点部位的位置、危险程度，与事实相违背，应该通过专家论证会或火灾实验、火灾模拟的方法进行复核。

2.2.3　基于性能化设计的火灾危险源辨识方法

1. 性能化防火设计基本步骤

进行火灾危险性分析时，不仅要了解所面临的危险有多大，而且还需要对预防这种危险可能造成的危害所采取的措施进行经济性和有效性的综合分析。通常风险分析的重点放在后一方面，而危险分析的重点则放在讨论重大危险源的辨识、评价和控制等方面。这些可以使用工程实例分析的方法加以研究，这是安全技术人员从事的主要工作。经过长时间的研究，很多研究人员认为，进行建筑物的火灾危险分析应当包括以下一些主要方面：① 确定分析对象的现场状况（Condition in Building）；② 设定防火安全目的和目标（Fire Safety Goals and Objectives）；③ 选择合适的定量分析方法（Quantitative Analysis）；④ 具体分析影响防火安全目标的因素（Influence Factors）；⑤ 火灾防治有效性与经济性的评价（Effective and Economic Evaluation）；⑥ 给出分析报告（Reports and Documents）。

实际进行建筑物的防火设计时，还需要将上述各项要求进一步细化，并制定可行的操作步骤。对此，不同的人所使用的方法和步骤存在着一定差别，在某些术语和概念方面也有不同的认识。例如美国卡斯特（Custer）和米切姆（Meacham）等人提出了7步设计法；在SFPE的《性能化防火分析与设计工程指南》中则将实质性的设计步骤归纳为9步；而BS DD240中提出了四个主要步骤，重点对定量计算部分进行说明；澳大利亚和新西兰的方法也是主要说明量化分析部分。在性能化设计研究和应用的现阶段，应当允许设计方法在具体形式上存在差别，并鼓励自由讨论，这将有利于性能化设计规程的进一步发展和完善。

我们在开展火灾危险评估的过程中，对上述各种方法进行了认真的分析和比较，认为美国SFPE提出的步骤是比较清晰的；BSDD240中提到的主要的定量分析方法值得借鉴；其他方法也各有特点。在分析消化有关方法的基础上，逐渐形成自己的一套评估程序，并提出完整的性能化防火设计过程宜分为设计准备、定量评估和文件编制三个主要阶段，每个阶段又分为若干步骤。图2-3简要说明了各个步骤所涉及的主要内容。

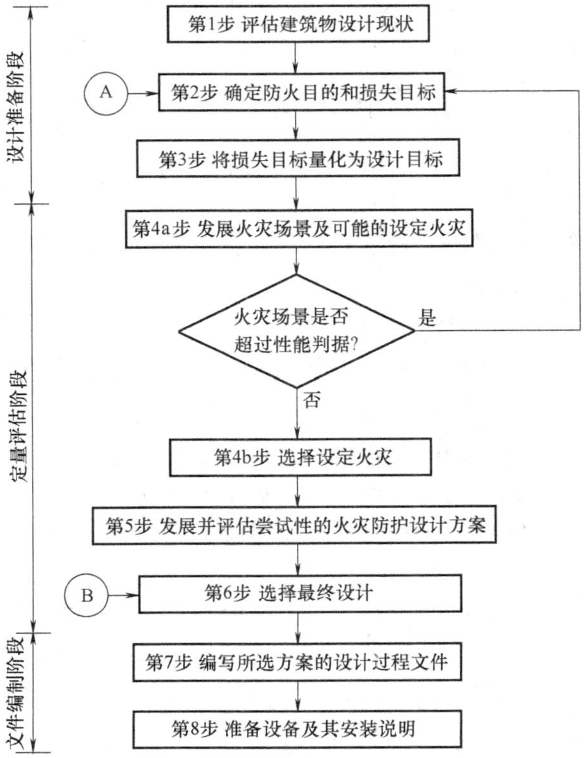

图2-3　性能化设计步骤示意图

设计准备阶段包括前三个步骤，主要是确定防火目的（Fire Protection Goals）与火灾风险承担人可接受的防火目标（Acceptable Objectives），将其作为定量的具体的损失目标。

第1步是估价设计项目的状况、设计参数，并确定在设计过程的哪一阶段上，需要把防火安全工程师包括进来。

第2步是确定火灾风险承担人可接受

的防火目标。建筑物的火灾风险承担人指的是所有与该项目的利益密切相关的个人、团体或机构，包括建筑物的业主、股东乃至某些管理部门的代表，以下将他们简称为承险人。

第 3 步是用适当的工程概念来量化损失目标，以便估价防火设计方案。

定量评估阶段又包括三个步骤，主要是对所发展的火灾场景（Fire Scenarios）、设定火灾曲线（Design Fire Curves）及对尝试设计方案（Trial Designs）作出分析。最后在评估尝试设计后，形成最终设计及其说明书。

第 4 步是发展火灾场景和选择并设定火灾，此设定的火灾将在后面用于评估性能化设计中提出的尝试设计方案。

第 5 步是评估和修正尝试设计方案，而这将导出一组可以满足根据承险人提出的损失目标发展出来的性能判据的设计方案。这就是说，对于每种建议的设定火灾，至少有一种能获得圆满解决的设计方案，如果决定采纳这些方案，就可以满足具体的损失目标。

第 6 步是分析所提出的一种或几种设计方案，从中选定最终的设计方案。

文件编制阶段包括两个步骤，主要是对选定方案的设计细节进行详细的审查，并编写有关设备的技术文件。

第 7 步是为所选定的方案的设计过程编制说明文件，包括需要使用的资料的说明、检验材料性能的方法说明等。

第 8 步是准备有关设备的说明书，包括系统设备和设备安装要求的说明、系统检验需要的说明、维护和检查需要的说明等。

这些步骤可以帮助防火安全工程师确定承险人可接受的损失目标，并把这些目标量化为一定的工程概念。这种概念适宜使用现有的火灾动力学工具去估价备选的防火设计方案，进而通过定量计算确定防火安全的需要。下面详细讨论每个步骤所涉及的内容。

2. 火灾场景确定

在较早的火灾研究中，对火灾场景的设计一般采取的是针对典型建筑的火灾，以假想的火源形式来设定一个火灾功率，或者依据与火灾实验曲线的吻合程度来确定火灾功率，并以此为基础来计算和预测火灾烟流特性等。这种方法的缺点在于不能准确反映真实火灾发展和蔓延的过程，特别是不适应大空间建筑火灾特性的研究需求。因此，有必要对火灾场景的确定开展深入的研究。

（1）火灾场景定义

按照字面表达，所谓场景，具有布局布景的意义。广义上讲，火灾场景就是人为设定的一个火灾发展与蔓延的过程。根据真实火灾资料，完整的火灾场景应该是一个静态和动态场景的统一体，既有建筑、可燃物等的静态结构和分布，也有火焰传播、烟气流动等火灾发展与蔓延的动态特性。火灾场景既有视觉上的几何图像表达，还应该包括响应的材料的分布、燃烧特性和火灾发展蔓延过程的物理化学参数等。

（2）火灾场景分类

不同的建筑结构，不同的可燃物的分布，不同的燃烧材料的燃烧特性，不同的着火点，不同的气象条件等因素，都直接影响建筑火灾发展和蔓延的过程。对每种可能存在的火灾场景进行研究是不现实的，但性能化防火设计要求火灾场景的确定必须满足设计的灵活性，所以必须从千变万化的火灾场景中找到具有共性的特点。通过真实火灾案例的调查和相关试验研究，可以发现火源特性是火灾场景中最主要的因素，不同的火源形式决定了不同的火灾场景。

1）固定型火源的火灾场景。固定型火源指的是火源的发展被限制在局部空间内，且不会蔓延到相邻区域的火源形式。油池火等就是属于这种固定火源形式。固定型火源的释热率一般是稳态或者线性的，也有学者直接认为是时间平方火。固定型火源的火灾场景通常应用于火灾实验和相关火灾模型中。

2）扩展型火源的火灾场景。扩展型火源的主要特征是火源不断发展变化的，其火场边界不断扩大，可以从局部区域蔓延到整个建筑空间。扩展型火源的释热率是非线性的，必须根据火源的发展状况计算获得。扩展型火源火灾场景的火场温度分布是时间和空间的函数，其烟流特性也不同于固定型火源。扩展型火源的火灾场景通常可以模拟大空间建筑物火灾例，例如商场、仓库等具有巨大火灾荷载的场所。

3）爆炸型火源的火灾场景。由于大量燃气管道、器具和易燃易爆物品、化学危险品在建筑物内的存在，因爆炸引起的火灾也较常见。爆炸型火源在产生巨大冲击波的同时，高温气体使爆炸空间内的可燃物迅速燃烧，且蔓延到其他区域的可能性极大，这种火灾场景也可以说是扩展型火源火灾场景的一个特例。

（3）设定火灾

火灾的燃烧强度通常用热释放速率（Heat Release Rate）表示。在进行火灾危险分析时，人们需要了解火灾的热释放速率到底有多大，以及火灾热释放速率是如何变化的。对于现有的火灾过程模拟程序来说，火灾热释放速率是一个最基本的输入参数，只有确定了它的大小，才能进行火灾发展与烟气流动的计算。实际上进行危险分析所涉及的火灾并没有真正发生，它的热释放速率大小完全是一种人为的假设。当然，这种假设越合理，依据它进行的模拟计算所得到的结果越真实。目前在文献中一般把这种研究称为设定火灾（Design Fire）。

在实际进行火灾危险分析时，一般是参照火灾的热释放速率随时间的变化进行的。于是近年来一些人提出，直接将这种变化规律表示为一条曲线更便于应用，并称其为设定火灾曲线（Design Fire Curve）。

原则上讲，只要知道了火灾中可燃物的质量燃烧速率，就能够按下式计算其燃烧时的热释放速率：

$$\dot{Q} = \phi \dot{m} \Delta H \tag{2-6}$$

式中　$\dot{m}$——可燃物的质量燃烧速率（kg/s）；

ΔH——该可燃物的热值（kJ/kg）；

ϕ——燃烧效率因子，反映了燃料不完全燃烧的程度。

需要指出，上式右侧的各项都是难以合理确定的。首先是火灾中的可燃物组分变化很大，因而其热值不是固定不变的。其次是在火灾过程的计算中，直接使用某种物质的燃烧热不符合火灾燃烧的实际情况，因为热值是该物质完全燃烧时放出的热量，而在火灾中，大部分物品基本上是不会完全烧完的；再次由于火灾中的燃烧通常是不完全燃烧的，分析表明，在不同的火灾场景下，燃烧效率因子可以在0.3～0.9范围内变化，而不是一个固定不变的值，因此指望依靠上式准确计算火源的热释放速率是不现实的。

现在一般通过试验来确定典型物品的火灾燃烧特性，并据此估计特定物品的热释放速率。测量热释放速率已发展出了多种方法，其中应用最成功的是锥形量热计及家具量热仪，并以此获得了大量的实测数据。

火灾试验是一种毁坏性试验，家具、衣物等物品一旦经过火烧基本上便彻底报废，全尺寸火灾试验的耗费相当大，一般只能进行数量有限的全尺寸火灾试验，因此应当注意充分利用已经得到的室内常用物品的燃烧性能数据。在许多相关文献中可以查到这些数据。表2-10列出了若干物品热释放速率的参考值。

表2-10　若干物品的热释放速率

名　称	状　态		可燃物质量/kg	热释放速率/(kW)	
				平　均	最　大
沙发	外蒙人造革	大号			3000
		中号			2600
		小号			2000
垫枕	乳剂泡沫填充		1.003	27.6	117
	聚氨酯填料1号		0.650	22.0	43
	聚氨酯填料2号		0.628	23.7	35
	聚酯纤维(80%聚酯+20%棉花)		0.602	20.0	33
	聚酯纤维（玻璃纤维）		0.687		22
	羽毛		0.996		16
衣橱	金属框架+衣物		0+3.18	14.8	2600
	多层胶合板1号+衣物		68.5+1.93	18.8	3500
	多层胶合板2号+衣物		36+1.93	14.9	6400
帘布	纯棉纤维		0.124 kg/m^2		188
	人造丝		0.126 kg/m^2		214
邮包	堆高1.5m				400
纸板箱	分隔开，堆高4.6m				1700~4200
PE塑料罐箱	装在纸箱内，堆高4.9m				6200~7600
PS塑料罐箱	装在纸箱内，堆高4.9m				14000~20900

实际建筑物内大都存在多种可燃物，它们的总的可释放热量的能力通常用火灾载荷表示。所谓的火灾载荷指的是在建筑物内用当量木材的质量表示的所有可燃物的质量。当量木材的热值定为18400 kJ/kg。进行火灾危险分析时，可根据建筑物内可燃物的种类、数量及其分布，并参考有关的试验数据，估计其中的火灾载荷，进而可以确定合适的火源热释放速率。

设定火灾曲线通常有以下几种方式：

1）定常火源。定常火源就是设定火源热释放速率的为常数，不随时间变化。以一定速率喷出的可燃气体火灾和容器面积不变的油池火的主要燃烧阶段，均可认为其火源热释放速率为常数；对于有些可燃固体火灾的旺盛燃烧阶段，也可认为其燃烧速率基本不变。定常火源是一种理想化的假设，不过这种处理可以大大简化计算过程。在防火安全设计计算时，一般按该建筑中可能出现最大的火源热释放速率（定值）的火灾来确定设计参数。虽然这种做法显得有些保守，但这正是火灾危险分析所要求的。

在大空间建筑中，火灾载荷可能会受到限制，因为这些建筑的许多构件多用钢铁、砖石或石膏板建造。即使这样，大空间内仍会有许多可燃物，如办公用品、装饰物、可燃堆积物、家具等。克劳特（Klote）建议：对于燃料受限的大空间，火源的热释放速率可取为 $225kW/m^2$；当可燃物较多时，可取为 $500kW/m^2$。

2）时间平方火。实际火灾的火源热释放速率是随时间变化的。通常火灾的发生和发展都要经历缓慢的阴燃阶段和较迅速的增长阶段。大量实验表明，许多物品从起火到旺盛燃烧阶段，热释放速率大体按时间的指数规律增长，例如木材、塑料等。现在一般用下面的二次方程描述：

$$Q=\alpha(t-t_0)^2 \tag{2-7}$$

式中　α——火源热释放速率增长系数（kW/s^2）；

t——点燃后的燃烧时间（s）；

t_0——有效点燃时间（s）。

图2-4简要说明了这种假设的合理性。通常在计算中不考虑火灾的起火酝酿阶段，即认为火灾的发生从出现有效燃烧时算起，这样式（2-7）便改写为：

$$Q=\alpha t^2 \tag{2-8}$$

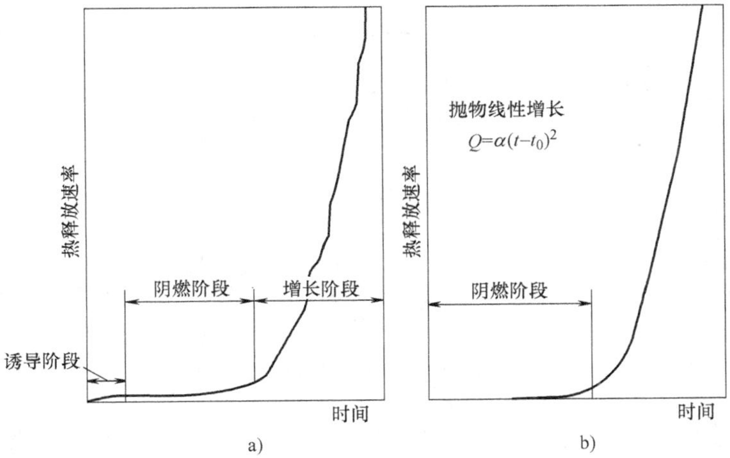

图2-4　火灾增长的时间平方模型

a）实际曲线　b）理想曲线

根据 α 的不同，时间平方增长火又可分为慢速增长、中速增长、快速增长和超快速增长四种类型。各类的火灾增长系数 α 依次为0.002931、0.01127、0.04689、0.1878。α 的取值是根据火源热释放速率分别在600s、300s、150s和75s达到1055kW时得出的。通常，使用木条、厚木板制成的家具的初期火灾可认为是慢速增长，装饰性的家具、床垫等物品的初期火灾可认为是中速增长，纸箱、衣物等较薄物品的初期火灾可认为是快速增长，而可燃液体、塑料火灾为超快速增长。

3）t^2-稳定火源。在某些情况下，火灾初期的火源热释放速率可按 t^2 规律燃烧对待；但经过一段时间后，由于受到燃料数量或燃烧面积的限制，热释放速率将趋近于某个确定值，例如油池火、某些热塑料火等。这种燃烧情况可按图 2-5 所示的方式进行简化处理。

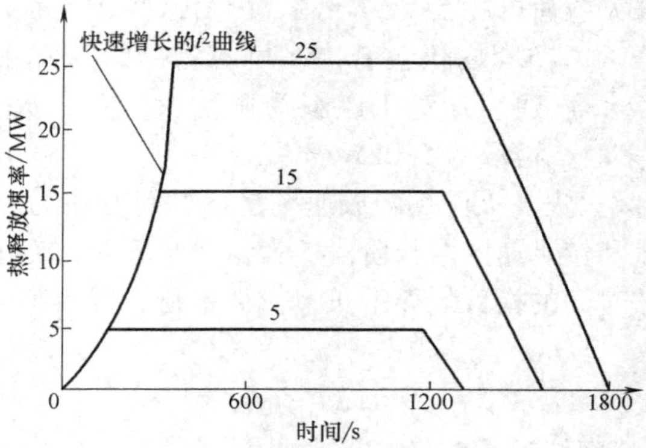

图 2-5 火灾由快速增长到稳定燃烧的曲线

4）自设火源。自设火源是根据具体物品燃烧变化的情况来确定火源热释放速率，例如对于可燃固体的燃烧过程，就可以根据情况把热释放速率分成几个前后衔接的阶段来计算，如图 2-6 所示。

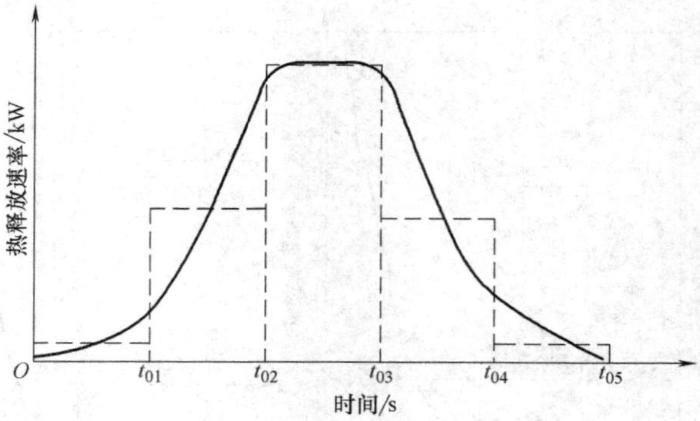

图 2-6 热释放速率分段线性处理

此外，建筑物内火灾中往往是一件物品先着火，再引燃其周围的其他物品从而逐渐扩大的。室内物品的搭配形式是复杂多样的，这也可以根据单件物品的有关数据估计物品组合状况下的热释放速率。例如，如果大体知道建筑内某些物品的热释放速率、起火物体与其他物品被引燃的时间，就能够将它们的热释放速率曲线按点燃的时间合理叠加起来，从而得到总的热释放速率，如图 2-7 所示。

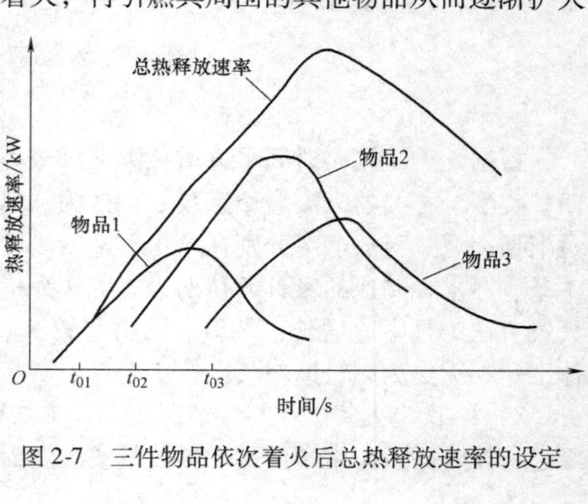

图 2-7 三件物品依次着火后总热释放速率的设定

在实际应用中，设定的火灾热释放速率还常用数表形式给出。尽管这种简化处理方式比较粗糙，但若设定得合理，仍基本能满足火灾危险分析的需要。

3. 火灾发展过程与危害分析

(1) 火灾发展过程

一般情况下，一个完整的火灾过程主要由起火（ignition）、增长（growth）、轰燃（flashover）、充分发展（fully-developed）以及衰退（decay）这五个阶段组成。如图2-8所示。很好地划分火灾的发展阶段，对分析和讨论整个火灾具有非常重要的意义，然而由于不同火灾中可燃物性质的不同以及火灾场景中是否有灭火系统参与等原因，使得很多火灾并不能经历完整的火灾的发展阶段。

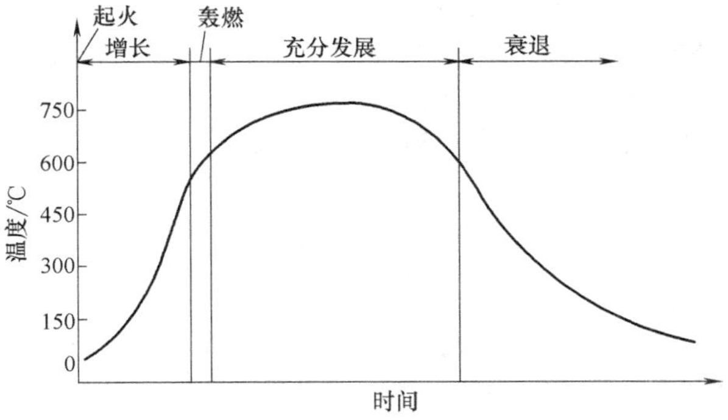

图2-8 室内火灾发展过程

1）起火阶段。火灾的火源可以通过外界加以引燃，也可以由于自身可燃物特性而发生自燃现象。起火阶段因为可燃物的不同会同时伴随有焰燃烧或者阴燃。另外，起火阶段是一放热反应的过程，在这个过程中温度增长的速度很快。

2）增长阶段。经历了起火阶段火灾发生并发展到了增长阶段，这一阶段火灾的燃烧态势会随着时间的增长保持或快或慢的增长速度，并且燃烧的增长速度由燃烧材料的类型、周围环境以及通风情况所决定。另外，火灾在阴燃的情况下，由于燃料燃烧不充分，整个过程中很可能伴随有极其大量的有毒气体，诸如一氧化碳、二氧化碳或者氮氧化合物等有毒气体。整个火灾的增长阶段会持续比较长的时间，过程当中也有可能因为外界氧气供给不足而导致火灾熄灭。然而只要火灾进行的是有焰燃烧，火灾的增长速度就会很快，同时房间内的温度也会迅速上升。

3）轰燃阶段。当火灾随着增长阶段得到充分燃烧并且燃烧态势增长到一定程度时，这时候由于火灾的发生，室内温度会达到一个定值，这个定值足以让房间内所有可以燃烧的材料都发生燃烧，引起轰燃。这是火灾从增长到充分发展的一个过渡阶段，它标志着火灾即将迎来充分的发展。

4）充分发展阶段。火灾进入充分发展阶段以后，随着时间的增长，火灾燃烧所释放的能量达到一个前所未有的高度，随着火灾能量的增加，使得室内温度也得到一个前所未有的最大值，可达700～1200℃。火灾充分发展阶段的持续时间由室内外环境以及氧气的供给量所决定，氧气供应量决定着火灾是不是可以充分的燃烧，如果不能充分的燃烧则必然表现为大量的有害气体产生。这一阶段也是火灾中有害气体产生量最大的阶段，在防火设计中应该特别加以关注。

5）衰退阶段。在火灾衰退阶段，火灾的燃烧强度会随着可燃材料在火灾中的不断消耗，同时火灾随着其燃烧强度的减小，其所释放的热量也会减少，同时房间温度也会逐渐降低，相比较火灾的充分发展阶段，火灾在衰减阶段燃烧态势不再由通风状况以及氧气供给量来衡量，转而由可燃材料控制。

（2）热释放速率测定

一般情况下可燃材料的净燃烧量与需要的氧气成正比，例如可以表示为释放 1.31×10^4kJ热量需要消耗 1kg 氧气。且对于绝大多数可燃物来说，这个数量误差不超过 5%。鉴于此，当可燃物在空气环境中燃烧且外部辐射条件一定时，可以通过测量燃烧物中氧浓度及排气量来确定材料在燃烧过程中的放热量以及放热速度。

1）基于氧消耗原理的测试方法。氧消耗原理是指大多数固体材料完全燃烧，每消耗一单位质量的氧气所释放的热量基本相同（13.1 ±0.05MJ/kg［O_2］）。通过测定设在烟气排放干管内的烟气流经孔板前后的压差和孔板处的烟气温度，利用下式计算质量流量：

$$m_c = C\sqrt{\frac{\Delta p}{T_e}} \tag{2-9}$$

式中 m_c——管道中烟气的质量流量（kg/s）；

Δp——气体经过孔板后的压力变化（Pa）；

T_e——气体在孔板处的温度（K）；

C——孔板流量计的标定常数。

在实验过程中，同时测定孔板处烟气的组分，用下式计算材料在燃烧过程中的热释放速率：

$$Q = 1.10Em_c\frac{X_{O_2}^0 - X_{O_2}}{1.105 - 1.5X_{O_2}} \tag{2-10}$$

式中 E——材料燃烧消耗单位质量氧气放出的能量，取值为 13.1MJ/kg；

$X_{O_2}^0$——进入系统空气中 O_2 的摩尔分数；

X_{O_2}——烟气中 O_2 的摩尔分数。

2）基于质量损失速率的测试方法。在火灾实验中可以将燃烧物放置在电子秤上，这样在实验过程中通过数据采集系统可以直接测定可燃物质量随时间的变化，并换算为可燃物的质量损失速率 m，运用下式计算可燃物质的热释放速率：

$$Q = mH\chi \tag{2-11}$$

式中 m——质量损失速率（kg/s）；

H——可燃物的热值（kJ/kg）；

χ——可燃物的燃烧效率，如果是充分燃烧，可以定义为 $\chi=1$。

对于混合可燃物可采用下式计算可燃物的平均热值：

$$H = \frac{\sum_{i=1}^{n}P_iH_i}{\sum_{i=1}^{n}P_i} = \sum_{i=1}^{n}P_iH_i \tag{2-12}$$

式中 H_i——第 i 种可燃物质的热值（kJ/kg）；

P_i——第 i 种可燃物所占的比例（%）；

n——混合物中可燃物的种类。

（3）火灾烟气毒性与伤害时间

1）火灾预测毒性的表达方法及其模式。一般采用 Lc_{50} 作为烟气毒性的衡量标准。其定义为：某种气体能导致50%的动物死亡的浓度（mg/L 或其他浓度单位）。需要指出的是：该参数并不是材料特有的毒性，它和测试动物、测试仪器、材料燃烧所产生的毒性，尤其是动物在烟雾中暴露的时间长短有关。一般情况下，Lc_{50} 值的大小和暴露时间成反比，通常在实验中取暴露时间为30min 以及随后的14d 观察期。

为了降低测试实验所需要的花费和动物的使用数量，美国国家标准及技术研究所（National Institute of Standards and Technology，NIST）提出了N-气体模型，该模型预测火灾中烟气毒性的大小，假定火灾中大多数的燃烧毒性是由为数不多的 N 种气体组成，这几种气体分别为：CO、CO_2、HCN、HCl、和 HBr 以及考虑到缺氧所产生的后果，一般用剂量的有效分数 FED 来描述N-气体模型中气体整体毒性的大小，其公式如下：

$$FED = \sum \frac{\int_0^t c_i \mathrm{d}t}{Lc_{50} i(t)} \tag{2-13}$$

式中 c_i——第 i 种气体的浓度；

$Lc_{50} i(t)$——该种气体的致死浓度和气体产生的时间的乘积。

通常上式可以简化为：

$$FED = \sum \frac{c_{vi}}{Lc_{50}(i)} \tag{2-14}$$

基于NIST研究的主要气体毒性和它们之间的相互影响，N－气体通用模型通常可以用以下式子表示：

$$FED = \frac{mc_{CO}}{c_{CO_2} - b} + \frac{c_{HCN}}{Lc_{50(HCN)}} + \frac{21 - c_{O_2}}{21 - Lc_{50(O_2)}} + \frac{c_{HCl}}{Lc_{50(HCl)}} + \frac{c_{HBr}}{Lc_{50(HBr)}} \tag{2-15}$$

在目前的公式中，CO 和 CO_2 之间的作用是非线性的，经验值 m 和 b 分别由实验计算确定：① $c_{CO_2} \leqslant 5\%$ 时，$m = -18$，$b = 122000$；② $c_{CO_2} > 5\%$ 时，$m = 23$，$b = -38600$；③ 对于 O_2，主要是考虑其消耗所引起的毒性作用，这样，上式中的 O_2 的形式就是 $21 - c_{O_2}$，其中 O_2 的30min 的 Lc_{50} 值是5.4%；④ 线性项中的HCN、HCl、HBr 的 Lc_{50} 的体积分数值分别为：150×10^{-6}、3800×10^{-6}、3000×10^{-6}。

通过研究发现，如果式（2-14）或式（2-15）中的值等于1，测试的动物有部分死亡；如果测试的值小于0.8，则不会有动物死亡；如果测试的值大于1.3，则测试的动物将全部死亡。实际上，上式只考虑各种气体单独作用时对动物的影响，而在实际过程中，由于火灾烟气的成分是多种多样的，它们的作用也一定相互影响。有时几种气体的共同作用会增加毒性，比如 NO_2 和 CO 的共同作用，就会显著增加 CO 的毒性；有时某些气体的共同作用又可能降低毒性，例如 NO_2 和 HCN 两种气体混合在一起，则 HCN 的毒性就会大大降低（当有 $200 \times 10^{-4}\%$ 的 NO_2 存在时，则 HCN 的 Lc_{50} 值增加到 $480 \times 10^{-4}\%$，是 HCN 单独存在的2.4倍）。如果将超过两种以上的气体混合在一起，其后果将更加复杂。

2）轰燃前火灾的毒性评估。以上方法是针对轰燃后的火灾，实际上，轰燃前的火灾所产生的烟气对人亦有影响，其燃烧产物的浓度可以通过下式计算：

$$c = \frac{[m][A]}{V} \tag{2-16}$$

式中 c——产物的浓度（kg/m^3）；

$[m]$——质量损失率（$kg/s \cdot m^2$）；

$[A]$——火焰覆盖的燃料面积（m^2）；

V——房间内的通风流速（m^3/s）。

对于某一燃烧产物，此规则通常服从以下公式：

$$c(t)t = 常数 \tag{2-17}$$

如果用致命浓度表示，则得：

$$Lc_{50}(t)t = 常数 \tag{2-18}$$

综合考虑式（2-17）、式（2-18），有：

$$FED = \frac{[m][A]}{V \times Lc_{50}} \tag{2-19}$$

平均质量损失率 MLR，即 $[M]$ 可以表示为：

$$FED = \frac{m_{90} - m_{10}}{t_{90} - t_{10}} \tag{2-20}$$

式中 m_{90}、m_{10}——可燃物质量消耗 90% 和 10% 时的质量损失；

t_{90}、t_{10}——相应的时间。

火焰面积 A 与点火时间成反比，即：

$$A \propto \frac{1}{t} \tag{2-21}$$

式中 t——点火时间。

则由以上公式联立，最后得到毒性危害关系为：

$$毒性危害 \propto \frac{MLR}{t \times Lc_{50}} \tag{2-22}$$

3）有害气体下人的忍耐时间研究。前文已述，火灾中的有毒物质主要是 CO、HCl、HCN、丙烯以及没有燃烧的碳氢化合物。由于火灾的毒性物是 CO，其他物质的产生量少，可以忽略不计。如果考虑别的有害气体，可以将它们转化为可燃物相应的 CO 浓度或按照相关的公式计算。

根据实际的火灾报告，发生火灾时，人在死亡前已经由于吸入有毒气体而失去行动能力，因此，致使人失去行动能力的气体毒性界限是考虑人员安全疏散的决定因素。在以 CO 作为火灾发生时的标准有毒气体时，失去行动能力的 CO 限量应为致死量的 1/2，为此，可以拟合失去行动能力的时间与 CO 浓度的关系如下：

$$t_1 = 160.06e^{-3.96\rho} - 11.14 \tag{2-23}$$

式中 t_1——CO 条件下的极限忍受时间（min）；

ρ——CO 的含量（%）。

对于最短路线，如果包含有多条走道，可以用各条走道中的 CO 平均浓度代入上式计算。

2.3 基于风险的火灾危险源管理

火灾是一种常见的非职业性灾害。人们总是希望通过采取措施来消除火灾危险源或控制火灾。但是，由于可以用于投入的资源有限，而且火灾危险源也不能被彻底消灭，一定时期内的火灾风险只能降低到一定的水平。对于消防监督部门来说，如何有效辨识火灾危险源，采取何种应对措施，是火灾风险决策需要考虑的核心问题，需要客观、科学的“标尺”为决策提供依据。

2.3.1 火灾风险的概念、度量及风险容忍度

1. 火灾风险的概念

由于研究和关心风险的角度不同，人们对风险的看法和定义也不尽相同。目前国内外学术界对风险尚无统一的定，以致人们对火灾风险存有多种理解。下面是人们经常采用的几种风险定义：

1）风险为可能发生的危险。这是应用最普遍的定义，但它不能反映出所遭受危险可能性的大小，而且关于危险程度也是隐含的。

2）风险是“失事”的概率。按这种定义，可以衡量风险事件的发生概率、风险事件的损失程度。

3）风险为产生不利后果的严重程度及其发生的概率。

4）风险为事件发生的后果与预期后果相背离的程度及其发生的概率。

相似地，人们对火灾风险至少也有以下几种理解和定义：

1）火灾风险是指可能发生的火灾事件。在这个意义上，火灾风险常简称为火险。

2）火灾风险是可能发生火灾的概率。

3）火灾风险为潜在火灾事件产生的后果及其发生的概率。

4）火灾风险为火灾事件产生的损失与预期损失（消防费用）相背离的程度及其发生的概率。

其中第3）种是最通用的定义，在没有特别说明时，以下叙述均按这种定义来理解火灾风险。火灾风险评估还涉及以下一些术语：

（1）危险（hazard）

危险是一种具有能够对人、物、财产或环境造成损害的潜在的物理或化学状态。

（2）严重度（severity）

严重度是危险强度约定性或定量估计，与危险源强度、持续时间、距离等有关。

（3）后果（consequences）

后果指危险发生时的预期影响，通常以财产损失、营运中断、人员生命风险、环境影响、商业形象影响等来表征预期的损害效应。

（4）火灾危险性、火灾危害性和火灾可能性

在火灾风险分析中，“危险”和“危害”两词用得相当广泛。火灾危险性不仅指火灾事件发生的可能性，而且也包括火灾危险的程度及产生危害的后果。火灾危害性则是指火灾万一发生或已经发生后产生的后果及其影响。谈到火灾危险性不仅要考虑火灾的可能性，还应

考虑火灾的危害性。火灾可能性指火灾发生的概率，一般可通过相似系统的历史数据和模型分析得到。

（5）风险与危险

风险和危险都是与可能发生的灾难、祸害有关的，但两者在使用上有较大的差别。危险表达的是某事物对人们构成的不良影响或后果，它强调的是客体，是客观存在的随机的危害现象；风险表达的是人们采取了某种行动后所可能面临的有害后果，它强调的是主体，说的是人们将遭受的危害或需要承担的责任。

（6）火灾安全

从相对安全观的角度看，安全是具有一定危险条件下的状态，安全并非绝无事故，安全与事故之间是对立的，是一对矛盾斗争过程中某些瞬间突变结果的外在表现。火灾安全是指在假定火灾发生后，能将人员伤亡和财产损失等参数控制在可接受水平的状态。

通常用安全性表征安全状况。若某个系统危险性为 R，安全性为 S，则 $S=1-R$。

（7）火灾损失与消防费用

火灾损失可分为直接损失和间接损失，例如人员伤亡、财产损坏及善后处理等。除此之外，火灾对社会稳定与自然环境也有重要的影响，这种影响难以用经济数值来描述。

消防费用包括消防设施投资、消防队伍建设及组织灭火所消耗的费用等。这些花费并不创造新的财富，实际上也是一种经济损失，但通常人们称其为消防投入或消防费用。一般说，消防费用少则火灾危害性大，反之亦然。

（8）可接受火灾风险

火灾是不能完全避免的，因此客观系统总存在一定的火灾危险，而人们对这种危险状况势必要承担一定的风险。在火灾风险评估中，通常采用“可接受火灾风险”这一概念，把火灾风险处理为一种限制因素。利用这一概念，并依据国家的消防规范和标准的条款，事先把某种程度的火灾风险规定为可接受的。不过，运用”可接受火灾风险”方法有时也可能难以产生令人满意的结果，例如，若火灾风险大于可接受程度，即使稍大一点，那么出于对社会稳定和保护客体的重要性等综合因素的考虑，为了达到可接受火灾风险而投入再多的经费也是应当的。对可接受风险的一种逻辑补充是可接受费用，这一概念的意义是在确定的费用预算范围内寻找最大限度的风险减低可能，以增加火灾防治的经济性。

火灾风险分析的基本方法是，将为降低火灾危险而投入的费用与风险降低程度进行比较。就火灾防治而言，人们采取了多种措施和手段，如增加消防设备、建立消防机构等。总之，为降低火灾危险而投入了一定的消防费用。但是，这些防治措施和手段能否有效地防治火灾还是有疑问的。如同其他工作一样，防治火灾也有成功和失败两种可能性，这就是火灾风险。显然，对火灾安全投入多，采用先进技术和设备，人们承担的火灾风险将会变小。因此，分析火灾风险不仅涉及了解火灾危险程度（也有人用危险减小程度或效益等表示），还应考虑消防费用大小，需要综合考虑对某种火灾危险提供某种程度的消防费用是否恰当。

2. 火灾风险的度量

火灾风险的基本表达式为：

$$R = \sum_i (P_i C_i) \tag{2-24}$$

式中　P_i——表示单个火灾事件的发生概率；

C_i——表示该事件产生的预期后果。

通常，衡量风险时主要考虑以下三种后果类型：① 人员风险；② 财产风险（包括营运中断，常以经济损失度量）；③ 环境风险。不同分析目的需要考虑不同的风险类型，同时应采用相应的风险度量单位；一项研究中可能需要同时对几种风险进行分析。

（1）人员风险

对于人员来说，至少有两类风险量度：个体风险 R_i 和社会风险 R_s。

1）个体风险。个体风险定义为特定危险发生时个体受到既定伤害程度的频率，通常指的是死亡风险。常用的表示方法有：年度人员死亡率 R_A，致命事故发生率 R_{FA}，平均个体风险率 R_{AI}。

① 年度人员死亡率。年度人员死亡率可以表示火灾安全年度水平，有两种表达方式：一是来源火灾事故统计数据，R_A 为一段时间内死亡人数；二是定量风险分析（QRA）中，R_A 由下式计算而得：

$$R_A = \sum_N \sum_j (f_{nj} C_{nj}) \tag{2-25}$$

式中 f_{nj}——火灾事故 n 造成人员后果为 j 的事故年发生率；

C_{nj}——火灾事故 n 造成的人员后果为 j 的年死亡人数；

N——所有事件树中总的火灾事件数目（事故树中的顶事件）；

j——所有人员风险的后果类型，包括立即死亡、逃生、疏散和获救等。

② 致命事故发生率 R_{FA} 和平均个体风险 R_{AI}。致命事故发生率 R_{FA} 一般表示一组人员每一定时间内（通常为 1×10^8h）的死亡数，平均个体风险率 R_{AI} 表示每个人在某一区域可能遭到的致命风险。从计算潜在人员伤亡 R_A 开始，由下面两个公式导出 R_{FA} 和 R_{AI}：

$$R_{FA} = \frac{R_A \times 10^8}{B_{ev} H_T} \tag{2-26}$$

$$R_{FA} = \frac{R_A}{B_{ev} \dfrac{H_T}{H}} \tag{2-27}$$

式中 B_{ev}——某区域平均每年人员配备数（即定义中的一组人员）；

H_T——一组人员在某区域停留总的小时数；

H——每年每人在某区域停留的小时数。

2）社会风险。实际上，人们往往更关心事故对整个社会造成的后果，即事故对整个社会的总影响，这需要用社会风险来度量。社会风险是一种考虑多人死亡的风险，不仅要考虑由于事件导致非期望事件发生的概率，还要考虑处于危险状况的人员的数目。在这里，人员是一个群体概念而不考虑群体中的独立个体，因为社会风险是从社会观点出发而定义的。社会风险常用风险频率-伤亡人数曲线来描述。

社会风险的另外一种表达形式就是社会风险的平均量度，它是 f-N 曲线的集合形态。平均风险用每年事故发生次数的期望值来表示。

（2）财产风险

财产风险通常是指物资损坏及营运延误或中断。物资损坏可分为局部破坏、多模块破坏、整体破坏。

（3）环境风险

火灾对环境的破坏主要集中在有毒气体的释放。对大气层以及事发当地环境的影响评估环境风险的主要原则可以按照 NORSOK Z103 Annex 提供的原则，主要包括：

1）确定重要生态组成部分（VEC）。

2）评估重点放在“抗火灾能力最差的资源”。

3）对每个 VEC 评估其破坏频率。

4）用恢复时间来衡量对环境的破坏程度。对环境的破坏程度可以按其恢复时间来衡量，一般可以分为：1～12 月、1～3 年、3～10 年、>10 年。

（4）后果等价货币值

在火灾风险评估中，常常按照下列后果进行分类评价，并与等价货币值联系起来。

1）财产破坏，依据设备或者建筑的破坏百分比分类，直接表示成等价货币值。

2）生产（营运中断）损失，依据停工时间、生产损失百分比分类，直接表示成货币值。

3）人员风险，可结合潜在人员风险水平进行分类。

4）环境破坏，可结合火灾产物以及扑救过程的毒气释放、土壤和水污染的水平，以及选定的等价货币值分类。

5）其他破坏（如法律责任、强制罚款、商业形象以及客户损失），可以依据具体情况定义，并按照比例用一定量货币值表示。

比如对于生命安全，在成本-效益分析中，Otway 总结了五种用货币值表示生命价值的方法。用类似的方法可以对环境破坏和其他破坏赋予等价货币值。

1）直接赋值法：根据过去为减少生命损失风险所制定的政策，直接定出拯救生命所需代价。

2）人力投资法：按风险承担者这一生的收入进行贴现计算。

3）保险金额法：按人寿保险的价格定值。

4）法庭赔偿法：按照法庭判决对生命损失的赔偿金额计算。

5）社会意愿法：按照社会愿为拯救生命付出的代价计算。

3. 风险容忍度

（1）风险容忍度的概念及风险衡量方法

“风险容忍度”（risk tolerance）表示在规定的时间内或某一行为阶段可接受的总体风险等级，它为风险分析以及制定减小风险的措施提供了参考依据，因此应在进行风险评估之前预先给出。此外，风险容忍度应尽可能地反映安全目标以及行为特征。

衡量风险的方法有定性和定量两种方式，风险容忍度的表达方式应与之适应。但无论是定量表达还是定性表达都必须包括以下几点：① 风险容忍度的制定应满足工程中的安全性要求；② 公认的行为标准；③ 偶发事件及其效应的知识积累；④ 从自身活动和相关事故中得到的经验。

1）风险矩阵。将事故发生的概率和相应的后果置于一个矩阵中，该矩阵即为风险矩阵，如图 2-9 所示。风险矩阵分为以下三个区域：① 不可接受的风险；② 可接受的风险；③ 不可接受的风险和可接受的风险之间的临界区域。临界区域需要进行风险评估以决定究竟是否应该采取措施减小风险，或是否需要预先做进一步的研究。

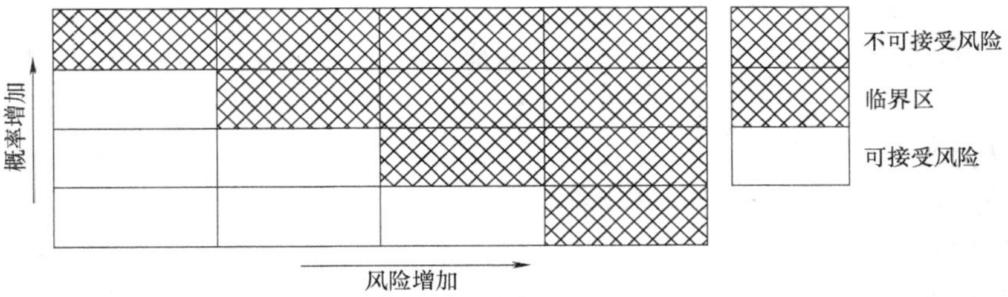

图 2-9　风险矩阵

可以接受的风险极限值通过在矩阵中定义可接受和不可接受风险区域来设定。风险矩阵可用于定性或定量的风险评估。若将概率粗略地以稀少和频繁分类，后果以小、中和灾难分类，可由风险矩阵表示定性分析的结果。当然，风险矩阵也可以由研究者的需要，划分为五个区域，即绝对不可接受的风险、不可接受的风险、基本能接受的风险、较能接受的风险及可接受的风险五种。

风险短阵中的分类和分块区域由连续性变量替代后，即可进行完全的定量分析，如图 2-10 所示。

2）ALARP 原则。工业中有时要用 ALARP 原则作为唯一可接受准则，或与其他可接受准则共同使用。ALARP 原则要求尽可能降低风险，同时这样低的风险程度应该是能够实现的，如图 2-11 所示。

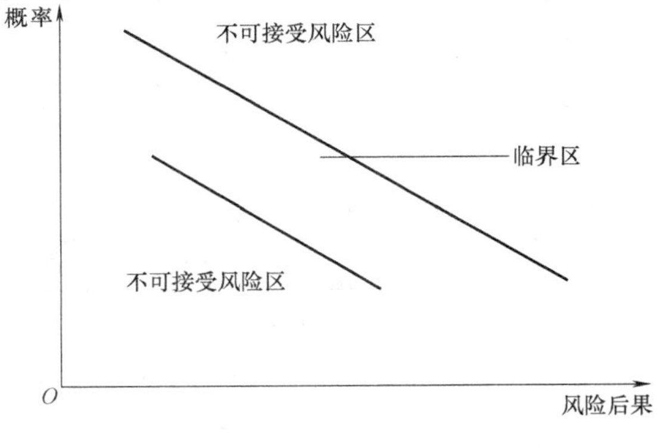

图 2-10　连续变量形式的风险矩阵

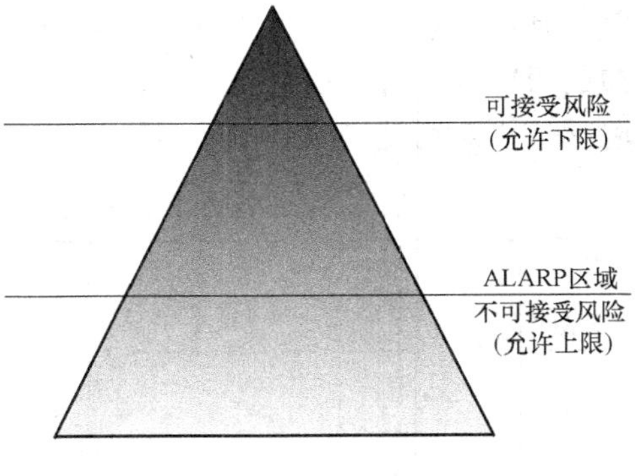

图 2-11　ALARP 原则

可以这样来理解 ALARP 原则：应满足使风险水平“尽可能低”这样一个要求，而且是介于可接受风险和不可接受风险之间的、可实现的风险范围内，来尽可能降低风险水平，常用的方法是以成本效益评估为基础，确定某一减小风险措施的合理性。

通常是先定义下限值，容许上限有时不作定义，但这并不影响该方法的有效性，因为以减小风险为目标的评估总是要进行的。

ALARP 原则同样适用于个体风险、环境风险和财产风险的评估。

3）比较准则。一般地说，比较准则主要是将一些概念和方法与已有的、或已被人们所接受的实践作比较，适用于评估重复性的工作。比较准则同样适用于对人员、环境和财产风险的评估。

在火灾安全工程中，比较准则应用得较多，主要用于对不同设计方案（包括技术改进方案）的比较。应用比较准则的例子有：

① 所选用的消防系统的设计（或新技术的应用）的安全性应不低于采用传统技术时的设计。

② 环境的风险等级应不高于现有值。

③ 所选用方法的成本效益至少与以前相当。

（2）风险容忍判据的确定

风险容忍度确立了一个单位对于已有或新建、提议的设备和工艺可以容忍的风险的种类和水平。风险容忍度表示确立的火灾风险极限不会对一个单位稳定、收益或者人员生命安全产生负面影响。风险容忍度应与单位的商业目的和计划以及单位形象相结合；同时，风险容忍度要符合单位的经营理念和文化，并要与其工程人员应用的风险分析方法相匹配。选取合适的风险容忍度是风险管理人员的职责，同时也需要高级管理者的参与和支持。

风险容忍度的提出过程需注意以下几点：① 明确已定义的风险评估项目范围；② 必须确定风险比较的可度量参数；③ 必须为评估消防系统性能有效性提供输入。

风险容忍度与公司的商业目标有关，不是固定的或者静态的，而是动态的。下面介绍的只是火灾风险容忍度的“推荐值”和图形表述。

1）风险容忍目标。风险容忍度取决于风险容忍目标，每一个风险容忍目标都表达了决策者的行为意愿。目前，大多数与性能化防火结合的建筑规范都提出了定性的目标。

2）业务中断风险容忍度。将火灾事故带来的业务中断（如商场、宾馆停业）时间最小化，是决策者非常关注的事情。表 2-11 列出了事件树分析中需要应用的业务中断风险水平举例，其中的业务中断风险分类依据为停产时间。最后一列给出了每一业务中断风险水平相对应的可能性容忍度极限（次/年），这些容忍度极限的选取通常要经过决策制定小组或者风险评估小组讨论通过。

表 2-11　业务中断（BI）等级和风险容许标准的例子

BI 等级	停　工　期	平均生产停工期/天	一 般 定 义	可能容限/（次/年）
1. 轻微	0～1 天	0.5	设备局部损坏，不需要维修，但要停工清洗	0.33
2. 较轻	1～10 天	5	一些设备部件明显局部损坏，需要短的生产停工期	0.10
3. 中等	10～30 天	20	许多设备部件明显局部损坏，需要中等长度的停工期	0.01
4. 严重	30～90 天	60	主要设备严重损坏，需要维修和更新，且停工	1×10^{-3}
5. 重要	90～270 天	180	大面积损坏可能导致大面积维修和停工设备更新	5×10^{-3}
6. 临界	270～365 天	318	多数设备停工	1×10^{-4}
7. 最大	1～2 年	—	最长停工时间	1×10^{-6}

3）经济损失风险容忍度。采用年度经济损失风险的优点在于可以从经济角度将火灾风险情况呈现给决策者。年度火灾经济损失风险：

$$R_{\mathrm{AFI}}=P_{\mathrm{f}}C_{\mathrm{ML}} \tag{2-28}$$

式中　R_{AFI}——年度火灾经济损失风险；

P_f——火灾发生可能性；

C_{ML}——代表用货币值表示的后果。

估价火灾总的商业经济损失，必须把火灾造成的各种损失后果都识别出来（如建筑物损失、设备损失、生产营业停顿、生命安全、环境破坏、公司形象以及其他损失），并将这些损失估计成等价货币值。这样，还可以实现对风险减少的成本效益分析。

考虑火灾经济损失风险，则年度利润公式可以改写为：

$$B = I_T - C_E - R_{AF} \tag{2-29}$$

式中 B——利润；

I_T——总收入；

C_E——计划成本；

R_{AF}——火灾经济损失风险。

2.3.2 火灾危险源管理的法律体系及主体的相互关系

1. 火灾危险源管理的法律体系

（1）国外火灾管理法律体系

1）英国的火灾安全法律体系。英国的消防有着悠久的历史。在英国，灭火和防火归属于内务大臣的职责范围，内务部消防局下设5个处，分别负责消防队伍的组织训练和灭火研究、防火和火灾统计工作、消防警察和行政法庭管理、体育场馆及游乐场和水上安全以及其他公众安全事业、皇家消防监察处。其火灾安全法律体系的发展经历了以下四个阶段：

① 1947年，英国颁布并施行了《消防机构法》，这是英国第一部专门针对消防部门制定的法规，其中对消防部门的工作内容进行了界定，指出消防部门不仅担负有消防救援的责任，同时还应落实各种消防安全措施，并有在所管辖范围内开展火灾基本常识和消防安全教育的职责。

② 1971年，英国通过了《消防法》，该法律将消防安全许可证制度纳入法制的范畴，它规定消防部门对符合消防安全标准的各种住宅、办公、商业、工程等建筑和铁路等基础设施颁发消防安全许可证，从而将各类建筑和基础设施的消防安全规范化。

③ 1997年，修订了《工作场所消防条例》，条例中明确规定的所用工作场所的管理者对场所的火灾安全的管理责任和相关的法律责任，消防部门负责对工作场所的火灾风险进行评估，针对评估结果提出整改意见和要求。

④ 2004年，英国制定了《消防和救援服务机构法》（Fire and Rescue Services Act），开始实施新的消防安全立法，该法规是一部安全性紧急救护法，不仅仅要求确保各类场所工作人员的安全，还要求保证建筑内所有人员和建筑物附近人员的安全。公众进入的任何一处场所都应有人负责消防管理，并采取相应的措施消除、减少火灾风险。场所的消防安全责任人仍将是该场所的经营、管理人，如果没有相应的管理人，就应当指定一名专人负责消除该场所内可能存在的火灾风险。各类场所的消防安全管理人、责任人应履行以下主要职责：评估所负责建筑的火灾风险；采取所有切实可行的步骤消除、减少火灾风险；确保所负责的建筑满足特定的要求，如足够的安全疏散设施和灭火设施等等；采取合理、实际的措施控制火灾的蔓延。其中也强调了对消防队员的保护措施，强调在建筑物的整个使用寿命内，建筑物的管理人对火灾时供消防队员使用并保护消防队员的设施要及时进行维护、保养，以保证其完

整好用，达到设计要求。

英国的火灾管理法律体系具有以下特点：

① 以案例作为法律依据，执法严格。英国是以案例法为依据执法的国家，国家消防局会根据新发生的火灾案例，及时增补有关的行政法案，以作为下次同类火灾的判决依据。火灾案例和防火执法检查有据可依，消防执法严格。

② 完善的建筑规范设计。英国在1985年就有了消防性能化设计法规，在建筑设计中贯彻的是“尽可能进行防火分隔”，不让初期火灾扩大的指导思想，所有的门几乎都是防火的，并要求经常处于关闭状态，所以一旦起火，火势能控制在一个适当范围，而极少迅速蔓延。英国消防法规还规定，凡老式建筑不符合新建筑规范的，在不变动的情况下可以维持原设计要求，但一旦业主或用途有所变化，就一定要随之实施新的规范。

③ 消防经费充足。英国的每个公民要按照拥有的建筑面积缴纳消防税，因此消防经费比较充足，每年用于各地消防基础设施的投入相当可观。

④ 广泛深入的防灾意识。英国比较注重火灾安全的宣传工作，英国人普遍具有较强的消防意识，对消防部门的执法检查普遍持配合支持态度。

2）美国。美国的消防立法，主要实行国家制定推荐版本和各级地方立法的体制，国家根据东西南北不同情况制定了5部消防法推荐版本，如州、市、县议会讨论通过即成为州、市、县的消防法律。州、市、县分别又有经议会通过的消防法律，而且市、县的消防法律必须比州的法律更严格，以保证执行更为有效，所形成的消防法律法规一般都比较详细，对公民、社会、企业及消防部门的责任和义务都规定得很具体，操作性较强。在美国，消防领域最权威的美国消防协会（National Fire Protection Association，NFPA）是经美国国家标准局授权研究制定和修订消防技术标准与规范的机构。美国消防协会制定的标准和规范涉及领域非常广，包括消防装备与产品、建筑防火、消防系统的设计安装和维修、防火管理、消防从业人员职业资质、消防队管理和训练等方面。虽然美国消防协会的标准和规范本身并不具备法律地位，但其绝大多数都被美国各州的立法机构和一些联邦机构采用，因而成为具有法律效力的法规，这些标准和规范与消防法律，对美国消防工作产生的影响是巨大的。NFPA制定的规范标准每年出版一个版本，为降低火灾中的人员伤亡率、减少群死群伤的火灾，通过立法，大力发展不燃性建筑材料，提高建筑的耐火等级，并使之标准化，最大限度地减少起火因素。

3）日本。日本的消防法律体系是：国会制定《消防法》，内阁制定《消防法施行规则》，自治省制定《消防法施行令》，各都道府县按照国家的法令，结合当地的实际情况，制定地方火灾预防条例，是一种自上而下，逐层具体化的消防法律体系。日本实行地方自治的消防体制，消防团在火灾及其他灾害的预防和救助方面起着重要的作用。消防社团也是日本火灾安全管理的一大特色，比较有影响的全国性的消防社团有世界义勇消防联盟、日本全国消防协会、日本消防检定协会、日本火灾学会、日本消防设备安全中心、日本消防机械协会等。其中最具影响的当属日本消防协会，至今已有100多年的历史，由众议员或自民党副总裁担任会长，主要从事消防团的组织、教育训练、消防团员的福利保障等工作，其经费来源为政府拨款、会员会费、社会赞助等几方面。日本消防协会作为全国消防团的管理、指导机构，其主要职责是：为各地消防团配备消防车辆、消防团员技战术培训、消防团干部研修、表彰优秀消防团员、妇女消防团和儿童消防团的组织及管理、发行消防图书、组织消防团员海外考察、提供消防团员的灾害保险、指导地方消防协会建设、管理日本消防会馆等。

（2）我国的火灾管理法律体系。我国火灾管理主要依据的法律是《消防法》，《消防法》的编制经历了四个阶段：

第一阶段：新中国成立~1984年。火灾管理主要遵循的法律依据是《消防监督条例》。《消防监督条例》中对火灾预防没有明确的规定，缺乏对消防部门的监督条文，在实施期间，由于人们对火灾预防不重视，当时的城镇规划和工程建设中对消防要求考虑不周，对化学易燃物品管理不善，严重火灾事故经常发生，而且伤亡严重。

第二阶段：1984~1998年。我国颁布实施了1984年5月《中华人民共和国消防条例》，提出了“预防为主，防消结合”的消防工作方针，扩大了《消防监督条例》的适用范围，并新增了“火灾预防”一章，强调了防火的重要性；同时，还对于在城市设置消防队（站）的布点、企业专职消防队的建设和实施消防监督的具体机构作了新的补充规定，弥补了《消防监督条例》的不足。但在这一阶段，由于我国经济的发展，全国火灾形式相当严峻，火灾带来的经济损失逐年增长，出现了10年年火灾直接经济损失增长8倍的高增长。消防建设与经济建设不同步，公共消防设施建设严重滞后；消防安全责任不明确、不具体、不落实；有关的法律责任规定不适应新形势的需要。

第三阶段：1998~2008年。1998年我国颁布实施的《消防法》对比《消防监督条例》主要新增了关于防火安全责任制、加强火灾预防的其他主要措施，确定了以公安消防队为主发展多种形式的消防组织的消防组织建设原则，同时，也是最主要的，明确地规定了消防违法行为的法律责任，真正使消防安全管理工作走上了经常化、法治化的道路。

第四阶段：未来发展。从2009年5月开始实施的修订后的《消防法》，主要对之前《消防法》中存在的不适应社会主义市场经济发展、政府职能转变、和谐社会构建等方面进行修改和完善。新修订的《消防法》的主要内容包括：提高政府坚持依法治火的责任能力；提高单位的消防安全自觉投入、自我管理的能力；提高公民的消防安全行为能力。要唤起全民的防火意识，对全民进行防火意识教育、宣传和培训，要把社区消防工作当做消防社会化的主要内容之一。

2. 火灾危险源管理主体的相互关系

（1）消防部门与业主单位之间的关系

在我国，消防工作是政府职能之一，消防部门是我国的行政管理机构，消防是一项公共事业，涉及各行各业、各有关部门。消防部门的职责主要是参与编制消防规划；审核建筑工程消防设计、进行消防验收；公共聚集场所在使用或者开业前的消防安全检查；审批大型活动；确定消防安全重点单位；消防监督检查；发现火灾隐患，通知有关单位和个人；参加火灾和其他救援工作；验收专职消防队；指导专职消防队和义务消防队、指挥调动专职消防队；组织、指挥扑灭火灾；进行火灾调查工作；依法对违反《消防法》规定的行为实施行政处罚。概括起来说，消防部门对业主单位的火灾消防工作主要起到监督检查、审批审核、指导指挥、火灾救援、调查处罚等方面的作用。

（2）业主单位与保险公司之间的关系。业主单位如果投保火灾保险，与保险公司之间形成了保险与被保险的关系。业主单位通过与保险人订立火灾保险合同并缴纳保险费用，转移和分散火灾损害风险，从而规避风险转移或补偿损失。保险公司为业主单位提供相关的火灾风险评价及咨询服务，在意外火灾事故发生后，保险公司应按照火灾调查报告和火灾保险合同的规定，针对被投保人所遭受的损失和损害给予经济补偿。同时，保险公司通过对被投保人进行承保前的风险评估和承保后的风险控制，可以降低保险标的风险。保险公司在承保前，应对保险标的进行与火灾风险有关的风险识别和风险评估，并通过费率的价格调节作用对投保人应具备的基本消防安全条件作出限制。也就是说，如果投保人想要购买涉及火灾风险的保险，就必须具备一定的消防条件，而且，消防条件越完善，费率会越低。对于投保客户来说，只要不想自己承担未来的可能损失，就必须达到一定的消防标准。

（3）消防部门与保险公司之间的关系。从社会化防灾机制的层面上讲，火灾风险管理的主力军是公安消防部门和保险公司。就其性质而言，公安消防是一种保障制度，商业保险是一种损失价值补偿制度。前者的工作旨在降低火灾的发生频率，并于火灾真正发生后通过施救降低损失度；保险的重要意义则在于对已经出现的火灾损失进行价值补偿或给付。政府和消防部门提供的是社会公共安全产品，而保险企业作为营利性机构，不能单纯依靠政府和消防部门，必须认真开展防灾防损工作，防灾防损做得好，其利润就会增加。由此可见，两者在火灾风险管理中的作用是互不相同、相互补充的。对于降低火灾风险，维系社会安定，公安消防部门和保险公司缺一不可，而这两者的有效结合，必然会对火灾风险管理工作起到巨大的推动作用，也是现代火灾风险管理的必由之路。消防与保险良性互动是国外防灾防损工作的通行做法。一方面，消防界加强火灾预防监管，消除保险财产的不安全因素，化解风险；另一方面，保险业为了自身利益，主动加强防灾防损工作，减小保险财产风险，减少支付保险金的几率和数额，相应地减少了火灾危害，二者互相协作，互相渗透。目前，我国消防界与保险业合作虽历经多年，发展缓慢，良性互动的关系尚未真正建立起来，保险公司与消防部门只限于初级配合。我国的保险公司目前还处于“积极的保险，消极的防灾”的状态，在承担火灾风险中无意识发挥其应尽的防灾防损职能，处于只重业务发展速度，轻视业务发展效益。由于消防部门与保险公司基本上没有业务交流，保险公司基本上不对保险财产的火灾危险进行监督和管理，将这一部分工作实际上完全推给了消防部门。

思 考 题

1. 火灾危险源如何分类？两类火灾危险源有何区别与联系？
2. 火灾危险源辨识对火灾隐患的排除有何作用？
3. 火灾载荷密度与火灾热释放速率对火灾危险性有何影响？
4. 为什么说烟气与有毒有害气体是制约火灾危险性的最主要因素？
5. 从火灾发展过程来看，如何消除第二类火灾危险源？
6. 常用的火灾危险源辨识方法有哪些？各有何优缺点？
7. 性能化防火设计方法对火灾危险源辨识有何指导意义？
8. 火灾曲线如何确定？通常有哪些形式？

第 3 章

火灾风险评估的基本方法及其选择

3.1 概述

火灾风险评估在火灾安全性中广泛应用。例举如下：对建筑工程进行评价时，遵从性能化设计论证已有设备适当性、可选设计的适当性和消防安全设备的改进；对一种新型材料使用的适当性进行论证，确定规范或标准所要求必须的保护和火灾安全性的改善；由消防机构人员确立典型设备或整个场所的应急需要。

火灾风险评估方法，按照方法的结构，可分为有经验系统化分析、系统解剖分析、逻辑推导分析、人失误分析等类型；按照评估结果的形式，可分为定性、半定量、定量的火灾风险评估方法。

火灾的双重性规律，决定了科学的火灾风险评估方法应该考虑确定性规律，又涉及不确定性规律，这就决定了火灾风险评估的发展趋势：① 建立评价危险源的指标体系和量化方法，并利用模糊数学和信息扩散理论等建立基于不完备样本的风险评估统计模型；② 利用数据库技术，综合考虑所考察对象的环境因素，建立基于火灾确定性规律的动态风险评估模型。

3.2 火灾风险评估的基本方法

目前，国内外开发并应用的风险分析方法接近 20 种，可按多种属性进行分类，见表 3-1。

表 3-1 常用风险分析方法的分类

分类	依据	基本描述	举例
定性	是否运用数学方法对危险性进行量化分析	借助于经验和知识对生产工艺、设备、环境、人员配置和管理等方面的安全状况进行分析和判断	安全检查表（Checklist），预先危险性分析（PHA），作业条件危险性评价法（LEC），危险性与可操作性研究（HAZOP）
定量		依据统计数据、检测数据、标准资料、同类或类似的数据资料，运用科学评价方法或建立数学模型进行量化分析	事件树（ETA），事故树（FTA），火灾、爆炸指数法（F&EI），蒙特卡罗法（Monte Carlo）

（续）

分　类	依　据	基本描述	举　例
归纳法	逻辑分析方式	从原因推论结果，即从危险因素（故障和失误）出发分析可能导致的事故	事件树（ETA）
演绎法		从结果推论原因的方法，即从事故出发分析、查找导致事故发生的危险因素	事故树（FTA）
设备故障率分析法、人员失误率分析法、物质系数分析法、系统危险性（安全、可靠性）分析法	分析对象		
经验系统化分析法	结构形式	通过专家经验进行列表检查或打分进行评定	安全检查，预先危险分析
对照规范评价法		以现行“处方式”消防规范为依据，逐项检查消防设计方案是否符合规范要求	建筑防火设计审查和已有建筑防火设施检查
逻辑推导法		运用运筹学原理对火灾的原因和结果进行逻辑分析，能够分析出诱发火灾发生的各个因素之间的逻辑联系，既可进行定量分析，也可进行定性分析，并且可以明确地根据分析出的导致火灾发生的基本事件，制定相应的防灭火措施	FTA，ETA，原因-后果分析法（CCA）
指数法		根据工厂所用原材料的一般化学性质，结合它们具有的特殊危险性，再加上进行工艺处理时的一般和特殊危险性，以及量方面的因素，换算成火灾、爆炸指数或评点数，然后按指数或评点数分成危险等级	火灾、爆炸指数法，蒙德法
火灾计算机模拟（模化法）		运用计算机建立模型来模拟火灾的发生、发展过程	FDS，ASET，CFAST
综合评估法		通过系统工程的方法，考察各系统组成要素的相互作用以及对火灾发生发展的影响，作出对整个系统的消防安全性能评价	层次分析法，模糊综合评估法
系统解剖分析法		将要分析的对象视为一个系统，根据其组成特点加以解剖，研究各个部分的作用及其发生火灾事故时对整个系统的影响	故障类型与影响分析（FMEA）
认为失误分析法			

按复杂性增加的顺序可分为：定性法、半定量可能性法、半定量后果法、定量法和成本-效益风险法，见表3-2。

表 3-2　火灾风险评估方法的种类

种　　类	定　　义	结 果 类 型	举　　例
定性法	定性处理火灾发生的可能性和后果	列表表示各种火灾场景的结果和相对可能性以及各种保护方案对结果和相对可能性的影响	What-If 分析，风险矩阵，风险指数，火灾安全概念树
半定量可能性法	定量处理可能性，定性处理后果	计算不同类型火灾或具有不同类型保护方案的火灾发生频率	保险精算/损失统计分析，独立应用事件树分析
半定量后果法	定量处理后果，定性处理可能性	定性表示可能性的确定性火灾模型计算结果	所选具有挑战性的火灾场景的封闭空间火灾模型
定量法	兼备可能性和后果的定量评估	① 计算风险损失期望；② 计算轰燃的可能性；③ 计算建筑其他房间或楼层受灾的可能性；④ 与死亡人数相对的频率；⑤ 与损失大小相对的频率；⑥ 计算人员伤亡、财产损失和运作中断的可能性；⑦ 计算个体风险（建筑内部人员）和社会风险（全部人员）	确定核工厂由火灾引起反应堆溶解的可能性的火灾风险评估；结合火灾模型的事件树分析
成本-效益风险法	包括计算为限定火灾后果和发生的可能性而采取的可选方案成本	① 计算实现各种降低风险水平的成本；② 基于总风险最小或其他风险标准，计算防火保护的最佳水平	集中考虑可能性，后果和成本数据的计算模型

单纯就半定量和定量分析方法而言，其主要特点见表 3-3。

表 3-3　火灾安全评估定量分析方法汇总表

评 价 方 法	性　　质	特　　点
NFPA101M 火灾安全评估系统（FSES）	半定量	FSES 相当于 NFPA 101 生命安全规范，主要针对一些公共机构和其他居民区，是一种动态的决策方法
SIA 81 法（Gretener 法）	半定量	以损失作基础、凭经验作出选择为补充，用统计法来确定火灾风险，考虑了保险率和执行规范
火灾风险指数法（Fire Safety Index Method）	半定量	较之 Geretner 法，增加对火灾蔓延路线的评估，且不要求评估人员具备太多火灾安全理论
经验系统方法	半定量	通过分析以往发生事故，总结出系统化经验，并根据这些经验对既定对象进行检查，确定其火灾风险，目前广泛应用的有安全检查表法、预先危险分析法（PHA）和 DOW-MOND 化工危险分析法等
系统解剖分析法	半定量	将要分析对象视为一个系统，根据其组成特点加以解剖，研究各个部分的作用及其发生火灾事故时对整个系统的影响，故障类型与影响分析（FMEA）是此类方法中最具代表性的方法
事件树方法	半定量	一种时序逻辑的事故分析方法，按照事故发展顺序，将其发展过程分成多个阶段，一步步进行分析
事故树方法	半定量	先从事故开始，逐层向下演绎，将全部出现的事件，用逻辑关系联成整体，将能导致事故的各种因素及相互关系，作出全面、系统、简明和形象的描述
模糊数学方法	半定量	应用模糊数学的计算公式及一些由专家确定的常数来确定火灾的各种影响

（续）

评价方法	性质	特点
防灾性能评价模型	定量	评价因素从火灾案例资料中筛选，范围广泛，因素权值由火灾事件调查资料转换而来，比较客观，且每项因素都有数项指标来衡量，每一指标均有其评定等级的依据
Crisp II 模型	定量	可用来评估住宅人员生命安全，由人员平均伤亡数量给出相对风险
火灾风险与成本评估模型（fire risk evaluation and cost assessment model）	定量	通过分析所有可能发生的火灾场景来评估火灾对建筑物内人员造成的预期风险，同时还能评估消防费用（基建及维修）和预期火灾损失；运用统计数据来预测火灾场景发生概率，同时运用数学模型来预测火灾随时间的变化
CESARE-Risk 模型	定量	采用多种火灾场景，其中考虑了火灾及对火灾反应的概率特性，采用确定性模型预测建筑内火灾环境随时间的变化
FRAME Work	定量	通过建立等量火灾风险分析框架来评估特定场所或产品的火灾风险

对于此类分析方法，引进“量”的概念是进行分析和比较的基础，严格的定量分析应当以基于统计方法的事故概率计算和基于火灾动力学的火灾后果计算为基础。但由于火灾事故数据资料的缺乏以及时间、费用等方面的限制，准确计算火灾事故的概率是困难的，而且在相当多的场合根本无法得到这种概率。因此，长期以来火灾风险评估仍以定性分析方法和半定量分析方法为主。定性分析方法对分析对象的火灾危险状况进行系统、细致地检查，根据检查结果对起火危险性作出大致的评价。半定量分析方法则将对象的危险状况表示为某种形式的分度值，从而区分出不同对象的火灾危险程度。这种分度值可以与某种量的经费加以比较，因而可以进行消防费用效益、火灾风险大小等方面的分析。近年来，随着火灾动力学理论的不断完善以及小样本火灾事件统计方法研究的不断深入，定量分析方法中一些关键技术逐步得到解决，定量分析方法已成为当前发展最快的评估方法。

各种典型风险分析方法的综合对比见表 3-4。

表 3-4　典型风险分析方法比较汇总表

方法	方法特点	程度	适用范围	人员要求	所需时间	优缺点
安全检查表（Safe Check List）	按事先编制的有标准要求的检查表逐项检查，按规定赋分标准给分，评定安全等级	定性	各类行业	检查人员应具备检查表、规范和必要知识。检查表的编制人员和评价结果的审核人员要有丰富经验	时间短、费用低	简便易于掌握，但编制检查表难度高、工作量大
对照规范评价法	以现行“处方式”消防规范为依据，逐项检查消防设计方案是否符合规范要求	定性	消防监督管理部门	熟悉当前最新消防规范	时间短、费用低	简便易行，对符合现行消防规范的一般建筑尤为适用；新型建筑按照现有规范很难设计，对照规范评价缺乏依据
预先危险分析（PHA）	讨论分析系统存在的危险有害因素、触发条件、事故类型、评定危险性等级	定性	各类行业	熟悉系统和设施，有丰富的知识和实践经验、有工程和安全方面背景的技术人员	时间短、费用低	简单易行，但准确度受分析评价人员主观因素影响

（续）

方　法	方法特点	程　度	适用范围	人员要求	所需时间	优　缺　点
故障类型、影响和危险性分析（FMEA）	列表、分析系统故障类型、原因、故障影响、评定影响程度等级，再由元素故障概率计算系统危险性指数	定性	机械电气系统和局部工艺过程	熟悉系统和设备及其他功能、故障类型和事故的传播，有元素故障概率数据	每个分析者每小时可分析2～4台设备	较复杂、详尽，但准确程度受分析人员主观因素影响
事件树（ETA）	归纳法，由初始事件判断系统事故原因及条件，由条件事故概率计算系统概率	定性或定量	各类工艺过程、设备装置	分析人员应熟悉系统、元素间的因果关系及事件树的分析方法	3天至数周	定性简便易行，定量受资料限制
事故树（FTA）	演绎法，由事故和基本事件概率计算事故概率	定性或定量	宇航、核电、工艺、设备等复杂系统	了解故障类型及其影响，熟悉事故、基本事件间的关系，熟悉事故树分析方法	1天至数周	复杂、工作量大，精确事故树编制易失真
格雷厄姆-金尼法	按规定对系统事故发生可能性、人员暴露情况、危险程度进行赋分，经计算后评定危险性等级	定性	各类行业生产作业条件	分析人员熟悉系统，对安全生产有丰富知识和实践经验	时间短、费用低	简易实用，但准确程度受分析评价人员主观因素影响
道（Dow）化学公司指数法	由物质、工艺危险性计算火灾爆炸指数	定量	生产、储存、处理易燃易爆、有毒物质的工艺过程及其他有关工艺系统	熟悉掌握分析方法，对系统、工艺、设备有较透彻的理解和良好的判断力	每人每周分析2～3个工艺单元	简洁明了，但只能对系统整体作出宏观评价
相对风险指数法	综合考虑事故发生概率、后果及预防后果发生的难易程度等三个方面	相对定量	各类行业	熟悉掌握分析方法，对系统、工艺、设备有较透彻的理解和良好的判断力	时间较短、费用低	较复杂、详尽，但准确程度受分析人员主观因素影响
传统概率分析法	以纯粹的工学计算为基础	定量	各类行业	分析人员熟悉系统，熟练掌握概率计算知识	时间长、费用高	复杂、详尽，但底事件概率确定较为困难
模糊综合评判分析法	以模糊数学理论为依托	相对定量	各类行业	分析人员熟悉系统，熟练掌握模糊理论	时间较长	较复杂、详尽，但准确程度受分析人员主观因素影响

3.2.1　对照规范法

以传统的处方式消防规范为依据，逐项检查消防设计方案是否符合规范要求。目前我国消防监督部门在对建筑防火设计进行审查和对已有建筑防火设施进行检查时基本采用这种方法。其优点是简单易行，对符合现行消防规范的一般建筑尤为适用。

然而，随着社会经济的飞速发展和建筑科技的长足进步，在大城市中，特别是世界各国经济发达的城市，具有新的设计概念和结构形式的公共建筑不断涌现，成为城市建设与发展的特色标志。大型公共建筑的快速发展，给消防设计和监督带来了一些困难，其中较为显著的表现在以下两个方面：

1）对于具有大空间的大型公共建筑，由于建筑结构的特殊性和使用功能的需要，大空间建筑难以采用适用于一般建筑在火灾防治方面的一些有效措施，其火灾发生时的特性和现象也与一般建筑有所不同；由于历史原因，在《高层民用建筑防火设计规范》及其他相关规范颁发以前建造的普通大型公共建筑中，存在自防、自救设施陈旧、缺乏等问题，如结构构件的耐火性能、楼梯的形式等无法满足现行规范标准的要求。

2）规范也不能代表最新技术成果，很多实际工程并不能照搬规范，尤其是一些结构和用途复杂的新型建筑按现有规范很难设计，也缺乏评价依据。

3.2.2 经验系统化分析法

1. 安全检查表法

（1）概述

安全检查表（Safety Check List）是系统安全工程的一种最基础、最简便、广泛应用的系统安全分析方法。安全检查表分析法就是制定安全检查表，并依据此表实施安全检查和火灾危险控制。参照火灾安全规范、标准，系统地对一个可能发生的火灾环境进行科学的分析，找出各种火灾危险源，依据检查表法中的项目把找出的火灾危险源以问题清单形式给出制成表，以便于进行安全检查和火灾安全工程管理。火灾安全检查表分析法的核心是安全检查表的设计和实施。安全检查表必须包括系统或子系统的全部主要检查点，尤其是不能忽略那些主要的潜在危险因素，而且还应从检查中发现与之有关的其他危险源。

目前，安全检查表不仅可以用于查找系统中各种潜在的事故隐患，还可对各检查项目和系统进行赋分评级。安全检查表是由一些对工艺过程、机械设备和作业情况熟悉并富有安全技术、安全管理经验的人员，事先对分析对象进行详尽分析和充分讨论，列出检查单元和部位、检查项目、检查要求。还可以指定出各项赋分标准和评定系统安全等级的分值标准。对系统进行分析、验收时，对照安全检查表逐项检查、赋分，从而评价出系统的安全等级。当安全检查表用于设计、维修、环境、管理等方面查找缺陷或隐患时，可省略赋分、评级等内容和步骤。鉴于上述特点，安全检查表广泛用于建造和生产现场。

（2）优缺点

1）优点。

① 保证安全检查工作的全面性和完整性，避免草率、疏忽和遗漏。

② 应用安全检查表，可使检查工作标准化、标准化。

③ 对不同的检查目的、检查对象设置不同的检查表，针对性强。

④ 安全检查表简明易懂、方便实用、易于掌握，能弥补有关人员知识、经验不足的缺陷。

⑤ 检查人员依据安全检查表进行检查，检查结果即为检查人员履行职责的凭证，能落实安全生产责任制。

2）缺点。

针对不同的需要，须事先编制大量的安全检查表，工作量大且安全检查表的质量受编制人员的知识水平和经验影响。安全检查法只能进行定性的分析。过度依赖现行相关法规，而且法规的更新速度远远赶不上违规建筑出现的速度以及材料和工艺更新的速度。

（3）依据

编制检查表的主要依据有：有关的法规、标准和管理、操作等规程；国内外的事故案例；本单位的经验、教训；其他分析方法的结果。

（4）具体步骤

要编制一个符合客观实际、能全面识别、分析系统危险性的安全检查表，首先要建立一个编制小组，其成员应包括熟悉系统各方面的人员。同时还要经过以下几个步骤：

1）熟悉系统：包括系统的结构、功能、工艺流程、主要设备、布置和操作条件。

2）收集资料：收集有关的安全法规、标准、制度及本系统过去发生事故的资料，作为编制安全检查表的依据。

3）划分单元：按功能或结构将系统划分成子系统或单元，逐个分析潜在的危险因素。

4）编制检查表：针对危险因素、依据有关法规、标准规定，参考过去事故的教训和本单位的经验确定安全检查表的检查要点、内容和为达到安全指标应在设计中采取的措施，然后按照一定的要求编制检查表。

5）修改完善检查表：检查表编制实施一段时间后，应根据实际情况予以完善、修改。

2. 预先危险性分析

（1）概述

预先危险性分析是进行某项工程活动（包括设计、施工、生产、维修等）之前，对系统存在的各种危险因素（类别、分布）出现条件和事故可能造成的后果进行宏观、概率分析的系统安全分析方法，其目的是早期发现系统的潜在危险，确定系统的危险性等级，提出相应的防范措施，防止这些危险因素发展为事故，避免考虑不周所造成的损失。预先危险性分析的重点应放在具体区域的主要危险源上，并提出控制这些危险源的措施。

预先危险性分析是一种应用范围较广的定性分析方法。它由具有丰富知识和实践经验的工程技术人员、操作人员和安全管理人员经过分析、讨论实施。可在初期设计阶段，如建筑物设计或者装修之前，对系统中存在火灾诱发条件、火灾事故后果等进行粗略的分析，尽可能确定潜在的危险性。

（2）步骤

在进行危险性预分析之前，首先应该明确进行分析的系统，进行系统界定；再将复杂的系统分解成比较简单的容易认识的事物，然后就可以根据收集的资料和分析人员的衡量，采用一定的方法对系统进行风险辨识，找出风险影响因素；制定防范措施。

（3）优缺点

1）优点。给出了危险事件的类型、潜在的危害事件、原因、结果、风险等级及对应的措施，表格简洁明了一目了然。

2）缺点。分析程度不够，风险等级确定不准确，过分依靠经验，主观性较强，无法承担定量评估。

3.2.3 系统解剖分析法

此类方法将要分析的对象视为一个系统，根据其组成特点加以解剖，研究各个部分的作用及其发生火灾事故时对整个系统的影响。故障类型与影响分析（FMEA）是此类方法中最具代表性的方法。此方法将系统分解为若干子系统和单元，逐个分析它们可能发生的事故，重点分析故障类型和对系统的影响，进而提出改进方案。对各个子系统或单元赋予一定的危险度之，并合理确定系统中各个部分的关系，即可用危险度法和模糊判断法确定系统的火灾危险状况。

3.2.4 逻辑推导法

逻辑分析法的代表方法有事故树分析法、事件树分析法和原因-结果分析法。

1. 事故树分析

（1）概述

事故树分析（Fault Tree Analysis）又称故障树分析，是一种演绎的系统安全分析方法。在某些文献上，事故树分析还被称为故障树分析、失效树分析、事故逻辑分析、缺陷树分析等。事故树分析是从要分析的特定事故或故障开始，逐层分析其发生原因，一直分析到不能再分解为止；将特定的事故和各层原因（危险因素）之间用逻辑门符号连接起来，得到形象、间接地表达其逻辑关系的逻辑树图形，即事故树。通过对事故树简化、计算达到分析和评价的目的。事故树分析方法可用于复杂系统和范围广阔的各类系统的可靠性及安全性分析、各种生产实践的安全管理可靠性分析和伤亡事故分析。

（2）特点

1）能详细查明系统各种固有、潜在的危险因素或事故原因，为改进安全设计、制定安全技术对策、采取安全管理措施和事故分析提供依据。

2）可以用于定性分析，求出各危险因素对事故影响的大小。

3）也可用于定量分析，由各危险因素的概率计算出事故发生的概率，从数量上说明能否满足预定目标值的要求，从而明确采取对策措施的重点和轻、重、缓、急顺序。

4）分析人员必须非常熟悉对象系统，具有丰富的实践经验，能准确熟练地应用分析方法。往往会出现不同分析人员编制的事故树和分析结果不同的现象。

5）复杂系统的事故树往往很庞大，分析、计算的工作量大，有时定量分析连一般计算机都难胜任。

6）进行定量计算时，必须知道事故树中各事件的故障率数据，若这些数据不准确，定量分析就不可能进行。

（3）基本步骤

1）确定分析对象系统和要分析的各对象事件通过经验分析、事件树分析以及故障型分析确定顶上事件（何时、何地、何类）。

2）明确对象系统的边界、分析深度、初始条件、前提条件和不考虑条件，熟悉系统、收集相关资料（工艺、设备、操作、环境、事故等方面的情况和资料）。

3）确定系统事故发生概率、事故损失的安全目标值。

4）调查原因事件：调查与事故有关的所有直接原因和各类因素。

5）编制事故树：从顶上事件起，一级一级往下找出所有原因事件至最基本的原因事件为止，按其逻辑关系画出事故树，每一个顶上事件对应一株事故树。

6）定性分析：按事故树结构进行简化，求出最小割集和最小径集，确定各基本事件的结构重要度。

7）定量分析：找出各基本事件的发生概率，计算出顶上事件的发生概率，求出概率重要度和临界重要度。

8）结论：当事故发生概率超过预定目标值时，从最小割集着手研究降低事故发生概率的所有可能方案，利用最小径集找出消除事故的最佳方案；通过重要度分析确定采取对策措施的重点和先后顺序；从而得到分析、评价的结论。

具体分析时，要根据分析的目的、人力物力的条件、分析人员的能力选择上述步骤的全部或部分内容实施分析、评价。对事故树规模很大的复杂系统进行分析时，可应用事故树分析软件包，利用计算机进行定性、定量分析。

2. 事件树分析

（1）概述

事件树建立在概率论和运筹学的基础上，在运筹学中用于对不确定的问题作出决策，故又称为决策树分析法。分析是一种从原因推论结果的系统安全分析方法，它按事故发展的时间顺序由初始事件出发，按每一事件的后继事件只能取完全对立的两种状态（成功或失败、正常或故障、安全或事故等）之一的原则，逐步向事故方面发展，直至分析出可能发生的事故或故障为止，从而展示事故或故障发生的原因和条件。

通过事件树分析，可以看出系统的变化过程，从而查明系统可能发生的事故和找出预防事故发生的途径。

（2）分析步骤

确定初始事件；判定安全功能；发展事件树和简化事件树；分析事件树；事件树的定量分析。

3. 原因-后果分析法

原因－后果分析也称为因果分析或者因果树分析，是事故树分析与事件树分析结合在一起进行分析的方法。原因-后果分析过程是以某系统的事件树图为基础，再将事件树中处于失败分支的中间环节事件及初始事件作为顶上事件，给出其事故树图，由此得出原因-后果分析图。其中的事故树图部分通常称为原因图，用于分析各个中间环节事件以及初始原因事件的具体原因事件；其中的事件树图部分通常称为后果图或者事件序列图，用于分析系统发生火灾或者爆炸事故的动态发展过程。

逻辑分析法建树复杂，需要考虑的因素多，数据的收集工作量大；大型故障树的最小割集数量极大，定量分析困难，且管理因素之间及其于直接事故原因之间的关系很难用简单的“与”、“或”逻辑关系准确描述，对间接隐患不易进行逻辑分析。对于建筑物尤其是结构比较复杂的高层建筑来说，火灾影响因素多，错综复杂，利用逻辑分析方法对其火灾危险性进行评估不易进行。

3.2.5　火灾过程计算机模拟法（火灾模化法）

1. 概述

火灾基础科学、计算机科学的发展，使用计算机模拟火灾成为了可能，虽然完全模拟火灾的真实过程目前还做不到，但用计算机模拟火灾这种方法和思路确实为人们开辟了一条探索火灾发生、发展及预防控制规律的新路径。

所谓火灾模化法进行火灾风险评价就是运用计算机建立模型来模拟火灾的发生、发展过程。它可以对火灾过程中的很多方面，如火灾的发生和发展、烟气的产生与扩散、消防设施的设置与工作情况以及人员的反应和行为等进行动态模拟，计算火场的温度、压力、火灾气体浓度和烟密度等参数，考察各种有关因素的影响，从而对建筑物的消防安全状况作出评价。火灾计算机模拟的关键在于建立可以准确描述火灾现象及其发展过程的数学模型或计算机系统，这种数学模型或计算机系统称为火灾的数学模型，常被称为火灾模型。

2. 主要类型

火灾模型可以分为两大类：一类是概率模型，也称之为随机模型；另一类为确定模型。概率模型是把火灾的发展过程看成一系列连续的事件或状态，根据一个事件或状态转换到另一个事件或状态的概率来计算和描述火灾的发展特性。这类模型目前研究和应用的都比较少。确定模型是目前研究得比较多、应用也比较广泛的一类火灾模型。这类模型运用了以火灾过程中物理和化学现象作为基础的数学表达式和方程组，可以确定地描述火灾过程中有关特征参数随时间变化的特性。确定模型还可以按照解决问题的方法分为区域模型、场模型、网络模型和混合模型等。国际上已经开发了多种模拟火灾发展的火灾模型。在欧美发达国家，目前已在火灾的监测、信息分析、火灾危险源的辨识原理和方法、危险评价技术、火灾的预防与控制等方面开发出了一系列以概率论为基础的有特色的整合安全评价方法，对预防和控制火灾起了重要作用。在我国，这种方法近年来也有较快的发展。

3. 主要方法和模型

主要国外主要方法和模型包括：美国的建筑防火评估法（The Building Fire Safety Evaluation Method，简称 BFSEM）；评估特定场所内所用产品火灾风险的 FRAME works 法；火灾致损评估法（Fire Induced Vulnerability Evaluation，简称 FIVE）；澳大利亚的风险评估模型（Centre Fire Environmental Safety and Risk Engineering Risk，简称 CESARE-RISK）；日本的建筑物综合防火安全设计法；加拿大的 FIRECAM（Fire Risk Evaluation and Cost Assessment Model）法等。

（1）BFSEM 法（L 曲线法）

Fitzgerald 发展的 BFSEM 方法认为所有建筑是空间和分隔件的组合体。该法以网络图法为基础，以火焰运动过程为研究核心，以确定火灾终止的概率为目标的概率性火灾风险分析方法。按照时间的顺序，火焰运动包括火焰产生、全室卷入火灾、突破防火隔层和蔓延至其他房间 4 个事件。此方法利用网络图法从消防系统性能的角度出发，将其规划为火焰自熄、固定消防灭火系统、人工灭火等几个主要事件，每个事件又有各自的子事件，按照相应的标准对每一子事件赋予初始概率，然后计算火焰熄灭的概率，并与相应的房间的消防安全目标相比较，从而对房间的火灾安全性能进行评估。

采用 BFSEM 方法评估建筑防火性能包括以下五个方面：防止起火；火焰/热分析（建筑物通过主动和被动保护措施限制火灾在其空间和隔件中；烟/气分析（建筑物维持选定空间可生存条件规定时间的能力）；结构框架分析（结构框架针对未受限火灾避免不可接受的变形或倒塌）；人员流动分析（人员在建筑物内流动或到达安全地点所要求的时间）。在评估过程中，对于着火可能性、起火空间火势扩大可能性、隔件性能、火势向起火空间以外蔓延、人员安全等各类参数，使用者可以指定基于经验和工程判断的主观概率，或依据统计数据，估计每一事件发生的可能性（结果是任一事件发生或不发生的可能性）。

BFSEM 提供了识别影响建筑防火性能因素的综合方法，尽管这一方法在确定各类评估参数时存在较大的不确定性，但它初步提出了与建筑防火性能化分析与设计方法较为接近的总体框架。

该法可以评估现有的消防设计，也可以针对不同的消防设计方案，分析相应的 L 曲线。它可以给出一个建筑物内关于火焰蔓延信息，但并不适合于生命安全的评估，而且需要输入大量的概率数据。

（2） Crisp II 法

英国发展的一个消防系统区域模型称为 Crisp II。Crisp II 可以用来评估住宅的人员生命安全，由人员平均伤亡数量给出相对风险。Crisp Ⅱ 面向的对象分类主要包括：家具组合情况、热烟气层、冷空气层，墙壁，房间、感烟探测器、消防队和建筑物内的人员。随机方面的因素包括一些初始状态，如不同的窗户和门的开启或关闭状态、建筑物内人员的数量、类型和位置，着火位置和燃烧物的类型。采用的主要数学模型是 Monte-Carlo。模拟中最复杂的细节是居住者的行为，包括多种因素的影响，如生理反应、感知等。

（3） 建筑物综合防火安全设计法

日本于 20 世纪 80 年代初所发展的建筑物综合防火安全设计方法，包括五个子系统：综合防火安全、预防火灾的发生、预防火灾的蔓延、烟气控制与疏散、耐火及住宅的防火安全。每个子系统包括四个组成部分：基本要求、工程评估的技术标准、相关火灾现象的预测方法、测试方法。

（4） FRAME works 法

FRAME works 在很多方面与 Beck 的风险评估模型类似。这一方法将在规定火灾场景情况下，评估特定产品的量化（火灾模型）方法和与规定火灾场景相关的火灾死亡人数的统计方法相结合，从而为火灾场景确立死亡率基准。新的或替代产品的影响可以采用基准场景进行评估，以决定产品的改变使风险相对增大还是减少。

（5） FIRECAM 法

FIRECAM（Fire Risk Evaluation and Cost Assessment Model）模型是由加拿大国家研究委员会（National Research Council of Canada，简称 NRC）为支持加拿大引入性能规范而开发的火灾危险评估的计算机模型，它通过分析所有可能发生的火灾场景来评估火灾对建筑物内居民造成的预期风险，同时还能评估消防费用（基建及维修）和预期火灾损失，适用于公寓及办公楼的评估，估计将来还可以开发出适用于其他建筑物的版本。

该模型采用了概率模型（确定火灾发生的可能性）和确定模型（确定火灾发生的后果），根据两个决策参数 ERL（可能对生命造成的危险即每年可能死亡的人数）和 FCE（火灾预期造成的损失包括消防投资和火灾损失）来评价消防设计的安全性和经济性。ERL 是建筑物寿命期内预期的火灾死亡人数除以建筑物内总人数和建筑物的设计寿命；FCE 是建筑物总体火灾财产损失，包括每一个主动和被动防火保护系统的成本、主动防火保护系统的维护费用、由火灾造成的预期损失。在模型中，ERL 是在给定防火系统设计条件下，对于所有可能火灾造成的生命风险的量化度量；而 FCE 则是火灾财产损失的量化值。FIRECAM 利用火灾增长、火灾蔓延、烟气流动、居民反应和消防部门反应的动态变化（以时间为函数）来计算 ERL 和 FCE 的数值。它包括火灾增长模型、烟气流动和居民逃生模型。

运行这一模型时，使用者选取该建筑或待评估的建筑设计的广泛范围的、可能发生火灾情况的火灾场景。这些情况包括阴燃火、有焰火和轰燃火；门开着或关着；白天或夜间等。每一设计火灾发生概率是依据统计数据得到的。火灾发展模型可以在给定燃烧速率条件下，计算出室内温度、毒性气体的产生及浓度随时间的变化值。然后模型确定5个关键事件的发生：火灾发生的时间、烟气探测器起动时间、喷淋起动时间、轰燃时间和火灾结束时间。探测器起动时间可以用来评估人员疏散时间；消防队行动模型采用轰燃时间以评估人工火灾扑灭活动的有效性；烟气危险模型用以评估烟气的危险性，不仅要用燃烧时间，还要应用建筑内的烟气流动模型。

由于火灾现象和人员行为的复杂性，在FIRECAM数学模型中采用了某些保守的假设和估计。所以模型中只有一部分子模型通过了验证，有些内容还没有得到实物火灾试验或实际火灾的验证。因此，现在只能将该模型所做的估计看作保守的、不精确的，即使得到了全面验证，该模型也不适合对生命风险和消防投资进行绝对的评估，而只能进行相对比较评估。

（6）火灾和风险评估系统（FIERA system）模型

为了在更广泛的范围内进行火灾风险评估，加拿大国家研究委员会（National Research Council）在FIRECAM的基础上开发了FIERA system（Fire Evaluation and Risk Assessment system）模型。该模型主要用来评价仓库和飞机库等工业建筑和大空间建筑的消防系统性能。FIERA system的包含11个子模型：火灾发展模型（Fire Development）、烟气产生与运动模型（Smoke production and Movement）、火灾探测模型（Fire Detection）、建筑构件失效模型（Building Element Failure）、灭火有效性模型（Suppression Effectiveness）、消防队响应与扑救有效性模型（Fire Department Response and Effectiveness）、人员响应与疏散模型（Occupant Response and Evacuation）、生命危险模型（Life Hazard Model）、预期死亡人数模型（Expected Number of Deaths）、经济性分析模型（Economic Model）、停工期模型（Down Time Model）。

FIERA system模型能进行火灾安全工程中的多种计算，以便评价建筑中的火灾安全系统的各种性能及其可靠性。在用该模型进行分析计算开始之前，要依据不同的目的来选择计算的模式。FIERA system模型的计算模式有以下四种可供选择：用标准工程经验公式进行分析计算；通过运行FIERA system模型的子模型（系统）来进行分析计算；实施危险性分析，即火灾危险评估；实施风险性分析，即火灾风险评估。

FIERA system模型是一些简单的经验方程的集合，专业工程师可以用这些方程快速地进行火灾安全工程计算。例如，可以进行一般区域上的火灾发展、羽流动力学、烟气的流动、疏散、火灾严重程度以及相邻目标的着火的相关计算。

FIERA system模型也可用来评价建筑火灾安全系统是否能满足既定的火灾安全目标。这个任务可以通过各个子模型进行火灾危险分析或火灾风险评估来完成。例如，用子模型可以评价火灾安全设计方案中的单个组成部分的性能，像火灾探测系统的动作时间、自动水喷淋系统的动作时间、火灾发生轰燃的时间以及建筑结构组成部分的性能失效时间等。

（7）Hazard I建筑室内火灾危险评价

1989年夏季，美国国家标准和技术学会/建筑火灾研究实验室（Building and Fire Research Laboratory of NIST）研制成功Hazard I（1.0版）建筑室内火灾危险评价软件，随后于1992年春季推出了Hazard I（1.1版），1994年以推出了Hazard I（1.2版）。Hazard I主要考虑了室内火灾发展过程和烟气蔓延规律。该软件涉及物理学、化学、流体力学、传热学、生物学和毒性学等领域的知识。早期的 Hazard I 运用了三种模型 FAST、FIRST 和 ASET Hazard I 的主要功能有：计算火灾过程中热和烟气的产生量及其运动规律；计算火灾过程中烟气的蔓延情况；确定烟气的浓度、温度；计算人员安全疏散路线及火灾事故时人员伤亡情况等。近年来 BFRL 又推出了 Hazard I 的改进版本 Hazard II，增加了一些功能，如考虑了室内火灾过程中的热损失，但是它仍没有考虑建筑火灾烟气对室外人员、财产的影响以及建筑火灾过程的经济损失，而且计算过程中的参数很难确定。

（8）CESARE-Risk

澳大利亚消防规范发展中心（FCRC）正在开发一个用于量化建筑消防安全系统性能的风险评价模型，称为 CESARE-Risk（和 FIRECAM 同基于 Beck 的预测多层、多房间内火灾风险评价系统模型），它采用多种火灾场景，其中考虑了火灾及对火灾的反映的概率特性，采用确定性模型预测建筑内火灾环境随时间的变化。CESARE-Risk 模型具有以下特点：

1）利用时间树设置多种火灾场景，每种场景具有一个发生概率。

2）利用火灾增长模型和烟气蔓延模型得到与时间有关的可能的实际火灾场景。

3）人员行为和消防队反应模型表述一类人对某种特定的火灾发展与烟气流动情况下产生的反应和采取的行动，它们是与时间相关的、反应过程为非稳定的概率模型。

4）使用防火分隔模型分析火灾发展到严重阶段的情况，预测防火分隔物体的失效时间与概率。

5）使用火灾蔓延概率模型预测火灾从一个空间向另一空间蔓延的概率。CESARE - Risk 模型主要包括六个子模型：事件树与预期值模型（Event Tree and Expected Value Model），火灾增长与烟气蔓延模型（Fire Growth and Smoke Spread Model），人员行为模型（Human Behaviour Model），消防队和工作人员模型（Fire Brigade Model and Staff Model），防火分隔物失效模型（Barrier Failure Model），经济性分析模型（Economic Model）。

（9）人员伤亡预期风险评估方法

该法将人员伤亡预期风险作为评估目标，主要计算两个重要参数：火灾场景出现的概率；每个火灾场景可能造成的伤亡人数。通过考虑火灾发展与烟气蔓延的相关随机因素（如火灾增长系数、防灭火设施实施概率随时间变化），基于事件树与火灾模拟软件构建可能导致的火灾场景，并根据离散马可夫（Markov）链分析了火灾场景发生的概率随火灾发展时刻的变化情况。对于人员疏散时间的计算，基于火灾增长系数随机性，将火灾探测报警时间取为概率分布；考虑疏散准备时间的随机性，将其取为正态分布；对于火灾危险状态来临时间的计算，基于火灾增长系数随机性考虑设定火灾的不确定性，将火灾危险状态来临时间表示为概率分布。通过比较火灾危险状态来临时间与人员疏散时间的关系，计算得到每个火灾场景可能导致的伤亡人数。

（10）矩阵与轮廓线法（Matrices and Contours）

矩阵与轮廓线法是一种介于指数法与完全概率方法之间的一种评估方法。风险矩阵可以通过在两个方向分别表示后果和频率，从而构建出不同的离散区域风险大小的差异。风险轮廓线是一种与风险矩阵功能相类似的连续曲线。曲线通过二维空间绘制，其中一个数轴表示后果，另一个表示概率。

（11）火灾模化法当前问题

合理的火灾模型可以定量地比较不同消防设计方案的火灾危险程度，方便、科学地进行火灾模拟与评估，根据每个建筑物的特点选定最为经济合理的消防措施。计算机模化方法必将推进处方式规范向性能规范的转化，符合消防安全工程学的发展方向。但是评估结果的可靠性依赖于火灾模型的精确性，而建立能够精确模拟实际火灾的模型必须搞清火灾机理，明确包括人员行为和消防管理在内各方面参数之间的数学关系，需要积累丰富的数据资料，工作涉及面广工作量大。而且火灾模化只能够从火灾机理的角度，通过模拟计算机火灾场景中的某个因素来对火灾危险性进行评估，不能够从整体上对整个建筑的火灾危险性进行评估。

（12）新型方法列举

国外有学者整合了定量风险分析技术、现代结构可靠性分析以及基于最优化设计的可靠性三种方法，提出了统一标准的概率火灾安全评估方法（包括灾害识别、结果分析、模型扩展、火灾和爆炸负荷模型、结构和整体风险评估以及最优化火灾防护措施）；或应用建筑物火灾蔓延至不可逃生条件以及人员逃生之间的相互作用随机模型，并提出离散灾害函数的概念，并使用预期人员死亡率来进行安全评价。

3.2.6 风险指数法

风险指数法起源于保险费率厘定的列表。一般来讲，火灾风险指数法是根据专家的判断与经验对表示正面和负面的消防因素的变量进行赋值，并根据相关函数得到的计算结果与其他相似的评估结果或标准风险值进行比较，最后根据不同等级确定在建筑结构、消防设备、电气防爆、检测仪表、控制方法等方面的安全要求。目前，指数法在石油、化工等领域应用较多。在不适合对成本效益进行比较深入的分析时，风险指数法尤其有用。代表性的火灾风险指数法有道化学公司火灾爆炸指数法（Dow's Fire and Explosion Index）、英国帝国化学公司蒙德工厂的蒙德评价法、火灾保险分级法（Fire Insurance Rating）、火灾安全评估系统（Fire Safety Evaluation System）等。

1. 美国道化学公司火灾爆炸指数分析法

道化学公司火灾爆炸指数分析法是根据以往的事故统计资料、物质的潜在能量和现行的安全措施情况，利用系统工艺过程中的物质、设备、物量等数据，通过逐步推算的公式，对系统工艺装置及所含物料的实际潜在的火灾、爆炸危险、反应性危险进行分析的方法。

它是根据单元物质系数 MF、工艺条件（一般工艺系数 F_1 和特殊工艺系数 F_2），通过一系列系数计算（单元火灾爆炸指数 $F\&EI$，影响区域，破坏系数计算）确定单元火灾爆炸危险程度（最大可能财产损失及采取安全措施后的最大可能财产损失 $MPPD$ 和停产损失 BI），并与安全指标比较，判定事故损失能否被接受的分析方法。主要用于分析生产、储存、处理易燃易爆、化学活性物质的化工过程和其他有关工艺过程（如污水处理、公用工程、整流、变压、锅炉、发电等设备和中试装置等）。适用于易燃或活性化学物质的最小处理量约为454kg 的单元。

该方法适用于管理到位、资料充分的化工企业，但在实施时较烦琐、评价周期太长。

2. 蒙德法

蒙德法是英国帝国化学公司蒙德（Mond）在“火灾爆炸危险指数”方法的基础上发展起来的。该法既继承了道化学公司的“火灾爆炸危险指数”法，同时在其定量评价的基础上进行了改进，针对化学工艺特点引进了物质毒性的概念，提出包括物质毒性在内的“火灾、爆炸、毒性总指标”的计算，再进行采取安全对策措施加以补偿后的最终评价，是一种较适合对化工装置的火灾、爆炸、毒性危险程度进行评价的方法。

3. 相对风险指数法

瑞典 Magnusson 等人提出的火灾风险指数法（Fire Risk Index Method）是介于定性和定量分析之间的一种方法。风险的大小是由后果和发生的概率决定的，而后果和概率客观数值由于各种原因难以确定，因此用一种相对风险指数描述风险的大小，它考虑了事故发生的可能性大小、后果严重程度、紧急程度和纠正的难易程度。该方法最初为评价北欧木屋火灾安全性而建立，从“木制房屋的火灾安全”项目的发展演化而来的，子项目“风险评估”部分，由瑞典隆德大学（Lund University）承担，目标是建立一种简单的火灾风险评估方法，可以同时应用于可燃的多层公寓建筑。与 Gretener 法相比，火灾风险指数法增加了对火灾蔓延路线的评估，而且不要求评估人员具备太多的火灾安全理论知识。在此方法中：火灾风险指数最大值为5，最小值为0；火灾风险指数越大，代表火灾安全水平越高。

4. 火灾保险分级法

目前使用比较普遍的保险分级表是保险管理部门的特殊财产评估表。对于任何一个建筑，都要根据建筑占用标的与火灾危险性的不同，以不同的百分数的形式将建筑分成若干等级。最基本的建筑评分是结构墙、地板和房顶的抗火能力的函数。建筑火灾保险费率是占用标的比例与考虑建筑物内消防设施等因素的修正评分的乘积。一般而言，列表值和修正因素主要是基于保险业公开的实际火灾损失来确定。

5. 火灾安全评估系统

火灾安全评估系统（Fire Safety Evaluation System，简称 FSES）有时称做性能化方法，是一种主要针对公共建筑的火灾风险分级方法。在进行评估的时候，FSES 将建筑划分为不同的火灾区域，并基于对许多风险参数进行赋值的方式计算每个区域的人员风险。计算得到的风险值与规定的最小值比较来确定评估区域是否具有与生命安全规范（Life Safety Code，NFPA 101A）相当的火灾安全水平。

总体而言，FSES 包括不同的火灾安全参数（如结构、危险区域、手动火灾报警、自动探测系统、自动喷淋系统及其他设施），且在 101A 中规定了具体数值。在对建筑进行评估过程中，评估者要决定现有防火措施的类别，并依据 101A 确定适当的点值。如果整个点值等于或超过规范中预先规定的整体点值，则认为防火安全水平等同于 FSES 的规定。在某些情况下，对于医护建筑，存在针对病人活动能力、病人密度、火灾层位置、病人数与护理数比值以及病人平均年龄的风险参数。应注意火灾安全参数和风险参数的数值是依据一组防火专家的经验判断决定，代表某个专家组的意见。由于这一原因，决定这些数值没有确定的过程，因而应用这些概念判定与其他规范的等效性较为困难。

3.2.7 综合评估方法

1. 概述

综合评价其核心思想就是通过系统工程的方法，考察各系统组成要素的相互作用以及对火灾发生发展的影响，作出对整个系统的消防安全性能评价。具体操作需要建立研究对象发生火灾的影响因素集，并确定它们的影响程度等级和权重，实施计算。此方法综合考虑了各种因素对火灾的影响以及影响的程度，根据大量已有的统计资料并结合实际经验判定建筑物的火灾危险性，全面而且实际，类似方法在核工业、化工和矿业等领域都已得到广泛应用，并取得了良好效果。

2. 发展

近些年来，许多的专家学者对综合评估进行了不断的探索。先后形成了一系列思想和理论，在很多领域内已经将之与计算机技术相结合开发了相应的评估系统。目前，综合评估软件设计水平呈现出三个层次：

1）单纯的由评估应用程序组成的简便评估软件，只需要做出评估方法框图，然后按框图的设计应用程序即可，优点是简便易行，操作简单，其缺点是：建立在数据文件上的各个应用程序系统难以修改、扩充，难以适应不同的用户。

2）按人机对话设计，由数据库管理系统和评估模型库管理系统等组成，能较好地按功能模块细分的结构便于修改和利于功能的扩充，具有较好的通用性和适用性，不足之处是不具有智能化或者智能化程度不高。

3）由综合评估系统加上人工智能技术和知识系统组成的综合评估决策支持系统，在软件的智能化上迈进一大步，但其设计难度很大，需要非常高的计算机专业知识和领域专业知识的结合。

3. 可供选择方法

综合评估面临的通常是复杂系统（如城市地下客运综合交通枢纽、大型船舶机舱等），正确评价难度甚大，在评价方法方面有许多理论问题和实践问题尚待解决。目前，常用的评估方法可分为九大类，见表3-5。

表3-5 常用的综合评估方法

方法类别	方法名称	方法描述	优点	缺点
定性方法	专家会议法	组织专家对面交流，通过几轮形式形成评价结果	操作简单，可利用专家的知识，易于处理	主观性比较强，多人评价时结论不易收敛
	Delphi 法	征询专家，用问卷评价汇总，收敛		
技术经济分析方法	经济分析方法	通过价值分析、成本效益分析和价值功能分析，采用 *NPV*、*IRR* 和 *T* 等指标	方法含义明确，可行性强	建立模式比较困难，适用范围较窄
	技术评价方法	可行性、可靠性评价等		
多属性决策方法	多属性和多目标决策方法	通过化多为少、多层排序，直接求非劣解，重排次序法来排序与评价	对评价对象描述比较精确，可以处理多决策者、多指标、动态的对象	刚性评价，无法涉及有模糊因素的对象
运筹学方法（狭义）	数据包络分析模型	以相对效益为基础，按多指标投入和多指标产出，对同类型单位相对有效性进行评价	可以评价多输入和多输出的开发系统，并可用“窗口”技术找出单元薄弱环节加以改进	只表明评价单元的相对发展指标，无法表示出实际发展水平
统计分析方法	主成分分析	对原始和指标表示变量相关矩阵内部结构研究，找出影响某一过程的几个不相关综合指标表示原来变量	全面性、可行性、客观合理性	因子负荷符号交替使函数意义不明确，需要大量统计数据，没有客观反映发展水平

（续）

方法类别	方法名称	方法描述	优　点	缺　点
统计分析方法	因子分析	根据因素相关性大小将变量分组，使同一组变量相关性最大	全面性、可行性、客观合理性	因子负荷符号交替使函数意义不明确，需要大量统计数据，没有客观反映发展水平
	聚类分析	计算对象或指标间距离，或相似系数，进行系统聚类	可以解决相关程度大的评价对象	需要大量统计数据，没有客观反映发展水平
	判断分析	计算指标间距离，判断所归属的主体		
系统工程方法	评分法	对评价对象划分等级、打分，再进行处理	方法简单，容易操作	只用于静态评价
	关联矩阵法	确定评价对象与权重，对各替代方案有关评价项目确定价值量		
	层次分析法	针对多层次结构系统，用相对量比较，确定多个判断矩阵，取其特征值所对应的特征向量作为权重，最后综合处理关于总目标的权重并排序，进行一致性检验	可靠度比较高，误差小	评价对象因素不能太多
模糊数学方法	模糊综合评价	引入隶属函数，实现将人类直觉确定为具体系统（模糊综合评价矩阵），并将约束条件量化，进行数学解答	可以克服传统数学方法中“唯一解”弊端，根据不同可能性得出多个层次问题解，具备可扩展性	不能解决评价指标间相关造成的信息重复问题，隶属函数、模糊相关矩阵等确定方法还不完善
	模糊积分			
	模糊模式识别			
对话式评价方法	逐步法	用单目标性规划法求解问题，每进行一步，分析者把计算结果告诉决策者来评价结果，如果认为满意则迭代停止，否则继续迭代	人机对话的基础性思维，体现柔性化管理	没有定量表示出决策者的偏好
	序贯解法			
	Geoffrion 法			
智能化评价方法	基于 BP 人工神经网络评价	模拟人脑智能化处理过程的人工神经网技术，通过 BP 法，学习和训练获取知识，并存储在神经元的权值中，通过联想把相关信息复现，能够“揣摩”和“提炼”评价对象本身的客观规律，进行相同属性对象评价	网络具有自适应能力、可容错性，能够处理非线性、非局域性与非凸性的并行复杂系统	精度不高，需要大量训练样本等

随着其他学科的不断发展，不同知识领域出现相互融合和交叉的趋势，近些年来还产生了如系统模拟与仿真评价方法、信息论方法、灰色系统理论与灰色综合评价、物元分析方法与可拓评价、动态综合评价方法等其他综合评价方法。

4. 基本评价过程

1）确立系统元素的层次关系，建立评价指标体系模型。

2）分析各层内系统元素之间的相互关系，确定每个评价指标的权系数。

3）处理评价指标，根据评价结构求综合评价值。

4）根据综合评价值作出评价结论。

5. 模糊综合评估方法

实际评价对象往往受各种不确定性因素的影响，特别是模糊性。这样，将模糊技术同经典的综合评判理论相结合就显得非常重要。模糊数学擅长解决定性问题的定量表示和分析，它将人的主观因素和事物中的许多客观规律的东西进行有机的结合，并通过合理的推理，得出在一定程度上使人们可信得结论，在处理复杂的工程问题时显得十分有效。许多较新的评判决策研究都以模糊数学作为基本的数学工具。模糊综合评判并不像经典的综合评判能够用一些简单的数值来表示，然后用总分法（求和）或加权平均法来得出一个总分，进行排序择优。它是运用模糊数学理论、统计学规律，使方案选优和决策建立在量的比较上，并使以其为基础开发的计算机辅助论证系统更具有科学性。

模糊分析（Fuzzy Analysis）是一种对不宜定量的多因素事件进行半定量化分析的方法。它可将某种定性描述和人的主观判断用量级形式表达，通过模糊运算用隶属度的方式确定系统的危险等级、模糊处理可在一定程度上检查和减少人的主观影响，从而使分析更科学。近年来，这种方法在许多安全管理部门受到密切注意，也很适用于火灾危险度的分析。

模糊综合评价方法可分为几个步骤：① 根据具体的待评价系统确定影响系统安全影响因素，并在此基础上建立系统评价的指标集；② 确定各指标的无量纲特征值和各指标相对于上一级指标的权重；③ 选择综合评价模型，模糊综合评价中使用较多的为加权平均模型，并根据评价指标集层次，逐级求和，最后得出评价结果。在评估过程中需要大量的统计数据为基础，而有些数据通常缺乏，是一个灰色系统。此时需结合灰色评价，只需要少量数据便能得到精确模型。

目前，模糊综合评估模型在我国的消防科学研究领域应用最广泛。

6. 层次分析法

层次分析法（Analytical Hierarchy Process，简称 AHP）是对一些较为复杂、较为模糊的问题作出决策的简易方法，它特别适用于那些难于完全进行定量分析的问题。它是美国运筹学家、匹兹堡大学萨第（A. L. Saaty）教授于 20 世纪 70 年代初期提出的一种简便、灵活而又实用的多准则决策方法。运用层次分析法建模，大体上可按下面四个步骤进行：建立递阶层次结构模型；构造出各层次中的所有判断矩阵；层次单排序及一致性检验；层次总排序及一致性检验。

7. NFPAl01 火灾安全评估系统

火灾安全评估系统（FESE）是 20 世纪 70 年代美国国家标准局火灾研究中心和公共健康事务局合作开发的。FESE 相当于 NFPA 生命安全规范，主要针对一些公共机构和其他居民区，是一种动态的决策方法，它为评估卫生保健设施提供一种统一的方法。该方法把风险和安全分开，通过运用卫生保健状况来处理风险。五个风险因素是：患者灵活性、患者密度、火灾区的位置、患者和服务员的比例、患者的平均年龄，并因此派生出了 13 种安全因素。通过 Dephi 调查法，让火灾专家给每一个风险因素和安全因素赋予相对的权重。总的安全水平以 13 个参数的数值计算得出，并与预先描述的风险水平作比较。

8. SIA81 法（Gretener 法）

这种方法是 20 世纪 60 年代首先在瑞士发展起来的，在 1984 年，刊印了“火灾风险评估法 SIA DOC81”文件，即现在大家熟知的 Gretener 法。该法以损失做基础，凭借经验作出选择为补充，用统计法来确定火灾风险。这个方法在瑞士和其他几个国家受到很好的认可和欢迎。此方法作为快速评估法，被推荐用于评价大型建筑物可选方案的火灾风险。因为此法考虑了保险率和执行规范，所以此方法是最重要的火灾风险等级评估方法之一。

9. 古斯塔夫法

火灾的危险性包括对建筑物本身的破坏及对建筑物内部人员和财产损失两个方面，常把火灾对建筑本身的破坏用 GR 表示，把火灾对建筑物人员的伤害和财产损坏用 IR 来表示，两个方面的危险程度共同决定了建筑物的危险度。显然，这涉及建筑物发生火灾之后的火强度、火的持续时间、火灾报警及灭火条件等多方面因素。火灾对建筑物本身的破坏与对建筑物内部人员及财产的危害是联系在一起的，但是也可将两者分开来研究。这种既有区别又有联系的方法就是古斯塔夫法提出的平面分析法。

3.2.8　城市区域火灾风险评价

城市具有生产集中、财富集中、人员集中、建筑物集中的特点，一旦发生火灾等重大灾害，必然会对社会经济发展造成巨大损失，甚至会给人们的心理等造成严重的影响。如何合理地评估城市区域火灾风险状况是一个值得研究的课题。

城市区域的火灾风险评估的目的是根据不同的火灾风险级别，配置消防救援力量，指导城市消防系统改造，指导城市消防规划。对已建成的城市区域的火灾风险评估必须考虑许多因素，即城市火灾危险性评价指标体系，包括区域内所存在的对生命安全造成危险的情况、火灾频率、气候条件、人口统计等因素，进而评价社区的消防部署和消防能力等抵御风险的因素。除此之外，在评估过程中另一个重要的情况是，要关注社区从财政及其他方面为消防提供支持的能力和意愿。

1. “风险、危害和经济价值评估”方法

美国国家消防局与美国特许金融分析师协会于 1999 年一起，在“消防局自我评估”及“消防安全标准”的工作的基础上，更突出强调了“火灾科学”的科学性，开发出名为“风险、危害和经济价值评估（Risk, Hazard and Value Evaluation）”的方法。美国消防局于 2001 年 11 月 19 日发布了该方案。这是一个计算机软件系统，包含了多种表格、公式、数据库、数据分析方法，主要用于采集相关的信息和数据，以确定和评估辖区内火灾及相关风险情况，供地方公共安全政策决策者使用。

该方法的要点集中于两个方面：

1）各种建筑场所火灾隐患评估，其目的是收集各种数据元素，这些数据能够通过高度认可的量度方法，以便提供客观的、定量的决策指导；其中的分值分配系统包括建筑设施、建筑物、生命安全、供水需求、经济价值。

2）社区人口统计信息，包括居住人均、年均火灾损失总值、每 1000 人口中的消防员数目等数据元素。

该方法已在一些消防局的救援响应规划中得到应用。

2. 火灾风险评估工具箱

英国Enter公司研发“消防风险评估工具箱”，解决了两个问题：一是评估方法的现实性，经过对环境、毒品管理、海事安全等部门所使用的各种风险评估方法进行广泛考察之后，研究人员认为如果对这些方法加以适当转换，就可以通过不同的方法对消防队应该接警响应的不同紧急情况进行评估；二是建立了表达社会对生命安全风险可接受程度的指标。

Enter的方法分为三个阶段。

1）第一个阶段，在全国范围内，对消防队应该接警响应的各类事故和各类建筑设施进行风险评估，这样得到一组关于灭火力量部署和消防安全设施规划的国家指南，进而对于国家水平上的风险评估设定了一个包括四个阶段的通用的程序：对生命或财产的风险水平进行估算；把风险水平与可接受指标进行对比；确定降低风险的方法，包括相应的预防和灭火力量的部署；对不同层次的灭火和预防工作的作用进行估算，确定能合理、可行地降低风险的最经济有效的方法。

2）第二个阶段，国家指南确定后，才能提供一套评估工具，各地消防主管部门可以利用这些工具在国家规划要求范围内，对当地的火灾风险进行评估，并对灭火力量进行相应的部署。该项目要求针对以下四类事故制定风险评估工具：住宅火灾；商场、工厂、多用途建筑和民用塔楼这样人员比较密集的建筑的火灾；道路交通事故一类危及生命安全、需要特种救援的事故；船舶失事、飞机坠落这样的重特大事故。

3）第三个阶段，对使用上述评估工具的区域进行考查，估算其风险水平，与国家风险规划指南对比，并推荐应具备的消防力量和消防安全设施水平。

3. 城市区域火灾风险评估关键步骤

城市区域火灾风险评估的几个关键步骤和最终的评估结果主要为：

首先，选取合理的确定评估指标体系或危险影响因素是进行风险评估的基础工作。风险评估的核心是确定评估指标体系问题，采用哪些指标或标准来评估系统的安全水平，关系到风险评估结果能否真实地反映城市火灾风险状况，能否给城市的消防规划提供合理的信息，以及能否促进城市整体消防安全水平不断提高，由此，建立有效的评估指标体系对于风险评估至关重要。

其次，选择或者建立对评估指标的数据处理方法。即评估方法的选择问题，如何从系统的角度来评价各个指标对全局的影响系统评估方法，总体上分为两大类。一类是定量分析评价；另一类为定量与定性相结合的分析评价。

最终，解决评估结果的量化问题。无论采用何种评估方法，其最终结果都类似于对所评价的城市区域的火灾风险进行分级表示，不同之处在于所划分的级别层数不同。

4. 城市区域火灾风险评估存在问题

1）对系统火灾风险评估，尤其是对城市区域的火灾风险评估目前仍处于起步阶段，理论框架尚不完善。在火灾风险评估方面的研究，大部分是针对某一企业、装置或某一特定的建筑物等进行的，对城市火灾这种既有自然属性又有人文属性的复杂系统的火灾风险评估比较薄弱，同时，评估时没有考虑历史火灾灾情状况的影响，没有充分考虑各指标之间的相互关联、相互制约对火灾风险的影响，尚有值得改进的地方。

2）城市及其建筑物火灾风险评估指标体系不太完善，建立城市区域火灾风险评估指标体系依据的方法不充分，从而建立的指标体系不能充分反映火灾风险状况，给城市区域火灾风险评估带来了许多困难。

3）在评估方法方面，主观赋权存在一定的缺陷，评估过程中会发生信息丢失的现象。

3.2.9　当前火灾风险评估技术存在问题

1）目前的火灾风险评估理论多限于指标体系的建立与数学方法的探讨阶段，理论体系发展尚不成熟，较少实际应用。

2）在对火灾风险评价要素的分析过程中，缺乏对火灾原因数据的技术分析，评价结果对消防部门的实际工作指导性和实用性不强。

3）相关的理论研究多集中在城市风险与现代高层及复杂空间建筑安全评估领域，且评估体系多以个体为对象，限于系统内比较，评判时缺少度量标准，可比性差，易造成主观不确定性。

4）对城市的消防安全评价主要集中于对城市火灾风险评价或单体建筑防火能力评价，对城市防火能力评价的研究比较匮乏，如对消防部门在城市防火和火灾处置中的“主观”能力的评价。

3.3　火灾风险评估方法的选择

选择评估和分析方法应根据具体条件和需要，针对分析对象的实际情况、特点和分析目标，分析、比较、慎重选用。必要时，要根据分析方法的特点选用几种分析方法对同一分析对象进行分析，互相补充、分析综合、相互验证，以提高分析结果的准确性。对于一个特定的应用情况选择火灾风险评估方法，应考虑以下因素：利益关系者目标和可接受标准、火灾风险评估范围、面向的对象和决策者、规章限制、相似应用情况先例、可用资源和数据、成本和时间限制、评价人员能力、考虑不确定性的可能需要等。

3.3.1　火灾风险评估目标

应该在选择特定的火灾风险评估方法或种类前详细陈述火灾风险评估目标，如危险等级、事故概率、事故造成的经济损失、危险区域、人员伤亡、环境破坏等。对于某种定量方法的选择取决于风险要考虑一种度量标准还是多种度量标准，以及成本是不是火灾风险评估中的部分。一般来说，定量方法比较合适于对所有火灾风险进行确定性评估，简单定性法可以满足为火灾安全审查/调查提供一些火灾风险初步评估的需要。

3.3.2　火灾风险评估范围

火灾风险评估可能涉及所有风险水平下的一种消防概念或消防系统的评估，或涉及所有风险水平下的多种概念或系统的评估。

对单一系统和复杂系统的火灾风险评估侧重各有不同，见表3-6。

表 3-6 单一系统和复杂系统火灾风险评估侧重点

系 统	单一系统	复杂系统
评估内容侧重点	防火系统变化对风险的影响，例如，自动喷淋系统或火灾自动报警系统存在与否	若干个消防系统的变化对风险的影响，包括主动和被动消防系统、疏散系统、报警系统、人员特点、训练及教育因素
评估水平	可以进行不同水平的火灾风险评估，如一个消防系统和类似系统进行比较，考量改变系统特性（如水流量或喷头型号）对风险的影响	根据特定时间内的灭火能力来比较自动灭火系统与其他系统之间的有效性
评估方法复杂性	相对单一简捷	相对复杂，根据主动和被动消防系统有效性、可靠性、操作及其他可能影响整体风险的因素

火灾风险评估应该考虑所有可能的重要火灾场景造成的风险。火灾风险评估范围应当指明火灾风险评估如何处理复合火灾场景。选择火灾场景要注意那些形势严峻或消防设计存在疑问的场景。

3.3.3 面向对象

火灾风险评估的结果和所选择的方法应与面向对象的知识和需要相一致。

1. 分析对象的特点

根据分析对象的规模、复杂程度、类型、危险性等情况选择分析方法。

1）根据系统的规模、复杂程度进行选择。随着规模、复杂程度的增大，有些分析方法的工作量、工作时间和费用相应增大，甚至超过容许的条件。在这种情况下应先用简捷的方法进行筛选，然后确定需要分析的详细程度，再选择恰当的分析方法。

2）根据分析对象的类型和特征进行选择。大多数分析方法都适用于工艺过程。如道化学、蒙得等分析方法均适用于石油化工类工艺过程的安全分析；故障型分析法适用于机械、电气系统的安全风险分析。

2. 分析对象的危险性

对危险性较高的对象往往采用系统的、较严格的分析方法，如事件树、事故树、火灾爆炸指数法等；反之，倾向采用经验的、不太详尽的分析方法，如直观经验判断法、安全检查表法等。对规模大、复杂、危险性高的分析对象往往先采用简单、定性的分析方法（如安全检查表法、预先危险性分析法等）进行分析，然后再对重点部位或单元用较严格的定量分析方法（如事件树、事故树、火灾爆炸指数法等）进行分析。

3. 分析对象的资料占有情况

如果分析对象技术资料、数据齐全，则可以进行系统的、较完善的分析，若对象属于新研制开发项目，数据、资料不充分，又缺乏可类比的技术资料和数据，则只能用定性分析方法进行概率分析。

4. 规章限制的考虑

政府规章可能要求某种火灾风险评估方法。对于核工厂液化天然气输送站、具有超出可燃气体和蒸气界限值的加工（处理）设备等某类特别危险设备就需要通过规章的建立限制最大容忍风险，明确要评估的风险度量标准的类型和评估使用的方法类型。

5. 评估的先例

火灾风险评估的成功先例可以作为评估方法选择的参考，可以降低选择适当火灾风险评估种类的难度。例如，结合使用故障树和事件树分析可以评估在核工厂反应堆芯熔解着火的可能性。

6. 人员能力

应该说明进行火灾风险评估的人员的资格、知识和经验。人员在火灾风险问题理解和适当火灾风险评估类型实施上的专业技能和经验是重要的考虑因素。

7. 不确定性

火灾风险评估应该说明与风险计算相关的不确定性和可变性，可进行定性描述（置信度或置信水平）或定量描述。需进行火灾风险评估问题决策时，就需要定量估算不确定性；在火灾风险评估各部分不确定性的累计效果很难估定的复杂情况下，定量估算会特别有用。

8. 其他因素

包括完成分析工作的时限、经费支持状况、分析单位的硬件软件设施配备及分析人员和管理人员的习惯。

思　考　题

1. 请列举具有代表性的以概率论为基础的综合火灾风险评价方法并详述其原理。
2. 火灾风险评估技术当前的主要问题和今后发展趋势是什么？
3. 结合实际案例，详述火灾风险评价方法的选择原则。
4. 简述可按照结构形式来划分的火灾风险评价方法。
5. 如何分别用事件树和事故树对火灾爆炸事故进行定性和定量分析？
6. 城市区域火灾风险评估的核心思想、典型方法、关键步骤和存在问题分别是什么？
7. 掌握一种火灾过程计算机模拟法：下载和学习美国 NIST（National Institute of Standards and Technology，http：//www. nist. gov）开发的火灾动力学模拟器（FDS，Fire Dynamics Simulator）软件，结合实际火灾案例进行验证性模拟和计算。

第 4 章

定性火灾风险评估方法

随着社会对安全需求的日益提高和火灾科学的不断发展，出现了多种针对不同对象的火灾风险分析方法，总体上可以分为定性分析方法和定量分析方法。

传统意义上的定性火灾风险分析方法能够通过各种简便易行的方法识别系统中潜在的火灾危险，但不能将火灾风险大小以量化的形式表示出来，主要包括安全检查表法、层次分析法、HAZOP 法、What-if 法等。

本书所指的定性分析方法包括半定量分析方法，即通过建立的数学模型将分析对象的火灾风险表示为某种形式的分度值，用于表征可能发生的火灾的相对危险性。此类方法以火灾风险分级系统为基础，对系统的火灾危害因素的危险性给予适当的数值表示，然后通过数学方法综合起来，得到子系统或系统的危险系数（常以指数、点数等来表示），再根据危险系数确定其相对火灾风险等级。火灾风险等级可以与消防投入进行比较，可以成为消防经济、效益研究的基础方法。随着小样本火灾事件统计方法的发展和相对于定量分析方法经济高效的特点，半定量的分析方法已成为发展较快的评估方法。但同时由于某种半定量分析方法往往针对于特定系统或建筑，使得其在一定程度上缺乏普适性，而且分析结果会受到分析者的知识水平和以往经验与历史数据的限制。常见的适用于民用建筑的半定量分析方法主要有 NFPA101M 火灾安全评估系统、SIA81 法、火灾风险指数法、古斯塔夫法、模糊数学分析法、层次分析法等。工业火灾风险半定量评估的方法有等价社会成本指数法、致命事故等级法、火灾-爆炸指数法等。

4.1 安全检查表法

安全检查表法是伴随着工业迅速发展过程中安全生产事故的增多而产生的，目的是通过安全系统工程的方法查找系统中存在的潜在危险性因素。我国现有的安全检查表主要有机械工厂安全性评价表、危险化学品经营单位安全评价现场检查表、加油站安全检查表、液化石油充装站安全评价现场检查表、消防监督检查表等。国际上典型的安全检查表主要有美国道化学公司的过程安全指南、日本劳动省的安全检查表、美国杜邦公司的过程危险检查表等。

安全检查表法遵循系统内在联系，将所要分析的整个系统分解为若干个子系统，并以表格的形式列举检查项目，按照相关的法律、法规、技术标准规范以及企事业单位的安全制度，对照检查表判别、查找系统中存在的危险、有害因素。火灾安全是安全领域中的重要组成部分，安全检查表法同样能够对建构筑物及生产过程中的火灾危险性因素进行识别，是火灾风险分析的一种简捷、易行的方法。

4.1.1　安全检查表法分析的基本步骤

火灾风险分析中的安全检查表法在具体操作过程中可以分为三个步骤，即编制安全检查表，依据安全检查表进行现场检查，分析检查结果。

1. 编制安全检查表

安全检查表法需要在进行火灾风险分析前对具体对象有关火灾安全设施、工艺、操作及管理措施进行系统分类组合，汇总成详细的检查要目并编制为表格形式，成为安全检查表的检查项目及内容一项。之后要根据相关的法律、法规、技术标准规范以及企事业单位的安全制度对每一个检查要目制定检查标准。安全检查表的编制需要编制人员掌握以下的资料。

（1）与火灾安全有关的法律、法规、技术标准规范及企事业单位的安全制度

火灾爆炸事故事关重大，国家及相关行政部门制定了一系列的法律、法规及技术标准来规范各个领域火灾预防及控制的技术与方法。在其制定过程中，撰写机构及人员根据相关领域火灾爆炸事故的情况，依照火灾爆炸风险分析的基本思路，对相应预防控制手段提出适用性强、通用性好的规范性条款，能够成为安全检查表编制的可靠依据。与火灾相关的主要有《中华人民共和国消防法》、《中华人民共和国安全生产法》、《建筑设计防火规范》、《高层民用建筑设计防火规范》、《火灾自动报警系统设计规范》、《自动喷水灭火系统设计规范》、《建筑灭火器配置系统设计规范》、《泡沫灭火系统施工及验收规范》、《气体灭火系统设计规范》等。

（2）国内外以往相关火灾爆炸事故资料

安全检查表通常是对某一场所或系统进行预先的火灾危险性分析，确定其中的潜在火灾危险的一个重要途径，是对类似场所或系统以往发生的火灾爆炸事故资料进行分析获得的。国内外相关行业、单位安全管理方面的经验也能够为查找潜在的不安全因素提供参考，也属于重要的资料基础。

（3）近期的火灾科学研究成果

随着社会文明的进步，人们对于安全的期望越来越高，火灾科学在这一背景下迅速得以发展。研究人员对火灾科学基础理论的认识越来越深入，火灾及爆炸事故的预防控制技术日新月异。编制安全检查表的过程中，要充分地考虑火灾科学最新的研究成果，积极采纳火灾及爆炸最新的预防控制方法、技术及相关的新材料、新产品。

2. 现场检查

安全检查表编制完成之后，检查人员进入现场实地检查。在具体的操作过程中，检查人员需要将安全检查表中的检查项目及内容与系统中对应的各元素一一进行对照比较。通过对现场的观察、对设备的测试、对安全管理人员和实际操作人员进行访谈及查阅相关技术文件等方式完成检查工作，并依据安全检查表的格式进行检查结果的记录。

3. 分析检查结果

检查人员结束实地检查之后，要对安全检查表上的检查结果进行分析，指出被检查对象存在的火灾隐患及理由。虽然安全检查表法是一种定性方法，但国内外研究人员为了使结果具有经验性的定量概念，开发了许多记值方法。在有条件的情况下还可以提出减少或消除火灾隐患的建议。

4.1.2 安全检查表的编制程序

作为安全检查表法的核心内容，安全检查表编制的质量直接决定了火灾风险分析的效果。编制过程是在对被检查对象熟悉了解的基础上，结合与火灾安全有关的法律、法规、技术标准规范及企事业单位的安全制度，国内外以往相关火灾爆炸事故资料和近期的火灾科学研究成果，对对象进行系统化的分解形成检查项目及内容，确定检查标准。安全检查表的主要编制步骤如下。

1. 熟悉了解被检查对象

熟悉系统的组成、结构、功能，了解预防火灾与爆炸事故的主要措施及设施。

2. 收集资料

收集针对被检查对象的法律、法规、技术标准规范及所在单位的安全制度，国内外以往相关火灾爆炸事故资料和近期的火灾科学研究成果等。

3. 被检查对象的系统化分解

一般情况下，检查的系统、建筑或设施都比较复杂，根据其组成、结构和功能进行系统化的分解，根据收集的资料归纳整理为检查分项目的雏形。例如，对一栋民用建筑进行消防安全检查，通常将整座建筑的消防安全措施及设施分解为建筑防火设计、建筑消防设施、建筑电气防火及火灾监控等几个部分，然后对每一部分再进行细化分解，成为消防安全检查表中的具体检查项目及内容。

4. 绘制表格

将系统化分解之后的子系统填入检查项目及内容栏目中，根据相关法律法规和技术标准制定检查标准，填入检查要求栏目。安全检查表的格式没有统一的要求，可以根据具体的情况设计不同形式的安全检查表，但原则上要求安全检查表要内容全面、条目清晰、检查要求准确详细。表 4-1 体现了安全检查表的基本形式。

表 4-1 安全检查表的基本形式

<table>
<tr><td rowspan="2">序 号</td><td rowspan="2">检查项目</td><td rowspan="2">检查内容</td><td colspan="2">检查结果（是否符合要求）</td><td rowspan="2">检查依据</td></tr>
<tr><td>是</td><td>否</td></tr>
<tr><td></td><td></td><td></td><td></td><td></td><td></td></tr>
<tr><td></td><td></td><td></td><td></td><td></td><td></td></tr>
<tr><td colspan="2">检查人：</td><td>被检查人：</td><td colspan="2">被检查
单位负责人：</td><td>检查日期：</td></tr>
</table>

4.1.3 安全检查表法的优缺点

1. 安全检查表法的优点

1）简便易行，简明易懂。安全检查表采用表格形式将检查项目及要求进行列举，便于检查人员的具体操作。正是这一特点，国外将安全检查表法广泛地用于家庭消防安全检查和分析。

2）检查全面，防止遗漏。安全检查表采用预先编制的方式，在进行检查前经过详细的资料调查、科学的系统分析等过程，能够全面地考虑被检查对象和火灾安全相关的各个方面，防止在检查中遗漏个别潜在的危险、有害因素。

3）过程规范，结果标准。安全检查表法中针对检查项目及内容制定了相应的检查标准，标准的制定过程是根据国家、地方或行业相关的法律法规、技术标准规范进行的，保证了检查过程的规范化和分析结果的标准化。

4）落实制度，履行职责。安全检查表法的分析结果直观，指向性强，可作为相关安全管理人员落实安全生产制度、履行安全管理职责的凭据，有利于落实安全生产责任制。

2. 安全检查表的缺点

1）安全检查表法只能进行定性评价，不能对检查结果定量。虽然能查找出各种影响火灾安全的潜在因素，但很难确定其危险程度大小。

2）安全检查表的制定在一定程度上依靠编制人员的经验，使得检查的结果的可靠性和准确性受到编制人员自身专业知识和经验水平的影响。

4.1.4 安全检查表法分析结果的量化

安全检查表法在国内外安全领域得到了广泛的应用，为了深化扩展此方法的应用，相关研究人员开发了安全检查表法分析结果的量化方法，根据评价计分的方式的不同，主要分为了逐项赋值法、加权平均法、单项定性加权计分法和单项否定计分法等。

1. 逐项赋值法

逐项赋值法针对安全检查表中的每一项检查项目，依据其对火灾风险影响程度的大小，有专家讨论后赋予一定的分值。评价过程当中，单项检查结果完全符合检查项目要求的记为满分，部分符合的按规定标准记分，完全不符合的记为零分。检查结束后，将每一项得分进行累积后得到系统总的评价分数，通过得分的高低体现系统的火灾安全等级，见下式：

$$s = \sum_{i=1}^{n} s_i \tag{4-1}$$

式中　s——系统的评价总分；

s_i——单项评价分数；

n——检查项目数量。

2. 加权平均法

加权平均法是把系统按照结构、组成和功能分解后编制成若干个分安全检查表，所有的分安全检查表，不论检查项目的多少，均按照统一记分体系分别记分，如采用 10 分制或 100 分制等，并按照每一个分检查表，对系统总体火灾安全水平影响的重要程度分别赋予权重系数（各分检查表权重系数之和为 1）。检查过程中，对每一个分安全检查表分别进行分析，将其所得分数乘以各自的权重系数，并最终加和得到系统总的评价分数。

$$s = \sum_{i=1}^{n} s_i k_i \tag{4-2}$$

式中　s——系统的评价总分；

s_i——第 i 个分安全检查表评价分数；

k_i——第 i 个分安全检查表的权重系数，且 $\sum_{i=1}^{n} k_i = 1$；

n——分安全检查表数量。

3. 单项定性加权计分法

单项定性加权计分法是把安全检查表中所有的检查项目都视为同等重要，在检查过程中，根据检查结果与检查标准的相符程度分别给予“优”、“良”、“可”、“差”；或“可靠”、“基本可靠”、“基本不可靠”、“不可靠”等定性的评价，同时赋予不同的定性结论等级以相应的权重值，将检查结果换算成分数累计加和，最终得到系统总的评价分数。

$$s = \sum_{i=1}^{n} s_i m_i \tag{4-3}$$

式中 s——系统的评价总分；

s_i——第 i 个定性结论对应的权重值；

m_i——获得第 i 个定性结论检查项目的数目；

n——定性结论的等级数。

4. 单项否定计分法

单项否定计分法常用于具有特殊危险而且触发危险几率高的系统。此类系统往往含有若干潜在危险因素，一旦其中一项处于不安全的状态，就有可能导致严重事故的发生。由此，把系统中的某些检查项目列为对该系统火灾安全状况具有否定权的项目，这些项目只要有一项不符合检查要求，就判定整个系统处于不安全状态。

4.2 古斯塔夫法

古斯塔夫法是由古斯塔夫（Gustav Purt）在20世纪70年代提出，开始时是通过火灾风险评价的手段来进行建筑自动消防设施的选取，是目前常用的基于危险度法的火灾危险性评价方法。此方法将建筑物的火灾危险度分为火灾对建筑物本身的破坏程度、对建筑物内部人员伤害和财产的损坏程度、火灾预防控制能力三个方面。建筑物火灾危险度用 R 表示，对建筑物本身的破坏作用 GR（建筑物火灾危险度）来表示，对建筑物内人员的伤害和财产的损坏程度用 IR（建筑物内火灾危险度）来表示。这两个方面的因素共同决定了建筑物的火灾危险度。

4.2.1 建筑物火灾危险度 *GR* 分析

建筑物火灾危险度 GR 可用下式进行计算：

$$CR = \frac{(Q_{\mathrm{m}}C + Q_i)BL}{WR_i} \tag{4-4}$$

式中 Q_{m}——可移动的火灾荷载因子；

C——燃烧性能因子，表示可燃材料可燃易燃性；

Q_i——固定的火灾荷载因子；

B——火灾区域及位置因子；

L——灭火延迟因子；

W——建筑物耐火因子；

R_i——危险度减小因子。

Q_{m}表示建筑物室内可移动的燃烧物对 GR 的影响，家具、衣物等都归入此类。古斯塔夫在最初提出该方法时，采用建筑内单位面积热量释放量来表示 Q_m，单位使用 $Mcal \cdot m^{-2}$，见表 4-2。

表 4-2　用单位面积热量表示的可移动的火灾荷载因子 Q_m 的取值

可移动可燃物单位面积热量/($Mcal \cdot m^{-2}$)	Q_m	可移动可燃物单位面积热量/($Mcal \cdot m^{-2}$)	Q_m
0 ~ 60	1.0	961 ~ 1920	2.4
61 ~ 120	1.2	1921 ~ 3840	2.8
121 ~ 240	1.4	3841 ~ 7680	3.4
241 ~ 480	1.6	7681 ~ 15360	3.9
481 ~ 960	2.0	> 15361	4.0

古斯塔夫法引进国内后，现在通常采用折合标准木材质量的方法来表示。表 4-3 给出标准木材单位面积质量的 Q_m 取值。

表 4-3　用火灾荷载表示的可移动的火灾荷载因子 Q_m 的取值

可移动可燃物火灾荷载/($kg \cdot m^{-2}$)	0 ~ 15	16 ~ 30	31 ~ 60	61 ~ 120	121 ~ 240
Q_m	1.0	1.2	1.4	1.6	2.0
可移动可燃物火灾荷载/($kg \cdot m^{-2}$)	241 ~ 480	481 ~ 960	961 ~ 1920	1921 ~ 3840	> 2340
Q_m	2.4	2.8	3.4	3.9	4.0

C 表示可燃物的燃烧性能。出于简便通行的目的，古斯塔夫法以欧洲保险协会的分级方法为基础，将材料依据燃烧性能分成四个等级，每一等级对应一个 C 的取值。表 4-4 给出了常见可燃物对应的 C 的取值。

表 4-4　常见可燃物的燃烧性能因子 C 的取值

等　级	可燃物名称	C 值
1	实木家具、货架柜台、黄油、花生油、润滑油、切削油、醋酸纤维、漂白粉、氧化铝	1.0
2	纤维板、无棉制品、举止床垫、柴油、沥青、活性炭、甲酸、樟脑	1.2
3	水平放置的棉、麻、化纤及其纺织品、橡胶、聚乙烯、乙醇、粉末铝、地板蜡、丁醇	1.4
4	汽油、烷烃类、碱金属、无水氨、纯乙醇、清漆	1.6

如果可燃物是两种或两种以上物质组成的混合物，C 的取值原则见表 4-5。

表 4-5　混合可燃物 C 的取值原则

危险性最大的材料所占比例（%）	C 值
< 10	由质量占 90% 以上的物质决定
10 ~ 25	由质量占 75% 以上的物质的 C 值 + 1
25 ~ 50	由质量占 25% 以上的危险性最大的物质决定

Q_i 表示建筑物构件中的可燃材料，一般也用折合木材量表示。表 4-6 给出相应木材量与 Q_i 的取值关系及其相应的建筑物特点。

表 4-6 Q_i的取值

可移动可燃物火灾荷载/($kg \cdot m^{-2}$)	典型材料			Q_i
	结构材料	天花板材料	墙壁材料	
0 ~ 20	混凝土、砖、钢	混凝土、钢	混凝土、砖、钢	0
21 ~ 45	钢	木材	混凝土、钢	0.2
46 ~ 70	木材、钢	木材	混凝土、砖	0.4
71 ~ 100	木材	木材	木材、瓦、铁皮	0.6

B 表示建筑物火灾区域对灭火活动及安全疏散难易程度的影响，一般分为 4 级。表 4-7 给出特征因素对 B 取值的影响。

表 4-7 B 的取值

级别	建筑物特征	B
1	防火分区面积小于 $1500m^2$，或层数小于 3，或高度小于 10m	1.0
2	$1500m^2$ < 防火分区面积 < $3000m^2$，或 4 < 层数 < 8，或 10m < 高度 < 25 m，或地下 1 层	1.2
3	$3000m^2$ < 防火分区面积 < $10000m^2$，或层数 > 8，或高度 > 25 m，或地下 2 层及以下	1.8
4	防火分区面积 > $10000m^2$	2.0

L 表示灭火设施和力量有关的因素，见表 4-8。

表 4-8 L 的取值

等级	灭火力量性质	与消防站直线距离/km			
		1	1 ~ 6	6 ~ 11	> 11
1	职业消防队、企业消防队	1.0	1.1	1.3	1.5
2	企业预备消防队	1.1	1.2	1.4	1.6
3	预备消防队	1.2	1.3	1.6	1.8
4	有后备的乡镇义务消防队	1.3	1.4	1.7	1.9
5	无后备的乡镇义务消防队	1.4	1.7	1.8	2.0

随着消防力量和技术手段的不断发展，古斯塔夫所提出的灭火延迟因子 L 的确定方法已难以满足实际建筑的火灾风险分析的需要。我国学者针对灭火延迟因子 L 提出了更加详细的取值方法，见下式：

$$L = \sum_{i=1}^{n} A_i D_i h_i E_i + I \tag{4-5}$$

式中 A_i——一个消防中队的灭火能力因子；

D_i——消防站与火灾地点的距离因子，由于城市化进程的快速发展，除了单纯的直线距离，还要考虑城市交通状况的影响；

h_i——影响消防队进行现场火灾救援活动的建筑物高度因子；

E_i——建筑物外部消防设施对消防队火灾扑救活动的影响因子；

I——建筑物内部消防安全设计及设施影响因子；

n——根据火灾的严重程度所确定的一次性出动消防中队的数量，在消防对的调度指挥系统中已建立了清晰的确定原则及程序。

其他各影响因子也可以通过指标评价体系进行赋值。

通常情况下，建筑中火灾的发展符合“时间的平方”发展趋势，消防站与火灾地点的距离因子可以近似为与距离的平方成反比例关系可表达为

$$D=\frac{9d^2}{4v^2}+1 \tag{4-6}$$

式中 d——消防站距离火灾发生地的车辆行驶距离（km）；

v——该区域消防车辆行驶时速（$km \cdot h^{-1}$），除车辆自身性能外，该区域的交通状况起主要作用，对于地级以上城市取 $20km \cdot h^{-1}$，县级市取 $30km \cdot h^{-1}$，乡镇取 $45km \cdot h^{-1}$。

鉴于低多层民用建筑和高层民用建筑的界限为24m，影响消防队进行现场火灾救援活动的建筑物高度因子 h 可通过下式进行选择：

$$h=\begin{cases}\exp[-0.023(h_b-h_f)](h_b>h_f,h_b\geqslant 24)\\ 1(h_b<h_f)\end{cases} \tag{4-7}$$

式中 h_b——着火建筑物高度（m）；

h_f——消防中队举高消防车的工作高度（m）。

W 指建筑的耐火能力，根据耐火时间长短分为7级。表4-9给出耐火等级与 W 的取值表。

表4-9 W 的取值

等级	耐火极限/min	火灾荷载		常见材料		W
		等效木材/（$kg \cdot m^{-2}$）	燃烧热值/（$Mcal \cdot m^{-2}$）	墙壁材料	天花板材料	
1	<30			无保护木材、钢结构墙	无保护的木结构、钢结构天花板	1.0
2	30	37	148	有石灰水泥防护层的木材及砖墙	有石棉保护层的天花板或钢板	1.3
3	60	60	240	无保护的钢筋混凝土墙及侧抹灰墙	1.5cm厚混凝土天花板	1.5
4	90	80	320	3cm厚石棉保护或水泥石灰层的钢墙	2.5cm厚石棉层混凝土天花板	1.6
5	120	115	460	12cm厚的烧砖土质墙		1.8
6	180	155	620			1.9
7	240	180	720	25cm厚的烧砖土质墙		2.0

上述6个因子计算出来的是最大危险度，实际要考虑使火灾危险度下降的因素 R_i，可参考表4-10取值。

表 4-10 R_i的取值

等级	主要特征	R_i
1，大于一般	点火源多，易于着火；堆放松散；火灾发展速度快	1.0
2，一般	点火源数量一般，着火性能一般；堆放松散程度一般；火灾发展速度一般	1.3
3，小于一般	占总量25%～50%的物品难燃，且容器为难燃或不燃材料制成；密实堆放；火灾快速发展的可能性极小；面积<3000m^2的一层门厅；良好的散热条件	1.6
4，微小	着火可能性非常小：① 储存在钢制及类似材料容器中；② 包装紧凑；火灾发展速度慢或阴燃	2.0

4.2.2 建筑物内火灾危险度 *IR* 分析

根据古斯塔夫建议的有关公式，*IR* 的计算采用如下式：

$$IR = HDF \tag{4-8}$$

式中 *H*——人员危险因子；

D——财产危险因子；

F——烟气因子。

H 的取值受人员多少、对建筑物安全疏散通道的熟悉程度、出口位置、数量及宽度等因素影响。*D* 的取值受财产本身的价值、数量、易损情况等条件影响。*F* 的取值主要考虑烟气的毒性、烟气浓度、材料产烟能力、烟的各种间接腐蚀性等。*H*、*D*、*F* 的取值依据见表 4-11。

表 4-11 *H*、*D*、*F* 的取值

	火灾危险性特征	取值
人员的火灾危险性	对人员生命没有威胁	$H=1$
	对人员生命有威胁，能够自救	$H=2$
	对人员生命有威胁，不能够自救	$H=3$
财产的火灾危险性	没有财产损失或损失小，财产损失不大于646美元·m^{-2}或总损失不大于5381955美元财产损失	$D=1$
	财产损失大于646美元·m^{-2}或总损失大于5381955美元财产损失	$D=2$
	不可弥补的损失或威胁到建筑的经济运行	$D=3$
烟气危害性	烟气危害性可以忽略	$F=1$
	占总量20%及以上的可燃物燃烧时放出有毒有害烟气，且通风条件差	$F=2$
	占总量20%及以上的可燃物燃烧时放出有毒有害烟气，或烟气具有腐蚀性且威胁到临近防火分区	$F=3$

在古斯塔夫提出的建筑物内火灾危险度 *IR* 确定方法的基础上，近些年来一些学者还提出了对该方法的补充，即在式（4-8）的右侧再乘以一个人员特征因子，用来体现火灾中人员清醒状态、对疏散路径的熟悉程度以及特定人群的行动能力，比如医院、幼儿园和养老院中病患、儿童、老人的行动能力要加以特殊考虑等。

同时，对于式（4-8）中各因子确定，也出现了具体的确定方法。例如，为了使古斯塔夫法的使用更加简便易行，有的学者列举了建筑中常见的可燃物质所对应的烟气因子 *F* 的

取值；提出了人员数量对人员危险因子 H 的影响程度等。

4.2.3 建筑物火灾危险度综合分析

建筑物本身的破坏作用 GR 和对建筑物内人员的伤害和财产的损坏程度 IR 共同作用来决定建筑物的火灾危险度，在此基础上，古斯塔夫提出了平面分析法，即用纵坐标表示建筑物本身的危险度 GR，用横坐标表示建筑物内人员的伤害和财产的损坏程度 IR，如图 4-1 所示。

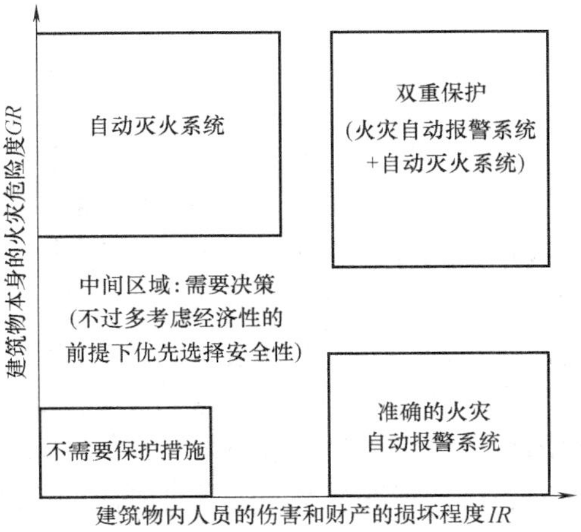

图 4-1 平面分析法示意图

通过平面分析法的结论，设计人员可以根据图 4-2 对所分析建筑物的消防系统进行选择，以期达到安全性与经济性的合理配置。

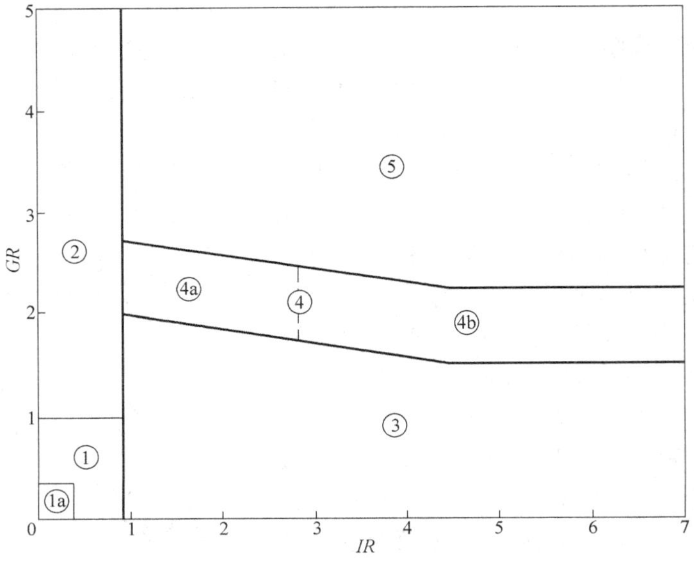

图 4-2 古斯塔夫火灾风险-消防设施核算图

在图 4-2 中，区域①代表建筑自动消防系统属于推荐安装，而不需要强制必须安装，区域 1a 由于火灾危险性很小，不需要采取安装建筑自动消防系统；区域②建筑本身火灾危险性较大，而建筑内人员与财产火灾危险性相对较小，所以自动灭火系统的选择要优先于火灾自动报警系统；区域③建筑内人员与财产火灾危险性大于建筑本身火灾危险性，所以必须要安装火灾自动报警系统，如果不恰当地设计与安装自动灭火系统，可能还会影响人员的安全疏散；区域④需要对自动灭火系统和火灾自动报警系统进行选择，区域④a选用自动灭火系统，区域④b选用火灾自动报警系统；区域⑤内，由于建筑物本身的危险度 *GR* 和建筑物内人员的伤害和财产的损坏程度都比较大，所以需要自动灭火系统和火灾自动报警系统的双重保护。

4.3 风险指数法

为进一步减小火灾损失，很多情况下对火灾风险进行量化评估是非常必要的。但是目前，火灾风险评估大都是在数据不充分、不确定的情况下进行的，且不同要素之间关系错综复杂，加上评估成本的限制，直接采用详细的概率风险评估既不经济也不适合。

风险指数法是一种快速而便捷的火灾风险评估方法，该方法由若干分析的过程与危险标示组成，将系统的各种影响因素集合在一起，对影响火灾安全的各种因素进行打分，并根据各因素权重计算出评估对象的火灾风险指数，进而衡量其火灾风险的相对大小。该方法采用对特定变量进行赋值的方法来表述火灾安全特性，通过专业的判断和以往的经验对火灾危险打分赋值，然后再采用数学的方法对变量所赋值进行处理，最终得到一个单一的数值，再将此值与其他的类似评估结果或标准进行比较，得出比较客观的评价结果，从而对复杂的火灾风险进行快速而简捷的评估。

4.3.1 火灾风险指数

风险指数是衡量风险大小的一种便利的数字手段。火灾风险指数方法就是对火灾危险进行模拟和打分，并方便快捷的估算出相关风险的大小的方法，该方法能够为风险评估提供有价值的信息，是一种有用且有效的分析方法。

图 4-3 表示的是不同风险评估等级对实际风险进行界定时的灵敏度及所需投入。曲线 *A*、*B* 和 *C* 表示的并不是实际的数据点，而是火灾风险概率的连续性趋势。

曲线 *A* 表示的是精确的概率风险分析，此时对危险和暴露危险性采用的是根据统计数据所进行的完全定量分析的方法。显然，这种方法是定义风险最精确的方法，特别是当风险较低的时候。然而，要完成这项工作却需要相当大的投入。

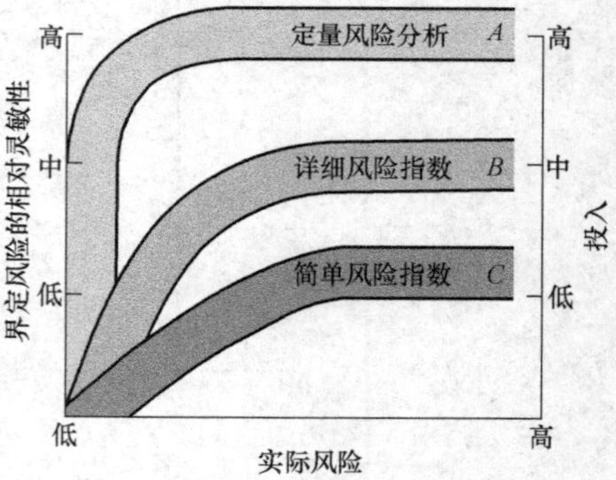

图 4-3 界定实际风险的风险指数系统及相对灵敏度

曲线 *C* 是一个简单火灾风险指数，使用该指数能够筛选重大风险，从而确定后续风险分析的方向。对于差别较小的风险，需要使用更简明的筛选系统来区分风险之间的细微差异。

由此可见，越复杂精确的评估模型，越能提高风险分析的总体精确程度，而此种模型就需要耗费更多的时间和资源。

在风险分析过程中，对一个重要的决策如何确定分析的深度和精确度，要由可利用的时间、资源和分析结果的用途等因素决定。很多情况下都可以应用火灾风险指数法进行风险分析。例如，在不需要进行更深入的综合分析的情况下、在需要进行更经济的风险筛选的时候，以及仅需要就风险的有关问题进行交流的情况下，都可以使用火灾风险指数的方法进行风险评估。

进行火灾风险分析并不需要达到像其他工程那样高的精确度，通常误差在一个数量级以内就能够满足要求。随着分析深度的增加，时间和资源的花费也随之增加。因此，在一些资源有限而效率要求较高的情况下，就应该最大限度地利用火灾风险指数，发挥其快捷简便的优点。

风险评估是一个比较耗费人力物力的过程，如果不能首先识别出潜在风险最大的物料和设备并对其进行评估，将造成严重的人力、物力的浪费，亦无从明确某风险是否值得进行进一步的评价。因此，火灾风险指数原理广泛应用于各种危险评估工程当中，以帮助进行决策分析和资源管理。

火灾风险指数法的重要性得到众多专家和学者的广泛认同。使用火灾风险指数这种数值等级体系，能够建立具有清晰结构的风险等级，有利于进行火灾安全的定性分析。这些体系也会随着研究方法、管理科学以及火灾风险分析或模型的改变而发生日新月异的改变。

4.3.2　Gretener 方法（SIA81 法）

风险分析的目的是便于进行风险管理，风险管理的一个最基本的方法是通过保险来转移风险。对保险公司来说，可接受的风险就是通过精算手段、利用数学原则得出的所保产业的保险费率。

火灾保险费率一般分为普通费率和特定费率。普通费率应用于特定种类的资产，最普遍的例子是住宅或公寓楼。当不能应用普通费率时，通过设计的图表或公式来测定火灾危险的相对程度，进而决定特定费率，称为表定费率法，这种方法主要用于公共建筑和商业建筑的评估。

表定费率是一个能够衡量任意资产火灾危险的程序表，考虑了各种火灾危险的影响因素，能够衡量火灾的相对风险，帮助确定增加或降低潜在损失的各种因素。

20 世纪 60 年代，瑞士消防协会的 Gretener 开始研究对建筑物火灾风险进行计算评估的可能性，并提出了建筑火灾风险评估的计算方法。Gretener 方法的提出，是因为根据以往损失统计数据确定火灾风险的方法由于下列原因而不再适用：① 火灾损失换算方法的缺乏；② 确定损失规模的影响因素分析不足而导致的统计数据失真；③ 科学技术的迅速发展使原有经验的可信度降低；④ 不同国家和部门对数据统计和分析的标准不同。

作为表定费率发展的新结果，Gretener 方法成为瑞士和其他欧洲国家广泛使用的火灾风险指数法。该方法的基本组成因子包括相关的经验数值、火灾发生和蔓延因子以及防火安全措施因子。由危险因素的共同影响所产生的是一个潜在的危险值，而防火保护因素所生成的是一个安全防护参数值，而这两个值的比值被认定为火灾严重程度的度量，即火灾的严重度。

Gretener 方法对风险评估最大的贡献是，第一次提出了使用危险概率与危险后果的乘积所表示的预期损失来表示风险的大小，即：

$$R = AB \tag{4-9}$$

式中 R——火灾风险；

A——火灾发生概率；

B——火灾危险或称火灾的可能严重程度。

Gretener 方法应用概率理论综合考虑以这两个因素来表示火灾风险，并且使用比值的方式定义计算火灾危险，而不是加和的形式，火灾危险 = 潜在危险/保护措施，即：

$$B = \frac{P}{NSF} \tag{4-10}$$

式中 B——火灾危险；

P——潜在危险；

N——标准火灾安全措施；

S——特殊安全措施；

F——建筑物的耐火性能。

潜在危险 P 是各危险因素综合作用的结果，危险性大小一方面受建筑内物品特性的影响，另一方面受建筑物本身性质的影响。

4.3.3 Dow 火灾、爆炸指数法

为了辨识系统潜在的火灾、爆炸重大损失危险，美国 Dow（道）化学公司于 1964 年提出了火灾、爆炸危险指数（*F&EI*）评价法，该评价方法通过计算出系统的火灾、爆炸指数来评价系统火灾、爆炸危险程度，目前已出版到第 7 版。火灾、爆炸危险指数评价法提供了评价火灾、爆炸总体危险的关键性数据，能够对工艺装置及所处理物料潜在的火灾、爆炸和反应性危险进行客观评价，是评估特定工艺过程潜在损失的一种方便而有效的工具。分析中数据的来源是以往事故的统计资料、物质的潜在能量及所采取的安全措施状况。

Dow 化学公司火灾、爆炸指数评价法以物质系数为基础，结合工艺过程中的其他因素，如工艺条件、物料量、操作方式、设备状况、安全措施等因素，计算每个单元的火灾、爆炸指数，再按数值大小划分危险度等级，进而评价装置单元的安全性。火灾爆炸指数的一个重要作用是辅助确定是否需要进行深层次的定量风险分析，以及确定研究应满足的深度。

F&EI 的概念是把一个工序计划分成若干单元，并单独各自进行考虑。这种方法的主要方面是评估主要危险物质在燃烧时的热力学性质，利用一系列操作单元的各自特性便可以建立基本的物质系数。这些潜在的危险依据是以往事故的统计资料。*F&EI* 分析的最重要目标是估算每个工艺区域可能造成的财产损失，是帮助确定减轻潜在事故严重性和总损失的有效途径。*F&EI* 与其他分析方法结合确定工艺单元的相关风险，是火灾风险分析中一种非常有效的方法，能够识别可能引起事故发生或使事故扩大的装置单元，是帮助人们确定减轻事故严重程度、降低损失的有效且经济的途径。

1. 资料准备

计算火灾、爆炸指数（*F&EI*）和进行风险分析前，需要准备下列资料：准确的装置设计方案、工艺流程图、火灾爆炸指数计算表、火灾爆炸指数危险度分解指南、安全措施补偿系数表、工艺单元风险分析汇总表、生产单元风险分析汇总表及有关装置的更换费用数据。

2. 风险分析评价程序

应用火灾、爆炸危险指数评价法对单元工艺危险性进行评价，首先应依照设计方案选取最适宜的工艺单元，确定工艺单元的物质系数及工艺危险系数，计算出火灾、爆炸指数（*F&EI*），进而确定暴露面积、设备价值、危害系数、最大可能财产损失、最大可能工作日损失及停产损失等，其评价程序如图 4-4 所示。

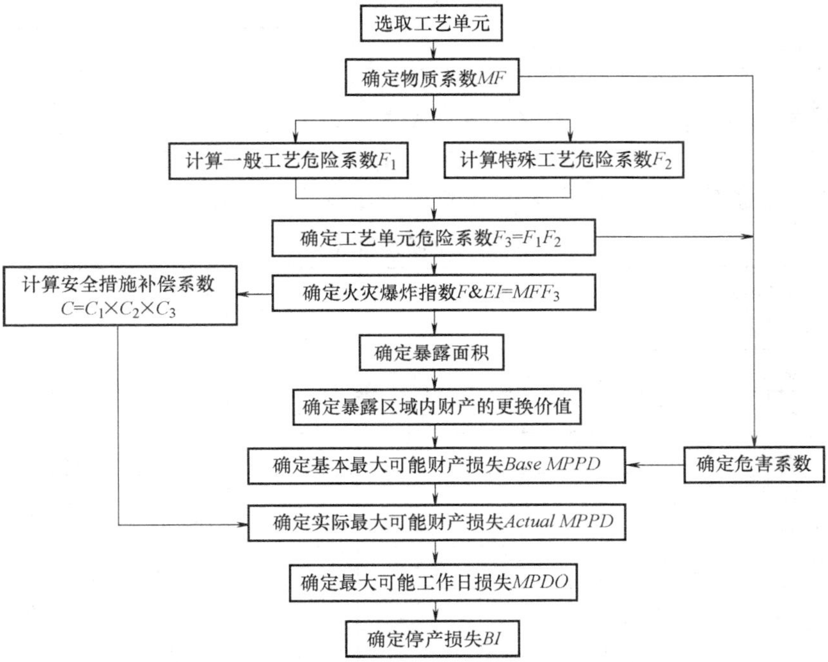

图 4-4　火灾、爆炸危险指数法评价程序

（1）工艺单元

利用火灾、爆炸危险指数评价法进行评价时，首先要确定装置中需要研究的单元。工艺装置的任一主要单元都可认为是工艺单元，大多数生产中都包括很多工艺单元，而使用火灾、爆炸指数评价法进行评价时，只评价从损失预防角度来看对工艺有影响的单元，称为恰当工艺单元。

选择恰当工艺单元时主要考虑以下重要参数：潜在化学能；工艺单元中危险物质数量；资金密度；操作压力和温度；导致火灾、爆炸事故的历史资料；对装置操作起关键作用的单元。一般这些参数的数值越大，该工艺单元潜在危险性越大，越需要进行评价。

（2）确定物质系数

物质系数（*MF*）是进行火灾、爆炸指数计算和其他危险评价最基础的数据之一，该系数是用于表述物质在由燃烧或其他化学反应引起的火灾、爆炸中所释放的能量大小的内在特性参数。

物质系数由 N_F 和 N_R（美国消防协会规定符号）决定，N_F 和 N_R 分别代表物质的燃烧特性和不稳定性（化学活性）。物质的反应性等级 N_R 可根据其在环境温度下的不稳定程度确定，确定方法见表 4-12。

表 4-12 不稳定性（化学活性）等级

物质反应特性	N_R
在燃烧条件下仍能保持稳定的物质	0
自身稳定，在加温加压条件下变得不稳定的物质	1
在加温加压条件下易于发生剧烈化学反应的物质	2
本身可发生爆炸分解或爆炸反应，但需强引发源或引发前需在密闭状态下加热的物质	3
常温常压下自身易于引发爆炸分解或爆炸反应的物质	4

常见物质的物质系数可由《火灾、爆炸指数计算指南》中查得，其中未列出的物质，可根据NFPA325M或NFPA49确定其N_F和N_R，并依照温度进行修正后，由表4-13确定。确定可燃性粉尘物质系数时，不使用N_F值而使用粉尘危险分级值S_t。

表 4-13 物质系数取值表

液体、气体（包括挥发性固体）的易燃或可燃性		N_F	N_R				
			0	1	2	3	4
不燃物		0	1	14	24	29	40
$F.P.>93.3$℃		1	4	14	24	29	40
37.8℃$<F.P.\leqslant93.3$℃		2	10	14	24	29	40
22.8℃$\leqslant F.P.<37.8$℃或 $F.P.<22.8$℃且$B.P.\geqslant37.8$℃		3	16	16	24	29	40
$F.P.<22.8$℃且$B.P.<37.8$℃		4	21	21	24	29	40
可燃性粉尘或烟雾	S_t-1（$K_{st}\leqslant200$bar·m/s）		16	16	24	29	40
	S_t-2（$K_{st}=201\sim300$bar·m/s）		21	21	24	29	40
	$S_t=1$（$K_{st}>300$bar·m/s）		24	24	24	29	40
可燃性固体	厚度>40mm，紧密的	1	4	14	24	29	40
	厚度<40mm，疏松的	2	10	14	24	29	40
	泡沫材料、纤维、粉状物等	3	16	16	24	29	40

物质系数表示了正常环境温度和压力下物质的危险特性，对闪点小于60℃或反应活性温度低于60℃的物质，由于物质系数中已经体现了易燃性和反应危险性，该系数不需要修正；如果工艺单元温度超过60℃则物质系数需进行修正，见表4-14。

表 4-14 物质系数温度修正

物质系数温度修正	N_F	S_t	N_R
a. 填入N_F（粉尘为S_t）、N_R			
b. 如果温度小于60℃，则转至“e.”			
c. 如果温度高于闪点，或温度大于60℃，在N_F栏内填“1”			
d. 如果温度大于放热起始温度或自燃点，在N_R栏内填“1”			
e. 各竖行数字相加，但总数为5时填4			
f. 用“e.”行和表4-13确定*MF*，并填入*F&EI*表和生产单元危险分析汇总表			

（3）确定工艺单元危险系数

确定工艺单元危险系数（F_3）的值，首先要确定单元的一般工艺危险系数（F_1）和特殊工艺危险系数（F_2）的值。

确定事故损害大小的主要因素是一般工艺危险性。在确定一般工艺危险系数时，要仔细分析工艺单元，确定本工艺单元一般工艺危险系数的影响因素，各项取值见表4-15。

表4-15 一般工艺危险系数表

危险类别	危险系数取值范围
基本系数	1.00
A 放热化学反应	0.30 ~ 1.25
B 吸热反应	0.20 ~ 0.40
C 物料处理与运输	0.25 ~ 1.05
D 密闭式或室内工艺单元	0.25 ~ 0.90
E 通道	0.20 ~ 0.35
F 排放和泄漏控制	0.25 ~ 0.50
一般工艺危险系数 $F_1 = 1 + A + B + C + D + E + F$	

特殊工艺危险性主要影响事故的发生概率。影响特殊工艺危险系数的因素主要有12项，各项取值见表4-16。

表4-16 特殊工艺危险系数表

危险类别	危险系数取值范围
基本系数	1.00
A 毒性物质	0.20 ~ 0.80
B 负压操作（<500mmH$_g$）	0.5
C 易燃范围内或接近易燃范围的操作 ① 罐场储存易燃液体 ② 过程失常或吹扫故障 ③ 一直处于易燃烧范围内	 0.50 0.30 0.80
D 粉尘爆炸	0.25 ~ 2.00
E 压力	0.10 ~ 2.00
F 低温	0.20 ~ 0.30
G 易燃及不稳定物质的量	0.10 ~ 5.00
H 腐蚀与磨蚀	0.10 ~ 0.75
I 泄漏、接头与填料	0.10 ~ 1.50
J 使用明火设备	0.10 ~ 1.00
K 热油热交换系统	0.15 ~ 1.15
L 转动设备	0.5
特殊工艺危险系数 $F_2 = 1 + A + B + C + D + E + F + G + H + I + J + K + L$	

工艺单元危险系数（F_3）是一般工艺危险系数（F_1）和特殊工艺危险系数（F_2）的乘积，即：$F_3 = F_1F_2$。F_3 正常值范围为1~8，当 $F_1F_2 > 8$ 时，F_3取值为8。

计算工艺单元危险系数时，应以物质在工艺单元中所处的最危险状态为准，要防止对过程中的危险进行重复计算。

（4）计算火灾、爆炸指数

火灾、爆炸指数（*F&EI*）用来评估生产操作过程中事故可能造成破坏的程度，是物质系数（*MF*）与单元工艺危险系数（F_3）值的乘积：$F\&EI = MFF_3$。计算 *F&EI* 时，一次只评价一种危险。*F&EI* 值与危险等级划分见表 4－17，表明火灾、爆炸事故破坏的严重程度。

表 4-17　*F&EI* 值及危险等级划分

F&EI 值	危 险 等 级	*F&EI* 值	危 险 等 级
1 ~ 60	最轻	128 ~ 158	很大
61 ~ 96	较轻	>159	非常大
97 ~ 127	中等		

（5）计算安全措施补偿系数

根据经验和要求所采取的安全措施，不仅能有效地预防严重事故的发生，也可以降低事故发生的概率、减轻事故危害。总的安全措施补偿系数 $C = C_1 C_2 C_3$，其中，C_1为工艺控制补偿系数，C_2为物质隔离补偿系数，C_3为防火措施补偿系数，取值见表 4-18。

表 4-18　安全措施补偿系数表

	项　　目	补偿系数取值
工艺控制补偿系数 C_1	a. 应急电源	0.98
	b. 冷却	0.79 ~ 0.99
	c. 抑爆	0.84 ~ 0.98
	d. 紧急停车装置	0.96 ~ 0.99
	e. 计算机控制	0.93 ~ 0.99
	f. 惰性气体保护	0.94 ~ 0.96
	g. 操作指南或操作规程	0.91 ~ 0.99
	h. 活性化学物质检查	0.91 ~ 0.98
	i. 其他工艺过程危险分析	0.91 ~ 0.98
物质隔离补偿系数 C_2	a. 远距离控制阀	0.96 ~ 0.98
	b. 备用泄料装置	0.96 ~ 0.98
	c. 排放系统	0.91 ~ 0.97
	d. 连锁装置	0.98
防火措施补偿系数 C_3	a. 泄漏检测装置	0.94 ~ 0.98
	b. 钢质结构	0.95 ~ 0.98
	c. 消防水供应系统	0.94 ~ 0.97
	d. 特殊灭火系统	0.91
	e. 洒水灭火系统	0.74 ~ 0.97
	f. 水幕	0.97 ~ 0.98
	g. 泡沫灭火装置	0.92 ~ 0.97
	h. 手提式灭火器	0.93 ~ 0.98
	i. 电缆保护	0.94 ~ 0.98

（6）风险分析

工艺单元的风险分析包括确定危害系数、暴露区域面积、暴露区域内财产的更换价值、基本最大可能财产损失、实际最大可能财产损失、最大可能工作日损失以及停产损失等。

1）危害系数。危害系数由工艺单元危险系数（F_3）和物质系数（MF）确定，表示的是单元中物料泄漏或反应能量释放所引起的火灾、爆炸事故的综合效应，受工艺单元中诸多因素的影响。

危害系数的求取方法如图 4-5 所示，由物质系数（MF）与工艺单元危险系数（F_3）曲线的交点确定。

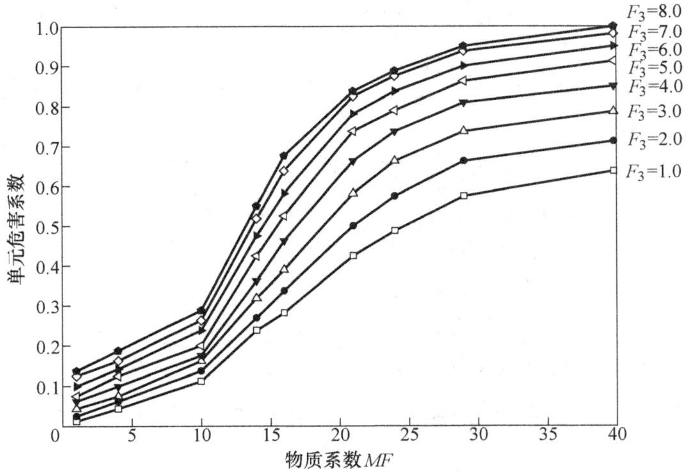

图 4-5　危害系数确定方法图

2）暴露区域面积。暴露区域是一个以工艺设备的关键部位为中心、暴露半径为半径的圆，反映了工艺单元危险区域的平面分布。暴露区域半径决定了暴露区域的大小，暴露区域半径 R 可分别由下式或图 4-6 确定：

$$R = 0.256F\&EI \tag{4-11}$$

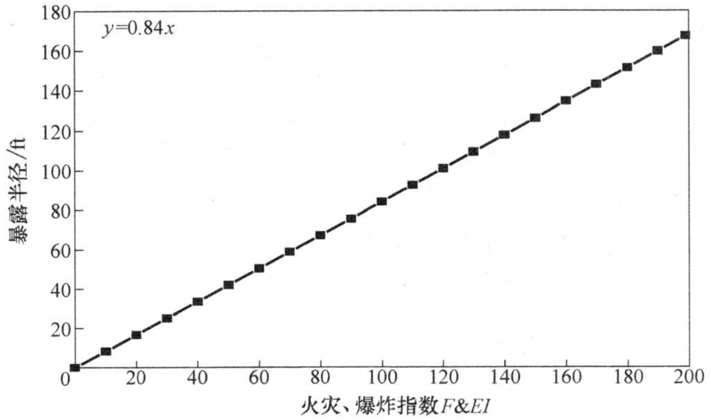

图 4-6　暴露区域半径计算图

暴露区域面积 S 由下式确定：

$$S = \pi R^2 \tag{4-12}$$

如果评价单元是较小的设备，则可以该设备为圆心、以暴露半径为半径画圆来确定暴露区域；如果评价单元较大，则应从设备表面外推量取暴露半径，实际暴露区域面积为暴露区域面积加上评价单元的面积。

暴露区域内的设备将会暴露在评价单元发生火灾、爆炸事故时的危害环境内，评价暴露区域内的设备在火灾、爆炸灾害中受到的损害，要考虑实际影响的体积。该体积是一个围绕评价单元的圆柱体，其底面积为暴露区域，高为暴露半径，有时亦可用球体的体积来表示。在评估火灾、爆炸的实际损坏影响范围时，还应注意，火灾、爆炸的破坏范围并不是一个理想的圆或球体，不同方向受到的破坏程度往往是不等同的，实际破坏情况是各种条件联合作用的综合结果。

3）暴露区域内财产价值。暴露区域内财产价值可根据该区域内财产的更换价值确定，财产更换价值由下式表示：

$$\text{更换价值} = 0.82 \times \text{原成本} \times \text{增长系数} \tag{4-13}$$

式中取系数0.82是考虑到发生灾害事故时，区域内某些财产不会受到破坏或即使受到损坏却无需更换，该系数不是定值，可根据计算而改变。计算暴露区域内财产更换价值的增长系数由掌握最新公认数据的工程预算专家确定。

暴露区域内财产的更换价值可以按区域内设备的更换价值计算，也可以用现行的工程成本估算暴露区域内所有财产的更换价值，还可以从整个装置的更换价值推算单位面积的设备费用，再乘以暴露区域的面积得到更换价值。在计算时，不重复考虑两个或多个暴露区域相互叠交的部分。

4）基本最大可能财产损失。基本最大可能财产损失（*Base MPPD*）是危害系数与暴露区域内财产更换价值之积，表示的是暴露区域内没有任何安全措施、损失得不到任何降低的情况下的可能财产损失。

5）实际最大可能财产损失。基本最大可能财产损失与安全措施补偿系数的乘积即为实际最大可能财产损失（*Actual MPPD*），该值表示的是采取了一定的防护措施后，事故所造成的暴露区域内的财产损失。如果防护措施未能有效发挥作用，则实际最大可能财产损失的值接近基本最大可能财产损失。

6）最大可能工作日损失。评价事故发生后的停产损失（*BI*），必须首先估算最大可能工作日损失（*MPDO*）。由于原材料、产品的储存量和市场需求状况的不同，停产损失并不完全等同于财产损失，而往往是停产的潜在损失远超过财产损失，许多情况能够导致停产损失与财产损失之间的关系发生变化。如果能够比较精确地确定停工天数，则可使用该数据确定停产损失，否则需通过实际最大可能财产损失估算停工天数，再确定停产损失。最大可能工作日损失可根据实际最大可能财产损失按照图4-7查得。

7）停产损失。停产损失按下式计算：

$$BI = 0.70 \times \frac{MPDO \times VPM}{30} \tag{4-14}$$

式中 *BI*——停产损失；

VPM——每月产值。由于事故发生时并不是全部成本都遭受损失，因此计算停产损失时，在由于停工所造成的总损失的基础上乘以系数0.7，代表固定成本和利润。

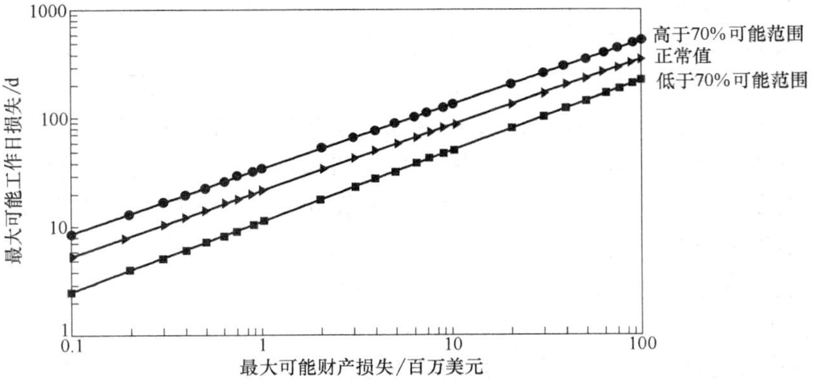

图 4-7 最大可能工作日损失计算图

将按照上述评价程序计算得到的值分别填入工艺单元危险分析汇总表4-19中，工艺单元危险分析汇总表汇集了所有重要的单元危险分析的资料。

表 4-19 工艺单元危险分析汇总表

项 目	结 果	项 目	结 果
1. 火灾、爆炸指数（*F&EI*）		6. 基本最大可能财产损失（*Base MPPD*）	百万美元
2. 暴露半径	m	7. 安全措施补偿系数	
3. 暴露面积	m^2	8. 实际最大可能财产损失（*Actual MPPD*）	百万美元
4. 暴露区域内财产价值	百万美元	9. 最大可能工作日损失（*MPDO*）	d
5. 危害系数		10. 停产损失（*BI*）	百万美元

3. 生产单元危险分析汇总

使用生产单元危险分析汇总表，表4-20记录评价单元的基本最大可能财产损失、实际最大可能财产损失与停产损失。

对每一相关的工艺单元，都要单独列出火灾、爆炸指数计算表、安全措施补偿系数表以及工艺单元危险分析汇总表，而生产单元危险分析汇总表则将这些表格中的关键信息进行归纳集中。

表 4-20 生产单元危险分析汇总表

<table>
<tr><td colspan="2">地区/国家</td><td colspan="3">部 门</td><td colspan="3">场 所</td></tr>
<tr><td colspan="2">位置</td><td colspan="3">生产单元</td><td colspan="3">操作类型</td></tr>
<tr><td colspan="2">评价人</td><td colspan="3">生产单元总更换价值</td><td colspan="3">日期</td></tr>
<tr><td>工艺单元主要物质</td><td>物质系数</td><td>火灾爆炸指数 F&EI</td><td>影响区域财产价值</td><td>基本 MPPD</td><td>实际 MPPD</td><td>最大可能工作日损失 MPDO</td><td>停产损失 BI</td></tr>
<tr><td></td><td></td><td></td><td></td><td></td><td></td><td></td><td></td></tr>
</table>

4. 基本预防和安全措施

对于一般的石油化工装置，无论操作类型和火灾、爆炸指数大小有何差异，均应考虑以下的基本安全措施：充足的消防水；容器的结构设计、管路、钢质结构等，应满足有关安全规范的要求；超压泄放装置；耐腐蚀性及腐蚀裕量；工艺设备和管道中活性化学物质的隔离；电气设备接地；辅助电气设施的安全配置；公用设施故障的正常预防；故障保护装置；应急车辆进出区域的通道、人员疏散通道；排放装置；隔离炽热表面；遵守国家电气规程；构筑物和设备的平面布置；管架、仪表电缆架及其支撑的防火性能；冷却塔故障的预防及防护；电气设备分类；偶然的爆炸及引起火灾时明火设备的保护；防火墙的设置；工艺过程复查应确定需要做哪些活性化学物质试验以及在高危险单元进行危险与可操作分析等。

如果不满足以上要求，则其实际的危险性要比火灾、爆炸指数分析显示的结果高得多。而以上所列内容并没有包括全部可能的内容，在一些特殊的区域和场所，还需要采取其他特殊的安全措施。

火灾、爆炸指数分析的最重要目标是估算每个工艺区域可能造成的财产损失，帮助确定减轻潜在事故严重性和总损失的有效途径，该方法与其他分析方法结合确定工艺单元的相关风险是非常有效的。

4.3.4 Mond 火灾、爆炸及毒性指数法

Dow 化学公司火灾、爆炸危险指数评价方法问世后，各国均在其基础上提出了不同的风险评价方法，其中，英国帝国化学公司（ICI）Mond 分部在 Dow 化学公司安全评价法的基础上，提出了一个更加全面、更加系统的安全评价法，称为 Mond 火灾、爆炸及毒性指数评价法。Mond 火灾、爆炸及毒性指数评价法与 Dow 化学公司火灾、爆炸指数评价法的原理相同，都是以物质系数为基础。这种方法在考虑对系统安全的影响因素时更加全面、更加注意系统性，该方法既肯定了 Dow 化学公司火灾、爆炸危险指数法，又在其评价的基础上作了重要的改进和补充，主要是引进了毒性的概念和计算，推广到包括物质毒性在内的“火灾、爆炸、毒性指标”的初步计算，再进行安全对策措施加以补偿的最终评价，从而增加了评价的深度，被公认为是一种特别适合化工装置的火灾、爆炸及毒性危险程度评价方法。Mond 火灾、爆炸及毒性指数评价法在改进工艺以后根据反馈的信息进行危险性指数的修正，突出了该方法的动态特性。该方法与 Dow 化学公司火灾、爆炸危险指数评价法相比较，改进、扩充的内容主要有：

1）引进了毒性的概念，将 Dow 化学公司的火灾、爆炸指数扩展到包括物质毒性在内的火灾、爆炸、毒性指标的评价，使表示装置潜在危险性的风险评价更加切合实际。

2）发展了某些补偿系数，对装置现实危险性水平进行再评价，从而使预测评价定量化更具有实用意义。

3）可对较广范围的工程及设备进行研究。

4）包括了具有爆炸性的化学物质的使用管理。

5）根据对事故案例的研究，考虑了对危险度有相当影响的几种特殊工艺类型的危险性。

1. 蒙德法评价程序

使用蒙德法进行评价时，首先应将装置划分为不同类型的单元，其目的是为了便于对不同装置单元的危险性进行辨识与分析，重点分析其中的最危险单元。评价单元是有一定间距、防火墙、防护堤等隔开的装置的一个独立部分，在选择装置的部分作为单元时，要注意邻近的其他单元的特征及是否存在有不同的特别工艺和有危险性物质的区域。把各工程、储

存和输送操作与其他操作分别开来进行评价，在不增加危险性潜能的情况下，常把具有类似危险性潜能的单元也可归并为一个比较大的单元。

装置中具有代表性的单元类型有：原料储区；供应区域；反应区域；产品蒸馏区域；吸收或洗涤区域；半成品储区；产品储区；运输装卸区；催化剂处理区；副产品处理区；废液处理区等。此外，还有过滤、干燥、固体处理、气体压缩等，合适时也可将装置划分为适当的单元。将装置划分为不同类型的单元，就能对不同装置单元的危险特性进行评价。

图4-8为蒙德法评价程序示意图。

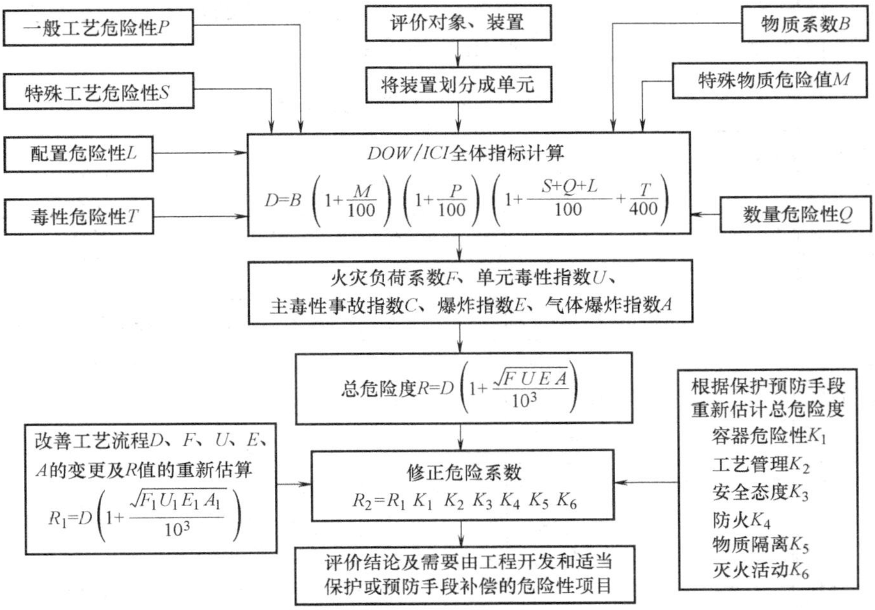

图4-8　蒙德火灾、爆炸、毒性危险指数法评价程序

2. 单元危险性初期评价

单元危险性初期评价是在不考虑任何安全措施的基础上，评价装置单元危险性的大小，评价内容包括：物质系数 B，特殊物质危险性 M、数量危险性 Q、一般工艺危险性 P、特殊工艺危险性 S、配置危险性 L、毒性危险性 T 等。

（1）物质系数 B

物质系数是用来表明物质在标准状态下的火灾、爆炸或释放能量危险性的大小，一般用物质的燃烧热或反应热的值表示。

对于一般可燃性物质，按标况下空气中的燃烧热计算其物质系数；对于不燃物质，由于其与氧气作用不会发生放热反应，规定其物质系数为0.1；对于边缘可燃性物质，其物质系数由反应热计算；对可燃性固体和粉尘和加入不燃性稀释剂的可燃性物质混合物，其物质系数为0.1；而对具有潜在的凝聚相爆炸或分解危险性的物质，要使用燃烧热、爆炸热或分解热中较大的数值计算物质系数。

单元内往往有原料、中间产品、产品、催化剂、溶剂等多种物质存在，选用不同的物质对单元的危险性进行评价，其评价结果是不相同的。因此，评价过程中要选择单元中以较多数量存在的危险性潜能较大的物质进行评价。如果单元中存在着一种以上的重要物质时，必须对各物质分别进行评价，而作为该单元危险性的代表，应选用最危险的一个作为最终评价的依据。

（2）特殊物质危险性 M

决定特殊物质危险性时，对重要物质的特殊性质、重要物质在单元内与催化剂等其他物质混合的情况要重新进行评价。要根据该单元内重要物质的数量、在火灾或可能出现火灾的条件下对其特定性质所产生的影响来决定特殊物质危险性系数的标准。危险性系数是所研究单元内主要物质在具体使用环境的一个函数，不能用孤立的性质来定义。由此可见，不同单元中某一物质危险性系数可强可弱，如单元不同，即使是同样的重要物质也需要对特殊物质危险性系数加以改变。特殊物质危险系数 M 见表 4-21。

表 4-21　特殊物质危险系数 M

特殊物质危险系数	建议系数（%）	备　注
a. 氧化性物质	0～20	包括液氧、氯酸盐、硝酸盐、过氯酸盐、过氧化物等
b. 与水反应产生可燃气体	0～30	包括电石、钠、镁、碱金属铵盐、氢化物等
c. 混合及扩散特性	-60～60	
d. 自热性	30～250	包括硫化铁、反应性金属、磷、某些有机过氧化物等
e. 自聚合性	25～75	包括环氧乙烷、苯乙烯、丁二烯、氰氢酸等
f. 着火敏感性	-75～150	
g. 爆炸分解性	125	高压乙烯、气体的高浓度过氧化物、环氧乙烷蒸气等
h. 气体的爆炸性	150	加压四氟乙烯、浓过氧化氢等
i. 凝聚层爆炸性	200～1500	包括凝缩相发射药及爆轰性物质等
j. 其他特性	0～150	
特殊物质危险性合计		

（3）数量危险性 Q

数量危险性是指在处理大量可燃性、着火性和分解性物质时，要乘以附加的危险性系数。单元内物质总量，可以根据物质质量直接计算，也可以根据体积和密度计算，包括评价单元设备内的全部物质量。数量危险系数 Q 与单元内物质总量之间的关系如图 4-9 所示。

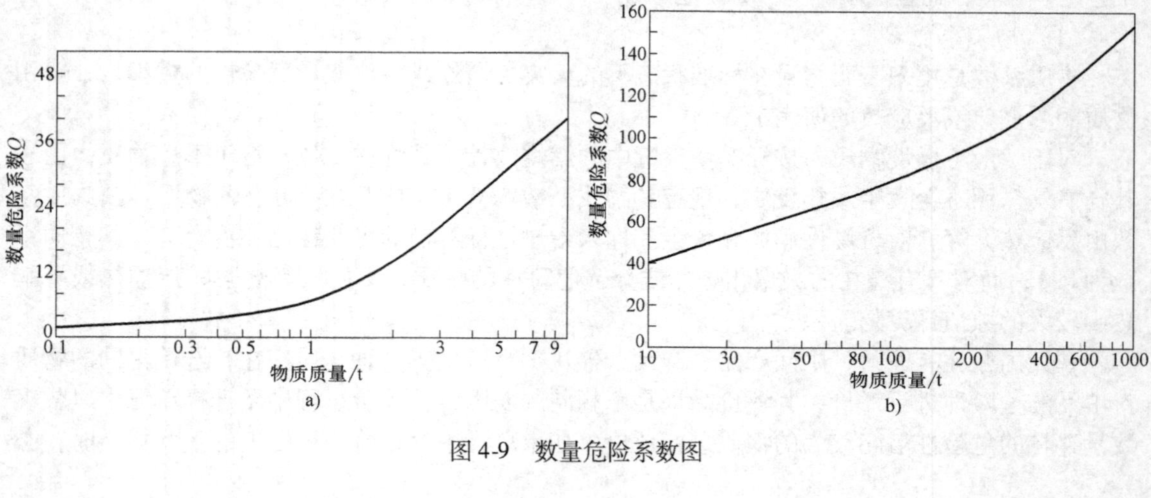

图 4-9　数量危险系数图

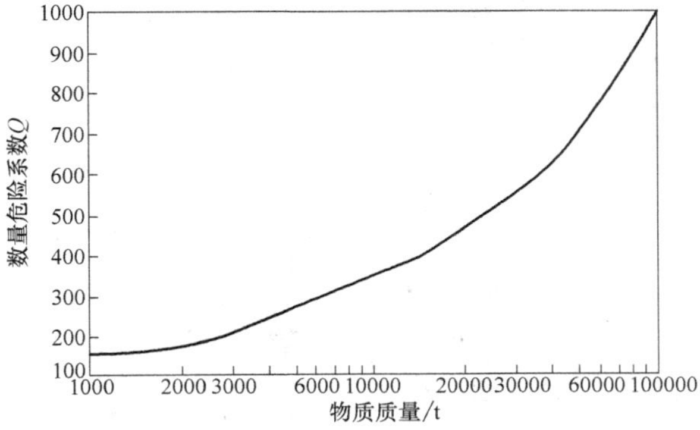

c)

图 4-9 数量危险系数图（续）

（4）一般工艺危险性 P

这类危险性与单元内进行的工艺及其操作的基本类型有关，指的是与所选取单元的工艺流程和单元操作有关的危险性系数，具体情况参见表 4-22。

表 4-22 一般工艺危险系数 P

一般工艺危险	建议系数（%）
a. 仅物理变化	10～50
b. 单一连续反应	25～50
c. 单一不连续反应	在“单一连续反应”系数的基础上再加 10～60
d. 同一装置内重复反应	0～75
e. 物质移动	0～75
f. 可能输送的容器	10～100

（5）特殊工艺危险性 S

特殊工艺危险性指的是由于高温、低温、高压、负压等操作或过程中存在腐蚀、聚合、疲劳、爆炸等危险，会使总体危险性增加，从而对评价单元产生特殊的危险。该项危险系数在重要物质或基本工艺操作所评价的评分基础上，由工艺操作、储存、输送等特性而决定。

特殊工艺危险包括以下方面：低压；高压；低温；高温；腐蚀和侵蚀的危险物；接头和填料的危险性；振动及循环负荷疲劳危险性以及基础或支持吊架的破损；难控制的工艺或反应；在燃烧极限附近操作；比平均爆炸危险性大的情况；粉尘或雾滴爆炸的危险性；使用强气相氧化剂的工艺；工艺着火的灵敏度；静电危险性等。

（6）配置危险性 L

布置装置时，如果考虑不周，往往带来附加危险性。此处讨论单元布置引起的危险性的系数所考虑的重要因素是大量可燃性物质在单元内存在的高度。从单元布置的观点考虑，首先必须规定单元的重要尺寸。单元的高度是指装置工艺单元和输送物料的配管顶部至地面的距离。在计算中，高度单位为 m，用符号 H 表示。配置危险系数取值见表 4-23。

表 4-23 配置危险系数 L

配置危险性	建议系数（%）	配置危险性	建议系数（%）
a. 结构设计	0～200	d. 地表排水沟	0～100
b. 多米诺（连锁）效应	0～250	e. 其他	0～250
c. 地下设施	0～150	配置危险性合计	

工艺单元或者建筑物的布置互相接近时，一个单元发生事故，相邻单元有可能卷入，即发生多米诺效应。非常高的工艺单元更容易受到多米诺效应的影响，特别是小面积上的高单元。多米诺效应建议附加系数见表 4-24。

表 4-24 多米诺效应附加系数

单元高度	尺寸	附加系数
20m 以上	20～30m	20
	30～40m	40
	40～60m	150
15m 以上（高度为通常作业区域短边长的倍数）	3～5 倍	25
	5～8 倍	50
	8～12 倍	100
	12 倍以上	>120

其他情况下危险系数取值，见表 4-25。

表 4-25 其他危险系数

类别	危险系数
占地面积 $400m^2$ 以上的工艺单元，若不满足时周围至少三面被宽 7m 以上的道路所包围	75
工艺单元的一部分，备有 12h 以上所使用的原料、中间体或者成品仓库	系数依储藏量决定
备有 H 小时所使用的物料	2（H-12）
工艺单元距离主控制室、办公室、工场边界为 10m 以内	50
工艺单元建筑在控制室、办公室上边或下边时	100

（7）毒性危险性 T

毒性危险性指数是关于毒性危险性的相对评分及其对综合危险性评价的影响。物质毒性大小和作用特点直接决定其对健康的危害性程度，一般受到毒性物质的理化特征、浓度、人对该物质敏感性等因素的影响。下列各因素反映了物质毒性的影响。

1）*TLV* 值。*TLV* 值表示的是具有毒害性的蒸气、粉尘等物质的时间负荷值。确认单元中最危险的物质，根据 *TLV* 值最低，或者毒性危险性（如皮肤吸收的情况）最大，而又大量存在来确定，这种物质可能并不是单元中的重要物。*TLV* 值的系数按表 4-26 确定。

表 4-26　*TLV* 值的系数

$TLV \times 10^{-6}$	<0.001	0.001 ~ 0.01	0.01 ~ 0.1	0.1 ~ 1	1 ~ 10	10 ~ 100	100 ~ 1000	1000 ~ 10000	>10000
系数	300	200	150	100	75	50	30	10	0

2）物质类型。单元中最危险物质的类型危险性系数见表 4-27，即使这种物质没有毒性也要进行评价。

表 4-27　物质类型危险系数

类　　别	危险系数
在正常工艺操作条件下，物质以液体或者液化气体存在	50
物质在低温条件下储藏	75
物质在工艺过程中，以微粒子状固体存在或者以粉尘状存在	200
物质对空气的相对密度为 1.3 以上，并以气相状态储存	25
无臭味，在它的毒性浓度下不易发觉时	200
其他情况	0

3）短时间暴露。对 *TLV*，考虑相对于 15min 暴露的允许浓度，系数取值见表 4-28。毒性危害性对长期健康有危害时，修正系数高；短期即可危害时，修正系数低。

表 4-28　短时间暴露系数

修正系数	1.25	1.25 ~ 2	2 ~ 5	5 ~ 15	15 ~ 100	>100
短时间暴露系数	150	100	50	20	0	-100

4）皮肤吸收。毒性物质能够通过皮肤吸收时，需采用附加系数，取值范围为 0 ~ 300，且下限值与 *TLV* 值相同。

5）物理因素。除以上因素外，还需考虑其他因素带来的附加威胁，如放射能、高温、紫外线、高真空等物理因素，会使暴露在毒性中的危害增大。视情况不同，毒性影响系数增加 0 ~ 50。

3. 单元危险性初期评价结果

（1）DOW/ICI 全体指标的计算

将单元危险性初期评价所得的各种系数填入单元危险性初期评价计算表，首先计算得到 DOW/ICI 全体指标 D：

$$D = B\left(1 + \frac{M}{100}\right)\left(1 + \frac{P}{100}\right)\left(1 + \frac{S + Q + L}{100} + \frac{T}{400}\right) \tag{4-15}$$

DOW/ICI 全体指标 D 的值大小表示火灾、爆炸危险的潜能大小，其危险程度划分为 9 个等级，见表 4-29。

表 4-29　短时间暴露系数

D 值	0 ~ 20	20 ~ 40	40 ~ 60	60 ~ 75	75 ~ 90	90 ~ 115	115 ~ 150	150 ~ 200	>200
危险等级	缓和	轻度	中等	稍重	重	极端	非常极端	潜在灾难性	高度灾难性

（2）火灾潜在危险

火灾潜在危险性使用火灾负荷系数 F 表示，以单位面积的燃烧热表示：

$$F = 2.33 \times 10^8 \times \frac{BK}{N} \tag{4-16}$$

式中 F——火灾负荷系数（J/m^2）；

B——评价单元内重要物质的物质系数；

K——评价单元内可燃物总量（t）；

N——单元作业面积（m^2）。

表 4-30 为火灾负荷系数 F 值范围及火灾危险等级划分。

表 4-30 F 值范围及火灾危险等级划分

火灾负荷系数 $F/(kJ/m^2)$	火灾荷载等级	预计火灾持续时间/h
$0 \sim 5.68 \times 10^5$	轻	0.25～0.5
$5.68 \times 10^5 \sim 11.36 \times 10^5$	低	0.5～1
$11.36 \times 10^5 \sim 22.71 \times 10^5$	中等	1～2
$22.71 \times 10^5 \sim 45.42 \times 10^5$	高	2～4
$45.42 \times 10^5 \sim 11.36 \times 10^6$	非常高	4～10
$11.36 \times 10^6 \sim 22.71 \times 10^6$	强	10～20
$22.71 \times 10^6 \sim 5.68 \times 10^7$	极端	20～50
$5.68 \times 10^7 \sim 11.36 \times 10^7$	非常极端	50～100

（3）爆炸潜在危险

使用爆炸指数 E 衡量评价单元内部装置爆炸危险性的大小，计算公式为：

$$E = 1 + \frac{M + P + S}{100} \tag{4-17}$$

式中 M——特殊物质危险性系数；

P——一般工艺危险性系数；

S——特殊工艺危险性系数。

根据 E 值范围，可将爆炸危险性划分为以下几个等级，见表 4-31。

表 4-31 E 值范围及爆炸危险等级划分

E 值	0～1	1～2.5	2.5～4	4～6	>6
危险等级	轻	低	中等	高	非常高

按 DOW/ICI 制定的总指标范围的水准，火灾负荷范围有几种情况过分低，这就需要考虑改为爆炸危险性，具体情况可由计算求得。

（4）气体爆炸危险

使用气体爆炸指数 A 衡量外部气体环境发生爆炸的危险性，计算公式为：

$$A = B\left(1 + \frac{m}{100}\right)QHE\left(1 + \frac{P}{1000}\right) \tag{4-18}$$

式中 B——评价单元内重要物质的物质系数；

m——单元中重要物质的混合扩散系数；

Q——数量危险系数；

H——单元高度；

E——爆炸指数；

P——一般工艺危险性系数。

表4-32为气体爆炸指数E的取值范围及爆炸危险等级划分。

表4-32 E取值范围及爆炸危险等级划分

A值	0~10	10~30	30~100	100~500	>500
危险等级	轻	低	中等	高	非常高

（5）单元毒性危险评价

通过计算单元毒性指数U评价单元的毒性影响，单元毒性指数U的计算公式为：

$$U = \frac{TE}{100} \tag{4-19}$$

式中 T——毒性危险性系数；

E——爆炸指数。

单元毒性危险性指数范围及等级划分见表4-33。

表4-33 U值范围及毒性危险等级划分

U值	0~1	1~3	3~5	5~10	>10
危险等级	轻	低	中等	高	非常高

（6）主毒性事故指数

主毒性事故指数用C表示，为单元毒性指数U与数量危险系数Q的乘积：

$$C = UQ \tag{4-20}$$

主毒性事故指数值范围及等级划分见表4-34。

表4-34 C值范围及毒性危险等级划分

C值	0~20	20~50	50~200	200~500	>500
危险等级	轻	低	中等	高	非常高

（7）全体危险性评价

使用总危险度R来评价单元的总体危险性，主要影响因素为DOW/ICI总指标D，同时考虑火灾潜在危险、爆炸潜在危险、气体爆炸危险以及单元毒性危险的影响，总危险度R计算公式为：

$$R = D\left(1 + \frac{\sqrt{FEAU}}{1000}\right) \tag{4-21}$$

式中 F——火灾负荷系数；

E——爆炸指数；

A——气体爆炸指数；

U——单元毒性指数。

F、E、A、U 最小取值为 1。表 4-35 为总危险度 R 值范围及危险等级划分。

表 4-35 总危险度 R 值范围及危险等级划分

R 值	0 ~ 20	20 ~ 100	100 ~ 500	500 ~ 1100	1100 ~ 2500	2500 ~ 12500	12500 ~ 65000	> 65000
危险等级	缓和	低	中等	高（1 类）	高（1 类）	非常高	极端	非常极端

4. 单元危险性的补偿评价

单元初期危险性评价是在不考虑任何安全措施的基础上对装置单元危险性进行的安全评价，若总体危险度水平较高，超出可接受范围，则必须采取相应的安全措施降低事故危险，并针对所采取的措施对单元进行进一步的补偿评价。

采用蒙德法进行单元危险性补偿评价时，主要考虑以下几项补偿系数：① 容器危险性补偿系数 K_1；② 工艺管理补偿系数 K_2；③ 安全态度补偿系数 K_3；④ 防火措施补偿系数 K_4；⑤ 物质隔离补偿系数 K_5；⑥ 灭火措施补偿系数 K_6。

补偿后的火灾负荷系数、爆炸指数、气体爆炸指数和单元毒性指数分别为：

$$F_1 = FK_1K_4K_5 \tag{4-22}$$

$$E_1 = EK_2K_3 \tag{4-23}$$

$$A_1 = AK_1K_5K_6 \tag{4-24}$$

$$R_1 = D\left(1 + \frac{\sqrt{F_1E_1A_1U_1}}{1000}\right) \tag{4-25}$$

再考虑总危险性补偿系数 K 的影响，计算得到最终的修正危险系数 R_2：

$$R_2 = R_1K = R_1K_1K_2K_3K_4K_5K_6 \tag{4-26}$$

最后，分析补偿评价的结果，并在对评价结果进行分析的基础上，提出相应的安全对策，以供决策参考使用。

4.3.5 生命安全评价系统

生命安全评价系统（The Fire Safety Evaluation System，简称 FSES）是确定特定公共建筑风险大小的一种指数方法。

1. 等效性概念

为了促进火灾安全的经济增长，美国的相关规范中提出了等效性概念。此概念的出现，使得在对建筑物进行防火设计的时候，可以采取其他的替代方案，只要该替代方案所达到的安全水平能够满足相关规范的要求，即该方案与原按规范设计的方案是等效的，至于怎样确定等效性，则由地方司法部门进行决策。但是，各地方政府部门的解释却会导致一个弊端：关于替代方案是否达到必需的安全水平，全国范围内无法形成统一的标准。

FSES 针对医疗设施提供了一种统一的评估方法，以确定采取什么样的安全措施才能达到与规范中规定的火灾安全程度等效。其目的是构建一个简单且易于操作的评价体系，提供所需要的有用信息。

2. 防火分区概念

在 FSES 评估体系中，分析时是把一个建筑物分成若干防火分区进行评估。防火分区是一个由地板、隔断和挡烟设施等与其他区域分隔开的空间。如果一个楼层没有被防火或防烟设施分隔开，则将整个楼层看作一个防火分区，进行评估时，要对建筑中的每个区域进行评价。

3. 风险

使用FSES方法进行风险分析时，首先要根据医疗设施的特征判断其相对危险性的大小。在确定相关的风险时，使用以下五个风险参数：病人的行动能力（M）；病人密度（D）；分区位置（L）；病人和医护人员的比率（T）；病人的平均年龄（A）。各个参量的风险系数如表4-36～表4-40所示，一个区域的风险系数是以上五个参数值综合的结果，且这些系数是相互影响的。

表4-36　病人的行动能力 M 的风险系数值

行动特征	行动正常	行动受限	无法行动	不能移动
风险系数	1.0	1.6	3.2	4.5

表4-37　病人密度 D 的风险系数值

病人数目	1～5	6～10	11～30	>30
风险系数	1.0	1.2	1.5	2.0

表4-38　分区位置 L 的风险系数值

层　数	1层	2或3层	4至6层	7层及7层以上	地下室
风险系数	1.1	1.2	1.4	1.6	1.6

表4-39　病人和医护人员的比率 T 的风险系数值

病人/医护人员	(1～2)/1	(3～5)/1	(6～10)/1	>10/1	≥1/0
风险系数	1.0	1.1	1.2	1.5	4.0

表4-40　病人的平均年龄 A 的风险系数值

年　龄	1岁以上65岁以下	1岁及1岁以下、65岁及65岁以上
风险系数	1.0	1.2

4. 火灾安全参数

要使建筑物的风险降低到可接受的水平，所采取的安全措施必须能够补偿计算得出的风险。衡量建筑物安全特征的参数主要有：建筑结构、走廊和出口的装修材料、房间内装修材料、走廊的墙、通向走道的门、防火分区尺寸、竖向开口、危险区域、烟气控制、紧急疏散通道、手动报警设备、感烟探测报警及水喷淋系统等。上述火灾安全参数并不能涵盖全部，在具体分析时还要依据实际情况进行火灾安全参数选择。

5. 火灾安全裕度

FSES中除了等效替代概念外，另一个重要概念就是火灾安全裕度。使用火灾安全裕度的目的是确保单个设备或体系失效时而不会导致严重的火灾损失。

6. 等效评估

通过采用FSES方法进行分析，能够确定所分析的区域是否达到了规范中所要求的安全水平。对于新建建筑和原有旧建筑来说，计算所的数值在12%～100%之间。

FSES通过结合线性最优化算法，利用有限资源建立数学模型，计算得到火灾风险指数，并给出了可接受的风险等级，能够取得经济上的最佳效果。

4.4 其他定性评估方法简介

火灾风险定性分析方法，除了前面介绍的安全检查表法、古斯塔夫法以及风险指数法外，比较常用的还包括预先危险性分析（Preliminary Hazard Analysis，简称PHA）、危险和可操作性研究（Hazard and Operability Study，简称HAZOP）以及故障类型及影响分析（Failure Mode and Effect Analysis，简称FMEA）等方法，本节将对这几种定性分析方法进行简单的介绍。

4.4.1 预先危险性分析

预先危险性分析，也称初始危险分析，指的是在一个系统或子系统（包括设计、施工、生产）运转活动之前，特别是在设计的开始阶段，对系统存在的危险类别、出现条件及可能造成的事故后果等，作宏观的概略的分析，尽可能评价出潜在的危险性，该方法也是一份实现系统安全危害分析的初步或初始的计划，是在方案开发初期阶段或设计阶段之初完成的。

预先危险性分析的主要目的包括：识别危险，确定安全性关键部位；评价各种危险的程度；确定安全性设计准则，提出消除或控制危险的措施。即通过预先对系统存在的危险性分析、评价、分级，而后根据其危险性的大小，在设计、施工或生产中采取恰当的控制措施，防止操作人员直接接触对人体有害的原材料、半成品、成品和生成废气物，防止使用危险性工艺、装置、工具和采用不安全的技术路线等，避免事故的发生。

采用预先危险性分析法，可及早采取措施排除、降低或控制危害，避免考虑不周造成损失；对系统开发、初步设计、制造、安装、检修等所作分析的结果，可供制定安全指导方针使用；预先危险分析的结果也可为制定标准、规范和技术文献提供必要的资料。

1. 预先危险性分析评价程序

预先危险性分析从寿命周期的早期阶段开始，分析中的信息仅为一般性的，这些初始信息应能指出潜在的危险及其影响，进行预先危险性分析所需要的资料包括：各种设计方案的系统和分系统部件的设计图纸和资料；在系统预期的寿命期内，系统各组成部分的活动、功能和工作顺序的功能流程图及有关资料；在预期的试验、制造、储存、修理、使用等活动中与安全要求有关的背景材料。图4-10为预先危险性分析评价程序示意图。

2. 预先危险性分析步骤

进行预先危险性分析，大致分为以下几个步骤：

（1）熟悉系统

在对系统进行危险性分析之前，对所要分析的系统的目的、工艺过程以及操作条件和周围环境进行较充分的调查了解，

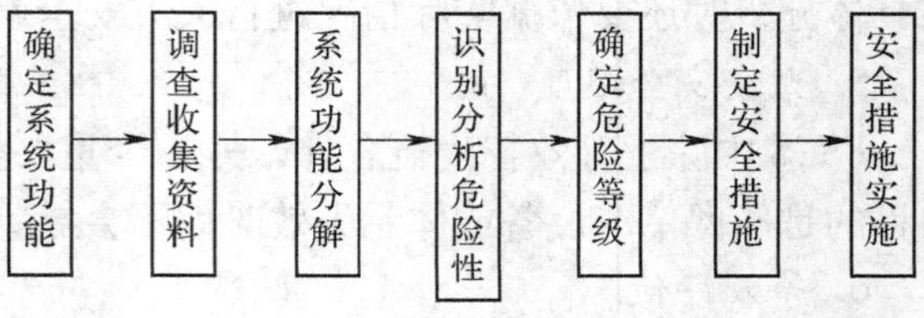

图4-10 预先危险性分析评价程序图

在此基础上，根据过去的经验、资料以及同类系统过去发生过的事故信息，查明分析对象可能造成的系统损害，尤其是人员伤害的危险性，分析对象系统是否也会出现类似情况和可能发生的事故。

（2）辨识危险因素

使用安全检查表法、经验判断或技术判断等方法，进行危险源的辨识，查找能够造成人员伤亡、财产损失和系统损害的危险因素，确定危险因素形成的原因事件，即所谓“触发事件”。

（3）识别危险转化条件

研究危险因素转变为事故状态的触发条件，即哪些条件存在可以使危险因素转化为事故，确定由危险因素发展为事故的客观条件。

（4）确定危险因素的危险等级

给预计到的潜在事故划分危险等级，划分的目的是为了确定危险的重要程度，危险程度通常可以分为四个等级，见表4-41。

表4-41 危险性等级划分

危险级别	危险程度	可能后果
Ⅰ	安全的（可忽视的）	不会造成人员伤亡和系统的损坏（物质损失）
Ⅱ	临界的	处于事故的边缘状态，暂时还不会造成人员伤亡和系统的损失或降低系统性能，应予以排除和控制
Ⅲ	危险的	会造成人员伤亡或系统损坏的，要立即采取措施
Ⅳ	灾难性的	造成人员重大伤亡及系统严重损坏的灾难性事故

（5）根据危险等级，制定预防危险所采取的安全措施

根据危险程度和可能造成的事故后果，确定能够消除或控制危险的方法，制定相应的事故预防措施和技术管理对策。

（6）对提出的安全措施指定落实负责人员

对所提出的安全措施应指定相应的人员负责，以确保安全防护措施得以落实。

完成以上分析步骤后，应整理出完整的分析工作表，并在此基础上完成分析研究报告。

3. 预先危险性分析使用中应注意的问题

在进行预先危险性分析时，应充分考虑生产工艺的特点和危险特性，例如生产过程中涉及的原材料、中间产品以及成品的火灾、爆炸、毒害等危险特性，生产过程中使用的设备、设施和装置的性质，作业环境和操作过程中的特殊状态以及消防安全和其他安全措施等。

预先危险性分析是一种重要的定性风险分析方法，是进一步进行危险分析的先导，在项目发展初期使用预先危险性分析方法，具有简单易行、经济有效的优点，能够快速识别可能的危险。预先危险性分析适用于固有系统中采取新的方法，接触新的物料、设备和设施的危险性评价，一般在项目的发展初期使用。

4.4.2 故障类型及影响分析

故障类型及影响分析是美国在20世纪50年代为分析确定飞机发动机故障而开发的一种方法，许多国家在核电站、石油化工、机械、电子、电气仪表等工业中都有广泛的应用，是

系统安全工程中重要的分析方法之一。

FMEA 是一种归纳分析法，主要是在设计阶段对系统的各个组成部分，即元件、组件、子系统等进行分析，找出它们所能产生的故障及其类型，查明每种故障对系统的安全所带来的影响，判明故障的重要度，以便采取措施予以防止和消除。FMEA 也是一种自下而上的分析方法。这种方法的特点是从元件、器件的故障开始，逐次分析其影响及应采取的对策。其基本内容是为找出构成系统的每个元件可能发生的故障类型及其对人员、操作及整个系统的影响。FMEA 通常按预定的分析表逐项进行。表 4-42 所示为故障类型及影响分析表示意图，该表格的形式并不是一成不变的。

表 4-42　故障类型及影响分析表

原件或子系统名称	故障类型	故障原因	故障影响			危险等级	检测方法	预防措施	备注
			子系统	系统	人员				

FMEA 分析的目的就是把所要分析的系统切割成较小的子系统，以直观的方式表示系统、子系统、元件间的层次关系，从而有利于风险分析的进行。

1. 故障等级

故障指的是元件、子系统、系统在运行时不能达到设计规定的要求，从而无法完成规定任务或实现预期功能的情况，而故障类型指的是每种故障的表现形式。

故障等级表示的是故障类型对子系统或系统影响严重程度的级别，评定故障等级一般考虑以下几个影响因素：故障影响大小；对系统影响的范围；故障发生频率；预防故障出现的难易程度等。

根据故障类型对系统、人员及财产可能产生影响的严重程度，可将故障等级划分为四级，分别表示故障类型影响的不同严重程度及后果，见表 4-43。

表 4-43　故障等级划分

故障等级	危险程度	可能造成的后果
Ⅰ	可忽略的	不会造成人员轻伤和职业病、系统不会受损
Ⅱ	临界的	可能造成人员轻伤、轻职业病或次要系统损坏
Ⅲ	严重的	可能造成人员严重伤害、严重职业病或主系统损坏
Ⅳ	致命的	可能造成死亡或系统损失

2. 故障类型及影响分析实施步骤

故障类型和影响分析法的实施主要包括以下步骤：

（1）调查情况，明确系统的任务和组成

对所研究系统进行分析，确定系统的功能及特性，按功能将系统划分为子系统，审查系统和各子系统的工作原理图、示意图、草图，查明它们之间及元件组合件之间的关系，明确系统含有多少子系统，各个子系统又含有多少元件，了解各元件之间的相互关系等，为分析打下基础。

（2）确定分析的基本要求及分析程度

明确分析对象之后，应确定对系统进行分析的基本要求，并决定相应的分析程度。要求首先确定系统，分清系统的主要功能和次要功能，并搞清楚系统或设备在不同阶段的任务；明确操作环境和人员对系统和设备可能产生的影响；分析系统或设备可能发生故障的原因；最后，确定不同部位的分析程度，对关键危险部位要进行深入详细的分析，次要部位可进行简略分析。

根据所了解的系统情况，决定分析到什么程度，是分析中的一个很重要的问题。若分析程度过浅，会漏掉重要的故障类型，得不到有用数据；反之，若分析程度过深，则会造成分析程序复杂，措施难于实施。

（3）对所分析的系统进行详细说明

对系统所进行的详细说明主要包括两个部分，一为系统的功能说明，包括对系统的各个子系统的构成要素以及功能均应详细进行说明；二为系统的功能框图，将被分析系统或设备的所有子系统及构成要素之间的关系均通过图解的形式表示出来，从而能够清晰地看出各个子系统的故障对整个系统的影响。

（4）分析故障类型及影响，确定进行影响分析的故障类型

通过对所有可能出现的故障对整个系统影响的分析，按照可靠性框图，根据过去的经验和有关的故障资料，列举出所有的故障类型，考虑所有可能的故障模式，选出对系统有影响的故障类型。然后从其中选出对子系统以至系统有影响的故障类型，深入分析其影响后果、故障等级及应采取的措施。如果经验不足、考虑不周，则无法准确选择对系统有影响的故障类型，从而给分析带来影响。

（5）查明故障原因

对已经确定进行影响分析的故障类型，查明故障发生的所有可能原因，一个故障类型可能仅有一个原因，也可能有多种原因，都应该进行详细的调查和分析。

（6）分析结果，确定故障等级

按故障对系统功能、人员及财产安全的影响确定故障等级，尽可能对整个系统标示出最重要的故障，并判断是否需要采取相应的安全措施。

4.4.3　危险和可操作性研究

危险和可操作性研究是以系统工程为基础的一种危险性评价方法，用于探明生产装置和工艺过程中的危险及其原因，寻求必要对策。该方法按照科学的程序，从系统的角度出发对工程项目或生产装置中潜在的危险进行预先的识别、分析和评价，识别出生产装置设计及操作和维修程序，并提出改进意见和建议，以提高装置工艺过程的安全性和可操作性，为制定基本防灾措施和应急预案进行决策提供依据。

HAZOP 一词是20世纪70年代早期由ICI公司建立并提出的，它是一种结构化的风险分析工具，能全面、系统地识别流程中的危险和改善操作，减少管理的盲点，有效提升工作流程的效率和生产力。

1. HAZOP 主要方法

危险和可操作性研究方法可按分析的准备、完成分析和编制分析结果报告几个步骤来完成，其主要方法是分析偏差、找出原因、分析后果、提出对策及措施。

HAZOP 研究主要是应用系统的分析方法，将所有相关的关键词结合在一起，对系统进行分析，努力发现任何潜在的问题，其结果用列表的方式记录下来。

传统技术常用的 HAZOP 形式主要有三种，即引导词式、经验式和检查表式。基于引导

词的 HAZOP 是一种系统化的分析流程潜在危害的分析方法，该方法由不同专业的专家共同分析装置和操作中存在的安全问题以及解决问题的方法，根据相关的设计参数选用适合的引导词来研究工艺状态的偏差，为设计和操作推荐更为有效的安全保障措施。经验式 HAZOP 主要依托原有经验对复用项目的相关及改变部分做 HAZOP 研究，此方法在一定程度上脱离引导词，依靠 HAZOP 主持人的经验引导，其特点是耗时较少，同时兼顾了分析的完整性。检查表式 HAZOP 由有经验的专业人员列出需要检查的项目，再针对被检查对象逐项回答检查表上的问题，根据分析结果提出改进意见，此种 HAZOP 方法是最简单的、最易执行的方法，但容易产生遗漏。

2. HAZOP 审查流程

采用危险和可操作性研究方法进行风险分析，基本的步骤主要包括：定义危险和可操作性分析所要分析的系统或活动；定义分析所关注的问题；分解被分析的系统并建立偏差；进行危险和可操作性分析工作；采用分析结果进行决策。图 4-11 为 HAZOP 审查流程图。

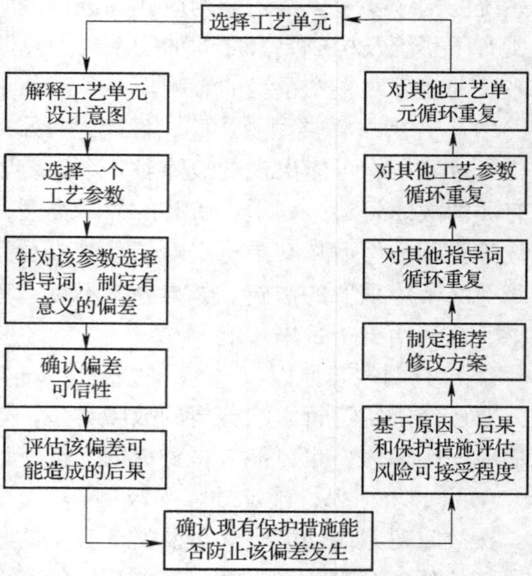

图 4-11 HAZOP 审查流程图

3. HAZOP 特点

HAZOP 技术的审查结果依赖于所审设计图及数据的准确度，并要求组成一个专家小组，小组成员应具备较好的专业知识和经验，分析过程中只考虑可能引起各种事故的原因事件的内在原因，而不考虑外部原因，不能被用来解决这些问题或量化这些问题，且结论是建议性而非强制性的。

HAZOP 分析技术近年来已经得到了广泛的应用，但应用 HAZOP 分析时应注意，该分析方法对专家小组成员要求较高，都应是本专业领域内有丰富经验的专家，组成多元化的团队。在进行 HAZOP 分析的过程中，要保证所提供信息的准确性和真实性，且 HAZOP 分析是一项动态工作，与设计同步进行，直至施工安装完毕。

4.5 评估实例

单位的消防安全管理人员和公安机关消防机构对建筑要进行定期的消防安全检查，确保消防设计、设施以及消防管理制度良好运行，从而保证建筑物本身及其内部的人员的安全。总体来看检查内容包括两个大的方面：一是已经通过消防设计审核和消防验收合格的消防安全设计、设施运行和使用情况；二是建筑所属单位的消防安全管理制度及措施。

4.5.1 已经通过消防设计审核和消防验收合格的消防安全设计、设施运行情况

1. 消防安全设计情况

根据被检查建筑层数和面积，防火分区是否改变；检查防火分区的疏散通道、安全出口

是否畅通；人员密集场所门窗上是否设置影响逃生和灭火救援的障碍物。

建筑物周围消防车通道是否畅通，是否被占用。

封闭楼梯间、防烟楼梯及前室的防火门常闭状态及自闭功能情况；疏散门能否从内部开启，是否有明显标识和使用提示；常开防火门的开闭状态在控制室的显示情况；在不同楼层或防火分区的疏散指示标志、应急照明是否完好有效。

室内装修装饰材料是否符合消防技术标准。

生产、储存、经营易燃易爆危险品的场所是否与居住场所设置在同一建筑物内。

2. 消防安全设施运行和使用情况

建筑所属单位定期对消防设施、器材的检验和维修记录。

消防控制室运行情况：在消防控制室测试火灾自动报警系统、自动灭火系统，消火栓系统、防排烟系统，防火卷帘和联动控制设备的运行情况，测试消防电话通话情况，在消防水泵房测试消防水泵的起停。

室内消火栓：每个防火分区的最不利点处消火栓的水压和流量情况，按起泵按钮，核查消防控制室起泵信号显示情况。

室外消火栓：室外消火栓水压和水量情况。

水泵接合器：查看标识的供水系统类型及供水范围等情况。

消防水池：消防水池、消防水箱储水情况，消防水箱出水管阀门开启状态。

灭火器：根据建筑的层数面积等参数，检查灭火器配备数量和位置情况，灭火器的选型、压力情况。

自动喷水灭火系统：每个湿式报警阀主件是否完整，前后阀门的开启状态；在每个湿式报警阀控制范围的最不利点进行末端试水，检查水压和流量情况，核查消防控制室的报警信号反馈和消防水泵的联动起动情况。

气体灭火系统：气瓶间的气瓶重量、压力显示以及开关装置开启情况。

泡沫灭火系统：检查泡沫泵房，起动水泵；检查泡沫液种类、数量及有效期，检查泡沫产生设施工作运行状态。

防排烟系统：用自动和手动方式起动风机，核查送风口、排烟口开启情况，核查消防控制室的信号反馈情况。

防火卷帘：至少抽查个楼层或者一个防火分区的卷帘门，用自动和手动方式进行起动、停止测试，核查消防控制室的信号反馈情况。

火灾自动报警系统运行状况：选择不同楼层或防火分区，检查火灾探测器的火灾报警、故障报警、火灾优先功能，手动报警器动报情况，控制设备对报警、故障信号的反馈情况，联动控制设施动作显示情况，消防电话插孔通话情况。

4.5.2　建筑所属单位的消防安全管理制度及措施

1. 消防安全管理制度

单位是否建立用火、用电、用油、用气安全管理制度，防火检查、巡查制度，火灾隐患整改制度，消防设施、器材维护管理制度，电气线路、燃气管路维护保养、检测制度，员工消防安全教育培训制度，灭火和应急疏散预案演练制度。两个以上单位共同管理或者使用的建筑物，还应当检查明确各方消防安全责任，管理共用疏散通道，安全出口，建筑消防设施协议。检查消防安全重点单位消防安全管理人确定情况，主要检查单位消防安全管理人是否明确，是否履行消防安全管理工作的职责，消防行业特有工种人员是否持有消防行业特有工种职业资格证书。

2. 灭火和应急疏散预案

检查灭火和应急疏散预案是否有组织机构、火情报告和处置程序、应急疏散的组织程序和措施、扑救初起火灾的程序和措施、通信联络、安全防护救护的程序和措施等内容，查看单位组织消防演练记录；随机设定火情，要求单位组织灭火和应急疏散演练，检查预案组织实施情况，承担灭火和组织疏散任务的人员对预案熟悉情况。

3. 防火检查、巡查情况

对单位组织防火检查情况的检查，主要检查单位防火检查记录，看检查时间、内容和整改火灾隐患情况是否符合有关规定；对消防安全重点单位开展防火巡查情况的检查，主要检查每日防火巡查记录，看巡查的人员、内容、部位、频次是否符合有关规定。公众聚集场所在营业期间是否每2小时开展一次防火巡查，医院、养老院、寄宿制学校、托儿所、幼儿园是否开展夜间巡查。电气线路、燃气管路是否定期维护保养、检测。

4. 消防安全教育培训

检查消防控制室操作人员是否具备岗位资格；检查消防安全培训记录，自动消防系统操作人员是否持证上岗，员工是否经过岗前消防安全培训。

职工岗前消防安全培训和定期组织消防安全培训记录；随机抽问员工，检查员工是否掌握本岗位火灾隐患、扑救初期火灾、引导人员疏散逃生的知识和技能。

4.5.3 消防安全检查表实例

由上面的检查内容可以看出，建筑的消防安全检查项目繁多，检查要点零散，安全检查表法能够将纷繁复杂的检查项目以表格的形式清楚地列举出来，被广泛地应用于建筑的日常消防安全检查。表4-44给出典型的建筑消防安全检查表。

表4-44 消防安全检查表实例

消防安全检查表	
消防安全管理	1. 消防安全制度：□有 □无 □有，不符合规定 2. 灭火和应急疏散预案：□有 □无 3. 防火检查、巡查：□有记录 □无记录 □有，不符合规定 4. 消防设施、器材、消防安全标志定期检验、维修：□有记录 □无记录□不符合要求 5. 建筑消防设施每年检测：□有记录 □无记录 6. 消防演练：□有记录 □无记录 7. 员工消防安全培训：□有记录 □无记录 □有，不符合规定 8. 消防安全重点单位消防安全管理人情况：□确定 □未确定 □履职不符合要求 9. 消防档案建设：□有 □无 □不符合要求 10. 消防安全重点单位消防重点部位：□确定 □未确定 11. 其他：

（续）

消防安全检查表		
建筑防火		1. 消防车通道：□畅通 □不畅通 □不符合标准 2. 防火间距：□占用 □未占用 □不符合标准 3. 防火分区：抽查部位____________ □未改变 □变更的情况：____________ 4. 人员密集场所装修装饰材料：抽查部位____________ □符合标准 □不符合标准 5. 生产、储存、经营易燃易爆危险品的场所与居住场所设置在同一建筑物内：□否 □是 6. 生产、储存、经营其他物品的场所与居住场所设置在同一建筑物内：□符合标准 □不符合标准
电气防火		1. 电器产品的线路定期维护、检测：□有记录 □无记录 2. 燃气用具的管路定期维护、检测：□有记录 □无记录
安全疏散		1. 疏散通道：抽查部位____________ □畅通 □不畅通 2. 安全出口：抽查部位____________ □畅通 □不畅通 3. 应急照明：抽查部位____________ □完好有效 □不完好有效 □不符合标准 4. 疏散指示标志：抽查部位 ____________ □完好有效 □不完好有效 □不符合标准 5. 应急广播：抽查部位____________ □完好有效 □不完好有效 □不符合标准
消防控制室		□有 □无 □不符合消防技术标准 值班操作人员：□持证上岗 □无证上岗 □脱岗 自动消防设备运行情况：□正常 □不正常 消防联动控制设施运行情况：□正常 □不正常 消防电话：抽查部位____________ □通话正常 □通话不正常
消防设施器材	火灾自动报警系统	□有 □无探测器：抽查部位____________ □完好有效 □不完好有效 手动报警器：抽查部位____________ □完好有效 □不完好有效 控制设备：抽查部位____________ □信号反馈正常 □信号反馈不正常
	自动灭火系统	自动喷水灭火系统：□有 □无 湿式报警阀：抽查部位____________ □主件完整 □主件不完整 □阀门开启正常 □阀门开启不正常 末端试水装置：位置____________ □水压、流量正常 □水压、流量不正常 □信号反馈正常 □信号反馈不正常
		泡沫灭火系统：□有 □无 泡沫泵房：□水泵启动正常 □水泵启动不正常 泡沫液：□符合规定 □不符合规定 泡沫发生设施：□正常 □不正常
		气体灭火系统：□有 □无 气瓶：□正常 □不正常 开关装置：□开启正常 □开启不正常
		其他自动灭火系统：____________

（续）

<table>
<tr><th colspan="3">消防安全检查表</th></tr>
<tr><td rowspan="2">消防设施器材</td><td>消防给水设施</td><td>□有 □无 消防水池□储水正常 □不符合要求
□有 □无 消防水箱□设置符合规定 □设置不符合规定
□出水管阀门开启正常 □不正常________
□有 □无 消防水泵□运行正常 □运行不正常
□有 □无 室内消火栓：抽查部位________
□完好有效 □不完好有效
□有 □无 室外消火栓：抽查部位________
□完好有效 □不完好有效
□有 □无 水泵接合器：□标识类型清晰 □标识类型不清晰
□供水范围正常 □供水范围不正常</td></tr>
<tr><td>其他设备</td><td>□有 □无 防排烟设施：抽查部位
风机：□运行正常 □运行不正常
送风口、排烟口：□开启正常 □开启不正常
控制室信号反馈：□正常 □不正常
□有 □无 防火卷帘：抽查部位________
□起降正常 □起降不正常
控制室信号反馈：□正常 □不正常
□有 □无 防火门：抽查部位________
□启闭正常 □启闭不正常
控制室信号反馈：□正常 □不正常 □不涉及
□有 □无 灭火器：抽查部位 ________ 抽查 ____具
□配置符合标准 □配置不符合标准
□压力正常 □压力不正常</td></tr>
<tr><td colspan="2">备注</td><td></td></tr>
</table>

思 考 题

1. 安全检查表法的编制需要哪些资料？
2. 古斯塔夫法中的各个参数所代表的含义是什么？
3. 简述 Dow 火灾爆炸致书法评价程序。
4. 何为物质系数？物质系数由哪些特性决定？
5. 蒙德法中如何确定 DOW/ICI 全体指标 D？
6. 采用蒙德法进行单元危险性补偿评价时，主要考虑哪几项补偿系数？

第5章

定量火灾风险评估方法

5.1 概述

随着性能化防火设计的发展，人们需要更加准确的火灾风险评估方法。定量分析方法已成为近年最引人注目、发展最快的火灾风险评估方法。火灾风险定量的模型大致上可以分为三类：确定性模型、概率模型和随机模型。这三种模型之间有很大的交叉。确定性模型依赖于假定因素的行为，涉及时间和空间的定量关系。尤其是火灾的蔓延和增长，火灾产物的形成和运动，人员行为等因素在时间和空间的发展变化。这种确定性模型评估的结论是“符合”或者“不符合”安全目标的确定性阐述。确定性的评估模型常用于火灾的发生、发展，火灾后果，火灾的直接损失等方面的评估，尤其是在需要计算火灾的蔓延、烟气运动和辐射，以及火灾中人员的响应和疏散方面。确定性模型常常需要一些定量的计算工具，如FDS、CFAST、EGRESS等。然而，确定性模型所输入和输出的一些参数，通常需要作一些合理的假设，在一些情况下这些假设可以表示为概率形式，如在一段时间内消防队到达火场的概率，火场的风向、火灾载荷等。概率模型考虑多项因素对风险的贡献，评估其未来发挥作用的可能性，然后将多项因素作为一个整体计算复合概率，评估在多项因素影响下，火灾系统实现安全目标的可能性。概率模型不能计算影响因素随时间发展的概率变化，而这可以通过随机模型来实现。随机模型可以视为确定性模型和概率模型之间的一种模型，特别是当涉及时间和空间的变化时。随机模型都可以刻画危险因素（例如可燃气体、火灾、烟气）在时间和空间中的发展变化。同样这些模型也用于火灾中人员逃生参数的计算。这三类评估模型并非是相互独立的，事实上，一个完整的定量的评估，通常是这三种模型的相互补充。

定量的火灾风险所涉及的内容非常多，它不仅仅包含风险发生的可能性和风险后果。一个定量的火灾风险的物理化学过程（点燃，火灾增长，蔓延，火灾的热辐射，烟气的控制和流动，轰燃，回燃，人与火灾的相互作用，结构耐火性能，消防控制措施对火灾的影响等）。

定量风险评估方法以系统发生事故的概率为基础，进而求出风险，以风险大小衡量系统的火灾安全程度，所以也称为概率评价法。该方法需要依据大量数据资料和数学模型。所以，只有当用于火灾风险评估的数据量较充足时，才可采用定量评估方法进行火灾风险评估。定量分析还需要综合考虑建筑物发生火灾事故的概率以及火灾产生的后果，所得计算风险值可以直接与风险容忍度进行比较；也可以对不同建筑物或同一建筑物的不同区域或不同消防方案进行比较研究。

5.2 定量火灾风险评估的基本内容

较为典型的定量风险评估方法是国际标准化组织的推荐标准《Fire safety engineering-Guidance on fire risk assessment》，该标准将火灾风险评估分为风险估计（fire risk estimation）和风险评价（fire risk evaluation）两个方面。这里火灾风险评估是风险管理的一部分，如图 5-1 所示。风险估计的步骤如图 5-2 所示。风险评价在是将基于火灾风险分析所估计的风险与基于规定验收标准的可接受风险进行比较。

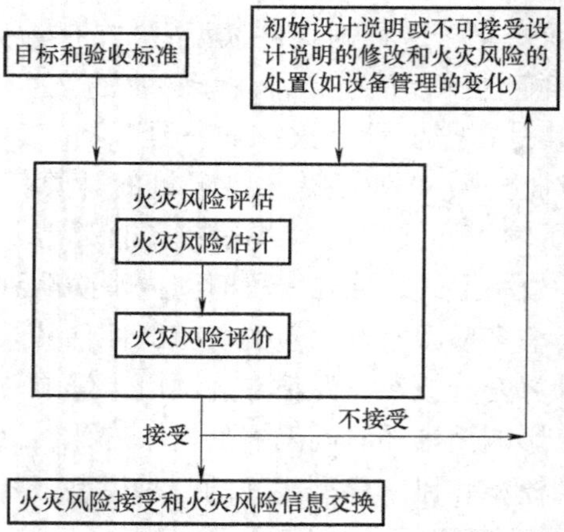

图 5-1 火灾风险管理流程图

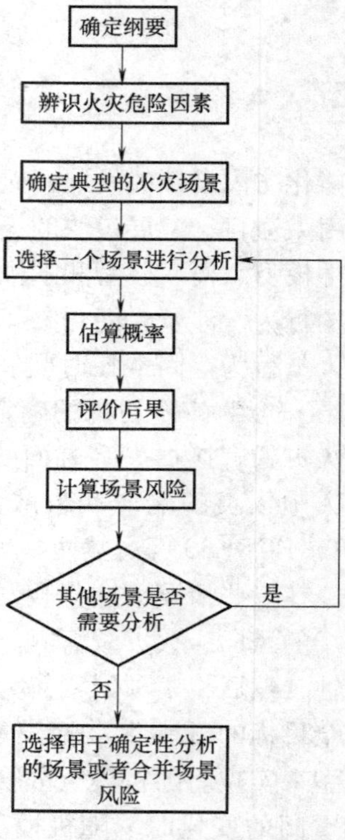

图 5-2 火灾风险估计流程图

风险管理不仅包括风险评估，而且通常也包括风险处置、风险接受和风险沟通，这些都发生在风险评估之后。风险处置也可先于第二次火灾风险评估。在选定特殊设计或修改设计以达到验收标准之前，也可采用风险评估用于评定备选方案。

进行火灾风险评估首先应有目标、有关建筑所采用设计或需评定的其他建筑环境部分的详细说明。对与设计说明相关的风险先进行估计，然后进行评价。风险评价是指针对设计估计的风险与验收标准进行比较。若估计的风险不能被接受，应进行修改。修改包括修改设计或风险处置，或两者均包括。修改完成后重新评价。即使评价能够被接受，也仍需对其余风险进行风险处置。

下面先介绍风险估计的程序。

（1）确定评估对象，定义系统/问题，选择方法

系统界限和系统水平会对风险分析的步骤和方法的选择产生重要影响，首先必须回答分

析的范围问题。为了给一个系统建模，必须要了解系统的功能、组成，以及对系统要进行的操作、检测、维修的程序。此外，还应确定系统与其他有关联的系统的物理环境之间的关系，也就是要确定物理的和功能的边界条件。在此基础上明确分析所要分析的系统面对的问题。

对于大型的复杂系统，为易于进行风险评估，可以将大系统分成若干个子模块进行分析。这种子模块可以是一个区域（如主机房），也可以是一种操作或是一个具有特定功能的子系统（如消防系统），还可以是一种典型的风险等。每一模块可以单独进行分析，并最终加以综合，形成对全部风险的整体描述。

（2）辨识火灾危险因素

这一步是下面火灾场景确定的基础，这一步的目的有两个，一方面是为了找出所有可能的危险，这些潜在的危险往往是导致系统发生严重事件的诱因（触发事件），其中某些危险本身可能就是严重的事件；另一方面是在火灾危险辨识的基础上确定火灾场景。用于识别危险的方法有 HAZOP、FMEA 等。但没有一种方法可以保证彻底的危险源识别，而只能依赖于良好的工程判断力和丰富的经验相结合。

（3）火灾场景的确定

所谓的火灾场景，就是定性地描述火灾随时间发展的过程，识别出确定火灾特征的关键事件，以区别于其他可能火灾。一个详细的火灾场景描述应该包括点燃、火灾增长过程、完全发展阶段和衰减阶段，加上影响火灾的建筑环境和系统。一个火灾场景可用于确定性火灾分析。一个系统中存在着多种不同的火灾场景，在火灾风险评估中常常将类似的火灾场景作为一个火灾场景组（fire scenario cluster），然后从火灾场景组中选取的典型的场景进行分析。

（4）场景概率以及后果分析

场景概率分析建立在观测记录、事故调查报告、统计资料和工程经验的基础之上。可以直接从以往的统计资料得到，也可以通过事故树分析来建立危险产生的逻辑模型，进而找出详细的原因，并计算危险发生的概率。对于一些特殊问题，诸如动态过程或人的行为，需要用到一些特殊的方法。

后果分析是要找出由于某种触发事件导致严重事故的发展历程，形成对每一种事故的描述，并估计每一事故情况可能造成的严重后果。在描述事故情况方面，事件树分析是常用的有效方法，它的每一分支代表了一种事故情况。

在因果分析过程中，对于那些发生可能性很小而且可能造成的后果又很轻微的危险因素，应在进一步分析之前及时排除，以减少不必要的工作。

（5）场景火灾风险和组合风险的计算

系统总体的风险评估要通过综合原因分析和后果分析这两者的结果来进行，一般来说应当建立起对系统风险损失的概率描述。对重要的不确定性因素应该进行敏感度分析，这与系统可靠性分析中的敏感性分析不同，在风险评估中的敏感性应该是针对后果的。

事件产生的后果可以分为经济损失、人员伤亡、环境破坏、对公众的影响等。有的后果可以用量化指标来衡量，有的只能用定性的方式衡量，比如意外事故对公众的影响程度：一次造成 10 人死亡事故的公众影响度肯定要大于每次造成 1 人死亡的 10 次事故。

（6）结果输出

结果以图表（如 farmer 曲线、风险矩阵）、报告等形式给出。风险评估的过程和结果应该可以提供如下信息：

1）设计方案是否能满足一定的风险准则。

2）评价不同设计方案的风险水平，水平，通过比较作出选择。

3）影响系统风险的主要因素，并且提出改进意见。

4）对系统设计的某种变化作出关于风险的评价等。

由于评估对象的不同和评估目的不同，所选择的评价方法和需要的评价结果的表达形式也不相同。例如，保险公司所关心的是保险费率与火险损失是否相符，那么受一个保险公司委托的火灾风险评估至少要能提供某种火险损失的期望和方差；而对于建筑的业主，他更关心的是建筑使用者的人身安全和财产安全，那么这类的火灾风险评估则需要进行火灾时的疏散评估和损失评估；对于建筑防火设计人员而言，他则更希望火灾风险评估能够提供消防设计有用的性能参数（火场温度、烟气速度、火灾持续时间等）。

本书第2章中介绍了火灾危险因素的辨识，本章5.3节中将继续介绍火灾场景的确定，在5.4节和5.5节将穿插介绍场景概率和后果分析、场景火灾风险和组合风险的计算，下面讨论如何确定评估对象，并定义系统/问题以及选择方法。

在进行火灾风险评估时，首先要明确评估目的，不同的评估目的，所选择的评估方法和评估过程可能不同。下面以性能化防火设计为目的说明这一过程。

在这一个评估阶段，所需要解决的问题有：① 评价对象的现状；② 确定特定建筑的防火目的（Fire Protection Goals）和火灾风险承担人可接受的防火目标（Acceptable Objectives）；③ 用适当的工程概念量化损失目标，即形成具体的设计目标（Design Objectives），以便根据其评估防火设计方案。

第1步：评价项目的现场状况

在项目开始时，风险评估人员可能面对两种情形，是需要评估一种新建的或改建的建筑、工艺过程或设备，还是需要处理已有建筑、工艺过程或设备。虽然，对于每种情形来说评价设计方案的主要步骤基本上是相同的，但设计的灵活性和可选用的解决方案的数量则可能有所不同。

对于已存在的建筑，开始的步骤将主要是运用性能化评估来决定已存在的系统是否满足具体的损失目标（这将在后面讨论）。已存在的建筑对防火安全工程师提供的选择自由度很小，而且解决方案要受到已有状况的严格限制。例如，建造材料、墙壁和楼梯的位置、取暖与空调系统和已存在的消防系统。已存在的消防系统可能是被动式的、主动式的或手动触发式的系统。与建筑物中已存在占用者相关的因素包括他们预定在建筑物内开展的活动、采用的工艺过程和拟安装的设备，以及室内人员的类别、数量和身体能力、灵活性等。消防工程的替代方案包括建筑与装修材料的选择、建筑的布置及设备的安装，以满足运行的需要与火灾安全目标。进行性能化设计时，防火安全工程师必须了解设施的设定操作、设施的功能和运行特点、它的可能使用人的情况以及它的火灾危险，所有这些都将是性能化设计过程中发展火灾场景的基础资料。

第2步：确定承险人的损失目标

当防火安全工程师对所设计项目的基本状况有了比较全面的了解后，就应当与各有关集团确定防火目的，从而确定承险人的损失目标。如同前面讨论的，防火目的是比较空泛的，且容易被各方面的人员接受；然而，这种目的尚不能具体到可以作为防火设计的基础。对于某个项目，确定承险人的损失目标就是用更为明确的（尽管仍然是定性的）概念来说明承险人可接受的或可承受的损失。表5-1提供了一些防火目的与相应的承险人损失目标示例。

表5-1 防火目的与相应的承险人损失目标示例

防火目的	承险人损失目标
保证人员的生命安全	起火房间之外没有人员死亡
保护财产和遗产	火灾及其烟气不会在起火房间之外的建筑内蔓延
保护重要系统运行的连续性	不发生不必要的停工
减少火灾本身及消防措施对环境的影响	地下水不会被火灾燃烧中和灭火过程中产生的有毒物质污染

承险人的损失目标是要确定建筑物要具有多大的安全程度才符合该承险人的实际需要，或者说他们感到那就是他们所需要的，以及他们愿意为此而最终付出多少。承险人损失目标也可被称为承险人的损失控制目标或者最大的损失目标。事实上，每个承险人均设置了他们自己的火灾安全目标，为了可进行具体设计，防火安全工程师需要将这些目标转述成工程数值。例如承险人的一种最大可接受损失是“起火房间之外不会造成人员死亡”。当采纳这一损失目标之后，承险人和工程师也就接受了这样一个事实，即在最先起火的房间内，某些人可能无法存活。另一个例子是“在建筑物的任何火灾中都没有人员死亡”，而确立这样的生命安全损失目标是极难达到的。不过对于某个给定的性能化设计应用实例来说，这种损失目标就比较容易确立。因为，对这种特定的状况来说，许多条件是已知的。而对于更为通用的性能化设计规范来说，建立这种目标就困难得多，这是由于规范将要覆盖到整个国家的建筑防火设计。

不管承险人具体指哪些人，重要的问题是在讨论实际设计替代方案的工作开始之前，决定什么样的损失目标是可接受的，或者说在设计过程中所包括的每个集团的损失目标是什么。在通过调查研究收集到有关项目现状的足够信息之后，项目的总体火灾安全目标便可交付给有关承险人进行审查。此时各方对于防火目的的优先性应当取得一致。通过完成这一任务，参加性能化设计的人员将要确定哪一个防火目的对于各个承险人来说是最重要的。一般说，人员的生命安全是最重要的，然而在某些特殊情况下，系统的连续运行性也可被考虑为最优先的目的。

通过审查这些目的，防火安全工程师与承险人还需要确定具体的损失目标。由于承险人经常不能用工程概念来表述他们的目标，所以防火安全工程师的一项工作是把承险人最大可接受的损失转换为一种能够用数值表示的说明。然后依据这种说明再对备选设计方案的性能进行度量。

例如，承险人可以把可接受损失表示为最长的停工时间，或用货币的多少来表示财产损失的目标；另一方面，建筑或消防安全管理者可以把疏散距离或洒水喷头的间距和喷水速率（密度）作为目标。然而疏散距离或喷头间距是传统的处方式要求的参数值，它并不直接与特定损失场景的火灾的热释放速率相关。例如，在未加防护区域的闪燃火灾场合下，可认为由建筑物中某处到出口的疏散距离为16m并不适合。但如果通过更换材料或对点火源加以控制或其他方法改变了火灾场景，则该位置到达出口的距离为32m也可能是适当的了。只有能够用某些量（如逃生通道的能见度或温度）来确定承受状况，以及能够被预测备选设计的能见度和火灾场合，此时，设计的合理性问题才可能被估价。对于回答“什么是你的生命安全目标”这个问题，大多数非技术人员的答复是“没有人员死亡”。然而根据住宅式建筑火灾的统计结果，火灾总可能导致一些人死亡，尽管人数不太多。换言之，不可能创造一种完全没有风险的环境。在这里，风险指的是火灾发生时造成人员伤亡的可能性。

与火灾相关的室内人员的位置可分为以下几种情况：① 接近最先着火的材料；② 在最先起火的房间内，但并不接近最先着火的材料；③ 在起火房间之外，但是在离起火房间很近的区域内（例如在同一楼层内）；④ 远离起火区，例如在不同的楼层内。显然，接近最先着火材料的人受到的生命威胁比远离起火区的人大。对于由火灾本身或其燃烧产物所导致人员的伤害也能得出类似的关系。

很明显，对承险人损失目标的认识比对基本的火灾防治目的更加难以取得一致。然而，由于后续的性能化防火设计程序是从承险人损失目标开始的，因此与项目相关的所有集团，包括承险人、防火安全工程师和消防安全管理者，能够正确理解该损失目标并取得一致意见是非常重要的。当消防安全管理者也是一种类型的承险人时，尽早把他们包括到设计团队中来是很有必要的，特别是当要采用替代设计或需对原有设计作出变更时，消防管理者对建立量化目标所给出的意见，往往可以形成等效方案的基本部分。

第 3 步：把承险人损失目标定量为设计目标。

将特定对象的承险人损失目标转换为设计目标，需要使用工程概念来量化。特定对象指的是与特定的用户损失目标相对应的应当保护的各种人员、工艺过程与财产等，例如设施的占有者（对于生命安全保护目标）、在仓库中的产品和高价值的设备（对于财产保护目标）、一个重要的生产或加工过程（对于连续操作目标）或水源供应地及湿地（对于环境保护目标）。这些均应当被保护，以满足特定具体的损失目标。而设计目标将作为性能基准，在第五步中将参照它估价备选设计方案的性能。

下面结合几个示例说明如何将损失目标转化为设计目标。

1. 保证设备连续运行

对于通信系统来说，“保证运行连续性”通常是主要的防火目的，下面以此为例做些讨论。对这种特定环境下的承险人损失目标可以表达为：“限制停机时间不超过 2 小时”，或“限制停机时间不超过 2 周”。在这一点上，尽管项目的总的防火目的与承险人目标是确定的，但是还没有明确的备选方案可满足防火目的和承险人损失目标的评价判据，而设计目标将可提供这种指导。如果需保护的对象是电子设施，则具体的损失目标可表述为：“在需要保护的对象内，保持空气中氯化氢（HCl）含量小于××%。”这里××%是某一种有害组分的最高限值，达到此值后便将导致设备的损坏超过可接受的损失程度。这样便确定了怎样把火灾安全的措施体现为保证设备的连续运行，不会由于存在 HCl 导致的腐蚀而超过所需的停机时间。换句话说，工程设计目标是用于描述如何达到承险人损失目标的评价标准。

在分析过程的这一阶段，防火安全工程师进行设计的选择空间是充分开放的，特别是在新项目的早期阶段。例如，承险人损失目标可以通过下面的一种和几种组合而达到：① 火灾的早期探测和灭火；② 选择适当的材料以减少或限制火灾中 HCl 生成；③ 控制可燃物的点燃特性或位置及潜在点火源的能量；④ 进行烟气管理以防止腐蚀性燃烧产物进入敏感设备。

“保持应保护对象中的HCl含量低于××%”的工程设计目标能够被转述为可具体操作的性能判据。例如，HCl可以根据特定质量的电缆在给定容积中的热解来量化，如根据可使电缆热解所需要的事故热辐射（kW/m^2），或根据可使电缆开始热解的最低温度（℃）。火灾评估人员可以使用这种特定的判据来估计有关过程的参数（从点燃到材料的理化性能控制，再到探测和灭火系统的应用），以便从多个备选的设计方案中选择合适的防火安全设计方案。这种方法能够可靠而节省地满足设计目标的评价判据。

2. 保证人员生命安全

满足承险人的“在起火房间之外没有人员死亡”的损失目标可以通过“在所有的逃生通道中保持人员可以承受的状况，直到所有在起火房间之外的室内人员已经疏散到安全地带”的设计目标来实现。“保持人员可以承受状况的疏散通道”可通过定量化的防火工程概念来表示，如热辐射通量（kW/m^2）、空气温度（℃）或其他有毒气体的浓度（%）、能见度（m）、烟气层高出地面的距离（m）或其他可承受参数的阈值。选择上述参数中的哪一个将取决于所预期的室内人员的暴露场合。在某些情况下，可能需要选择多个威胁生命的参数。性能判据提供了一种可用来衡量防火方案是否满足承险人损失目标和相应设计目标的尺度。

如果承险人要使自动喷水灭火系统的布置与生命安全“等量”，则喷洒系统的部分量化过程是要预测在给定的火灾场景下喷头起动时的火灾体积（热释放速率）及烟气和其他燃烧产物的生成量分布。当室内人员暴露在所选择的火灾场合时，那些产物预测生成量处于或低于在喷淋头动作情况的生成量的备选防火设计便可被认为具有相当性。

3. 财产保护

对于财产的保护也可以用十分相似的方式去发展工程设计目标。例如“火灾不会在起火房间之外的建筑物内蔓延”的承险人损失目标同样能够用火灾防治工程概念来量化。下面再讨论关于“防止原先起火的房间发生轰燃”的论述。有些机构已经成功使用了这一论述作为性能设计目标。不少文献指出，发生轰燃可以由室内上层温度达到大约600℃或到达地面的辐射热通量至少达到$20kW/m^2$来表示。不过沃尔顿（Walton）和托马斯（Thomas）指出，虽然将温度范围500～600℃作为轰燃判据已被广泛采用了，但实际上气体温度在300～650℃也可能会发生轰燃。气体温度的范围这样大是由多种因素引起的，包括分隔间的几何形状和体积、可燃物的种类与数量、房间的通风状况等。与此类似，估计上层气体温度的不同方法将产生相似的但不同的结果。因此，火灾风险评估人员需要把“防止发生轰燃”的性能判据细化为特殊的可采用的热辐射参数，并将其运用到所计算的房间及所使用的计算方法中去。

表5-2给出了一些目标及相应性能判据的示例。表中的性能判据表示为一种阈值或临界值，超过此值之后，则火灾将使评价对象的破坏超过承险人的损失目标。已知的计算方法和可供火灾评价人员使用的数据是有限的，但能够通过安全因子提高或降低性能判据而建立一个谨慎的值。数值指标能够被用来对已有建筑中建成的消防系统来进行估价，以便决定是否需要增加保护以满足承险人的损失目标。应当注意，在已有建筑中的消防系统可能不满足承险人的损失目标，尽管建筑物符合设计规范或者能满足保险公司的要求。

表 5-2 损失目标、工程设计目标和性能判据举例

损失目标	工程设计目标	性能判据
起火房间外无人员死亡	保证疏散通道处于人员可承受的状况，是着火房间外人员逃离至安全区域	在疏散时间内疏散通道的状况与以下要求相比较： 上部烟气温度小于 80℃，地面处接受的辐射通量小于 10kW/m²，能见度大于 4m，CO 的含量小于 0.14%
起火房间外无明显的因过热所导致的损坏	限制火焰向起火房间之外的房间蔓延	起火房间的状况与以下要求比较： 顶部温度小于 500℃，地面处接受的辐射通量小于 10kW/m²
设备停止运行不超过 8h	限制空气中的 HCl 含量，使其小于能对目标设备产生不可接受的损坏水平	目标设备的状况与以下要求比较： 最大的 PVC 使用量小于 $x$kg，已燃烧的面积小于 ym²
流出的灭火废水不会对地下水造成污染	提供一个合适的废水收集方式	排水管总的截面积为 xm²，总的废水池溶剂为 ym³

5.3 火灾场景设定与火灾设定

在火灾风险评估过程中，火灾场景的设定和选择是至关重要的，不恰当的火灾场景可能会导致以下情况：如果忽视了一些高风险的场景或者意外地引入不存在的场景，则意味着评估结果与实际情况的偏离；如果对所有可能的场景都进行评估，则导致整个评价工作任务繁琐甚至不可能完成。

火灾场景是对某种火灾发展全过程的定性描述，该描述确定了反映该次火灾特征并区别于其他可能火灾的关键事件。火灾场景的描述包括说明起火、火势增大、发展到最大（如轰燃）及逐渐熄灭等阶段的特点。同时火灾场景还应涉及对建筑物的结构特性及预计火灾所导致危害的说明。例如，一个设置的火灾场景可表述为：在一个房间内由于电气设备故障而导致电缆的绝缘材料起火，腐蚀性燃烧产物通过未加防护的开口到达了放置精密仪器的区域，例如敏感的计算机设备，导致其丧失基本工作能力长达 2 个星期。

设置火灾场景应当考虑包括确定性与随机性两方面的内容。例如，根据历史的或概率的风险评估资料，可以预测类似的火灾场景是怎样发展的，就是说如果火灾确实发生了，预计在设定条件下它又将是怎样扩大与蔓延的。

事实上，在大多数建筑环境中，可能存在无穷多个火灾场景。即便借助最尖端的计算手段，也不可能分析所有的火灾场景。需要将这无限多的火灾场景减少至易于操作的、且对分析有重要作用的有限个设定火灾场景。所有这些设定火灾场景共同代表了可能威胁到分析对象的火灾范围。火灾场景的设定和参数选择如图 5-3 所示。

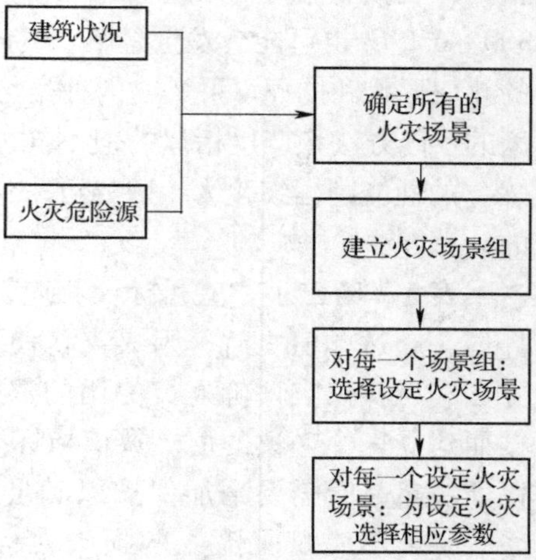

图 5-3 火灾场景的设定和参数选择

所选的每一个设定火灾场景都代表一个高风险的

火灾场景组。火灾场景组的风险用场景组的发生概率及其导致的后果来表征，典型的情况就是用概率和后果的乘积来表征。对于本部分，假定在进行确定性评估的地方，对可能性和后果进行定性估计就足够了。对于一个完整的风险评估，需要进行定量评估。

5.3.1　设定火灾场景

根据所确认建筑状况以及火灾危险源的辨识结果，火灾风险评估人员能够辨识出可能的火灾场景是非常多的，不可能将它们全部量化。必须将这些可能的火灾场景减少至易于分析且对分析起重要作用的一组场景。在一次确定性评估中，必须选择一组易于处理的设定火灾场景。对于一次完整的风险评估，必须将大量的火灾场景合并为一系列场景组。

风险分级程序为火灾场景的选择提供了基础。此程序同时考虑场景发生的后果和可能性。这就意味着，对于确定性分析，火灾风险评估技术可用于设定火灾场景的选择。风险分级程序的主要步骤如下：

1）确定一组全面的可能的火灾场景。

2）估计场景发生的概率。

3）估计场景的后果。

4）估计场景的风险（反映场景发生的后果和概率）。

5）按照风险对火灾场景进行分级。

下面的介绍设定火灾场景的“十步法”。

1. *火灾场景辨识*

第一步——火灾位置

主要包括对发生火灾的空间的描述以及对空间内特定位置的描述。

利用火灾统计可以辨识最可能的起火位置。若无统计资料可用，则可以热源、可燃物和使用者情况为基础进行估计。

可以利用工程判断辨识最不利的或最有威胁的起火位置。最有威胁的位置是指那些能严重影响消防安全设施性能的位置。例如：人员密集场所，在起火位置附近有高密度易受伤害人群或有易受损失财产的场所，具有裸露结构构件的场所、火灾发生在疏散系统的入口内或阻塞其入口；火灾发生在消防安全系统作用范围之外的房间或空间，包括隐蔽空间和外部表面等。

第二步——火灾类型

火灾类型涉及火灾初始强度和增长速率，其与初始火源、首先被引燃的物体、首先被引燃的大尺寸物体，以及其他先于第一个被引燃的大尺寸物体而被引燃的任何物体相关。这就意味着第二步包括两步：初始的引燃特征和火灾被确认后的早期特征。若首先被引燃的物体是大尺寸物体，则可以认为这两步是相同的。然而，很多火灾始于很小的引燃源，比如从火炉溅出的火星、垃圾桶里的垃圾、烟囱里沉积的烟灰或者烘干机里沉积的棉绒。对于这些火灾，初始引燃特征和火灾的早期特征并不相似。

火灾统计为确定设定火灾场景的初始引燃条件及其发生概率提供了合适的基础。此方法的目的就是通过相关风险分析筛选可能的设定火灾场景。一种实用的做法就是通过火灾统计和工程判断来确认一组具有高概率和最轻后果的火灾场景以及一组具有严重后果和最低概率的火灾场景。从适用于所考虑的建筑和使用人员的火灾统计资料，依据发生频率和相关后果的评判标准，对初始热源和初始燃烧物进行合并分级，可得到以下火灾类型：

1）人员伤亡占最大份额的火灾类型。

2）用金钱衡量的财产损失占最大份额的火灾类型。

3）在具有确定的最小尺度的火灾范围内，最有可能的火灾是：蔓延出起火房间的火灾；大小超过一定面积的火灾；死亡5人或5人以上的火灾；或火灾损失超过了的以金钱衡量的损失阈值的火灾，损失超过此阈值就表明是重大损失，如最小损失超过1%的火灾。

从国家或省（市）的基础数据中或拥有建筑所有权的部门可得到合适的统计数据。若国内没有合适的统计数据，则可利用具有相似火灾情况的其他国家的统计数据。使用火灾事故统计数据必须谨慎，应保证数据适用于所考虑的建筑环境。

第三步——潜在的火灾危害

考虑可能的潜在火灾危害中产生的火灾场景。确定其他具有严重后果的场景。除在第二步所述的高危险场所外，还有：

1）公共事件的损害，如地震或恐怖事件，其具有导致多处严重火灾或者使多个消防设施同时失效的可能性。

2）非火灾事件的损害，这些事件会削弱建筑结构并降低能引起结构坍塌的火灾条件。

3）使用易自燃、火灾蔓延快、易爆炸的高危害材料；使用能产生剧烈火灾和剧毒性烟气的高危害材料；使用燃烧产物对环境有严重危害的高危害材料或使用被污染的灭火介质；能从环境空气补充火灾所需氧气的情况；使用某些通常手段（如采用含氯消毒剂的游泳池水）扑救火灾具有很大危险或难度，或其他能够加重火灾的情况。

4）存在高危险操作，包括在易燃材料附近使用明火。

5）在建设或维护阶段存在特殊危险的情况。

如果这些场景中包含比以前所确定的场景具有更高概率和更严重后果的场景，那么，就需要将它们纳入分析之中。它们可以取代性质与其类似但具有较小危害的场景。

第四步——系统及其特征对火灾的影响

确定那些可能对火灾过程产生重要影响的消防系统。对每个系统，在场景特征中要包括其初始状态。需要考虑的典型系统及其相关状况包括主动系统和被动系统。

主动系统包括：主动灭火系统（状态：是否全部运行、是否定位适当）、烟控系统（状态：是否全部运行、是否定位适当）、火灾探测系统（状态：是否全部运行、是否定位适当）、报警和通信系统（状态：是否全部运行、是否定位适当）、疏散系统（状态：是否全部运行、是否定位适当）、消防安全管理、消防队员的行动。

被动系统包括：内部物品和室内陈设品（状态：由于老化或人为原因导致的新旧状态）、起火房间和与其相关房间的门或其他开口（状态：开启或关闭）、窗户（状态：新的或旧的）、材料控制（状态：由于老化或人为原因导致的新旧状态）、墙体和顶棚/地板的联合体以及其他的防火分隔物体（状态：良好的或受损的）、结构构件（状态：良好的或受损的）、防火分隔的尺寸。

系统状态是场景特征的一部分。事件是时间序列的一部分，时间序列是场景描述的一部分，但是场景描述可以从工程分析中（比如对火灾发展和影响的预测）推断出，而不是从外部描述中得到。

第五步——人员响应

人员采取的行动会对火灾过程和烟气运动产生有利或不利的影响，本步骤中予以考虑。关于疏忽或故意纵火引起火灾的行为，可以在第二步中的火灾事故数据中得到，这里不再考虑，而对引燃后的反应则加以考虑。

依靠建筑环境的特征，受过培训的员工或内部的专职消防队可以对早期火灾的发展产生重要影响。市政消防队员的积极行为也应考虑，尤其是以保护财产或商业建筑的使用连续性为目的时。另一方面，缺乏训练的员工或参观者会将重要的门打开，从而导致火灾快速发展和烟气蔓延。任何这些效应都会产生新的潜在火灾场景。

2. 火灾场景的选择

在第一步到第五步中，会确定大量的潜在火灾场景。从这些场景组中，可以选择出一组设定火灾场景。风险分级程序是选择设定火灾场景最合适的基础。此程序同时考虑场景发生的概率和后果。

一种采用风险分级程序的方法就是作出事件树。然而，风险分级程序可以采用一种简化的方法进行。例如，利用工程判断、易得到的数据和对场景组的概率和后果的数量级估计。当属于这种情况时，风险分级不再需要事件树。但是，当不可能使用简化方法时，为了从构成场景的个体事件概率构建场景的概率，应遵循事件树方法（详见第六步到第十步）。

第六步——事件树

创建一个事件树，此事件树应能够代表与火灾场景相关的从火灾引燃到火灾结束的可供选择的事件序列。事件树的创建由一个初始事件开始，如与所有消防安全系统及其特征的初始状态及所有人员的初始状态相关的火灾引燃。然后，创建一个分叉，并且在分叉上增加分支来反映每个可能的连续事件。重复这个过程直到所有可能的状态都被表征出来。每个分叉的创建都以前面事件的发生为基础。贯穿整个事件树的一条路径代表应考虑的一个火灾场景。

事件定义了火灾特征的变化、系统的状态、人员的响应以及火灾的最终结果和后果。与建筑系统及其特征相关的事件包括：火灾引燃第二个可燃物；火灾受限于门或其他障碍物；系统按照设计发挥作用或不能满足性能要求；窗户玻璃的破碎。

作为事件树的替代，也可以制作事故树。事故树和事件树一样，也是逻辑树，但它的每个分支中的事件都依赖于条件或状态，而不是一个实时事件。因为可能有大量的因素，每个因素的初始状态有多种可能性。因此，在这一步中先建立一个初始事故树，以建立可供选择的初始状态，然后相应于初始条件，在事故树的每一个结束点附加普通格式的事件树，这样可以较简单地完成第六步。一个场景就是这个混合树的一条路径。

第七步——概率

使用现有数据或工程判断，估计每个事件发生的概率。对于某些分支，初始火灾特征将是主要考虑的问题，且火灾事故数据将是概率估计的合适数据源。而对于另外一些分支，系统及其特征的状态将是主要考虑的问题，且可靠性数据将是概率估计的合适数据源。其他一些分支，建筑内的人员或物体的特征或状态将是主要考虑的问题，而人员数量和可利用的数据是概率估计的合适数据源。所有这些都可以在事件树上标出。

将场景路径上的所有概率相乘以评估每个场景的相对概率。

第八步——后果

使用现有损失数据或工程判断估计每个场景的后果。后果应采用合适的度量来表达，如可能的死亡人数、可能的受伤人数或期望的火灾损失。

第九步——风险分级

依据相关风险对场景进行分级。风险可以由场景的后果度量（第八步）乘以发生概率（第七步）得到。

第十步——最终选择和文件说明

对于每个消防安全目标，选择风险最大火灾场景进行定量分析。选择的场景应能代表累积风险（所有场景的风险之和）的主要部分。建议在选择场景的过程中考虑业主的意见。

制定所选择的火灾场景的文件说明。同时也要说明未选择的火灾场景并说明不选择的原因。

作最终选择时，需要提防以下易犯的错误或偏见：

1）若多个具有严重后果、低概率的场景被排除，应注意被排除的场景不具有中等或高等的累积概率。如果可能，最好合并类似的场景，则与排除这些场景相比，更多的场景可以得到直接体现和分析。

2）不能因为某个场景使一个特殊的消防安全系统或特殊的设计表现的可取或不可取，即使它对风险有较大的贡献，就排除此场景。

3）在此阶段，对于某个场景，不能因为产生可接受结果的最佳设计需要付出很大代价，即使它对风险有较大的贡献，就排除此场景。应该在更多的细节分析和业主全部介入之后，才作出是否接受这些特殊场景的风险的决定，因为消除或降低这些风险具有很高的代价。

可以因为没有确定的设计可降低或消除风险而排除一个场景，即使它对风险有较大的贡献。接近起火点或不能自保（由于过量使用酒精或毒品）的人员的风险是应该排除的，这是此阶段应排除场景的基本例子。

5.3.2 设定火灾

在火灾场景辨识过程中，考虑了火灾后果，需要注意的是在第八步中所说的“后果”是使用现有损失数据或工程判断估计的一个粗糙值，这个粗糙值不能用作火灾后果的定量评估。定量的火灾后果的评估需要依据场景火灾的大小和燃烧产物进一步计算。不同的场景火灾的大小可能相同也可能不同，而定量的描述火灾大小可以用热释放速率来表示。所谓的热释放速率是指火灾在单位时间释放的能量。火灾可以是准稳态的，这时火灾保持一种不随时间变化的热量释放；火灾也可以是增长的，这时火灾的热释放速率随时间而增加；它还可以是逐渐减弱的，这样火灾趋于熄灭。

热释放速率主要是由可燃物的化学能和几何状态、空气的供应状况及受限建筑物壁面性质等因素决定的。例如可燃液体池火和固体阴燃火的主要燃烧阶段基本上是稳态的。池火的热释放速率是燃烧表面积的函数，因为油池火可以在油池的全部表面上很快燃烧起来，并一直延续到燃料消耗完毕。因此，可认为其热释放速率基本上是不变的；而对于固体来说，在转变为明火之前，阴燃火的热释放速率增长很慢，故可认为是稳态燃烧。

进行火灾分析时所涉及的火灾并没有真正发生，它的热释放速率大小完全是一种人为的假设。这种假设越合理，依据它进行的模拟计算所得到的结果就越真实。目前在文献中一般把这种研究称为设定火灾，其核心工作是确定火灾的热释放速率随时间的变化规律。

多数设定火灾通常用一段增长、一段稳态和一段减弱的连续曲线表示（见图 5-4）。在设定过程中，一个重要的问题是处理好各个阶段所占的时间长短。对于火灾增长阶段，选择合理、可信的增长曲线具有重要的实用意义，在分析火灾探测器和自动水喷头的起动、人员开始疏散的时间、人员处于危险状况的时间等问题时，都要考虑火灾的增长特点。

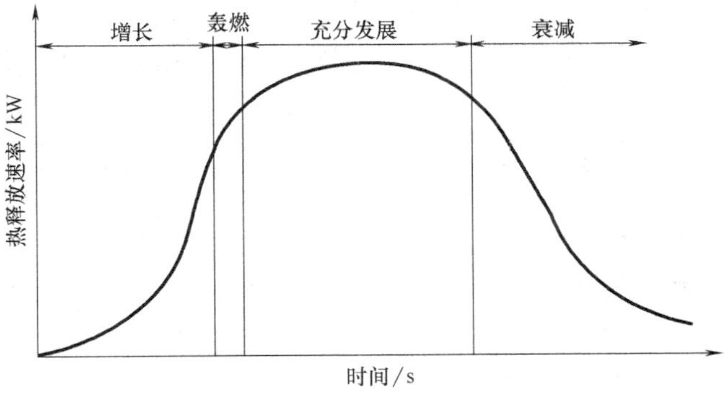

图 5-4　设定火灾示例

除易燃液体、气体或像聚合泡沫塑料这样的轻质可燃物火灾外，大多数火灾的增长速率相对较慢。随着火灾规模的增大，火灾增长速率也加速增大。出于设计目的，经常采用指数或幂函数形式的热释放速率。它体现了场景中可能出现的真实火灾增长范围的上限。通常所说的平方时间火是最常用的形式。在这种火灾中，热释放率用下式表示：

$$\dot{Q}=\dot{Q}_0\left(\frac{t}{t_g}\right)^2 \tag{5-1}$$

式中　t_g——到达参考热释放速率 $\dot{Q}_0$ 所用的时间。

平方时间火可能导致 $\dot{Q}$ 超过所考虑的可燃物最大可能的热释放速率。另外，在存在大量可燃物的情况下，第一个被引燃的物体可能在最后一个物体被引燃之前已经燃尽。这些因素都应加以考虑。

$\dot{Q}_0$ 值可以任意选取，但通常取 1MW。表 5-3 中列出了在消防安全工程中四种常用的火灾增长速率。

表 5-3　平方时间火的类型

增长速率的描述	特征时间 t_g/s
慢速火	600
中速火	300
快速火	150
超快速火	75

生成一条设定火灾曲线需要了解某件物体或多件物体组合体的热释放速率，它可以从文献、基础燃烧试验或全尺寸构件的自由燃烧试验中获得。也可从火灾计算机模型手册中获得相关数据。应当说明，在许多情况下，进行全尺寸火灾试验还是必要的。

对于包括由一个物体向其他物体蔓延的火灾场景，可以通过合成的方式得到总的热释放速率曲线。在存在多件物体同时燃烧的场合，可由每件物体当时的热释放速率相加得到，也可使用 FPETOOL 中的 MAKEFIRE 程序得到。在这方面确实存在某些设定火灾的中的热释放速率是否准确的疑问。不过对于火灾危险分析来说，选择较高的但可能的热释放速率对于加强防火安全保护是非常必要的。

在缺少更多精确数据时，可参考表 5-4。

表 5-4 各种设定火灾场景的典型火灾增长类型

设定火灾场景	类　型
靠近易燃内衬材料的装有软垫的家具或堆积的家具	超快速
轻质家具	超快速
废物堆里的包装材料	超快速
非阻燃塑料泡沫	超快速
垂直堆放的纸板或塑料箱	超快速
被褥	快速
展台或装有衬垫的工作台隔断	快速
办公设备	中速
商店柜台	中速
铺地材料	慢速

关于火灾的热释放速率和设定火灾的更进一步的学习则需要相应的火灾动力学的知识，可以参阅相关的火灾动力学教材，如《受限空间火灾动力学》（《Enclosure Fire Dynamics》）等。

设定火灾曲线可用于对照所建立的性能判据来估价初步防火设计方案。一旦发展了一系列的设定火灾曲线，便可运用火灾模型计算出火灾中一些参数随时间的变化，例如，室内烟气的平均温度、烟气层的高度，烟气浓度（一般用光学密度表示），代表燃烧产物（如 CO、HCl）的含量等。于是在每条曲线上的某一特定点上，火灾的增长就可以与承险人损失目标中表示损坏的阈值水平对应起来，或者是与室内烟气的温度变化对应，或者是与燃烧产物的生成速率对应。设定火灾曲线上的这一点可以视为 $\dot{Q}_{do}$，它就是与设计损失目标相对应的热释放速率，以下简称为目标热释放速率。

图 5-5 说明了如何结合设定火灾曲线进行火灾危险分析的方式。图中除了热释放速率曲线之外，还给出了表示在目标区域中烟气光学密度及烟气层高度的变化曲线，它们可以表示

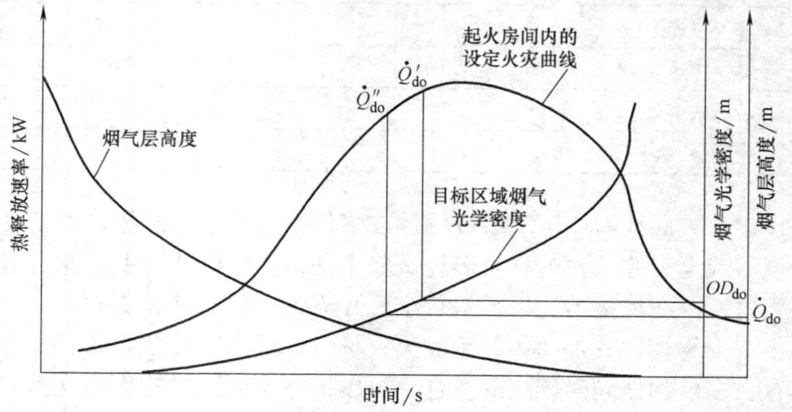

图 5-5 设定火灾曲线与目标区域中烟气光学密度和烟气层高度的变化曲线

与承险人损失目标相应的危险源。根据烟气光学密度曲线，与目标区域中的危险阈值相当于光学浓度 OD_{do} 能够被水平地横移转换到烟气浓度危险阈值相当的光学浓度增长曲线；然后再垂直地上移转换到设定火灾曲线上以确定 $\dot{Q}'_{do}$，一方面，当烟气层降到设定的特征危险高度 H_{do}（一般取人的眼睛的基本高度，如1.4～1.6m）时，就可对人员构成直接威胁。同样，这一特征高度也可转换到设定火灾曲线上，进而确定 $\dot{Q}''_{do}$。使用这两种方法求得的 $\dot{Q}_{do}$ 可能不会完全重合，但这并不矛盾，当所选可燃物的燃烧性质和发烟性质不同时，势必会出现这种情况。而通过选择几种判据来综合判断危险状况似乎更为合适，通常哪个参数先到达危险阈值就以该参数为主要判据。

5.4 基于事件树的火灾风险定量分析方法

5.4.1 概述

事件树分析（Event Tree Analysis，简称ETA）是安全系统工程中重要的分析方法之一。事件树是一种从原因到结果的过程分析，基本原理是：任何事物从初始原因到最终结果所经历的每一个中间环节都有成功（或正常）或失败（或失效）两种可能或分支。如果将成功记为1，并作为上分支，将失败记为0，作为下分支，然后再分别从这两个状态开始，仍按成功（记为1）或失败（记为0）两种可能分析。这样一直分析下去，直到最后结果为止，最后即形成一个水平放置的树状图。

事件树分析，既可用于单场景的分析，又可用于复杂场景分析（反映多重火灾防护对初始火灾事件的响应）。事件树同失效模式与影响分析（FMEA）相似，不过，失效模式与影响分析（FMEA）或危害与可操作性分析（HAZOP）对消防系统性能描述不够详细，另外它们不能用于消防系统成功概率的估算，也不能量化风险。

为保证事件树分析的完整性，风险分析者必须对初始火灾事件进行辨识，对现有消防系统的性能进行评价，并评估事故的后果。构建事件树逻辑模型，风险评价人员必须熟悉可能的初始事件（例如设备失效、人为失误、外部原因、系统紊乱导致火灾）和路径事件（如消防系统功能和应急过程）。

基于事件树的完整的火灾风险分析一般包括八个步骤：① 项目目标分析；② 风险容忍度确定；③ 火灾损失场景设计与事件树构建；④ 初始事件可能性；⑤ 危害分析模型的建立；⑥ 消防系统成功概率；⑦ 风险评估以及风险容忍度比较；⑧ 对减少风险措施的成本效益分析。下面主要介绍几个关键步骤的分析方法。

5.4.2 火灾损失场景设计与事件树构成

1. 火灾损失场景设计

火灾损失场景代表可导致火灾的一个事件序列。建立的场景应该达到如下要求：① 按时间顺序进行结构化排列；② 与真实事件结果相吻合；③ 应包含足够信息，保证能够进行相关场景的定量风险分析。

一个场景代表一组与时间有关的事件（中间状态），这组事件会导致各种不同的火灾结果的出现。构建火灾场景的系统方法是源—路径—目标（S—P—T）法。

（1）目标（T：target）

目标是风险研究关注的焦点，必须首先确定。目标应该对火灾危险源的影响比较敏感，另外，必须详细说明目标的价值。

（2）危险源（S：source）

确定了目标的敏感点及其价值后，要对使目标遭受损失的火灾源进行辨识和筛选。

（3）路径（P：path）

路径事件既包括使火灾蔓延的因素，又包括限制火灾的因素。火灾蔓延因素包括火灾发展、二次燃料的点燃、自由火焰传播等。火灾限制因素（即减少目标遭受危害的因素），包括消防系统（如火灾探测、应急控制系统、自动扑救系统、防火分隔以及人工灭火等）。

火灾损失场景建立过程一般包括：

1）评估概况：主要确定场景边界、确定评估的具体场景和重要风险。

2）目标描述：主要目标、目标遭受火灾危害的具体形式（如温度影响、热辐射影响、烟气影响或是有毒、腐蚀性气体影响）、目标价值（如财产损失、停工/营运中断损失、操作人员的培训费用）。

3）确定起火源：确定火灾初始事件发生的可能性、进一步评估应选取的事件。

4）分析路径：确定火灾蔓延因素（火灾增大能力、结构失效、多米诺效应）和火灾限制因素（现有的限制火灾蔓延的措施和建议等）。

5）构建树结构：确定场景评估的假定和限制条件，以及事件树结构。

总的来说，风险分析在这一阶段的可信度、合理性以及重要性主要依赖于风险分析人员的经验和定性判断。建立一个普遍认同的场景辨识和筛选方法，对于进行一个完整、可靠的风险评估是至关重要的。

2. 事件树的构建

（1）确定火灾初始事件

初始事件是构建火灾事件树场景时辨识的第一事件。这个事件可能是系统或设备失效（电短路）、人员失误、物质自燃或外部事件（如地震、交通事故、人为纵火等），这些都可能形成火灾初始事件。辨识初始事件可以综合运用以下方法：① 场景辨识工作表；② 事故树分析；③ 历史事故记录分析；④ 企业数据和历史情况；⑤ 危险评述、经验和工程判断。

火灾初始事件的辨识和选取，不同人之间有很大的差别。同样的场景有人可能认为只是可燃液体的微量泄漏起火，也有可能会有人假定是所有可燃液体起火。合理的初始事件必须同时满足以下两个条件：① 引发的事故后果能造成重大危害（即超过风险容忍极限）；② 事件出现的可能性不可过低。

（2）确定路径因素

路径因素是初始事件后续发生的事件。建立事件树时，分析人员需要对影响火灾蔓延或限制初始事件的相关因素进行辨识。中间路径因素代表了条件状态和时效作用，在分析时需要用条件概率予以处理。

1）主要的火灾发展/蔓延因素有：① 燃料性质（热释放速率）；② 火焰传播与二次引燃；③ 通风作用；④ 结构失效；⑤ 应急操作响应。

2）主要的消防系统因素有：① 探测系统；② 应急控制系统（ECS）；③ 自动灭火系

统；④ 限制蔓延作用（如防火间隔）；⑤ 人工灭火系统；⑥ 空间限制（将火灾限制在源区内）。

（3）构建事件树分支逻辑

事件树以初始事件开始，经历消防系统的响应，显示了事故的时序发展过程，其输出即为火灾事故结果。尽管很多情况下事件几乎是同时发生的，但在分析时，消防系统的功能应按照顺序描述。

构建事件树的第一步是输入初始事件和各级消防系统，包括初始事件发生可能性、消防事件后果危害水平等。

初始事件发生可能性以频率表示（次/年），路径因素以条件概率（0～1）来表示。另外还应注意，事件树结构有以下特点：① 事件树是由左至右；② 一般情况下，上分支表示系统成功，下分支表示系统失败（成功概率 = 1 - 失败概率）；③ 分支概率等于初始事件可能性与支线上各中间事件的条件概率相乘；④ 事件树的不同分支得到不同的火灾事故结果；⑤ 时间线为估计一定时间内消防系统成功概率和后果提供了参照系。

（4）事故结果评估

火灾风险事件树分支场景的后果有最好情形、最坏情形和其他可能情形，参照保险领域最初的定义可以作如下规定：

1）最好的情形对应正常的损失期望（*NLE*），指在所有的火灾探测和防护系统均正常工作并发挥其设计控制功能时的损失期。

2）其他可能情形对应可能最大损失值（*PML*），指基本的火灾自动防护系统不在工作状态时的损失期望值水平。在这种情况下，应考虑被动防火手段（如防火墙）以及人工灭火能力有效性。

3）最坏情形对应最大预计损失值（*MFL*）指自动和人工防火设施均处于不可用状态时的损失期望值水平。在这种情况下，只考虑被动防火手段的防火能力。

（5）确定并量化作用于目标的危害和后果

要认识到火灾事故会有多种危害，包括：① 财产损失（*PD*），如建筑物、设备等破坏；② 营运中断（*BI*），如因维修或更换设备所引起的营业、生产的延误；③ 威胁人员安全，包括在火灾现场和在周围的人员；④ 环境影响，包括对空气和土壤的破坏；⑤ 其他危害，如强制罚款、公司形象等。各种危害的后果综合起来会构成很高的经济损失。

（6）分支概率的量化

在5.4.3节和5.4.4节中将分别介绍初始火灾发生概率和消防系统成功概率的分析方法，由此可以给出分支概率。

（7）量化风险

多个事件场景的风险应是所有场景的风险加和：

$$R = \sum PC \tag{5-2}$$

5.4.3 初始火灾可能性分析

表征和估计初始火灾发生可能性的方法包括：① 统计火灾损失事故的历史数据；② 诸如事故树（FTA）等模拟方法。在火灾历史数据有限或不足时，可用这些模拟方法估计初始火灾事件发生的可能性，以提高估计精度；③ 工程判断，根据专家对潜在火灾可能性的认识和理解进行量化。这种认识可能基于历史数据、以往的危险或风险分析、经验、工厂具体信息以及对这些因素的综合。

1. *历史数据*

指过去实际经历记录的数据，通常包括：① 事件（事故）数据；② 故障率数据（主要指设备故障）；③ 人为错误概率数据。尽管同类火灾事件的历史信息很有限，但它是估计火灾事故频率的基础。人们比较关注历史事故频率数据的适应范围，这是因为历史数据往往不足或火灾风险因素定义不明确，很难确定直接应用这些数据的可靠性，小样本统计方法能够很好地处理这些问题。表 5-5 是美国有关核电站内区域起火源和起火频率。

表 5-5　美国有关核电站内区域起火源和起火频率

车 间 区	引火/燃料源	起 火 频 率	点火源权重因子法
辅助建筑	配电柜	1.9×10^{-2}	B
	泵	1.9×10^{-2}	B
反应堆	配电柜	5.0×10^{-2}	B
	泵	2.5×10^{-2}	B
柴油发动机室	柴油发动机	2.6×10^{-2}	A
	配电柜	2.4×10^{-2}	A
开关室	配电柜	1.5×10^{-2}	A
电池室	电池	3.2×10^{-2}	A
控制室	配电柜	9.5×10^{-3}	A
布线室	配电柜	3.2×10^{-3}	A
取水构筑物	配电柜	2.4×10^{-3}	A
	灭火泵	4.0×10^{-3}	A
	其他	3.2×10^{-3}	A
涡轮机房	T/G 辐射器	4.0×10^{-3}	B
	T/G 油	1.3×10^{-2}	B
	T/G 氢	5.5×10^{-3}	B
	配电柜	1.3×10^{-2}	B
	其他泵	6.3×10^{-3}	B
	主要给水泵	4.0×10^{-3}	A
	锅炉	1.6×10^{-3}	B
放射性废物区	各种混合在一起的组成	8.7×10^{-3}	A
变压器区	变压器区（供给涡轮房）	4.0×10^{-3}	A
	变压器区	1.6×10^{-3}	A
	变压器区（其他）	1.5×10^{-2}	F

注：A—无点火源时的权重因子；B—通过划分防火分区内选定处的点火源编码获得其权重因子；F—通过本表中划分防火分区内已选地点的点火源编码获得其权重因子。

2. 事故树分析

事故树分析（FTA）提供一种量化初始火灾发生事件的结构方法，如图 5-6 所示。事故树分析的优点是可以将初始火灾（顶事件）分解为各种失效和点火危险因素。初始火灾事件可能性的事故树逻辑与“火三角”相似，也就是说应当考虑：① 存在的可燃材料；② 超过燃料燃烧所需要的最低氧气量；③ 点火源能量足够维持燃烧。顶事件是初始火灾事件(即能发生火灾并蔓延)，初始火灾事件的主要贡献因子用“与”门相连。

5.4.4 消防系统成功概率分析

消防系统（火灾防护系统）成功概率依赖于系统响应效率、可用性和操作可靠性三个因素。成功树是确定消防系统成功概率的主要逻辑模型，结合事件树风险模型，利用成功树可以量化具体初始事件场景下消防系统成功运作的条件概率。事件树风险模型的框架如图 5-6 所示，其中虚线部分为消防系统条件事件。

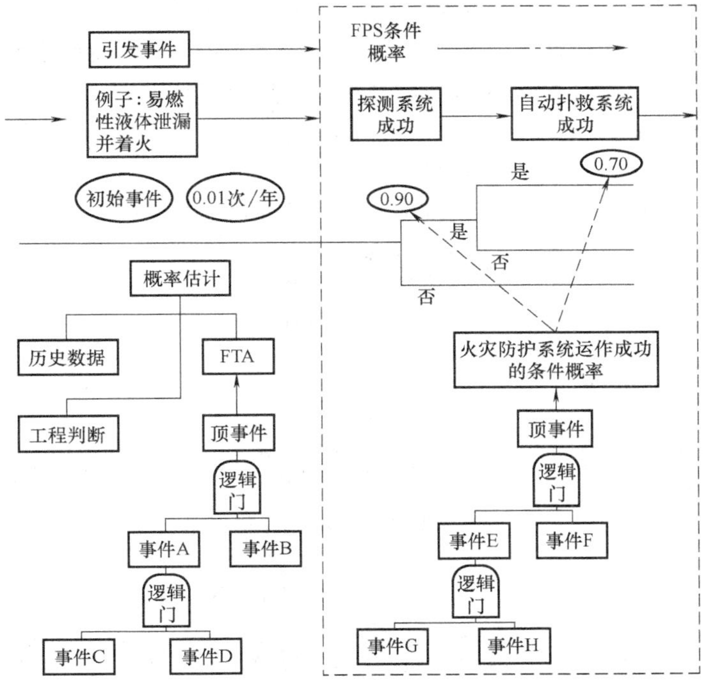

图 5-6　事件树分析与事故树分析结构化框图

1. 性能成功

火灾风险评估中相关的消防系统包括：探测系统、应急控制系统、自动扑救系统、限制火灾蔓延的手段和人工控制系统。

性能成功是对消防系统在火灾情况下成功实现其性能要求能力的概率评价。性能度量参数包括某场景的响应效率、在线可用性和操作可靠性。

消防系统成功概率是一种“条件概率”，与前序事件密切相关，是场景输入参数，也是期望的消防系统性能要求。

2. 性能度量

从事件树所需输入的角度看，评价消防系统时采取成功树是较为可取的。当然，有些情况下，采取事故树分析得到失败概率的数据，然后转化为成功树分析的方法更为有效。此方法以成功树分析为中心，在给定具体场景信息和风险容忍度判据的条件下，可用于消防系统整个生命周期内的性能评估和量化。它不仅适用于对现有系统的评价，也可用于评价新系统的设计。

3. 成功树分析

成功树分析（STA）与事故树分析类似。在事故树分析中，顶事件为“系统失败”；在STA中，顶事件为“系统成功”，并存在如下关系：

$$\text{成功概率}(P_S) = 1 - \text{失败概率}(P_F) \tag{5-3}$$

建立性能成功树分析包括以下两点：① 辨识基本的消防系统性能参数；② 设计成功树的结构。对于具体场景下的消防系统，用先前的系统失败经验得来的性能参数指标可以评估其性能成功路径。图5-7为一般的消防系统成功参数的例子。消防系统成功概率取决于消防系统性能要求（包括具体场景输入信息和风险容忍度判据）。性能要求确定以后，就可以进行性能参数量化了。于是，消防系统成功概率可用如下式计算：

$$P_S = P_{RE} P_{OLA} P_{OPR} \tag{5-4}$$

式中 P_S——消防系统成功概率；

P_{RE}、P_{OLA}、P_{OPR}——响应效率、在线可用性和操作可靠性的概率。

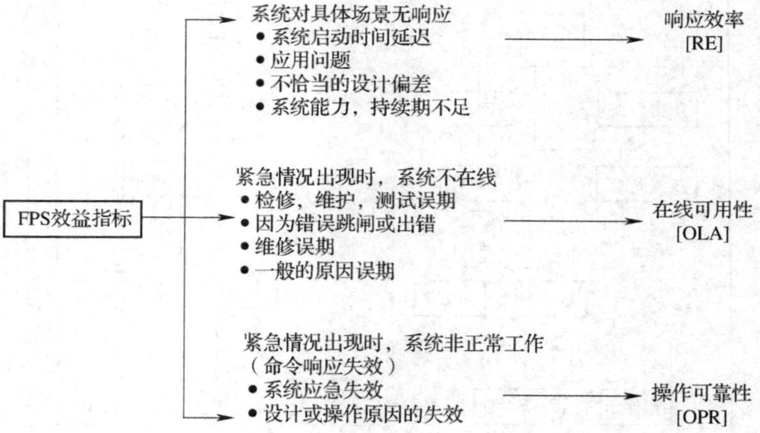

图5-7 消防系统成功参数

利用成功树进行性能分析时，首先需要评估系统对特定场景的响应效率。如果消防系统设计的应用基础与场景不合适，或者系统不能在临界条件来临前作出反应，那么此时该场景下消防系统的成功概率为0。

性能成功可靠性包括两个部分：在线可用性和操作可靠性。可靠性可以指整个系统，也可以指子系统或者系统的一部分，它用概率形式表示为：可靠性＝1－性能失效概率。如失效概率为0.001，那么系统的可靠性为0.999。

一般地说，消防系统功能失效是指当紧急情况发生，需要消防系统启动时，系统却不在可用状态或者无法起到实现初始设计的作用。因此消防系统功能失效又可分为以下几种：

① 有紧急需求时系统由于离线而处于不可用状态；② 由于未知错误导致无法满足要求；③ 在限定的时间内无法完成任务。由此，与性能成功相关的可靠性参数包括：

1）系统可用性——紧急情况发生，在线系统运作及时。

2）功能可靠性——有紧急需求时系统具有满足功能要求的能力。

3）时间可靠性——系统在规定时间内实现其功能。

系统可用性在评估中是一个独立的性能参数，即在线可用性；时间可靠性在评估过程中归入了响应效率；操作可靠性则为第三个独立的性能参数，其重点为需求能否满足功能要求可靠性（功能可靠性）。

4. 性能评估框架

消防系统性能评估的一般框架包括以下几点：

1）确定成功树逻辑，包括辨识基本的消防系统度量参数、辨识并建立性能指标相互关系。

2）量化消防系统响应效率，包括评价设计应用原理（DAB）和系统响应时间（SRT）。

3）量化消防系统在线可用性，包括：① 评价系统因检查、保养、测试而处于离线的状态；② 评价有害物的出现导致的系统离线；③ 评估其他原因导致的系统离线。

4）量化消防系统操作可靠性，包括：① 辨识系统或子系统的边界；② 定义功能要求；③ 描述设计和运转的集成要素；④ 估计功能失效的概率。

5）量化消防系统成功概率，包括：① 综合上述2）、3）、4）步的结果得到消防系统成功概率，并以此作为事件树输入；② 制作数据源文档并说明其不确定性问题。

5.4.5　风险计算

风险计算过程包括以下步骤：① 支线概率计算［F］；② 总计等价货币值的估算［K］；③ 年度风险水平的计算［L］；④ 全年风险计算［TL］。

图5-8是一个受消防系统作用的易燃液体泄漏着火的事件树。下面按图5-8所示火灾风险事件树结构，说明风险计算步骤。

1. 支线概率

图5-8中给出的支线概率是初始事件概率［A］与从［B］~［E］消防系统的条件概率的乘积。例如，对支线1：

$$P_{\mathrm{ID}-1}=[\mathrm{A}]\times[\mathrm{B1}]\times[\mathrm{C1}]\times[\mathrm{D1}]=0.33\times0.20\times0.70\times0.60=0.028$$

$P_{\mathrm{ID}-1}=0.028$ 是特定的支线事件概率，指支线1所表示的火灾场景（可被探测、可被控制并且在起火后10min内能够被成功抑制的火灾）的出现频率为0.028次/年或1次/35年。

用同样方法计算图5-8中事件树每条支线的概率，各支线概率（支线1→12）加和应等于初始事件概率0.33。

2. 总计等价货币值

图5-8中［K］栏是对总计等价货币值的估算。所有结果水平都应该与以下因素等价货币值关联：① 建筑物损失；② 设备损失；③ 原料/物品损失；④ 生产工期延误；⑤ 人员风险；⑥ 其他损失。利用等价货币值可以反映每种结果对总风险的贡献，由此也可以进行风险减少的成本/利益分析。

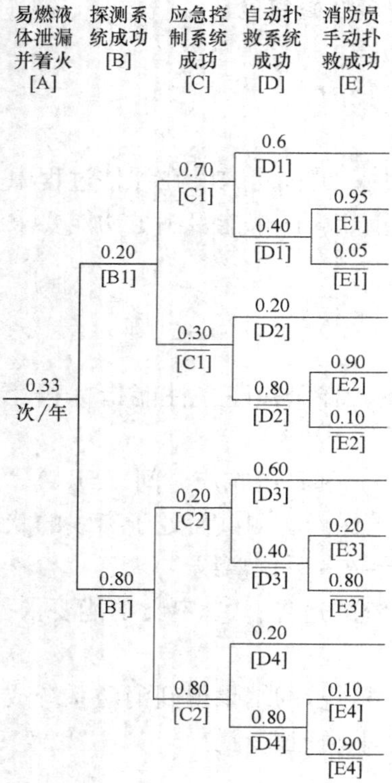

支线ID	风险概况/后果水平								
	支线概率[F]	事故结果[G]	财产损失			停产误期	生命安全风险	总计等价货币[K]	每年火灾爆炸&风险[L]=[F]×[K]
			建筑物损坏	设备损坏	仓库损坏				
1	0.028	G1	1	1	1	1	0	5k	140
2	0.018	G2	1	2	2	1	0	10k	180
3	0.0009	G3	3	3	3	3	0	1M	900
4	0.004	G1	1	2	1	1	0	7k	28
5	0.014	G2	2	2	2	2	0	25k	350
6	0.0016	G3	3	4	3	3	1	2M	3200
7	0.03	G1	1	2	1	1	0	7k	210
8	0.004	G2	2	2	2	2	0	25k	100
9	0.017	G3	3	3	3	3	3	2.5M	42500
10	0.04	G1	1	2	2	1	0	10k	400
11	0.017	G2	2	2	2	2	0	25k	425
12	0.15	G4	4	5	4	4	4	6M	900000
								全年总风险	948433

图 5-8　事件树分析举例

5.5　基于统计理论的火灾风险分析方法

5.5.1　概述

在火灾风险估计程序中，火灾概率估计非常重要的一个步骤。概率值可通过下列三种方法之一获得：① 通过数据直接估计；② 通过模型推导得知，该模型将此概率与其他概率联系起来，如将火灾引燃概率同设备构件失效概率、相关人员过失概率以及靠近易燃材料的概率等相联系；③ 工程判断。

在概率估计时，应避免某些普遍的错误和偏差，包括：

1）对于个人而言，低估低概率或高估高概率都是正常的。应注意到这个趋势并且通过合适的保守方法寻求补偿。

2）不宜假设所有的情况和事件是独立的。寻求共同原因事件，联系高风险人员的特征和其他组合概率比组成部分概率乘积高的情况。例如低质量的消防施工，如探测器和自动喷淋没有动作、墙体渗透、门被阻碍没有开启和其他消防安全系统没有发挥作用等，更可能发生点燃。

3）高估类似涉及特别的危害和物品环境的场景概率，而低估或忽略普通场景，如加热设备和电气系统火灾的概率。这是在估计点燃概率时使用火灾事故数据的重要原因。

4）对于工程人员，在每次事故中依赖高质量和完全火灾调查数据。这将会在概率估计中提供误导结果，例如，数据库只包括所发生火灾的很小部分，而且是偏向高死亡人数的火灾，因此遗漏实际死亡人数很多的小型火灾和大量物品损失的大型火灾。

5）不能够安全地假定消防安全系统和特征中的冗余是为了更高的整体可靠性或产生更高的整体可靠性。

一个场景从未在任何有效火灾损失数据库中有记载，不宜假定该场景为零概率。如果这个空缺反映了数据库的缺乏，应在概率估计中采用包含此特例的高概率的普遍场景作为概率估计的开始。对于一个已知但没有发生的事件，可以使用额外的数值统计方法来估计非零概率。

1. 直接通过数据估计概率

一般用频率来表示采用数据估计概率，该频率用相关事件数目估计值作分子，用曝火范围（the extent of exposure to fire）或事件发生的机会作分母。分母测量单位可包括时间单位（如每年的事件发生数）、人（如一建筑物内每千人发生的火灾数）、经估价的物品（如火灾数除以所有建筑及内部物品的总价值）、空间实体（如同类型的千座建筑物所发生的火灾数）或其他实体（如同类型千家公司的厂房所发生的火灾数）。

分子或分母的数据库可以统计为基础，也可以协商一致为基础。

2. 用模型估计概率

与其他两种估计方法不同，用模型估计概率，其主要优点是模型不仅能提供用于设计分析的估计值，也便于理解设计的改变和概率、后果变化之间的关系。如果对试设计的火灾风险评估得到的估计值为不可接受时，了解改变之间的关系非常重要。

使用模型并不排除对经验或主观数据的需要，而是用其他变量取代对数据的需要，模型就是通过这些其他变量来估计有关概率。但有时很难获取这些变量的相关数据，这会抵消模型的优越性。模型输入数据的不确定度比直接使用的数据的不确定度更复杂。

蒙特卡洛抽样法不是一种概率估计的替代方法，而是一种在确定的概率分布中进行火灾风险计算的数字方法。后者被用作选择特定火灾场景样本的基础，通过绝对等效的概率加权，使该样本的平均后果严重性成为对整个场景组概率加权后果严重性的最佳估计。

3. 用工程判断估计概率

通过使用德尔菲法或其他减少偏离、提高估计质量的程序，可以作出系统而协调一致的工程判断。工程判断可以是点值，也可是一个范围。后者可减少估计者之间存在的偏差，并且可用于风险矩阵或其他量化火灾风险的评估程序。当相关数据几乎或完全不存在时，可借助工程判断进行概率估计，此时可能会用到风险矩阵。在矩阵中，所有的概率估计都归为一小部分分布良好的数值。例如，一个用数量级分开的五个值的方案使用0.5%，5%，50%，95%，99.5%作为数值。一个用半数量级分开的五个值的方案使用5%，15%，50%，84%，95%。

4. 初始事件概率

当用损失经历作为数据计算分子，可以特指正在研究的建筑物、所有同类型的建筑物（位置和业主相同）、或更大集合的建筑物（国家或国际数据库）的损失经历。上面每种选择在其恰当性、细节的可获得程度、数据的可达性以及足以支持精确估计的数据库大小等方面都各有所长。

可从已估计过的部分而不是全部的整个场景的特征概率计算来估计概率。例如，在工厂生产区某设备产生火花而引起火灾的概率可通过火花引起的火灾概率以及工厂生产区火灾发生的概率来估计。在此计算中，如果没有经过证明，不应假设统计具有独立性。

在初始事件中最严重的破坏独立性的例子就是相同原因事件火灾，如地震同时引发多处火灾并破坏喷淋管道。这种火灾以及对喷淋管道的破坏都是罕见事件，但是两者同时发生的概率不等于事件概率相乘所得到的乘积（值很低），因为地震是震后所有事件的共同原因。

5. 状态概率和可靠性

每种消防系统在火灾发生时都有不同的可能状态，如探测器是否接通了电源、报警阀是开还是关、门是开还是关等。应论述任何能够影响某火灾场景概率或严重性的状态，估计每种状态的概率。

状态概率指火灾引燃时的状态。可靠性一般指引燃之后事件的概率，如探测器或喷淋是否启动、结构构件是否能够继续承受荷载而没有发生不可接受的变形等。

这些概率的例子都不是引燃概率，但也应对其进行火灾风险估计。行为场景同样需要概率。

5.5.2 火灾发生和增长

1. 概率方法

对于任何具有相似火灾风险的建筑物，本节中所讨论的概率方法可用来量化其火灾风险。在这种方法中，在一段时间（例如一年）内可能的火灾风险表示为：

1）在一段时间内发生火灾的概率（F）。

2）在发生火灾时可能的生命和财产的损害。

在本章中讨论的财产损失可以表示为火灾破坏面积（D）、或者空间蔓延的程度、资金损失（L）等。

防火措施（宣传、消防安全教育、防火审查）等可以减少发生火灾的概率（F），而减少火灾后果则需要防火保护措施，如自动喷淋、火灾自动报警和探测器、结构防火、烟气控制系统、逃生设施的手段。需要注意的是，即使采取了上面的一些措施，并不能将火灾风险降低为零。

2. 着火的可能性

火灾统计表明，在一个建筑物着火后，火灾蔓延超出建筑的频率很小（大约为1%）。这个频率随着建筑物的不同而不同。火灾蔓延的统计表明，在某种程度上，现行的技术条款和消防队灭火活动能够达到同样目的。外部火灾的蔓延而导致的生命损失是少见的。由于上述理由，本书中讨论的火灾风险通常指的是初始着火建筑内的火灾风险。

着火概率与建筑环境以及点火源有关，而且随着建筑物的类型不同而不同。甚至在一个建筑物内，在不同的位置的环境条件和点火源也不相同。例如，在工业建筑中，生产区、仓储区以及其他的区域，由于不同的点火源以及点火源的数量，着火概率也不相同。在居民住宅中，餐厅、卧室、客厅、厨房、卫生间种类和功能不同，着火概率也不相同。超市的购物区和库存区，由于人员不同，着火概率也不相同。

在建筑中，不同区域的着火原因或许不同。拉马钱德兰在 1979 ~ 1980 年调查了英国

(Ramachandran)。纺织业不同区域点火源情况，得到结果见表 5-6。从表中可以看出，机械热源或电火花是生产和维修区的主要火源。其次是工业电器，在存储区域中吸烟，儿童玩火，纵火是主要的点火源；在其他区域人为因素也是火灾的重要原因。

表 5-6 纺织工业不同区域点火源的分布

点火源		生产和维修		生产线	存储区域			其他区域	合计
		集尘器（非旋风式）	其他区域		库房	装卸和停车区	其他区域		
A 工业电器	集尘电器	14	3	—	—	—	—	—	17
	其他燃料	12	—						12
	其他电器	6	111	—	—	—	—	—	117
	其他燃料	—	22	—	1	—	—	2	25
B 焊接与切割设备		—	10	—	6	—	—	7	23
C 发动机		—	7	—	—	—	—	-	7
D 电线和电缆		1	12	—	—	—	—	2	15
E 机械热源或电火花		27	194	—	—	—	—	—	221
其他		52	387	—	2	—	—	—	441
F 纵火		—	9	—	3	—	—	3	15
疑似纵火		—	13	—	7	—	—	—	20
G 吸烟		2	29	1	15	1	—	7	55
H 儿童玩火		3	4	—	12	2	4	5	30
J 其他		4	29	2	3	2	—	12	52
K 不明原因		11	78	—	14	—	—	9	112
合计		132	908	3	63	5	4	47	1162

在特定区域由于特定的点火源引起的火灾与该区域内点火源的数量以及建筑物暴露在该点火源的持续时间有关。例如，在生产区，由于机械热源或电气火花引起火灾的概率与生产区的机械数量和机械操作的持续时间有关。同样，电气引起的火灾与区域中电器工具的数量以及使用的时间长短有关。至于人为因素，由于粗心的处置烟头导致的火灾概率与吸烟人数量以及吸烟数量有关。

为了估计由于特定原因导致的火灾的概率，需要统计该存在该类危险原因的建筑物由于该原因导致的火灾次数以及建筑火灾总次数。这项工作需要消耗大量的资源。下面介绍一种近似的估算方法。

拉马钱德兰分析了大量的火灾统计数据，认为建筑物中着火的概率可以表示为：

$$F(A) = KA^{\alpha} \tag{5-5}$$

式中 A——建筑总地板面积；

K 和 α——特定建筑物的常数，$K = n/N$，其中 N 表示某类建筑总数量，n 表示该类建筑着火次数。

$F(A)$——年度着火概率。

鲁特施泰因（Rutstein）1979 年根据英国的火灾统计数据估计的 K 值和 α 值见表 5-7。通过公式可以估算行业的火灾风险情况。

表 5-7　不同行业的火灾风险参数表

建筑性质	年着火概率		火灾平均损失/m^2	
	K	α	C	β
工业建筑				
食品及烟酒业	0.0011	0.60	2.7	0.45
化学	0.0069	0.46	11.8	0.12
机械和金属加工	0.00086	0.56	1.5	0.43
电子工程	0.0061	0.59	18.5	0.17
交通	0.00012	0.86	0.80	0.58
纺织	0.0075	0.35	2.6	0.39
家具	0.00037	0.77	24.2	0.21
印刷出版	0.000069	0.91	6.7	0.36
其他工业	0.0084	0.41	8.7	0.38
所有制造业	0.0017	0.53	2.25	0.45
其他建筑				
仓储	0.00067	0.5	3.5	0.52
商店	0.000066	1.0	0.95	0.50
办公室	0.000059	0.9	15.0	0.00
酒店	0.00008	1.0	5.4	0.22
医院	0.0007	0.75	5.0	0.00
学校	0.0002	0.75	2.8	0.37

例如，假设一个纺织车间建筑面积为 2500m^2，根据表 5-7 可知 $K=0.0075$，$\alpha=0.35$，则该车间一年内失火的概率为 0.116。

3. 可能损失

可能的损失区域可以表示为：

$$D(A)=CA^{\beta} \tag{5-6}$$

式中，A 表示建筑总面积，C 和 β 表示与建筑类型有关的风险参数。鲁特施泰因 1979 年根据英国的火灾统计数据估计的 C 值和 β 值见表 5-7。面积较小的建筑比面积较大的建筑更容易发展成全面的火灾。也就是说，如果将 $D(A)/A$ 记为火灾损失比例，那么火灾损失的比例随着建筑的面积增大而减小，β 值小于1。保险精算的研究和统计调查都得出了上述的结论。式（5-5）和式（5-6）都可以用来估算火灾风险。需要注意的是，该公式是在最小消防保护水平（没有自动喷淋）的情况下得出的经验公式。

建筑物中的消防设施将会减小损失比例和 β 值。例如，一个没有自动喷淋的工业建筑，总面积是 $1500m^2$，$C=2.25$，$\beta=0.45$，则平均损失面积为 $60m^2$，而鲁特施泰因调查发现，如果安装了自动喷淋，则平均损失面积为 $16m^2$，此时 $\beta=0.27$。

拉马钱德兰在1990年开展了一个与此相似的研究，他使用纺织业的数据，得到 $C=4.43$，在没有喷淋保护的建筑中 $\beta=0.42$，有喷淋保护的建筑中 $\beta=0.22$。

4. 火灾的蔓延

火灾破坏的可能面积也可以根据不同类型的火灾蔓延和该类型的火灾可能性进行估算。根据火灾统计，可考虑火灾蔓延情况如下：

1）火灾限制在初始燃烧物。

2）火灾在初始着火房间的蔓延。

3）火灾蔓延至着火层的其他房间。

4）火灾超出着火层在建筑物内的蔓延。

5）火灾蔓延超出建筑物。

火灾也可能在蔓延至同层的其他房间之前先竖向蔓延至其他的房间。但由于统计困难，一般很少考虑。表5-8是鲁特施泰因统计的英国纺织业火灾蔓延的情况。

表5-8 英国纺织业火灾平均破坏面积

火灾蔓延范围		有喷淋保护			无喷淋保护		
		平均破坏面积/m^2	可能性（%）	时间/min	平均破坏面积/m^2	可能性（%）	时间/min
限制在初始燃烧物		4.43	72	0	4.43	49	0
仅在着火房间的蔓延	蔓延至其他可燃物	11.82	19	8.4	15.04	23	6.2
	蔓延至结构	75.07	7	24.2	197.41	21	19.4
火灾超出房间		1000.00	2		2000.00	7	
平均		30.6	100		18.07	100	

1982年冈伯格（Gomberg）等人利用火灾统计数据使用概率树评估火灾蔓延的后果，其目的是评估自动喷淋系统的作用以及火灾风险。火灾蔓延考虑三种情况：限制在初始着火位置（O），在着火房间蔓延（$<R$），蔓延超出着火房间（$>R$）。“自动灭火”表示火灾触发系统概率。由于火灾统计只是说明火灾在熄灭后自动系统是否被触发，所以在这里采用的是专家判断的方式来估计系统触发的概率，概率树如图5-9所示。

研究火灾的蔓延特点对控制火灾具有十分重要的意义。当可燃物分布连续时，火灾蔓延过程的研究已经相对比较成熟，通过燃烧、传热模型代入明确的边界和初值条件后，便可以得到确定的结果。然而大多数情况是可燃物的分布是不连续的，由于各种条件的影响，使得火灾的蔓延过程具有很大的不确定性。因此，可以引入随机性方法对该过程的不确定性进行描述。

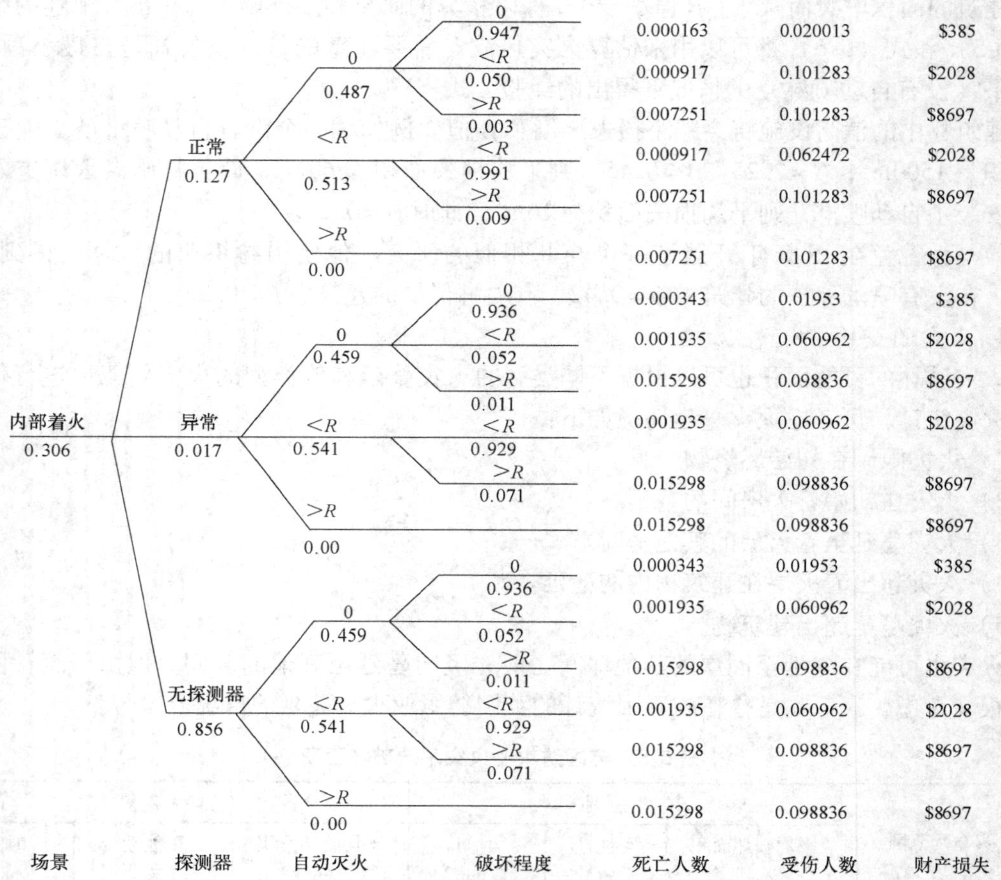

图 5-9 概率树

5.5.3 火灾风险的随机模型

除环境条件外，建筑中可燃物的摆放方式影响火灾的物理和化学过程，进而控制着火灾蔓延的情况。这些过程在不同时间的相互作用，造成火灾的发展以及主动防火和被动防火措施性能的不确定性。不确定性还包括建筑中的人员在火灾中的行为和火灾产物对逃生的影响和对人员的伤害。火灾的确定性评价模型可以模拟不同情况下的火灾情况以及人员行为，但是对这些不确定性因素很难评价。这些不确定性因素可以通过不确定性模型进行评价。

不确定性模型包括概率模型和随机模型。概率评价方法可以以概率方式来表达火灾的风险，其可信度是有限的。

对一个特定的建筑进行火灾风险评价时，较复杂的方法就是随机模型。这些模型考虑在时间和空间发生的重要事件链和连接这些事件的概率。在这里主要讨论马尔科夫模型。

1. 马尔科夫链

如果事物的发展过程及状态只与事物当时的状态有关，而与以前状态无关时，则此事物的发展变化称为马尔柯夫链。如果系统的火灾状况具有马尔柯夫性质，且一种状态转变为另一种状态的规律又是可知的，那么可以利用马尔柯夫链的概念进行计算和分析，来预测未来特定时刻的系统火灾状态。

马尔柯夫链是表征一个系统在变化过程中的特性状态，可用一组随时间进程而变化的变量来描述。火灾由一个状态向另一个状态的转移，由其转移概率来确定。用数学语言表达式为：如果在第 n 个时间步时，火灾在状态 i，则根据转移概率 $\lambda_{ij(n)}$，在第 $n+1$ 个时间步时，它可以在状态 j。这种转移概率可以十分方便地用矩阵的形式来进行操作，对于 m 个状态的情况而言，其状态转移概率矩阵：

$$P=\begin{bmatrix}\lambda_{11} & \lambda_{12} & \cdots & \lambda_{1m}\\ \lambda_{21} & \lambda_{22} & \cdots & \lambda_{2m}\\ \vdots & \vdots & & \vdots\\ \lambda_{m1} & \lambda_{m2} & \cdots & \lambda_{mm}\end{bmatrix} \tag{5-7}$$

状态转移矩阵是一个 m 阶方阵，满足概率矩阵的一般性质，即满足 $0\leqslant\lambda_{ij}$，且 $\sum_{j=1}^{m}\lambda_{ij}=1$。也就是说，状态转移矩阵的所有行变量都是概率向量。

假定系统的初始状态可用状态向量表示为：

$$s^{(0)}=[s_1^{(0)},\ s_2^{(0)},\ s_3^{(0)},\ \cdots,\ s_n^{(0)}]$$

一次转移向量 $s^{(1)}$ 为：$s^{(1)}=s^{(0)}P$

二次转移向量 $s^{(2)}$ 为：$s^{(2)}=s^{(1)}P=s^{(0)}P^2$

类似地：$s^{(n+1)}=s^{(0)}P^{(n+1)}$

系统在时间 n 时的概率分布可以表示为向量：

$$P=s^{(n)}=s^{(0)}P^{(n)}=(q_1,\ q_2,\ q_3,\ \cdots,\ q_m) \tag{5-8}$$

$$\sum_{i=1}^{m}q_i=1$$

式中，q_i 表示在时间 n 时消防燃烧处于第 i 个状态的概率。在给定的时间，火灾只能处于 m 种状态中的一种状态，如果在第 m 个状态，这可能意味着火灾处于熄灭的状态。

在马尔科夫链中，转移概率必须满足以下的性质：① 所有的研究状态应该是有限的；② 对于每组状态（i，j），在状态 i 发生后 j 立即发生的概率 λ_{ij} 仅有一个。

例如，一个房间有 4 个不连续的可燃物 R_1、R_2、R_3 和 R_4，假设火灾在 R_1 发生，并且火灾在这 4 个可燃物中的蔓延，火灾不会自动熄灭，当发生轰燃时 4 个可燃物都被点燃，这时蔓延过程终止。在本例中可以出现以下四种状态：

1）有 1 个可燃物燃烧（仅仅 R_1 燃烧）。

2）有 2 个可燃物燃烧（R_1 和 R_2 燃烧或者 R_1 和 R_3 燃烧或者 R_1 和 R_4 燃烧）。

3）有 3 个可燃物燃烧（R_1、R_2 和 R_3 燃烧或者 R_1、R_2 和 R_4 燃烧或者 R_1、R_3 和 R_4 燃烧）。

4）全部 4 个物体一起燃烧。

在本例中，没有从较高的状态向较低的状态转移，如果不考虑火灾在室外的蔓延，当达到第 4 种状态之后，蔓延就终止，这时不会再向其他的状态转移，这种状态称为吸收态。假设状态转移矩阵为：

$$P=\begin{bmatrix}0.4 & 0.3 & 0.2 & 0.1\\ 0 & 0.5 & 0.3 & 0.2\\ 0 & 0 & 0.6 & 0.4\\ 0 & 0 & 0 & 1\end{bmatrix}$$

在某个时间 n，火灾处于不同状态的概率为：

$$P_n=(0.1\quad 0.2\quad 0.3\quad 0.4)$$

则在时间（$n+1$）时火灾状态的概率向量为：

$$\begin{aligned}P_{n+1}&=P_nP\\ &=(0.1\quad 0.2\quad 0.3\quad 0.4)\begin{bmatrix}0.4 & 0.3 & 0.2 & 0.1\\ 0 & 0.5 & 0.3 & 0.2\\ 0 & 0 & 0.6 & 0.4\\ 0 & 0 & 0 & 1\end{bmatrix}\\ &=(0.04\quad 0.13\quad 0.26\quad 0.57)\end{aligned}$$

这说明在（$n+1$）时间，火灾处于第三种状态（有3个目标物燃烧）的概率为0.26，而轰燃的概率为0.57。

2. 马尔科夫过程

下面我们考虑一个稍微复杂的情况，在马尔科夫过程中，从一个状态转移到另一个状态的概率是一个常数，它与时间相互独立。伯林（Berlin）1980年将住宅火灾分为六种状态，并以此估算每种状态之间的迁移的概率：① 无火状态；② 持续燃烧；③ 猛烈燃烧；④ 对火灾的干涉作用；⑤ 远程燃烧；⑥ 着火房间的全面火灾。

通过一些关键的事件来定义这些状态，例如热释放速率、火焰高度以及上层的烟气温度。假设火灾在发展过程中，处于哪种状态是随机的。

伯林通过超过100组的全尺寸火灾实验，得到转移概率见表5-9。表中表明，当火灾处于状态Ⅲ时，有75%的机会发展到状态Ⅳ，有25%的机会后退到状态Ⅱ。状态Ⅰ是无火状态，所有的火灾最终结束在这个状态，所以也称吸收态。当达到状态Ⅵ时（着火房间的全面火灾），状态转移过程也会终止，所以状态Ⅵ也是吸收态。Berlin分别用均匀分布、正态分布和对数正态分布来描述不同状态的时间概率分布。

表5-9 住宅中典型房间的火灾状态转移（火灾类型：沙发垫阴燃火灾）

状态转移		转移概率	时间分布		
from	to		概率分布	均值	标准差
Ⅱ	Ⅰ	0.33	均匀分布	2	5
Ⅱ	Ⅲ	0.67	对数正态分布	8.45	0.78
Ⅲ	Ⅱ	0.25	均匀分布	1	2
Ⅲ	Ⅳ	0.75	正态分布	5.55	3.22
Ⅳ	Ⅲ	0.25	均匀分布	1.5	9
Ⅳ	Ⅴ	0.75	均匀分布	0.5	3.5
Ⅴ	Ⅳ	0.08	均匀分布	0.6	6.0
Ⅴ	Ⅵ	0.92	对数正态分布	5.18	4.18

状态转移问题实际上就是火灾发展问题，极大的火灾发展代表着最极端的情况。部分火灾发展不会超过状态Ⅱ，概率为 0.33。如果用 M_3 表示火灾发展到状态Ⅲ但不超过状态Ⅲ的最终（极限）概率，则 M_3 的大小可以表示为：

$$M_3 = \frac{\lambda_{21} + \lambda_{23}\lambda_{31}}{1 - \lambda_{23}\lambda_{32}} - \lambda_{21} \tag{5-9}$$

使用表 5-9 中的数据，注意 $\lambda_{31} = 0$，于是 $M_3 = 0.07$，伯林估算出火灾不容易超过状态Ⅲ。表 5-10 是伯林给出的火发展最大程度的概率。这里所谓的“火发展最大程度”实际上是指火灾发展到稳定状态，此时火灾的发展满足条件 $p_n = p_{n+1} = p_n P$。他还讨论了其他的情况，如火灾的自熄灭和火灾强度的概率分布。

表 5-10　火灾发展程度

最大火灾程度	概　　率
状态Ⅱ	0.33
状态Ⅲ	0.07
状态Ⅳ	0.02
状态Ⅴ	0.58

Berlin 估计 99% 火灾在 12 次状态转移内会终止。这个结论是基于平稳转移概率的假设的，燃烧过程受不同的燃烧材料影响，在同一个状态，波动的概率可能更接近真实的情况。然而，燃烧最终会消耗所有的燃料，这种情况下，所有状态发展到终止的概率为 1。因此 Berlin 方法代表的是一种极坏情况的分析。

马尔科夫模型主要的缺点是转移概率“平稳”的性质。它假设概率随着时间的推移保持不变。在给定的条件下，火灾燃烧的时间长短影响未来的火势蔓延，例如，火灾时间长则烧穿一堵墙的概率增加。火灾在一个状态的时间的长短，取决于火灾是如何达到这个状态的，即火灾是增长还是衰退到该阶段的。火灾增长的速度取决于火灾的热释放速率。在一个静态转移概率的马尔科夫模型中，增长的火灾和衰退的火灾之间没有明显的区别。

5.5.4　基于统计理论与火灾动力学相耦合的财产损失评估

对于不同类型建筑，由于其使用功能不同，其内部可燃物的种类和含量、电器以及能量的利用程度将大大不同，那么火灾发生的概率将肯定有所差别。一旦建筑物内火灾发生后，其蔓延的概率有多大？会不会发展成盛期火灾？盛期火灾的持续时间有多长？会不会由于火灾长时间的烧烤使得建筑结构的力学性能遭到严重破坏而形成整体坍塌？所有这些由火灾发生后造成的财产损失程度不仅与建筑物的防灭火特性有关，还与建筑物内可燃物的种类、含量和分布情况等有关。因此，要对建筑物的火灾财产损失进行有效、准确的评价，首先必须要了解不同功能建筑物的火灾发生概率，同时还须对不同功能建筑物内的可燃物的种类和火灾荷载进行准确的统计。

另一方面，火灾风险评估，建筑火灾财产损失评估和预测也是建筑消防性能化设计的基础内容。由于现行的消防法规和规范无法解决日益增加的大型、超大型建筑的消防设计问题，必须借助于消防性能化设计来达到设计合理的消防措施、有效地降低火灾危险的目的。一个合理的建筑消防性能化设计是离不开科学的火灾风险评估方法。一个科学的火灾风险评估、火灾财产损失评估方法，必须将火灾动力学和统计理论相结合，必须在充分了解和掌握了火灾孕育、发生和发展的动力演化机理基础之上，建立综合考虑火灾统计结果、建筑物的结构特性、所采取的防灭火措施的科学的风险评价方法。

1. 建筑火灾发展阶段的分割

当某一建筑物内一旦发生火灾后，如果没有有效的防灭火措施，火灾就会成长蔓延，同时由火灾而产生的高温有毒有害烟气也将迅速扩散，并且烟气的扩散速度将远远大于火的蔓延速度。高温有毒有害烟气的扩散不仅对人员的有效疏散有着非常重要的影响，

而且对消防人员进行火灾扑救也有重要影响。另一方面，火灾的蔓延直接与建筑物的烧损程度和范围有关。为了对建筑火灾的危害性进行科学的评价，我们首先必须对影响火灾发生发展的各个要素进行分析分类，同时我们还必须基于火灾动力学和防灭火设备的有效性对火灾发展蔓延的阶段进行分割。

（1）影响火灾发展的要素

影响火灾发展的主要因素有：火灾环境、建筑物的空间结构和特性、建筑物的防灭火措施、防灭火设备的可靠性和有效性、科学的防灾管理等。

1）火灾环境。火灾环境又主要包括起火室可燃物的特性，起火室的空间结构和面积等。因为通常在火灾发生的初期，采用的火灾模型为时间平方火（t^2 火），即：

$$Q=\alpha(t-t_0)^2 \tag{5-10}$$

式中 Q——火灾热释放速率(kW)；

α——火灾成长系数(kW/s^2)；

t——火灾发生后的时间(s)；

t_0——开始有效燃烧所需的时间(s)。

很显然，当室内可燃物不同时，不仅其燃烧热值不同，其火灾成长系数也将大不相同。表5-11列出了一些功能建筑物的火灾成长系数。在实际的工程运用中，可以根据不同功能建筑物中可燃物的特性直接由表5-11获得火灾成长系数 α。

表5-11 火灾成长系数

分　类	火灾成长系数 $\alpha/(kW/s^2)$		适用场所
超快速火	高	—	商店、加油站等
	标准	0.20	
	低	0.14	
快速火	高	0.07	旅馆、办公室等
	标准	0.05	
	低	0.03	
中速火	高	0.02	医院、办公室等
	标准	0.0125	
	低	0.009	
慢速火	高	0.005	学校
	标准	0.003	
	低	—	

除了通过查 5-11 的表外，火灾增长系数还可以通过综合考虑可燃物荷载密度的影响（α_f）以及墙和吊顶的影响（α_m）计算得到，火灾增长系数 α 的计算式为：

$$\alpha = \alpha_f + \alpha_m \tag{5-11}$$

其中

$$\alpha_f = 2.6 \times 10^{-6} q^{5/3} \tag{5-12}$$

α_m 根据装修材料和可燃等级的不同而不同，根据表 5-12 可确定各火灾场景的 α_m 值。

表 5-12　α_m 与建筑物装修材料可燃等级

墙面装修材料等级	α_m/(kW/s^2)
A	0.0035
B1	0.014
B2	0.056
B3	0.35

另一方面，起火室烟气层的温度和高度除了与可燃物的燃烧特性有关外，还与起火室的高度、面积有关。内装饰材料的不同不仅影响火灾成长系数 α 的大小，同时还直接影响到火灾是否会发生轰燃以及由初期火灾发展到轰燃的时间。这些都是影响火灾发展的要素。

2）建筑物的防灭火设备。建筑火灾一旦发生后，能不能在最短的时间内发现火灾并实施火灾的扑救，将火势控制在一个较小的状态，以减少火灾的直接经济损失和人员的伤亡，这很大程度上取决于该建筑物内防灭火措施的有无和其可靠性。建筑物内的防灭火设备主要包括：火灾自动探测和报警设备、水喷淋设备、小型灭火器、消火栓、排烟设备和非常电源等。

一个建筑物内只设置了必要的防灭火设备还不行，还必须保证这些防灭火设备在火灾发生时有效工作。应该说确保建筑物内防灭火设备的有效可靠启动更为重要。表 5-13 是日本东京消防厅从 1989 ~ 1998 年所做的关于各种消防设备完好率的统计结果。由该表可以看出，由于日本各种消防设备的技术水平较高、日常的维护和管理做得比较好，各种消防设备的完好率相对较高。

表 5-13　各种消防设备的有效起动概率

设 备 名 称	设备完好率	数 据 来 源
水喷淋	0.975	1989 ~ 1998 年的火灾统计数据
火灾探测报警	0.939	1989 ~ 1998 年的火灾统计数据
灭火器	0.997	1989 ~ 1998 年的火灾统计数据
消火栓	0.979	1989 ~ 1998 年的火灾统计数据
排烟设备	0.974	1989 ~ 1997 年的定期检查结果
紧急电源	0.998	1989 ~ 1997 年的定期检查结果

3）建筑物的空间特性。防火分区的设定是控制火灾蔓延、防止灾害扩大的有效方法之一。作为防火分区所用的材料主要有防火墙和防火门（包括防火卷帘）。那么防火墙和防火门的有效耐火时间，防火门关闭的可靠性和有效性等将影响到火灾能否向邻近防火分区蔓延。表 5-14 是各类防火门的关闭可靠性的统计结果。

表 5-14 各类防火门关闭的可靠性

门的状态	防火门的种类	关闭的可靠性
长期关闭	防火门	0.97
随时关闭	防火门	0.97
（与感烟、感温等探测器联动）	防火卷闸门	0.91

（2）火灾发展阶段分割

科学的火灾风险评估方法是基于火灾动力学和概率统计理论的相互耦合。为了对火灾发生后的成长概率和火灾的直接损失作出科学的评价，可以以火灾成长概率和火灾发生后建筑物的平均烧损面积为目标函数，根据火灾发展过程中的不同危险程度和消防设施防灭火的效果，将火灾由初期发展到整个防火分区的过程分为四个阶段，结合系统安全分析的方法对每个阶段火灾风险、火灾成长概率进行分析，对火灾发生后的烧损面积进行预测。

第 1 阶段是指火灾还处于初期阶段，其热释放速率相对较小，此时的火灾可以被灭火器或被自动水喷淋扑灭（或控制）。

第 2 阶段是指火灾已发展到一定的阶段，此时室内的灭火器和水喷淋系统已经不能将火灾有效地扑灭，必须利用消火栓进行灭火。

第 3 阶段是指火灾超出阶段 2 发展到盛期阶段。这个阶段火势发展较快，并很有可能发生轰燃。

第 4 阶段是指火灾进一步发展，由起火室蔓延到整个防火分区。

2. 各阶段火灾成长概率

（1）阶段 1 火灾成长概率

假定火灾在建筑物内某防火分区内开始发生。根据阶段 1 火灾的定义，由于火灾还处于初期阶段，可以被灭火器或被自动水喷淋扑灭（或控制）。那么火灾能否被及时发现？火灾被及时发现后，能否利用建筑物内的防灭火设备有效地将火灾扑灭？这些都是火灾能否成长并超出阶段 1 的主要影响因素。也就是说，火灾超出阶段 1 的概率的大小主要取决于火灾探测报警系统，自动水喷淋系统和灭火器工作的可靠性和有效性。在此我们利用事件树的分析方法，在火灾探测报警系统、自动水喷淋系统和灭火器这三种防灭火设备的作用条件下，对火灾超出阶段 1 可能的发展情况进行了分析，图 5-10 是影响阶段 1 火灾发展的事件树。

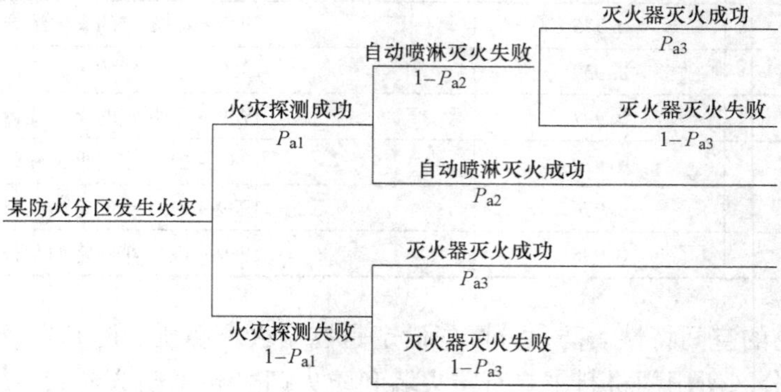

图 5-10 阶段 1 事件树

图 5-10 从火灾探测报警系统的可靠性、自动水喷淋灭火系统和灭火器的灭火有效性分析了火灾在阶段 1 发展的可能结果。利用事件树的分析方法，可以计算出火灾发展超出阶段 1 的概率为：

$$\begin{aligned}P_{FPh1} &= (1-P_{a1})(1-P_{a3})+P_{a1}(1-P_{a2})(1-P_{a3}) \\ &= 1-P_{a3}-P_{a1}P_{a2}+P_{a1}P_{a2}P_{a3}\end{aligned} \tag{5-13}$$

式中　P_{FPh1}——火灾发展超出阶段 1 的概率；

P_{a1}——火灾探测报警成功的概率；

P_{a2}——自动水喷淋灭火成功的概率；

P_{a3}——灭火器灭火成功的概率。

为了对发生火灾后建筑物进行火灾风险评估，估算火灾发生后的烧损面积，需要得到每个阶段的临界时间。如果火灾经过一段时间发展，其热释放速率超过灭火器的灭火极限，火灾就会超过阶段 1 而继续发展。阶段 1 的临界时间就是灭火器刚好可以将火灾扑灭时火灾发展经历的时间。影响灭火器灭火的因素是火源的热释放速率。火灾初期的热释放速率可以用式下进行计算。即：

$$Q=\alpha(t-t_0)^2$$

这里的开始有效燃烧所需的时间均可以认为就是火灾发生到火灾探测报警的时间 t_{fa}。根据文献，在火源的热释放速率没有超过 950kW 的时候，火灾可以被灭火器扑灭。那么，火源热释放速率达到 950kW 时所对应的时间即火灾可以被灭火器扑灭的临界时间，可由下式得到：

$$t_{950}=\sqrt{\frac{950}{\alpha}}+t_{fa} \tag{5-14}$$

式中　t_{950}——火灾可以被灭火器扑灭的临界时间(s)；

t_{fa}——火灾发生到探测报警的时间(s)，通常取 60s。

阶段 1 的临界时间 t_{FPh1} 就等于火灾可以被灭火器扑灭的临界时间，即：

$$t_{FPh1}=t_{950} \tag{5-15}$$

如果热释放速率达到 950kW 所需时间大于烟气下降到危险高度所需时间（参见阶段 2 临界时间的求解方法），则取其中最小的一个。即：

$$t_{FPh1}=\min(t_{950},\ t_{height}) \tag{5-16}$$

（2）阶段 2 火灾成长概率

如果灭火器和自动水喷淋系统灭火失败，就会导致火灾进一步发展，这时灭火器或自动水喷淋系统已经不能有效地控制、扑灭火灾，火灾就会超过阶段 1 而发展到阶段 2。阶段 2 是指人们可以使用室内消火栓将火灾扑灭的阶段。在这个阶段影响火灾发展的主要因素是室内消火栓和排烟设备的工作状况。在阶段 2，火灾处于发展阶段，室内温度逐渐升高，同时会产生大量高温、有毒的烟气，这些大量高温、有毒的火灾烟气对人员使用室内消火栓扑灭火灾十分不利。所以，排烟设备的及时启动是保证人员使用室内消火栓成功扑灭火灾的关键。图 5-11 所示的事件树在

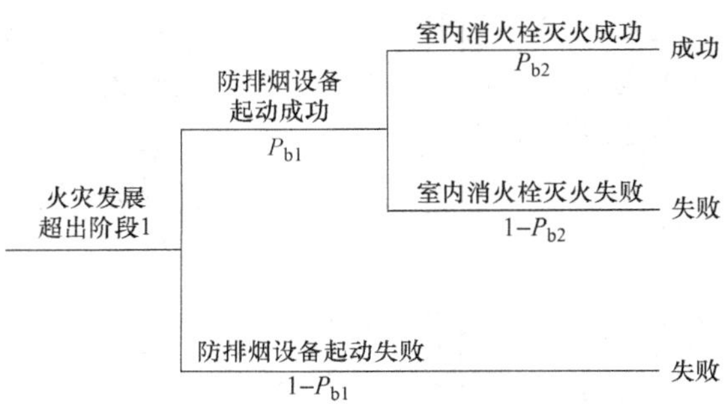

图 5-11　阶段 2 事件树

考虑排烟设备和室内消火栓的情况下，分析阶段 2 火灾发展的可能结果。

在阶段 2，火灾进展与否主要受排烟设备能否有效启动，室内消火栓能否有效灭火的影响，通过对图 5-11 的事件树进行分析，火灾发展超出阶段 2 的概率可由下式得到：

$$P_{\mathrm{FPh2}} = P_{\mathrm{FPh1}}[(1-P_{\mathrm{b1}}) + P_{\mathrm{b1}}(1-P_{\mathrm{b2}})] = P_{\mathrm{FPh1}}(1-P_{\mathrm{b1}}P_{\mathrm{b2}}) \tag{5-17}$$

式中 P_{FPh2}——火灾发展超出阶段 2 的概率；

P_{b1}——排烟设备起动成功的概率；

P_{b2}——室内消火栓灭火成功的概率。

在阶段 2，火灾发展过程中会产生一些高温、有毒的烟气，当这些高温、有毒的烟气下降到对人有危害的高度时，就会影响人使用室内消火栓灭火。另一方面，虽然烟气层的高度高于人眼的高度，但当烟气层的温度过高时（烟气的辐射热通量大于 0.25W/cm^2）也会对人体造成灼伤。烟气层的厚度随时间的变化可以通过美国国家标准与技术研究所开发的 CFAST 火灾区域模拟软件计算得到，当烟气层降到对人有危害高度（工程上通常取 1.5m）时，一般人员就难以用室内消火栓进行火灾扑救。烟气下降到 1.5m 高度的时间求法如图 5-12 所示，因此取烟气层的高度下降到 1.5m 高度或烟气的辐射热通量大于 0.25W/cm^{2}时的最短时间，即阶段 2 的临界时间 t_{FPh2}。

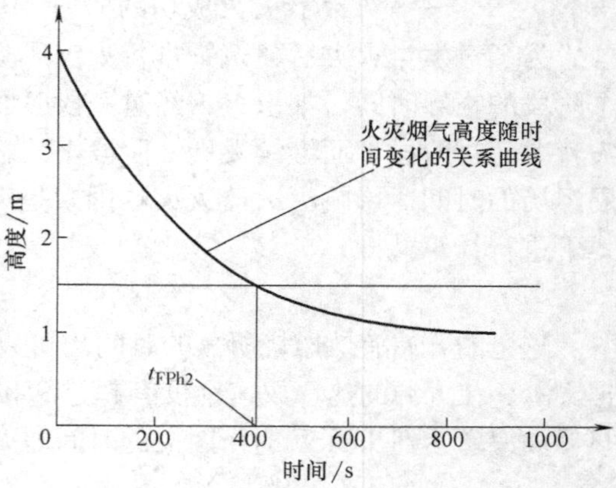

图 5-12 阶段 2 的临界时间 t_{FPh2}的确定方法

（3）阶段 3 火灾成长概率

室内消火栓或排烟系统的失效就会导致火势的进一步发展。这时，建筑物内的灭火设施已经不能有效地控制火灾的发展，只能依靠消防队的扑救，如果阶段 2 之后未得到消防队的及时扑救，火灾就会发展到阶段 3。这个阶段火势发展较快，并有可能发生轰燃。火灾发展超出阶段 3 的概率可由下式得到：

$$P_{\mathrm{FPh3}} = P_{\mathrm{FPh2}}(1-P_{\mathrm{f}}) \tag{5-18}$$

式中 P_{FPh3}——火灾发展超出阶段 3 的概率；

P_{f}——得到消防队及时有效扑救火灾的概率。

阶段 3 的临界时间即火灾从开始发展到盛期经历的时间。一般认为当起火室烟气层的温度达到 300℃（房间的装修材料为可燃物）或 600℃（房间的装修材料为非可燃物）时就会发生轰燃，此时火灾所经历的时间即为火灾发展到盛期的时间。火灾轰燃之前的烟气层温度可由文献提出的公式计算：

$$T_{\mathrm{ht}} = 0.023Q^{\frac{2}{3}}(h_{\mathrm{k}}A_{\mathrm{T}}A\sqrt{H})^{\frac{1}{3}}T_{\infty} + T_0 \tag{5-19}$$

$$h_{\mathrm{k}} = \sqrt{k\rho c/t} \tag{5-20}$$

式中 T_{ht}——烟气层温度(℃)；

Q——热释放速率(kW)；

h_{k}——室内墙壁的有效传热系数[kW/(m^2·K)]；

A_T——房间内表面积(m^2);

A——房间开口面积(m^2);

H——房间开口高度(m);

T_∞——环境温度(K);

T_0——房间初始温度(℃);

k——内衬材料的导热系数[kW/(m·K)];

ρ——内衬材料的密度(kg/m^3);

c——内衬材料的比热容[kJ/(kg·K)];

t——火灾燃烧特征时间(s)。

根据室内不同装修材料和起火室的空间结构确定烟气层温度，结合式（5-19）、式（5-20）可以得出阶段3的临界时间 T_{FPh3}，即：

$$T_{FPh3} = t \tag{5-21}$$

（4）阶段4火灾成长概率

火灾发展到盛期之后，就会向同一防火分区的其他房间蔓延，从而导致其他房间着火，使得整个防火分区内发生火灾。为了防止火灾蔓延出防火分区，防火卷帘需要及时降下关闭。除此之外，消防队的及时有效的扑救也是防止火灾蔓延出防火分区的一个重要因素。阶段4是指火灾由起火室蔓延到整个防火分区。下图所示的事件树是在考虑防火卷帘和消防队的影响下，分析阶段4火灾发展的可能结果。

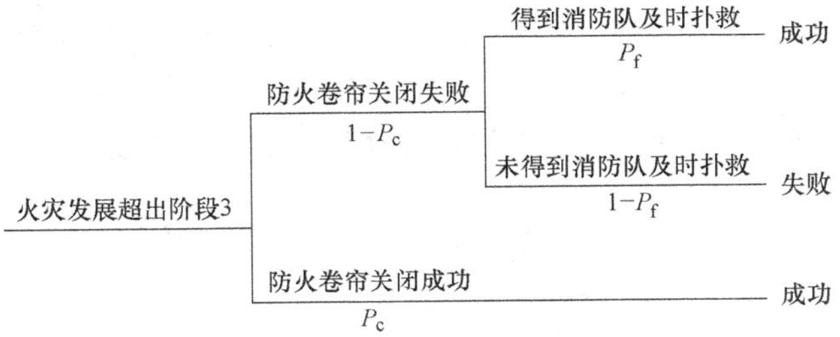

图5-13　阶段4事件树

上图从防火卷帘关闭的有效性和消防队及时扑救的有效性的角度，利用事件树分析了火灾蔓延出防火分区的可能性，通过阶段4的事件树，火灾发展超出阶段4的概率可以由下式得到：

$$P_{FPh4} = P_{FPh3}(1 - P_{c1})(1 - P_f) \tag{5-22}$$

式中　P_{FPh4}——火灾发展超出阶段4的概率；

P_{c1}——防火卷帘关闭成功的概率。

（5）阶段4以后的火灾成长概率

由于起火室所在防火分区的防火卷帘关闭失效且未得到消防队的及时有效扑救，导致火灾蔓延出防火分区至相邻的防火分区，这时火灾在相邻的防火分区能否得到有效控制与扑救取决于该防火分区防灭火设备工作的有效性以及消防队扑救的有效性。

3. 建筑物火灾时烧损面积的预估

（1）火灾发生后的烧损面积

在阶段1、阶段2、阶段3，即从起火到旺盛燃烧阶段，由于火源的热释放速率随时间成t^2规律增长，故可以认为火焰是以着火点为圆心，以圆形向四周蔓延，并引燃其他可燃物。烧损面积是指火焰蔓延达到的区域的面积。这样，对于前三个阶段的过火面积就可以通过下式进行计算。

$$A_i = \pi[v(t_{FPhi} - t_{fa})]^2 \tag{5-23}$$

式中 A_i——火灾发展到阶段i时，建筑物的烧损面积(m^2)（$i=1, 2, 3$）；

t_{FPhi}——阶段i的临界时间(s)；

v——火灾蔓延速度(m/s)，其大小取决于火灾场景可燃物的特性。

对于阶段4，由于火灾已经蔓延至整个防火分区，此时的烧损面积A_4应为起火室所在防火分区的面积。

火灾发生后起火室所在防火分区的平均烧损面积受以下两个因素的影响：每个阶段的火灾成长概率和发展到每个阶段时建筑物的烧损面积。通过式（5-13）~式（5-23）可以得到火灾一旦发生后起火室所在防火分区的平均烧损面积为：

$$A_{FZ}\sum_{i=1}^{3}(A_i P_{FPhi}) + A_4 P_{FPh4} \tag{5-24}$$

式中 P_{FPhi}——火灾发展超出阶段i的概率（$i=1, 2, 3$）；

A_{FZ}——一旦火灾发生后起火室所在防火分区的平均烧损面积(m^2)。

（2）建筑物使用年限内的可能烧损面积和财产损失

式（5-24）为火灾一旦发生后，各类建筑物在不同防灭火措施下烧损面积均值的预测计算式，那么对于某一具体建筑物而言，其使用年限内的可能烧损面积因该与该建筑的面积和该建筑发生火灾的概率有关。则对于建筑面积为S的建筑物在其使用年限内的可能烧损面积为：

$$A_F = SY_L P_{fire} A_{FZ} \tag{5-25}$$

式中 Y_L——建筑物的使用寿命(年)；

S——建筑物的总面积(m^2)；

P_{fire}——建筑物发生火灾的概率(起/(m^2·年))。

如果该建筑物单位面积的财产（包括固定和移动财产）密度为w_E（元/m^2），则该建筑物在其使用年限内可能火灾财产损失为：

$$E_{fire} = w_E A_F = w_E SYP_{fire} A_{FZ} \tag{5-26}$$

式（5-26）为某建筑物在其使用年限内火灾财产损失（元）的估算式，在计算E_{fire}时，不仅要用到诸如财产密度、火灾发生概率、火灾有效探测和报警概率等统计数据，还需要用到火灾成长过程超出各个阶段的概率。

5.5.5 火灾引起建筑物坍塌的评价方法

火灾不仅会造成巨大的财产损失和大量的人员伤亡，有时还会造成整个建筑物的整体坍塌，使灾害进一步扩大。由于当今城市建筑的特点由传统的低层或多层建筑向中高层或超高的大型建筑转变，建筑材料也由传统的砖瓦向钢材转变。

钢以及混凝土受热后力学性能下降是它们的共同弱点，特别是钢材受热后力学性能明显下降。虽然钢材为非燃烧材料，但如果由于火灾发生时的长时间烧烤，当钢的温度达到400℃时，钢材的屈服强度将下降到室温下强度的一半。当温度达到600℃时，钢材基本失去其强度和刚度。所以当火灾的持续时间超过建筑物的最大耐火时间时，极有可能会造成该建筑物的整体坍塌。

切实可行的建筑物火灾安全性能化设计离不开科学的火灾风险评估方法。对于不同功能结构的建筑物，要不要对其主体结构进行防火保护，如果要进行防火保护需要达到怎样的保护程度？要回答这样的问题不仅要充分了解不同建筑材料在不同温度下的力学特性，还必须对不同功能结构建筑物火灾时的坍塌概率进行估算。

由于不同功能建筑物的火灾荷载不同，当火灾一旦发生并发展成盛期火灾时，它的燃烧持续时间不同，则由火灾引起的建筑物整体坍塌的可能性也就不同。本研究利用概率与统计理论对典型建筑物火灾荷载进行了统计，给出了典型建筑物在极端和一般情况下由火灾引起的坍塌概率的估算方法。

1. 建筑火灾的一般规律

通常建筑物火灾可分成有三个阶段，即火灾成长期、盛期和衰减期，其一般规律可用图5-14来表示。在火灾的成长期，火灾的释热速率与时间的2次方成正比。当火灾到达盛期时，这时火灾的释热速率主要受换气以及可燃物的条件制约，其值几乎不随时间的变化而变化，并一直维持到可燃物燃尽。当建筑物内的可燃物燃尽后火灾将迅速衰减直至熄灭。

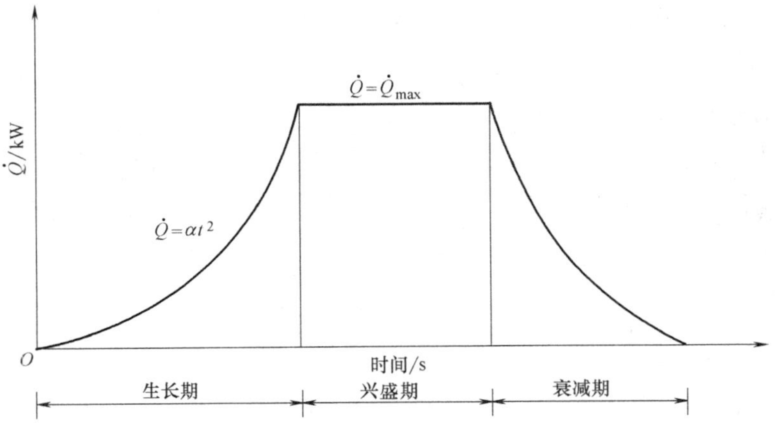

图5-14 建筑火灾热释放速率的一般规律

火灾时建筑物内人员的避难安全主要受成长期火灾的蔓延规律、建筑物内可燃物的燃烧特性、建筑物的空间结构以及烟气的毒性及抽排放等因素的影响。一般火灾的成长系数α越大，火灾成长期就越短，允许人员逃生的时间就越短。另一方面，要对建筑物进行性能化设计，确定建筑物的耐火时间，评定建筑物整体的火灾危险性，则火灾时的热释放速率的上限值以及盛期火灾的持续时间就非常重要。一般来说，建筑物内的火灾荷载越大，盛期火灾的持续时间就越长，造成建筑物整体坍塌的可能性就越大。对于这样的建筑物，其建筑物材料耐火性能的要求就越高。盛期火灾持续时间不仅与建筑物的火灾荷载有关，还与建筑物的结构有关（窗口的开口面积和高度）。

2. 火灾荷载与火灾持续时间的分布规律

（1）不同功能建筑物火灾荷载的分布特性

一个建筑物的火灾荷载的大小主要与该建筑物的使用功能有关，除此以外还与该建筑物的使用年度有关。也就是说，即便是同类使用功能的建筑物，其火灾荷载也不尽相同，一般是随使用年数的增加而增加。如果建筑物内的火灾荷载密度较大，火灾一旦发生又没有有效的扑救措施，火灾就会迅速地从成长期发展到盛期，并持续很长一段时间，直至结束。此时，如果建筑构件和结构的耐火时间小于火灾的持续时间，就会造成建筑物的坍塌。

松山贤的研究结果表明，相同功能建筑物内的火灾荷载具有正态分布的规律。即各类功能建筑物内的火灾荷载 w 的分布规律可近似用下式表示：

$$f(w)=\frac{1}{\sqrt{2\pi}\sigma_{w}}\exp\left[-\frac{(w-\mu_{w})^{2}}{2\sigma_{w}^{2}}\right] \tag{5-27}$$

式中 w——火灾荷载（kg/m^2）；

$f(w)$——火灾荷载分布的概率密度；

μ_w——火灾荷载 w 的平均值（kg/m^2）；

σ_w——火灾荷载 w 的平均差标准差（kg/m^2）。

一般，标准差值越小，分布范围将越小，正态分布的图形将越尖。根据概率与统计理论 μ_w、σ_w 可以下面两式来计算：

$$\mu_{w}=w_{1}f(w_{1})+w_{2}f(w_{2})+\cdots+w_{n}f(w_{n})=\sum wf(w) \tag{5-28}$$

$$\sigma_{w}=\sqrt{\sum(w-\mu_{w})^{2}f(w)} \tag{5-29}$$

上式是我国一些学者对一些办公楼内各个房间的火灾荷载进行统计后，认为办公楼内各个房间的火灾荷载具有正态分布的规律，与松山贤的研究结果一致。

将统计数据代入式（5-28）和式（5-29），可得办公楼火灾荷载的平均值和标准差分别为 $24.5kg/m^2$ 及 $6.4kg/m^2$，则办公楼的火灾荷载密度分布函数为：

$$f(w_{0})=\frac{1}{16.0}\exp\left[-\frac{(w_{0}-24.5)^{2}}{81.9}\right] \tag{5-30}$$

式中 w_0——办公楼的火灾荷载（kg/m^2）。

（2）盛期火灾持续时间

如果一个建筑物内发生火灾且该火灾没有得到及时的扑救和有效的控制，火灾就会成长为盛期火灾。盛期火灾的持续时间是建筑物耐火设计的一个重要依据，特别是对高层建筑、超常规大空间建筑的耐火设计。极端情况下不同功能建筑物盛期火灾的持续时间不仅与该建筑物内的火灾荷载有关，还与该建筑物的空间特性以及开口的大小和位置有关。假定在火灾成长期，可燃物的消耗可以忽略，则盛期火灾的持续时间 t（s）可根据该建筑物的火灾荷载与火灾时可燃物的质量燃烧速度来估算：

$$t=\frac{W}{m_{b}}=\frac{A_{f}w}{m_{b}} \tag{5-31}$$

式中 W——建筑物起火层可燃物的总重量（kg）；

A_f——地表面积（m^2）；

m_b——盛期火灾时可燃物的质量燃烧速度（kg/s）。

盛期火灾的燃烧速度主要受换气条件制约，其质量燃烧速度可近似用下式来表示：

$$m_{\mathrm{b}}=0.092A\sqrt{H} \tag{5-32}$$

式中　A——起火室窗口的开口面积(m^2)；

H——开口高度(m)。

将式（5-31）代入式（5-32）得：

$$t=\frac{W}{m_{\mathrm{b}}}=\frac{A_{\mathrm{f}}w}{0.092A\sqrt{H}} \tag{5-33}$$

令 $k=\dfrac{A_{\mathrm{f}}}{0.092A\sqrt{H}}$，它是表征建筑物结构特征的一个参数，它与建筑物的地表面积、窗口面积及开口高度有关。则火灾持续时间为：

$$t=kw \tag{5-34}$$

由于相同功能建筑物的火灾荷载呈正态分布，根据概率与统计的基本规律，火灾的持续时间也将成正态分布，且其概率分布形式基本与火灾荷载相同。则火灾的持续时间的概率分布函数 $f(t)$ 可表示为：

$$f(t)=\frac{1}{\sqrt{2\pi}\sigma_t}\exp\left[-\frac{(t-\mu_t)^2}{2\sigma_t^2}\right] \tag{5-35}$$

式中　t——盛期火灾持续时间；

μ_t——盛期火灾持续时间 t 的平均值；

σ_t——盛期火灾持续时间的标准差。

如果 k 能作为常数来处理，则有如下的关系式：

$$\mu_t=k\mu_{\mathrm{w}}=\frac{A_{\mathrm{f}}}{0.092A\sqrt{H}}\mu_{\mathrm{w}} \tag{5-36}$$

$$\sigma_t=k\sigma_{\mathrm{w}}=\frac{A_{\mathrm{f}}}{0.092A\sqrt{H}}\sigma_{\mathrm{w}} \tag{5-37}$$

3. 极端情况下火灾引起的建筑物坍塌概率

（1）极端情况下火灾引起建筑物的坍塌概率

通常当某个建筑物内发生火灾后，由于采取有效的消防扑救，火灾发展成盛期火灾的可能性并不是很大。为了对火灾引起的建筑物的坍塌概率进行估算、预测，引入一个极端情况下火灾的概念，这里的极端情况下火灾是指建筑物某层的某处一旦发生火灾，由于没有防灭火措施和人工扑救，火灾便能蔓延成长为盛期火灾，直至该层内的可燃物全部烧尽。火灾时建筑物是否会坍塌，主要取决于火灾的持续时间和建筑物的耐火时间极限。假定建筑物的主体结构的耐火时间极限是 $t_{\max}$，则当火灾持续时间 $t>t_{\max}$ 时，表示建筑物将会发生坍塌，那么极端情况下火灾引起建筑物坍塌的概率 P_{failure} 为：

$$P_{\mathrm{failure}}=\int_{t_{\max}}^{\infty}\frac{1}{\sqrt{2\pi}\sigma_t}\exp\left[-\frac{(t-\mu_t)^2}{2\sigma_t^2}\right]\mathrm{d}t \tag{5-38}$$

由于建筑物耐火时间的设计是根据《建筑设计防火规范》而进行的，那么对于不同功能的建筑物，或相同功能不同层高的建筑物所要求耐火时间必然不同，其坍塌概率也必然不同。

（2）极端情况下建筑物的耐火极限与坍塌概率的关系

根据式（5-38），为了求出建筑物的坍塌概率，首先必须要知道建筑物火灾持续时间的概率密度分布数学表达式。也就是说，必须要求出式（5-35）中的 μ_t 和 σ_t 的具体值，根据式（5-36）和式（5-37）可知，μ_t 和 σ_t 不仅与火灾荷载有关，还与建筑物的结构特征，即建筑物的地表面积、窗口的开口面积和高度有关。为了得到不同功能建筑物的 $\frac{A_f}{0.092A\sqrt{H}}$，对一些建筑物的结构特性进行了统计测量，表 5-15 列出了一些不同功能建筑物的 k 值的平均值。

表 5-15　不同用途建筑物的 k 值的平均值

建筑物用途	办　公　楼	住　　宅
k 的平均值	86.1	91.1

将办公楼的 μ_w 以及 σ_w 的统计结果和其 k 值的平均值 86.1 分别代入式（5-37）及式（5-38），$\mu_t=2109.5$，$\sigma_t=551.0$。则火灾持续时间的概率密度分布函数式为：

$$f(t)=\frac{1}{1380.8}\exp\left[-\frac{(t-2109.5)^2}{607202.0}\right] \tag{5-39}$$

将式（5-39）代入式（5-40）可得办公楼在极端情况下坍塌概率的计算式：

$$P_{\text{failure}}=\int_{t_{\max}}^{\infty}\frac{1}{1380.8}\exp\left[-\frac{(t-2109.5)^2}{607202.0}\right]\mathrm{d}t \tag{5-40}$$

根据式（5-40），可以做出不同火灾持续时间的概率密度分布函数图，图 5-15 是基于办公楼的火灾荷载统计结果和办公楼的建筑物结构的统计测量值得到的盛期火灾持续时间的概率密度分布图。

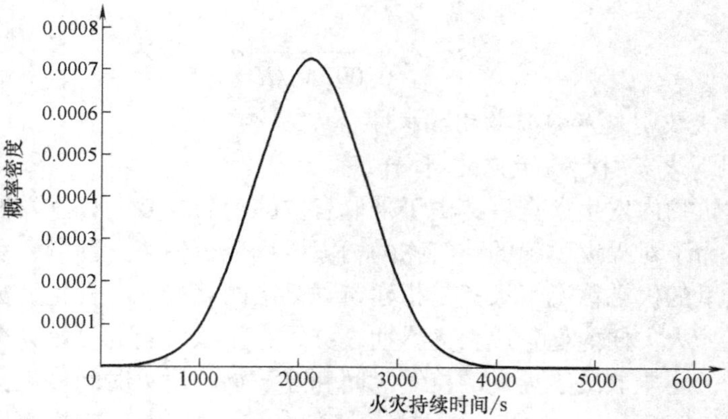

图 5-15　办公楼火灾持续时间与其概率密度分布关系

当办公楼的火灾荷载统计平均值为 24.5kg/m²，标准差为 6.4kg/m²，$k=86.1$ 时，根据式（5-40）可以算出极端情况下火灾引起办公楼的坍塌概率与其耐火时间的关系，图 5-16 为计算所得关系曲线。

由图 5-16 可知，在建筑物的火灾平均持续时间附近，适当增加其耐火时间可有效地减少该建筑物在极端情况下火灾引起的坍塌概率。

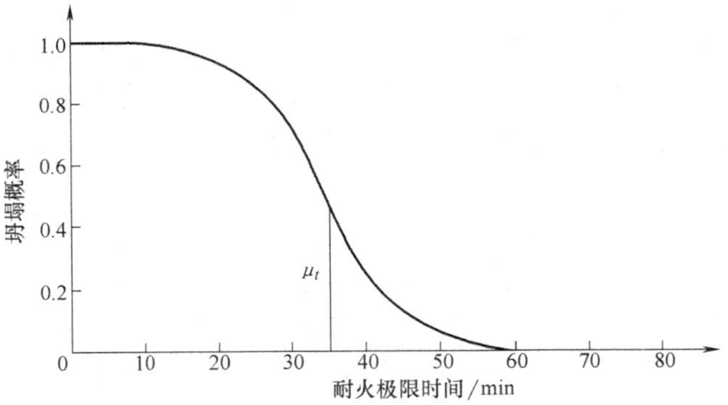

图5-16　极限情况下办公楼的坍塌概率与其耐火极限时间的关系

4. 基于建筑物防灭火特性的坍塌概率评估

由火灾引起的建筑物坍塌是一系列连锁现象作用的结果，首先是火灾的发生；其次是火灾发生后能够成长为盛期火灾；再其次是扑救失效；最后是火灾的持续时间超过建筑物的耐火极限而造成坍塌。因此，某建筑物在其寿命期内由于火灾而造成坍塌的概率可以用下式来估算：

$$P = Y_L S P_{fire} P_{grow} P_{fail} P_{failure} \tag{5-41}$$

式中　Y_L——建筑物的使用寿命(年)；

S——建筑物的总面积(m^2)；

P_{fire}——建筑物发生火灾的概率（起/m^2/年)；

P_{grow}——由初期火灾发展成盛期火灾的概率；

P_{fail}——消防扑救失败的概率；

$P_{failure}$——极端情况下火灾引起的建筑物的坍塌概率。

对于某个目标建筑物而言，S 为已知，Y_L 可取其设计使用年限，$P_{failure}$ 可用式（5-41）来求得，P_{fail} 由统计结果而定。虽然我国目前还没有关于单位面积的建筑物一年内发生火灾的概率统计结果，但可以借鉴国外同功能建筑物的统计数据。表5-16为日本东京消防厅关于不同功能建筑物火灾发生概率的统计结果。P_{fail} 主要取决于消防队到火灾现场所需要的时间、火灾环境和消防环境等，工程计算一般取经验值。那么关键的问题就是如何确定 P_{grow}。

表5-16　不同功能建筑物的火灾发生概率

建筑物用途	火灾发生概率（起/(m^2·年))
办公楼	6.67×10^{-7}
商店	4.12×10^{-6}
住宅	6.43×10^{-6}

建筑物火灾发生后能否发展成盛期火灾主要取决于以下几个因素：首先是建筑物有没有安装火灾探测、报警及自动灭火设备？如果有，其探测、报警和自动灭火的有效概率是多少？其二是第一步失效后有没有进行人工早期扑救（这里的早期扑救主要是指小型灭火器类的灭火)？如果有早期扑救，其有效扑救的概率有多大？其三是如果早期扑救失败后，有

没有用建筑物内消火栓进行扑救？如果有，扑救成功的概率有多大？

用 P_{de} 表示有效探测、报警的概率；P_{auto} 表示有效自动灭火概率；P_z 表示有效早期扑救概率，它主要取决于火灾成长系数、早期对应行动的快慢、是否是职业消防人员等；P_x 表示消火栓的有效扑救的概率，它的主要影响因素与 P_z 的基本一致。则由初期火灾发展成盛期火灾的概率为：

$$P_{grow}=(1-P_{de}P_{auto})(1-P_z)(1-P_x) \tag{5-42}$$

式（5-42）中的 P_{de} 及 P_{auto} 可以根据统计结果得到，但 P_z 和 P_x 的数值还是以经验取值为主。将式（5-42）代入式（5-41）得由火灾引起的建筑物坍塌概率的估算式：

$$P=Y_L SP_{fire}(1-P_{de}P_{auto})(1-P_z)(1-P_x)P_{fail}P_{failure} \tag{5-43}$$

通过对由火灾引起建筑物坍塌的影响因素分析，并基于根据火灾统计结果，给出了一般建筑由于火灾引起的坍塌概率的简单估算方法。但要指出的是，虽然式（5-43）中的大部分数据能从统计结果得到，但在工程计算上有些数据还须取经验值，所以在计算结果上多少会带有一些误差。

5.6 评估实例

5.6.1 纽约世界贸易大厦坍塌概率估算和原因分析

1. 事件的简要概述

2001 年 9 月 11 日，美国的多处重要建筑（纽约的世界贸易中心、华盛顿的五角大楼、参议院办公楼及联邦大楼）遭到了空前规模的恐怖袭击，其中损失最为惨重的是作为纽约标志性建筑的世界贸易中心的两幢大楼。纽约世界贸易中心建成于 20 世纪 70 年代，由七栋建筑组成，其中两栋姐妹楼为主楼（以下简称 WTC1 和 WTC2），各有 110 层、高 411.5m，面积各为 44.6 万 m^2。当日，由恐怖分子劫持的两架波音客机分别从不同的方向先后撞击大楼，紧接着大楼燃起熊熊烈火。由于这两架波音客机是由美国东部飞往西部的远程航班，所以飞机上的油箱估计装满了燃油。其中一架波音 757 飞机大约可载 35t 燃油，另一架波音 767 飞机可载 51t 燃油。飞机在起飞后很快改变航线撞击纽约世界贸易中心大楼，机上燃油消耗很少，几乎是将满满一飞机油箱的优质航空煤油都洒到了大楼里，使得大楼的火灾荷载瞬间剧增。

WTC1 是在当地 9 月 11 日的上午 8 时 46 分遭到恐怖分子劫持的满载航空煤油客机的袭击的，撞击位置在 WTC1 的 90 层以上。在恐怖袭击下大楼燃起了熊熊大火，大火持续燃烧了 1 小时 42 分钟后发生了整体坍塌。由于 WTC1 的整体坍塌，共造成了该楼内包括消防人员在内的 1434 人失去了宝贵的生命，其中大楼 92 层以上的 1360 人无一人生还。在 WTC1 遭到空袭击后的十多分钟内，于当地时间 9 月 11 日的上午 9 时 3 分左右，WTC2 遭到了恐怖分子劫持的满载煤油的客机袭击并燃起熊熊大火，该楼在燃烧了 56 分钟后于上午 9 时 59 分发生整体坍塌。由于 WTC1 遭到恐怖袭击后立即实施了 WTC2 内人员的紧急疏散，因此，虽然 WTC2 从遭到恐怖袭击到发生整体坍塌仅仅只有 56 分钟，但死亡人数远比 WTC1 少，WTC2 的整体坍塌共造成了包括消防官兵在内的 599 名人员牺牲，其中 78 ~ 110 层共牺牲 595 名，58 层以下无人员死亡。下面就“9 · 11”的恐怖事件发生后，由于满载航空煤油的波音767客机对WTC2的撞击并引起熊熊大火后的坍塌概率进行估算。

2. 初始参量的确定和火灾持续时间分布

每座世贸大厦的建筑面积为44.6万m^2，共有110层，则世贸大厦每层的建筑面积A_f为：

$$A_f = (44.6 \times 10^4/110)\,m^2 = 4054.5m^2 \tag{5-44}$$

假设世贸大厦窗口的平均高度为$H=2m$，窗口的平均宽度为外墙周长的1/3，那么每层的开口面积可由下式得到：

$$A = \left(\frac{1}{3} \times \sqrt{A_f} \times 4H\right)m^2 = \left(\frac{1}{3} \times \sqrt{4054.5} \times 4 \times 411.5\right)m^2 = 169.8m^2 \tag{5-45}$$

由于世贸大厦受客机撞击后，客机上的燃油全部流淌到建筑物内，则此时受撞击层的火灾荷载应该等于大楼内原有的火灾荷载密度加上燃油的等效火灾荷载密度。波音767飞机可载51t燃油，热值为43050J/kg，飞机撞击后，假定客机撞击大楼后航空煤油迅速蔓延到整个楼层，燃油等效为木材的火灾载荷密度为54.6kg/m^2。则此时建筑物内的火灾荷载密度分布函数可以认为是一般办公楼的火灾荷载密度的分布函数向右平移了燃油的等效木材的火灾载荷密度值。

根据本书5.5.5节介绍的研究结果，火灾持续时间的平均值和标准差可由下列各式得到：

$$\mu_t = k(\mu_w + \mu_{fuel}) \tag{5-46}$$

$$\sigma_t = k\sigma_w \tag{5-47}$$

$$k = \frac{A_f}{0.092A\sqrt{H}} = 183.6 \tag{5-48}$$

式中　μ_{fuel}为飞机携带的航空煤油等效的火灾荷载密度。

将统计数据和世贸大厦的建筑结构的相关数据，飞机撞击后火灾持续时间的平均值和标准差分别为：$\mu_t = 10024.6$，$\sigma_t = 1175.0$。此时火灾持续时间的概率密度分布如图5-17所示其分布函数为：

$$f(t) = \frac{1}{2945.3}\exp\left[-\frac{(t-10024.6)^2}{2761250.0}\right] \tag{5-49}$$

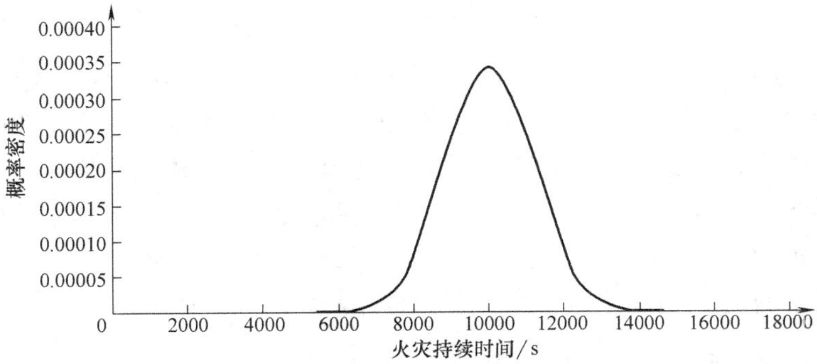

图5-17　火灾持续时间与其概率分布关系

3. 坍塌概率计算和原因分析

根据美国建筑防火设计规范，高层建筑的承重墙和支承多层的柱、主梁等承重构件规定其耐火极限为4h。将式（5-49）代入式（5-38），取积分下限为4h，就可以得出在建筑结构不受损时由火灾引起的世贸大厦的坍塌概率。

$$P_{\text{failure}} = \int_{14400}^{\infty} \frac{1}{2945.3} \exp\left[-\frac{(t-10024.6)^2}{2761250.0}\right] dt = 0.000106 \tag{5-50}$$

上面的计算结果表明，如果撞击事件后，纽约世贸大厦承重结构的耐火极限仍然满足美国的建筑防火设计规范的要求的4h，其坍塌概率仅为0.000106，但是在这起事件中，两栋大楼在2h以内就坍塌了，远远小于4h的耐火极限，这可能是有以下原因：

1）高速飞行的飞机对大楼的撞击不仅使得建筑的主体结构受到了一定程度的破坏，而且使得钢结构的防护层发生了松动、脱落，致使部分钢构件暴露于火场之中，从而导致其强度下降。

2）经过将近30年的使用，钢结构的防护层的防火性能可能已经减弱，使得耐火极限达不到4h。这也就给我们提出了一个新的研究课题，即在今后的研究工作中有必要对各种防火涂料的抗火（耐火）效果随时间的变化规律进行研究。

3）大量的航空煤油流淌在建筑物内，起火燃烧后，由于航空煤油的易燃和高热值，火场的温度肯定要比一般火灾高。另外，由于燃油的流动特性，它流到哪里就在哪里燃烧，很有可能会直接灼烧主体钢构件。

4）飞机的撞击导致大楼内的所有消防设施失效，尤其是自动喷水灭火系统无法起动，不能对建筑的钢结构进行有效的冷却保护。

由以上各原因分析可以认为，在这样的特殊情况之下，世贸大厦的耐火极限肯定要小于4h。表5-17给出了不同耐火极限下的坍塌概率。

表5-17 不同耐火极限下的坍塌概率

耐火极限/h	坍塌概率
4	0.000106
3	0.254
2	0.992
1	1.00

从表5-17可以看出，当有大量的燃油流淌到建筑物内后，只要世贸大厦的耐火极限下降到2h以内，火灾将引起它整体坍塌的可能性已经上升到99.2%，这与两幢大楼在2h内相继坍塌的结果是相吻合的。飞机对大楼的撞击使得大楼的整体结构遭到一定破坏的同时，大楼内的钢结构的防护层发生了松动、脱落，致使部分钢构件暴露于火场之中，以及大楼经过将近30年的使用，钢结构的防护层的防火性能的衰减和材料的老化，使得世贸大厦的耐火极限大为降低，在这种情况下，世贸大厦的整体坍塌已成必然。

5.6.2 多功能室内体育馆火灾场景设定和分析

1. 目的

本例主要目的是示范如何运用本书5.3节中介绍的“十步法”来选择设定火灾场景。所举例子是一个具有烟控系统的多功能室内体育馆，其消防安全目标是保障生命安全。

2. 建筑及其功能描述

本建筑为室内体育馆，在竞技场及和竞技场连通的观众区域设有烟控系统。本建筑主要用来举办体育赛事，但也可用于其他用途。比如，举办音乐会、宗教或非宗教的仪式、大会、商品交易会。为了实现这些功能，低层设有可移动座椅。相连通的其他功能区域也会有火灾危险，如售货亭或者具有高火灾荷载的储藏室。

3. 程序

程序共分十步。

（1）第一步：火灾位置

选择建筑中能产生最不利火灾场景的位置。

（2）第二步：火灾类型

从适用于建筑和居住的火灾统计数据中选择：最可能的火灾场景类型和最可能具有严重后果的火灾场景。

在本例中，步骤1和步骤2是同时进行的。此过程并没有收集火灾事故统计数据，但是通过对设计者和消防安全人员进行咨询，获得了可能的火灾场景和位置。它们是：

场景1：举办体育赛事时，竞技场内发生火灾。

此场景中，存在大量人员。观众位于阶梯座位上，相对于火源逐层升高的同时增加了暴露于烟层的危险度。可能使用或不使用可移动座椅，可能有或者没有专职消防值班人员。典型的情况是火灾荷载、火灾的增长和热释放速率的峰值都是是受限的。

场景2：体育馆用于其他用途时，竞技场内发生火灾。但是，此时观众仍在阶梯座位上。如举办一个摇滚音乐会。

在这里，观众的情况和场景1相似，但火灾荷载和火灾的增长速率是比较大的。另外，在进行摇滚音乐会时会使用影视烟雾，自动感烟探测系统可能关闭。可能有或者没有专职消防值班人员。

场景3：有观众存在时，阶梯座椅区域发生火灾。

比如，这里可以和场景1或场景2具有相同的人员分布，只是火灾位置不同。座椅可能是或者不是由阻燃材料制成的。因此，燃料特性可能包括或不包括受限的燃料荷载、火灾增长速率和热释放速率峰值。也可以考虑座椅下的废弃物参与燃烧。

场景4：竞技场内发生火灾，此时竞技场用于其他事情而不是进行体育赛事，并且观众没有在阶梯座位上。比如一次商品交易会。

此时的人员荷载较低。与前面的场景相比，此场景的人员具有较大的流动性。寻找路径可能是困难的。人们可能专注于展览，而看不可见出口标志。此场景的火灾荷载、火灾增长速率和热释放速率峰值要高于场景1。

场景5：火灾发生在人员聚集区域而不是竞技场和观众席。比如商场或宾客休息区。

这里的设定火灾可能具有或者不具有快速的增长速率，但火灾荷载和热释放速率峰值通常低于竞技场景。由于商场和宾客休息区经常位于临近观众席出口的阶梯座位下面的地下室里。因此，会增加竞技区域本身紧急出口堵塞的可能性。

场景6：火灾发生在储藏区。

这种类型的建筑一般会有大量的可燃材料存储在竞技场附近。可燃材料的热释放速率增长很快，并具有很高的热释放速率峰值，会导致严重的火灾。储藏区通常有一大门，其与用于大量货物存取的升降机区域相连接。这可能证明大入口比较小的入口更倾向于发生阻塞。

在此阶段，上面所确定的一些场景可能会被其他场景取代。像许多国家规范所要求的那样，若座椅采用阻燃材料，则场景 3 的后果严重度将比场景 1 和 2 低。若一个摇滚音乐会和一体育赛事的人员荷载（从生命安全结果得出的最重要的参数）是相同的，而摇滚音乐会的危害更大一些，则可假定场景 2 可以取代场景 1。

（3）第三步：潜在的火灾危害

确定其他需要考虑的具有严重后果的重要场景。如果这些场景中的任一场景有可能比前面确定的场景具有更严重的后果，则需要将其纳入所需分析的场景组之中。它们可以替代在性质上相似但具有较轻危害的场景。

这样有代表性的增加火灾场景并不能通过查阅统计数据来实现，而应通过和专家讨论来实现。因为在第一步和第二步中并没用使用火灾统计数据，而是通过咨询设计者和消防安全人员得到了可能的火灾场景和位置，但并没有进一步确认具有较严重后果的场景。

（4）第四步：系统及其特征对火灾的影响

确认建筑和消防安全系统，它们有可能对火灾发展过程和非稳定状态的发展具有重要影响。

假定本体育馆具有主动系统、被动系统和疏散系统。如果没有这些系统中的任何一个，则在事件树（下面提到的）中，该系统成功的概率必须置于零。

1）主动系统：假定整个区域具有自动喷水灭火系统、感烟探测系统（除厨房、厕所外）和自动烟控系统。火灾报警系统会触发烟控系统和自闭门等。

2）被动系统：假设区域进行了如下防火分隔：观众区和竞技区是一个主要的防火分区，休息区/接待区是一个防火分区，商业区和宾客休息区是一个分区，专用的逃生路线（水平的和垂直的）是一个分区，储藏区和屋后区是一个分区。

3）疏散系统：假定有合理的疏散标志、应急照明、疏散管理员和语音广播系统（EWIS 应急报警系统）。

（5）第五步：人员响应

确认有可能对火灾过程产生重要影响的人员特点及其响应特性。

在特定的区域内人员可能会实施灭火（在下面的事件树中首先协助灭火）。假定消防管理员会在现场协助疏散。当然，人们也会察觉火灾、打开房门等。

（6）第六步：事件树

构建一个代表各因素可能状态的事件树，这些因素是被辨识出的重要因素。事件树的一条路径就代表一个需要考虑的火灾场景。构建事件树由一个初始状态开始，比如从引燃开始，然后构建一个分叉，再在分叉上添加反映下一因素可能状态的分支。重复这一过程直到所有可能状态都被联系起来。每一分叉的构建都是以前面事件的发生为基础的。图 5-18 描述了一个事件树（并不是所有的场景都需要量化）。

所考虑的第一个事件就是明火火灾的引燃。因此，在这里暗含着假定：本例中阴燃火灾并不像明火火灾那样重要。

火灾发生在竞技区和观众区的概率是 P_1，发生在商业区和宾客休息区（零售区）的概率是 P_2，发生在存储区域的概率是 P_3。假定火灾只在这些位置发生，因此 $P_1+P_2+P_3=1$。

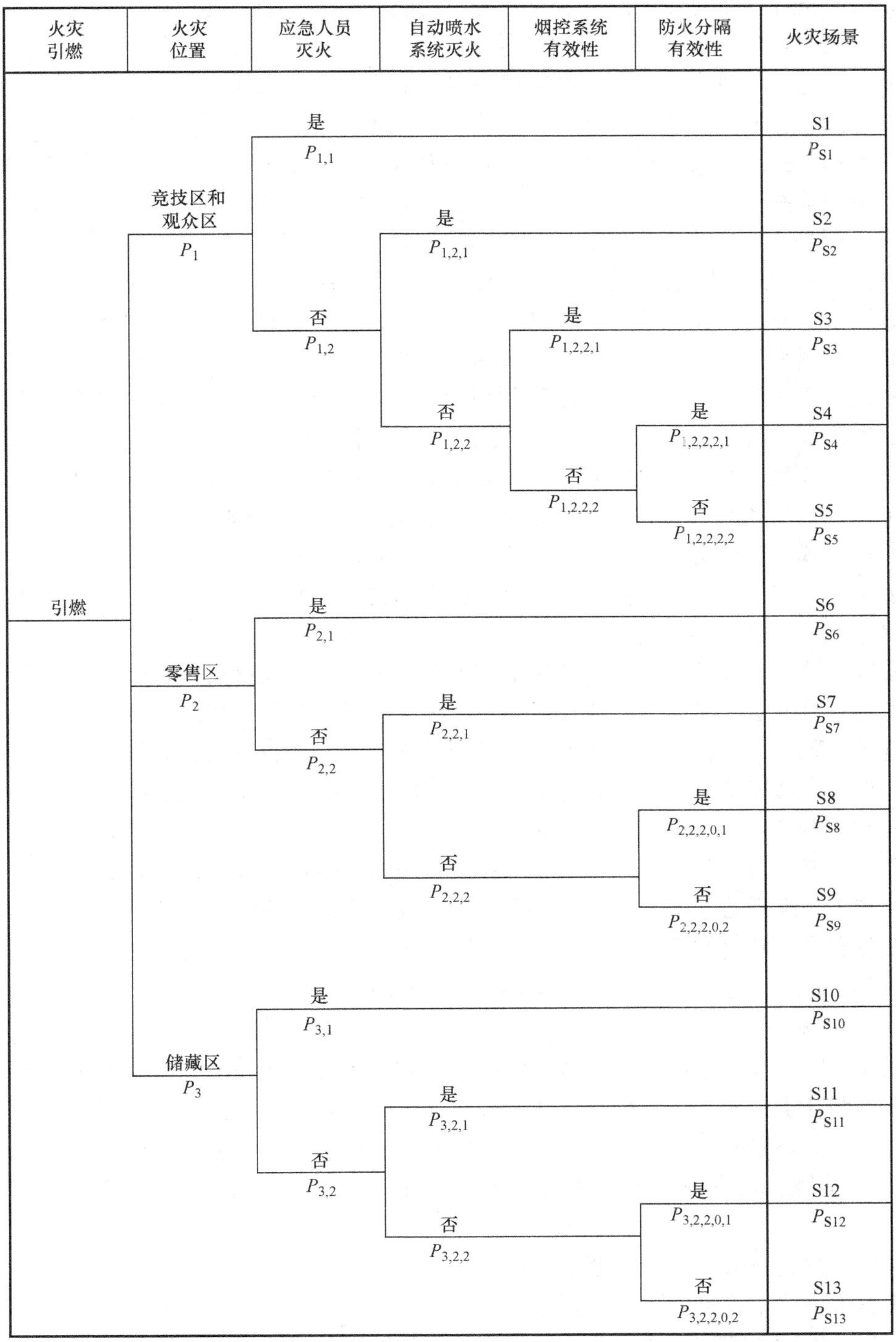

图 5-18　多功能室内体育馆火灾的事件树

在初始阶段，火灾可能被急救人员扑灭。假定火灾发生在竞技区和观众区时，此事件发生的条件概率是 $P_{1,1}$，火灾未被扑灭的概率是 $P_{1,2}=1-P_{1,1}$。假设在零售区和存储区内急救人员起作用的条件概率是相同的。若急救响应是起作用的，场景的更深一步的细节就不须讨论（所关心的生命安全的后果将会相当低）。

若火灾没有被急救人员扑灭，而被稍后启动的自动喷水灭火系统扑灭。在竞技区和观众区急救人员没有扑灭火灾的条件下，自动喷水灭火系统扑灭火灾的条件概率是 $P_{1,2,1}$。自动喷水灭火系统未扑灭火灾的概率是 $P_{1,2,2}=1-P_{1,2,1}$。假设在零售区和存储区自动喷水灭火系统起作用的条件概率是相同的。若自动喷水灭火系统是有效的，场景的更深一步的细节就不须讨论（所关心的生命安全的后果将会相当低）。

在竞技区和观众区，若急救人员和自动喷水灭火系统均没有扑灭火灾，则室内的可维持条件由烟控系统确定。在急救人员和自动喷水灭火系统均没有扑灭火灾的条件下，烟控系统起作用的条件概率是 $P_{1,2,2,1}$，烟控系统不起作用的概率是 $P_{1,2,2,2}=1-P_{1,2,2,1}$。若烟控系统是有效的，场景的更深一步的细节就不须讨论（所关心的生命安全的后果将会相当轻微）。若火灾发生在零售区或存储区，就没有可能再期望烟控系统动作了。

在竞技区和观众区，若急救人员和自动喷水灭火系统均没有扑灭火灾，且烟控系统也没有起到作用，此区域的人员将会受到威胁，但是，若防火分隔阻止了烟气向零售区域的蔓延，则零售区域的人员仍是安全的。在急救人员和自动喷水灭火系统均没有扑灭火灾，且烟控系统也没有起到作用的条件下，防火分隔起作用的条件概率是 $P_{1,2,2,2,1}$。防火分隔失效的概率是 $P_{1,2,2,2,2}=1-P_{1,2,2,2,1}$。

在零售区域，若急救人员和自动喷水灭火系统均没有扑灭火灾，此区域的人员将会受到威胁，若防火分隔阻止了烟气向竞技区和观众区的蔓延，并且竞技区和观众区的人员逃生不需要穿过零售区时，竞技区和观众区的人员仍是安全的。在急救人员和自动喷水灭火系统均没有扑灭火灾的情况下，防火分隔起作用的条件概率是 $P_{2,2,2,0,1}$。防火分隔无效的概率是 $P_{2,2,2,0,2}=1-P_{2,2,2,0,1}$。

在存储区域，若急救人员和自动喷水灭火系统均没有扑灭火灾，此区域的人员将会受到威胁，若防火分隔阻止了烟气向竞技区和观众区或零售区的蔓延，则这些区域的人员仍是安全的。在急救人员和自动喷水灭火系统均没有扑灭火灾的情况下，防火分隔起作用的条件概率是 $P_{3,2,2,0,1}$。防火分隔无效的概率是 $P_{3,2,2,0,2}=1-P_{3,2,2,0,1}$。

（7）第七步：概率

利用现有的可靠数据或工程判断，估计每种状态发生的概率。这些可以标到事件树上。通过将场景路径上的所有概率相乘，估计每个场景的相对概率。

在设定火灾场景的选择中，估计每个事件发生的概率就足够了。这样的估计可以利用统计数据或工程判断来进行（经常利用统计数据）。事件树中的各项的构建以工程判断为基础。

为说明此过程，假定各条件概率的值如下。

火灾发生在三个位置的概率分别是：

——$P_1=0.20$（竞技区和观众区）

——$P_2=0.60$（零售区）

——$P_3=0.20$（存储区）

设定火灾场景的选择并不依赖于这些值的选择，因为在本例中，每个位置火灾场景的选择是独立进行的。

急救人员灭火成功的概率是：

——$P_{1,1}=0.5$（中等的，在竞技区和观众区）

——$P_{2,1}=0.8$（相当好，在零售区，此区域的职员多）

——$P_{3,1}=0.1$（相当弱，在存储区，此区域是典型的无人区）

急救人员没有灭火的概率分别为 $P_{1,2}=0.5$，$P_{2,2}=0.2$ 和 $P_{3,2}=0.9$。

自动喷水灭火系统的概率如下：

——$P_{1,2,1}=0.5$（竞技区和观众区顶棚高,，会有大量的潜在火灾不能触发自动喷水灭火系统）。

——$P_{2,2,1}=0.95$（此值所选的是自动喷水灭火系统在低顶棚区域（如零售区）的一个典型值）。

——$P_{3,2,1}=0.95$（同样，此值所选的是自动喷水灭火系统在低顶棚区域（如存储区）的一个典型值）。

自动喷水灭火系统没有扑灭火灾的概率分别为 $P_{1,2,2}=0.5$、$P_{2,2,2}=0.05$ 和 $P_{3,2,2}=0.05$。

在竞技区和观众区，烟控系统起作用的概率 $P_{1,2,2,1}=0.7$（基于工程判断）。

烟控系统失效的概率为：$P_{1,2,,2,2}=0.3$。

假设在竞技区及观众区和零售区之间有自闭门，则防火分隔起作用的概率是：$P_{1,2,2,2,1}=0.9$（假定门阻止了烟气的蔓延，且如此大的空间不可能发生轰燃）。

防火分隔失效的概率（没能阻止烟气向零售区域蔓延）为 $P_{1,2,2,2,2}=0.1$（若在竞技区及观众区和零售区之间没有门，则 $P_{1,2,2,2,1}=0$、$P_{1,2,2,2,2}=1.0$）。

假设在竞技区及观众区和零售区之间有自闭门，防火分隔起作用的概率是 $P_{1,2,2,2,1}=0.8$（门阻止了烟气的蔓延，并且零售区域的火灾发生轰燃后将会对门有威胁。假定会威胁一段时间）。

防火分隔失效的概率为 $P_{2,2,2,0,2}=0.2$。

假设在存储区和竞技区、观众区以及零售区之间有自闭门，防火分隔起作用的概率是 $P_{3,2,2,0,1}=0.8$。

防火分隔失效的概率为 $P_{2,2,2,0,2}=0.2$。

将场景路径上所有的概率相乘可以得到每个场景的相对概率。比如，场景 S5 的条件概率为：

$$P_{S5}=P_1P_{1,2}P_{1,2,2}P_{1,2,2,2}P_{1,2,2,2,2}=0.2\times0.5\times0.5\times0.3\times0.1=0.0015$$

（8）第八步：后果

利用工程判断估计每个场景的后果。后果应当用合适的量度来表示，如人员伤亡，伤亡人数，或火灾损失。估计应当是保守的，且要考虑时间影响。

在选择设定火灾场景时，每个场景的后果估计必须采用工程判断。本例中，后果采用受威胁人员的数量来表示。数字并没有明确地表明时间性，比如相对于人员逃生时间，出现非稳定条件的相对时间。在设定火灾场景选择之后进行的危害评估期间，进行该级别的评估。

出于练习目的，假定竞技区和观众区的人员荷载为 2000 人、零售区为 400 人、存储区为 10 人。

1）火灾发生在竞技区和观众区：场景 S1 到 S5。

场景 S1 的后果：火灾很快被急救人员扑灭，以至于没有接触火灾的人员只受到很小威胁。场景 1 的后果很轻。因此，设置 $C(S1)=0$，其意味着后果是可接受的并且几乎可以避免。

场景 S2 的后果：火灾没有被急救人员扑灭，但被后来启动的自动喷水灭火系统扑灭。同样，没有接触火灾的人员只受到很小的威胁。场景 2 的后果很轻。因此，设置 $C(S2)=0$（后果是可接受的并且几乎可以避免）。

场景 S3 的后果：火灾没有被急救人员或自动喷水灭火系统扑灭。然而，烟控系统正常启动，以至于没有接触火灾的人员只受到很小的威胁。虽然如此，但还是假定场景 3 中在竞技区和观众区内有 1% 的人员受到威胁，因此，$C(S3)=0.01\times2000=20$。

场景 S4 的后果：火灾没有被急救人员和自动喷水灭火系统扑灭。并且，烟控系统没有正常起作用。然而，防火分隔阻止了烟气向零售区域的蔓延。假定竞技区和观众区内 50% 的人员受到威胁，场景 4 的后果是：$C(S4)=0.5\times2000=1000$。

场景 S5 的后果：火灾没有被急救人员和自动喷水灭火系统扑灭，烟控系统也没有正常起作用，并且防火分隔没能阻止烟气向零售区域蔓延。假定竞技区和观众区有 50% 的人员受到威胁，零售区有 10% 的人员受到威胁。场景 5 的后果：$C(S5)=0.5\times2000+0.10\times400=1040$。

2）零售区域发生火灾：场景 S6 至 S9。

场景 S6 的后果：火灾很快被急救人员扑灭，以至于没有接触火灾的人员只受到很小的威胁。场景 6 的后果很轻。因此，设置 $C(S6)=0$（后果是可接受的并且几乎可以避免）。

场景 S7 的后果：火灾没有被急救人员扑灭，但被后来的自动喷水灭火系统扑灭。同样，没有接触火灾的人员只受到很小的威胁。假定零售区域有 5% 的人员受到威胁。因此，场景 7 的后果是：$C(S7)=0.05\times400=20$。

场景 S8 的后果：火灾没有被急救人员和自动喷水灭火系统扑灭。然而，防火分隔阻止了火灾和烟气从零售区域向竞技区和观众区的蔓延。若此区域内的人员逃生不需要通过零售区域，则可假定竞技区和观众区内 50% 的人员受到威胁，零售区域有 50% 的人员受到威胁。场景 8 的后果是：$C(S8)=0.50\times400=200$。

场景 S9 的后果：火灾没有被急救人员和自动喷水灭火系统扑灭，并且防火分隔没能阻止火灾和烟气从零售区域向竞技区和观众区的蔓延。假定竞技区和观众区有 25% 的人员受到威胁，零售区有 50% 的人员受到威胁。场景 9 的后果：$C(S9)=0.25\times2000+0.50\times400=700$。

3）存储区域发生火灾：场景 S10 至 S13。

场景 S10 的后果：火灾很快被急救人员扑灭，以至于没有接触火灾的人员只受到很小威胁。场景 10 的后果很轻。因此，设置 $C(S10)=0$（后果是可接受的并且几乎可以避免）。

场景 S11 的后果。火灾没有被急救人员扑灭，但被后来启动的自动喷水灭火系统扑灭。同样，没有接触火灾的人员只受到很小的威胁。场景 11 的后果很轻。因此，设置 $C(S11)=0$（后果是可接受的并且几乎可以避免）。

场景 S12 的后果：火灾没有被急救人员或自动喷水灭火系统扑灭。然而，防火分隔阻止了火灾和烟气从存储区域向零售区域或竞技区和观众区的蔓延。场景 12 的后果很轻。因此，设置 $C(S12)=0$（后果是可接受的并且几乎不可避免）。

场景S13的后果：火灾没有被急救人员或自动喷水灭火系统扑灭，并且防火分隔没能阻止火灾和烟气从存储区域向竞技区和观众区或零售区域的蔓延。假定竞技区和观众区有25%的人员受到威胁，零售区有25%的人员受到威胁。场景13的后果：$C(S13)=0.25\times 2000+0.25\times 400=600$。

（9）第九步：风险分级

将场景以相对风险为序进行分级。相对风险由场景后果的量度（第八步）和场景发生的概率的乘积（第七步）来估计。

利用概率乘以后果来计算和每个场景相关的风险。表5-18对每个场景的风险进行了计算，并提供了风险分级。

表5-18 场景的风险分级

火灾场景	概率	后果	风险	等级
S1	0.10	0（低）	0（低）	4
S2	0.05	0（低）	0（低）	4
S3	0.035	20	0.70	3
S4	0.0135	1000	13.5	1
S5	0.0015	1040	1.56	2
S6	0.48	0（低）	0（低）	3
S7	0.114	2	0.228	2
S8	0.0048	200	0.96	1
S9	0.0012	700	0.84	1
S10	0.02	0（低）	0（低）	2
S11	0.171	0（低）	0（低）	2
S12	0.0072	0（低）	0（低）	2
S13	0.0018	600	1.08	1

（10）第十步：最终选择和文件说明

选择风险等级最高的场景进行量化分析。选择的场景应当能够代表累积风险（所有场景的风险之和）的主要部分。对于一个严格的分析来说，事件树中的所有场景可能都需要分析。将所选的火灾场景进行文件说明。这些将会成为"设定火灾场景"。

火灾发生在竞技区和观众区

场景S4具有最大的风险，会产生相当严重的后果。设计应当考虑这些具有潜在严重后果的火灾。或许应当考虑两个设定火灾场景。

1）一个是火灾增长直到喷头动作。这要保证具有设计充分的自动喷水灭火系统。

2）一个是火灾增长而喷头没有动作（意即喷头失效）。这要保证具有设计充分的烟控系统

火灾发生在零售区：场景S9。

场景S8和S9具有相同的风险，都会产生相当严重的后果。设计应当考虑这些具有潜在严重后果的火灾。或许应当考虑两个设定火灾场景。

1）一个是火灾增长直到喷头动作。这要保证具有设计充分的自动喷水灭火系统。

2）一个是火灾增长而喷头没有动作（即喷头失效）并且火灾达到轰燃，这要保证具有设计充分的防火分隔。

火灾发生在存储区：场景 S13。

场景 S13 具有最大的风险，且会产生相当严重的后果。设计应当考虑这些具有潜在严重后果的火灾。或许仍应当考虑两个设定火灾场景，尤其是希望系统具有某些冗余时。

1）一个是火灾增长直到喷头动作。这要保证具有设计充分的自动喷水灭火系统。

2）一个是火灾增长而喷头没有动作（即喷头失效）并且火灾达到轰燃，这要保证具有设计充分的防火分隔。

4. 评论

本例所提供的事件树方法不仅可以用来选择设定火灾场景，而且能使设计者保证所有的消防安全设计特征和事件树中的概率和后果保持一致。设计者必须确保以受威胁的人员数量表示的后果是可以实现的，如通过提供足够的探测和报警系统，这些系统并没有明确在事件树中反映出来。概率也必须是可实现的，如喷头成功动作的概率。

事件树也可以用来评估什么地方需要改进。比如，通过采取措施而导致的概率的增加或采取有利措施而导致的后果的降低，来探究改进各种消防安全措施所带来的影响。

思 考 题

1. 简述火灾风险定量评估的基本程序。

2. 举例说明如何根据评估对象的安全目标来确定性能判据。

3. 根据马尔科夫方法，试利用表 5-9 中的数据，补充表 5-10 中的火灾发展程度的概率计算过程。

4. 假定某个起火室的尺寸为 20m × 15m，层高为 4m，有两个高 2.1m、宽 4m 的门与走廊相通，起火室所在防火分区的面积为 1000m^2。考虑到该建筑是办公楼，设定为快速增长型火灾，起火室内墙壁认为是不燃或难燃装饰材料，其热惯性取值为混凝土的热惯性 $k\rho c = 2.0[(kW^2 \cdot s)/(m^4 \cdot K^2)]$。试用 5.5.4 节中基于统计理论与火灾动力学相耦合的评估方法估算在消防系统作用下该建筑物发生火灾时平均烧损面积。各种防灭火设备的有效性和可靠性的统计数据参照表 5-13 和表 5-14。建筑物起火室的相关数据见表 5-19。

表 5-19 建筑物起火室的相关数据

起火室的面积/m^2	20 × 15
层高/m	4.0
开口高度/m	2.1
开口宽度/m	4.0
房间温度/℃	25.0
环境温度/K	293.15
火灾成长系数/(kW/s^2)	0.04689
热惯性/[(kW^2 · s)/(m^4 · K^2)]	2.0
火灾蔓延速度/(m/s)	0.006

5. 如图 5-19 所示，有 3 个房间的简单建筑，该建筑发生火灾的概率为 F_i，如果发生火灾，那么发生房间 1 的概率为 P_1，发生在房间 2 的概率为 P_2；发生火灾后火灾在初始着火房间不向相邻的房间蔓延的概率

为 P_c，火灾发展为全面火灾（三个房间全部燃烧）的概率为 P_{full}。单个房间火灾损失为 $C/3$。根据上面的分析：

问题：（1）如果考虑火灾位置以及火灾在房间之间的蔓延情况，那么可能的火灾场景有多少？这些火灾场景可以合并为哪些火灾场景组？（2）请分析该建筑的火灾风险。

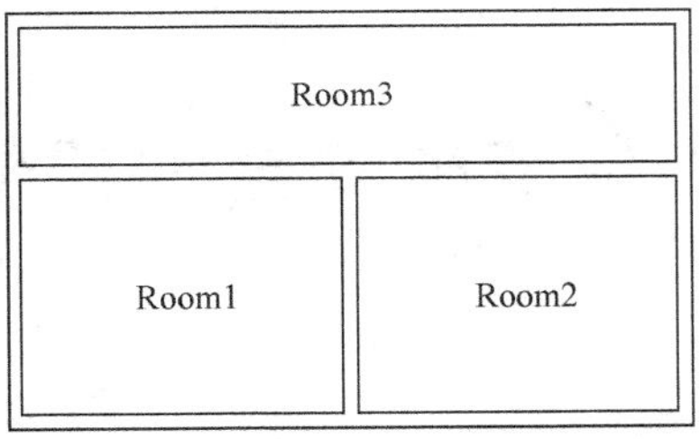

图 5-19　有 3 个房间的简单建筑物

第 6 章

人员疏散安全性评估

6.1 概述

6.1.1 人员疏散的概念

随着现代科学技术的日新月异，城市规模迅速膨胀，高层、超高层及大型复杂建筑日益增多，建筑物内人员密度高度集中，建筑物的火灾危险性和危害性日趋严重。建筑火灾已成为城市中最为严重的公共灾害之一，近年来国内外导致群死群伤的建筑火灾事故见表 6-1。这些灾难的发生引起了各国政府、科研人员、消防人员、建筑物管理人员和大众对于火灾条件下人员疏散问题的高度关注。

表 6-1 近年来国内外导致群死群伤的建筑火灾事故一览

火灾发生地	发生时间	具体事故	造成死亡人数
中国新疆克拉玛依市	1993 年 12 月	克拉玛依友谊宾馆火灾	323 人
中国安徽省阜新市	1994 年 2 月	歌舞厅火灾	233 人
中国河南省洛阳市	2000 年 12 月	东都大厦火灾	309 人
美国纽约市	2002 年 9 月	“9·11”恐怖袭击事故	2300 人
韩国大邱市	2003 年 2 月	地铁火灾	245 人
中国吉林省长春市	2004 年 3 月	中百商厦火灾	54 人
中国吉林省辽源市	2005 年 12 月	中心医院特大火灾	39 人
中国广东省深圳市	2008 年 9 月	龙岗区舞王俱乐部火灾	43 人
中国上海市	2011 年 11 月	静安区高层公寓火灾	58 人
洪都拉斯	2012 年 2 月	监狱火灾	358 人

所谓安全疏散就是指在发生火灾时将人员疏散到安全地点的过程。因此，为了实现人员的安全疏散，建筑物发生火灾时最应关注的问题是：① 保证建筑物内人员在允许的安全疏散时间内，能够到达安全地点；② 疏散过程中不会由于长时间高密度人群的滞留和通道堵塞等引起群集事故的发生。

为了达到以上目的，各国的法律法规对建筑物的安全疏散均制定了一系列的规范条款，这些条款就是人们所说的指令性规范或处方式规范（Prescriptive codes），我国现行的消防规范就属于这一类。指令性规范是针对不同类型建筑物的疏散通道给出了疏散的最大距离、宽度等设计指标。与指令性的设计规范相对的是性能化设计规范（Performance-based codes），性能化规范则要求在紧急情况发生时必须完成疏散为设计目标，工程设计者在综合考虑各种影响因素的情况下，自己采取能被证明有效的各种疏散措施和设计方案。

由于依据的设计规范类型不同，导致两种不同的疏散设计方法。一种方法是依据指令性规范进行设计，疏散设施的尺寸和数量是基于现行规范、知识和经验。这种方法在性能化设计方法产生之前，在许多国家曾经得到了长期的运用。此方法的优点是设计过程简单，标准单一。但是，它不能针对每一个建筑物的个体差异而给疏散安全提供一个最优的方案，因此，建筑物的安全水平将会因为建筑物的个体差异而导致不同的结果。可能对某些建筑物来说，依照指令性规范的设计是合理而安全的，而对其他建筑物则可能出现要求过严或过松的情况。另外，通过对大量的火灾案例的分析，也使得人们对消防和疏散设施投入的有效性产生质疑。美国的研究人员对遵照指令性规范执行的设计进行了深入的研究，认为这种设计方法不能合理地对社会资源进行配置，同时指令性规范也给建筑设计方面造成了种种限制，束缚了设计师对新的建筑技术、建筑形式的尝试，导致建筑设计千篇一律、缺乏创新。例如，钢结构喷涂防火涂料的要求有可能破坏建筑师所追求的金属效果，而防火分区面积的限制又有可能严重影响一些交通枢纽大厅的使用效果。经济的发展和社会的进步，导致业主、建筑师对于有创意的、大胆的建筑形式的需求大大增加，而科技的进步又导致高效率的新材料的不断涌现，所有这一切都对指令性规范的束缚提出了强烈的挑战。

性能化设计是根据建筑物的用途及业主的需要确定一系列的安全目标，根据这些事先确定好的目标，遵从“设计方案必须达到事先设定的安全目标”的原则，消防工程师可以提出几种可能的方案，运用一定的量化分析工具对各种方案是否能够达到安全目标进行确证，最终找到符合要求科学合理和经济有效的设计方案。例如，在悉尼奥运会上，一个新闻转播中心是由一个废弃的仓库改造而成，其消防设计采用的是性能化设计而非采用常规的指令化设计，经过量化分析，考虑到该仓库的巨大蓄烟空间，最终该转播中心既没有安装水喷淋系统，又没有安装排烟设施。由此可见，性能化设计可以科学合理地、既经济又不失安全地实现设计目标。

6.1.2　指令性人员疏散设计

按照指令性规范进行设计的方法在我国得到了广泛的运用，其设计思路和步骤具体如下：设计师在接到设计任务书进行消防设计时，首先对工程的规模、使用功能进行了解，然后按照使用性质、火灾危险性和扑救难度等参照规范进行分类并确定耐火等级；然后进行总平面设计，设计师应根据城市规划，合理确定高层建筑物的位置、防火间距、消防车道和消防水源等；同时为了限制火灾的蔓延影响人员的疏散，要将火灾控制在一定范围而划分防火、防烟分区，并对相关建筑设施的构造细节提出要求，如防火墙、电梯井和管道井、防火门、防火窗和防火卷帘等；为了保证安全疏散，应该严格按照现行的《高层民用建筑防火设计规范》“安全疏散和消防电梯”等章节的内容，满足规范中明确提出要求的一些指标，例如安全出口的数量、最大安全疏散距离、门和走道的宽度、疏散楼梯间的形式、消防电梯等；为了保证安全疏散并有效控制火灾，建筑物内应设计相应的灭火系统，就应该考虑消防给水和自动灭火系统的设计，我国相关的指令性建筑防火规范中对不同建筑规模和使用功能的建筑物的消防用水量用表格及其文字的形式列出，设计者可以对消防水池、消防水箱、消防管道、消防水泵房以及自动灭火系统进行设计；同时为了保证火灾中产生的烟气不至于影响人员的疏散，要对建筑物的防烟、排烟和通风、空气调节进行设计，对采用自然排烟还是机械排烟，以及机械排烟量、联动控制等作了规定；同时为了保证在火灾情况下，当正常电源切断时，不影响消防系统的运行，保证人员的疏散，因此要对消防电源及其配电、火灾应急照明和疏散指示标志、照明灯具、火灾自动报警系统、火灾应急广播和消防控制室等进行设计。

整个设计过程其实是严格参照规范进行的，设计师只要参照规范，把设计的工程和规范对照，"对症下药"即可，因此将指令性规范称为处方式规范非常形象，这种设计方法因其简单、实用而且便于操作，在很多国家仍然得到运用。同样，消防部门也是按照相同的程序对消防设计进行审查，只要符合规范即认为设计合格。

6.1.3 性能化的人员疏散设计

1. 设计思路

性能化的人员疏散设计方法已经在英国、美国、加拿大、新西兰、澳大利亚和日本等国家广泛使用，其具体的设计思路如下：

1）人员安全疏散出建筑物是美国性能化设计规范中的一个总体目标。

2）为了达到这一总体目标，其功能目标之一就是为人员提供到达安全地方而不被火灾吞噬的时间。这就提供了更详细的规定：即必须保护人员不受热、热辐射和烟的侵害等。

3）为了达到这一目标，其性能要求之一就是限制起火房间内的火灾蔓延。如果火灾没有蔓延到起火房间之外，那么起火房间外的人员就不会暴露在热辐射或高温中，他们受到的烟的影响也会减小。

4）为了满足这一性能要求，可以制定出防止起火房间发生轰燃的性能指标。

5）为了满足这一指标，防火安全工程师可以建立一个设计目标，从而将上层烟气温度限制在500℃，该温度以下不大可能发生轰燃。一旦建立设计目标，接着就是建立火灾场景、设计火灾、提出和评估设计方案并编制报告和说明。

2. 设计步骤

性能化人员疏散设计是建立在消防安全工程学基础上的一种新的疏散设计方法。它运用消防安全工程学的原理，根据建筑物的结构、功能、内部可燃物质分布、消防设施以及人员特性等方面的情况，来确定要达到的消防安全目标，构建建筑三维模型和疏散模型，设置相应的火灾场景，采用公式法或数值模拟软件分别计算可用安全疏散时间（*ASET*）和必需安全疏散时间（*RSET*），根据相应的判别标准判断设计方案的可行性，并根据判定结果对设计方案进行进一步的优化，从而得到最优化的防火设计方案。其具体实施步骤详如图6-1所示。

3. 人员安全疏散的性能化判定标准

人员安全疏散分析的目的是通过计算可用疏散时间（*ASET*）和必需疏散时间（*RSET*），从而判定人员在建筑物内的疏散过程是否安全。人员安全疏散分析的性能判定标准为：

1）可用疏散时间（*ASET*）必须大于必需疏散时间（*RSET*），即：

$$RSET < ASET \tag{6-1}$$

2）在高层建筑内，发生火灾后，有可能按照预先制定的应急方案进行分阶段疏散，也就是先疏散着火楼层、着火楼层的上层及下层内的人员，然后再疏散其他楼层内的人员，所以其他楼层内的人员有可能较长时间内呆在建筑内。在这种情况下，就要求在所有人员疏散到安全地点之前，建筑结构不会发生坍塌。因此当结构存在坍塌的危险时，要保证人员的安全，还要同时满足下面的条件：

$$RSET < \min(T_{fr}, T_f) \tag{6-2}$$

式中 T_{fr}——结构的耐火极限（min）；

T_f——在可能最不利火灾条件下结构的失效时间（min）。

3）某些情况下，火灾发生之后，人员可能不会立即疏散，而是待在建筑内等待消防队员前来营救。例如，医院里卧床的病人无法活动，着火后只能原地等待救援。此时必须保证建筑结构在消防队员到达火场、安设灭火设施并最终将火灾有效控制之前不会发生坍塌。因此当人员无法疏散、需要待在建筑内等待消防队员前来营救时，要同时满足下面的条件：

$$k \times T_c < \min(T_{fr}, T_f) \tag{6-3}$$

式中 T_c——消防队有效控火时间（min）；

k——安全系数。

上式中由于消防队有效控火时间是一个统计值，具体的时间还与交通状况、消防队员的熟练程度有关，因此，为了弥补这些不确定性因素，要考虑一个安全系数。

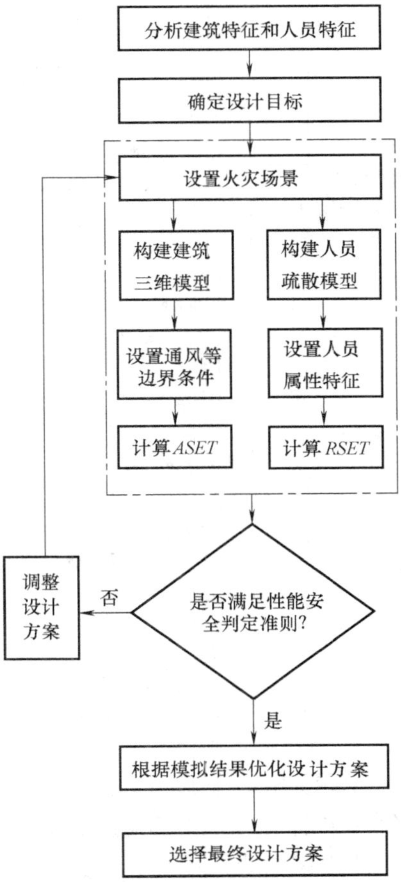

图6-1 性能化疏散设计步骤

在计算人员的疏散行动时间时，由于疏散过程中的一些不确定性因素，人员的疏散过程可能与计算的疏散过程不相一致，因此也考虑了安全系数 k 来弥补这些不确定性因素的影响。

总之，性能化人员疏散设计是基于多种危险因素考虑的分析计算方法，这种方法的总体原则是，人员疏散到安全区域的疏散时间要小于危险情况发生的时间。由于疏散时间的计算是关系到人在火场中行为的一个复杂过程，因此对在疏散过程中人员心理和行为的研究势必会给疏散时间的计算提供相关的依据。

6.2 火灾环境下人员心理和行为特征

火灾环境下人员的心理和行为十分复杂，影响因素很多。图6-2总结了火灾环境下人的响应行为的主要影响因素。身处火场的人们往往需要承受巨大的心理压力，不同的性别、心理素质、受教育程度、阅历和经验等，会导致人在遭遇火灾时，呈现与正常情况下不同的心理反应和响应行为。火灾虽然可怕，但是如果能在火场中能保持良好的心理状态，及时采取自救行动，往往能够化险为夷，成功逃生。

火灾环境下人员的心理与行为特征在20世纪70年代初开始得到了广泛的关注，到80

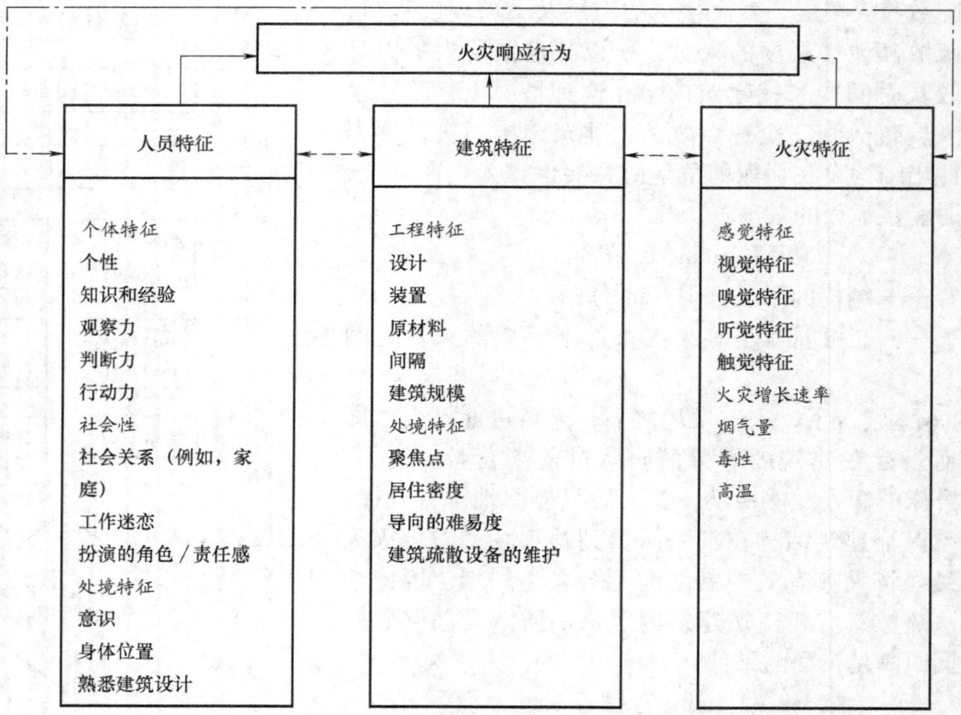

图 6-2　火灾响应行为的影响因素

年代中期人们开展了大量的研究工作，并取得了大量的研究成果。随着性能化设计和火灾风险评价在全球的兴起，火灾中人的心理和行为特征再度成为火灾科学和消防工程领域的研究热点。

6.2.1　疏散开始前人的心理和行为

1. 疏散开始前人的心理和响应行为

大量的研究结果表明，在火灾发生的初期，逃生和疏散往往不是人们采取的第一项行动。当人们认为还有逃生或被救的希望时，一般表现较为理智，往往要经过辨识、确认、分析、评价等一系列的心理和行为才会作出是否采取疏散行动的决定。

（1）辨识

主要指辨识火灾发生的线索，主要包括不正常的声音（如喊声），火灾报警器起动，其他人员的不正常活动，灯光闪烁或者断电，电话不正常，看到烟气或者粉尘，他人传递来的信息等。

（2）确认

主要指人们在感知火灾线索之后，进一步确认自己的判断是否正确。确认的过程一般是通过询问附近的其他人或者亲自查看来完成。

（3）分析

主要指确认火灾发生后，进一步分析所面临的火灾情况或他人描述的火灾情况对自身生命和财产等的威胁程度。分析过程一般是根据烟的浓密程度、火焰的强度、热辐射强度等确定火灾威胁的性质和影响。

（4）评价

主要指基于上述辨识、确认和分析过程，综合评估分析，最终决定下一步应采取的行为，例如逃生、灭火、收集个人物品或者忽略火灾线索等。如果认为火灾威胁较大，一般会选择逃生；如果认为火灾威胁不大，则可能是采取措施降低危险（特别是在自己家里），或者报警、寻找亲人、收拾贵重物品或者帮助他人逃生等。

2. 疏散开始前人的心理和行为的影响因素

疏散开始前的辨识、确认、分析和评价等心理和行为过程是从大量的调查和观测中总结出来的，具有一定的普遍性和代表性。但同时大量的研究也表明，受个人接受消防培训的情况，对周围环境的熟悉程度，是否经历过火灾及性别等影响，上述过程也是因人而异的，影响人们疏散行为开始前人的心理及行为的因素主要有：

（1）是否接受过消防教育培训

接受过正规消防教育培训的人，在发现火灾线索之后，会马上起动报警器并组织人员进行疏散。这样的人对火灾线索很敏感，不存在任何侥幸心理，也不会浪费时间亲自确认或找人打听。他们采取的第一行动就是马上组织逃生，这将为他个人，也为他人赢得宝贵的逃生时间。

（2）对周围环境的熟悉程度

对周围环境非常熟悉的人不一定会在发现火灾线索之后马上逃生，而可能会去看个究竟或者进行灭火，这将会耽误逃生时间；而对周围环境不熟悉的人，则倾向于紧紧抓住自己的东西或者回房间收拾自己的东西，有的甚至已经逃出建筑物，当发现自己的某样东西或者亲人还在里面时，这些人可能会害怕自己的东西被偷或者感到将这些东西抓在手里会给自己带来慰藉和安全感，而往往会返回火场寻找。

（3）接触过消防或者经历过火灾

接触过消防但没有经过正规的培训，或者说经历过火灾的人，在发现火灾线索后的第一举动可能是灭火，或者采取措施降低火灾危险。这些人对自己有一种非常危险的自信，使他们觉得不用报警，自己就能把“这点事”解决。但这种行为非常危险，不但让其本身面临巨大危险，也可能连累他人。

（4）性别

研究发现，女性对火灾危险比男性敏感。女性在发现火灾线索后，采取的行动很可能是通知他人、立即逃生、寻求帮助或者帮助家人逃生。她们自己很少去灭火或者采取措施降低火灾危险。而男性则正好相反。他们常常认为自己是男子汉，有责任保护他人，并且灭火也能表现出自己的勇敢和男子汉气概，而获得心理上的满足。所以他们面临火灾时更倾向于灭火而不是立即逃生。

3. 疏散开始前人的心理和行为的心理学解释

人们在火灾初期表现出的这些心理和行为特征可以从心理学的角度来给出如下解释：

（1）回避心理

所谓回避心理是指个人通常倾向于忽略或者否定意料之外或者令人不快的事情。

在心理学上，个人总是为这类事件寻找其他解释或者干脆对其予以否认。这是人类一种趋利避害的心理。这种防御机制可以暂时有效地减轻个人的心理痛苦，为个人赢得时间以适应环境。通过回避，在火灾初期，大部分人试图否认这种火灾情况的存在，好让人感到自己能够控制周围的环境，从而获得安全感。一般，当人们闻到烧焦的味道或者听到报警声的时候，他们首先要为其寻找一个符合逻辑而又无害的解释。但这种回避毕竟不是对事实的正确解释，所以在一定程度上妨碍个人正确地认识问题和从根本上解决问题，使人不能立即采取逃生行为。

（2）承诺

人们在从事某一特定活动的时候，他总是试图完成该项活动，然后再注意同时发生的其他事情。也就是说，人们在遇到意外情况时会作成本-利益分析，认为他们继续当前的任务所获得的收益要比停下来应付无法预料的景况要大得多。所以，人们总是趋向于继续当前的任务。人的这种承诺意识非常强烈。这个心理学概念也能解释为什么人们对火灾的反应会出现延误。

举例说明。1979 年 5 月 8 日，英国曼彻斯特的某建筑发生火灾。两个油漆工首先发现二楼起火，他们立即把火灾情况报告了经理。经理得知后就电话通知了他人，并跑到餐厅告诉在餐厅用餐的几个经理。餐厅也位于二层，当时有 100 多人正在用餐，而且也已经能看到火光，虽然经理在第一时间通知人们尽快疏散，但这些正在用餐的人好像没有离开的意思，而是继续吃饭。直到那两个油漆工跑进来大喊“着火了”，他们才开始行动。从这个例子可以看出，即使面对火灾这种紧急情况，人们也总是习惯于继续自己正在从事的活动，试图等完成正在进行的活动之后再应对火灾情况。这就是“承诺”这个概念要表达的意思。

这样的例子不胜枚举。几乎每场火灾中都存在这种情况。没有人具体统计过有多少人因为这种心理而丢失性命，但从这种普遍性的心理状况和火灾实例中表现出来的行为来看，其数目肯定不小。

（3）熟悉性

熟悉性是指建筑物内的人员，或者以一个团体前来参观该建筑物的人，在遇到紧急情况出现时，趋向于聚集在一起逃生的特性。

例如，在一起娱乐场所火灾中，火灾发生时，孩子们跟其父母不在一起，那么父母在逃离建筑物之前总是先去寻找他们的孩子。这说明了人们在遇到紧急事件的时候，总是趋向于寻找自己熟悉的人，组成一个团体后一起逃生。

熟悉性不只限于人与人之间，还指人与其周围的物理环境之间。人们发现火灾线索，作出一系列决策，决定开始疏散之前，总是趋向于寻找自己熟悉的出口。这是因为熟悉的人和环境能给人带来安全感，使人能从中获得安慰和力量；陌生的人和环境总会给人带来恐惧。

日常生活中，人们曾有这样的体验，你一个人去一个陌生的地方参加一个盛大的生日聚会，而且不认识其他参加聚会的人，你肯定会犹豫不决。陌生的环境、陌生的人会让你感到孤立无援，给你的心理造成很大的压力。而如果去的是你熟悉的地方，跟熟悉的人聚会，你会欣然前往，没有任何思想负担。这和上述寻找熟悉的人和熟悉的出口是一个道理。

（4）角色

角色是人员在建筑物内活动时的类型，如顾客、业主、长期办公人员等。在紧急情况中，外来人和该建筑物的员工所表现出的行为就不一样。

一般，如果外来人看到火灾迹象，他们会认为没有责任去管这件事情或者认为这用不着他们来处理。例如，某大商场内的一个垃圾桶冒出了浓烟。如果你看到前面走过去的人对此没有什么反应，你很可能也不会作出什么反应。此时你心里可能会问：这是怎么回事？会不会酿成火灾？但看到他人无任何反应，你肯定也装着若无其事。因为你可能会想，如果自己大喊"着火了"或者把这种情况告诉商场工作人员，他人可能会认为自己小题大做；如果这种事情属于正常现象，商场工作人员对你的行为可能很反感。所以，为了不让自己在他人面前露怯或者丢脸，你也采取跟他人相同的行为。这种现象说明，在你对面前情境的性质不能确定的时候，你趋向于参考周围人的反应来作出自己的判断。这其实也是恰当行为的社会比较问题。人们总是看周围人的行为，然后根据他们的反应来判定自己的反应是否恰当。而员工却不同，他们很熟悉其工作环境，知道什么是正常现象，什么是不正常现象。一旦出现不正常现象，他们也觉得自己有责任来处理这种不正常现象。即使自己对处理此事没有把握，也会及时将问题报告上级，寻求上级的处理意见和建议。这些行为都是由角色决定的。

综上所述，人的心理和行为是不可分的，行为是心理的延伸，心理是行为的基础。研究逃生前人们的心理非常重要，它决定着人们采取什么样的方式进行逃生以及逃生成功与否，在整个逃生过程中起着重要作用。

6.2.2　疏散开始后人的心理和行为

从发现火灾线索到采取疏散行动之间的一系列心理和行为都是为逃生做准备的。如果说人们在火灾情况模糊不清或者处于初期时还比较冷静和理智的话，那么在其确认火灾威胁程度之后以及采取逃生行动过程中就会表现出完全不同的心理和行为。有关人们逃生过程中的心理和行为的研究成果总结如下。

1. 紧张心理及其表现行为

紧张是人在某种环境刺激作用下产生的不适应状态。例如，人们初次在公众场合讲话，初次登台演出或者参加关系自己前途命运的考试时，都会让人感到不安、紧张，以至心跳加速、手心出汗、肌肉颤抖、声音不稳、局促不安或者大脑一片空白等。

火灾往往是一种突发事故，是在人们毫无准备的情况下发生的。当人们面对火灾，心里非常清楚它的危害程度时，难免会产生紧张情绪。随着火灾的发展和蔓延，人的紧张情绪还会随之加剧。

在紧张情绪的支配下，人们在火灾面前常常表现得很慌乱并伴随着一系列的生理变化，如心跳加快、血糖和血压升高、肌肉紧张、瞳孔放大等。大多数人会脸色煞白、呼吸急促、声音发颤、表情严肃、动作速度加快等。

这种紧张情绪及其表现行为在一定程度上是有益的。在逃生过程中，紧张可以使人的神经中枢处于高度唤醒和激活状态，使人的注意力完全集中到当前遇到的问题上，并思索着如何逃生。肌肉紧张、动作加快也会使人能快速脱离险境，到达安全区域，为逃生赢得宝贵的时间。紧张有时还能促使人们产生超越行为。这种行为在外界刺激的作用下，能引起个体强烈的心理反应并产生远远超过自身原有能力，如从高处跳下或者跨越邻近的阳台等。这在平时是不可想象的行为，但在火灾情况下，它却可以让人绝处逢生。

但是，如果过于紧张，则会产生一些消极影响。人如果处于极度的紧张情绪控制下，其思维出现混乱，判断力会下降，双腿发抖、无力，不利于人的逃生。另外，急促的呼吸会使人吸进更多的有毒气体，使人的中毒几率大大提高。

2. 恐惧心理及其表现行为

恐惧是人在面临险境时产生的一种极度紧张和害怕的情绪。这种情绪反应增强了个体保护自己和逃避危险的能力，它是人的一种本能反应。

恐惧会引起一系列生理反应，包括肾上腺素分泌增加，心跳加快。过度的恐惧可使冠状动脉痉挛，心动过速，心律失常，导致心绞痛和心肌梗塞。如果长期处于恐惧状态中，则会严重地影响人的寿命。

人们在面对火灾的时候，很少有人会一开始就出现恐惧心理。恐惧心理其实是建立在紧张心理基础之上的。如果个体的逃生比较顺利，从其决定开始逃生到逃到安全地点的时间很短，那么其心理感受可能只是有点紧张。但如果逃生不顺利，火势发展非常迅速，或者个体在经过多次努力之后仍旧无法脱离火灾的威胁，此时个体的心理可能会由开始的紧张发展到恐惧。

人们在火灾中的恐惧情绪所造成的行为表现因人而异。有的人可能会表现得心慌、害怕、言行错乱，或者判断力和意志力下降；有的人可能会双腿发软，全身瘫痪，思维停滞，反应迟钝，出现“吓傻了”的现象；有的人可能会口干舌燥，张口结舌，目光呆滞，面如土色，等等。

恐惧是一种消极的心理现象，对火场逃生具有很大的负面影响。恐惧心理导致的言行错乱或者说不出话来会影响人的正确表达，不能与外界有效沟通（例如报警）。思维停滞、反应迟钝会影响人们的判断力和意志力，使人不能采取正确的逃生方法或者造成人们逃生意志的动摇。

实践证明，成功的火场逃生不仅取决于客观条件的优越，还取决于个体主观意志的坚定。强烈的求生欲望和坚定的意志会使个体施展浑身解数，忍受恶劣的火灾环境，最终脱离险境。恐惧则会降低人们战胜火灾的意志力，丧失逃生的信心，放弃积极的逃生努力。这种回避态度会让人陷于坐以待毙的状态中，不利于人的逃生。而恐惧导致的双腿发软、全身瘫痪则更严重，它直接让人丧失逃生能力，眼睁睁看着自己被火魔吞掉。

3. 绝望心理及其表现行为

绝望是个体难以实现预期目标时的一种心理现象。它是紧张、恐惧心理的进一步深化。

面对熊熊大火和滚滚浓烟，人们在多次努力逃生不能成功的情况下，就会产生上天无路、入地无门的感觉，于是绝望情绪开始占上峰。在绝望情绪的支配下，人们常常表现得听天由命，放弃逃生念头，或者干脆跳楼或者绝望地呼号。

4. 从众心理及其表现行为

从众心理是一种普遍存在的心理现象，是人的一种直接的、感性的心理反应。在火灾情况下，由于人们对火灾的性质模糊不清，往往对自己的知觉和判断缺乏信心，所以就不自觉地以大多数人的知觉和判断结果作为自己的行为依据，使个体失去了自己的判断能力。另外，火灾现场的恐怖场面也促使人们群聚在一起。因为一个人在浓烟和黑暗中摸索会增加恐惧，所以人们更倾向于跟大多数人在一起，从他人身上寻求心理上的安慰。

但是，疏散过程中的这种从众心理常常会造成疏散出口堵塞，降低有效疏散速度，从而造成更多人员伤亡。

5. 其他火灾环境下人员的典型行为

在疏散过程中，除了上面介绍的几种比较重要的人的心理和行为之外，下面几种行为也值得引起人们的重视：

（1）归巢行为。人们总是乐于回归自己比较熟悉的环境的行为。比如，人们进入商场购物，一般都是从那个门进去，再从那个门出来。如果发生火灾，人们首先想到的就是寻找自己进来时的出口。这种行为有时会耽误宝贵的逃生时间，造成有效逃生的延误。

（2）向地行为。火灾情况下，地面是大家普遍认为最安全的地方，因此着火后人们总是自觉不自觉地从楼上往下跑，或者在绝望中往下跳。室外无疑是安全的，但要不要向室外疏散应该看当时的具体情况。如果人员位于较低楼层，在火灾形势不严峻的情况下，跑下楼应该是不成问题的。但当人员位于较高楼层，且着火层又在下面时，此时向地面疏散可能不是最好的选择。

（3）重返行为。它指是已经逃离起火区的人重新返回起火区的行为，是火灾疏散过程中常常遇到的现象。

重返的目的多数是为了寻找自己还处于危险区的亲人、朋友或者财物。这种行为是非常危险的。一方面重返会与往外疏散的人流相撞，影响他人尽快疏散；另一方面，重返起火区会遇到新的危险，很可能一去不复返。

6.3　火灾环境下人员安全疏散的影响因素

判断火灾时人员的安全性，需要分析火灾产生的毒性环境对人员生理及心理的影响，从而判定火灾发展到何时达到人员的耐受极限。火灾时影响人员疏散的几个主要因素包括：烟气层高度、对人体的热辐射、对流热、毒性、可视度。下面将主要分析这几个因素对人员疏散的影响。

6.3.1　烟气层高度

火灾中的烟气层伴有一定热量、胶质、毒性分解物等，是影响人员疏散行动与救援行动的主要障碍。在疏散过程中，烟气层只有保持在人群头部以上一定高度，使人在疏散时不必要从烟气中穿过或受到热烟气流的辐射热威胁。由于不同地域、不同国家人员的平均身高存在一定的差异，因此烟气层危险高度的取值也有所不同，例如有的取1.5m，也有取1.8m和2m的。近几年，随着英国、美国、澳大利亚等国性能化防火设计规范的制定以及性能化防火设计方法的普及应用，目前基本上达成了共识：出于保守考虑，认为烟气层在人员疏散过程中保持在距地面2m以上的位置时，人员疏散是安全的。

对于高大空间，由于蓄烟的体积很大，烟气下降的速度很慢，此时，在确定烟气层危险高度时，应该考虑顶棚高度的影响而作相应调整，建议采用下面日本的《建筑物综合防火设计》计算公式：

$$H_d = H_p + 0.1H_c \tag{6-4}$$

式中　H_d——危险高度（m）；

H_p——人体的平均身高（m）；

H_c——顶棚的高度（m）。

6.3.2　热辐射

根据人体对辐射热耐受能力的研究，人体对烟气层等火灾环境的辐射热的耐受极限是

2.5kW/m²，处于这个程度的辐射热灼伤几秒钟之内就会引起皮肤强烈疼痛，辐射热为2.5kW/m² 的烟气相当于上部烟气层的温度达到180~200℃。而对于较低的辐射流人可以忍受5min以上。对于很短的曝火时间，例如快速通过一个发生火灾的封闭空间的敞开门洞所需的时间，甚至可以忍受强度为10kW/m² 的辐射流。对于高于2.5kW/m² 的辐射热流，人体忍受热辐射的时间可由下式得到：

$$t_m = \frac{133}{q^{1.33}} \tag{6-5}$$

式中 t_m——由于皮肤疼痛造成机能丧失的时间（s）；

q——单位面积辐射热流动（W/m²）。

表6-2给出了人体对不同辐射热的耐受时间。

表6-2 人体对辐射热的耐受极限

热辐射强度	<2.5kW/m²	2.5kW/m²	10kW/m²
耐受时间	>5min	30s	4s

6.3.3 热对流

试验表明，呼吸过热的空气会导致热冲击（中暑）和皮肤烧伤。空气中的水分含量对这两种危害都有重要影响（见表6-3）。对于大多数建筑环境而言，人体可以短时间承受100℃环境的对流热。

当人员暴露于水分含量小于10%的热空气中，可用下式计算在温度 T 时人员丧失活动能力的时间：

$$t_{ICONV} = 5 \times 10^7 T^{-3.4} \tag{6-6}$$

表6-3 人体对对流热的耐受极限

温度和湿度条件	耐受时间/min
小于60℃，水分饱和	>30
100℃，水分含量小于10%	12
120℃，水分含量小于10%	7
140℃，水分含量小于10%	4
160℃，水分含量小于10%	2
180℃，水分含量小于10%	1

6.3.4 毒性

表6-4给出了窒息性和刺激性气体的极限，超出这些极限值，人可能发生严重的机能丧失。毒性产物的作用部分取决于暴露剂量，部分取决于浓度。当毒性产物发生混合时，不同产物的作用大致上为叠加。

对于窒息性气体，暴露剂量是最重要的判定标准，暴露剂量是浓度与暴露时间的乘积。表6-4给出了设计中单一窒息性气体的最高可忍受暴露剂量。如果超出这一数值，会发生机能丧失（失去知觉）。以 HCN 为例，高峰浓度在 30min 期间平均不可以超过 0.01%。

表 6-4　人体所能忍受的各种燃烧产物的最大剂量及浓度

火灾产物	5min 暴露时间		30min 暴露时间	
	暴露剂量（浓度×时间）/(%)·min	浓度最大值（%）	暴露剂量（浓度×时间）/(%)·min	浓度最大值（%）
窒息性气体				
CO	1.5	1	1.5	1
CO_2	25	6	150	6
Low O_2	45（耗尽）	9（耗尽）	360（耗尽）	9（耗尽）
HCN	0.05	0.01	0.225	0.01
刺激性气体				
HCl	—	0.02	—	0.02
HBr	—	0.02	—	0.02
HF	—	0.012	—	0.012
SO_2	—	0.003	—	0.003
NO_2	—	0.008	—	0.003
丙烯醛	—	0.0002	—	0.0002

对于刺激性产物，最需要考虑的是浓度，它对眼睛、鼻咽和肺造成的疼痛会延缓或阻止逃生。当暴露时间延长及刺激性气体浓度增大时，刺激性气体的累积剂量会灼伤肺部并导致机能丧失或死亡，这种情况通常发生在暴露几个小时以后。表 6-4 给出了单一气体最高可忍受浓度。浓度增高，会削弱逃生能力。混合物的作用可考虑为大致上叠加，可以通过每一个气体最高可忍受浓度相加估计出来，得到刺激性浓度分数（FIC）。当分数的总和达到 1 时即视为达到混合物的最高可忍受浓度。只要 FIC 不超过 1，就不太可能发生严重的肺部灼伤。

对于有混合型燃料参与的火灾，如办公室、商场和家居，或多或少都会出现表 6-4 中所列的大多数或所有刺激性气体。在设计时，建议当烟气的光密度不超过 0.2D/m 时，不会超出混合型刺激性气体的最高可忍受浓度。当刺激性烟气的光密度达到或超过这一数值时，逃生人员的行为就如在黑暗之中。

6.3.5　可视度

一般烟气浓度较高则可视度降低，逃生时确定逃生途径和作决定所需的时间都将延长。表 6-5 给出了适用于小空间和大空间的人员可耐受的可视度界限值。小空间到达安全出口的距离短，人员对建筑物可能比较熟悉，要求就相对松一些。大空间内人员很可能对建筑物不熟悉，为了确定逃生方向，寻找安全出口需要看得更远，因此要求减光度更低。

表 6-5　建议采用的人员可耐受的可视度界限值

参　　数	小　空　间	大　空　间
光密度/(OD/m)	0.2	0.08
可视度/m	5	10

通过以上分析，可以确定如果同时满足以下两个条件，则认为能够保证人员安全地进行疏散：

1）2m 以上空间内的烟气平均温度不大于 180℃。

2）2m 以下空间内的烟气温度不超过 50℃且可视度不小于 10m。

6.4 人员疏散设计的重要参数及计算方法

6.4.1 人员密度及人员容量

人员密度反映了一个空间内人员的稠密程度。人员密度有几种表示方法：通常用单位面积上分布的人员的数目表示，单位为：人/m^2；或者用其倒数表示，即每个人占有的地板面积，单位为：m^2/人。另外，在有的人员疏散模型中还用单位面积地板上人员水平投影面积所占的百分比表示。

人员密度的确定要综合考虑多个因素：建筑的使用功能不同，其内的人员密度可能不一样；同一类型的建筑在不同地域，人员密度可能也不一样；同一个建筑内，在不同的时间范围内人员密度可能存在差异，不同经营性质的区域的人员密度也不一样。进行人员安全疏散评估时，应该确定建筑各个区域内的人员密度，其数值以区域内可预见的最大人员密度为准，这一数值可以根据当地相应类型建筑内人员密度的统计数据确定。当缺乏此类数据时，可以依据《建筑设计防火规范》等标准中的相关规定确定各个楼层的人员密度。

一个空间的人员容量是指可预见的会出现在该空间的最大人数。如果某类型用途建筑中，人员的容量在某一时期可能超出平时的值，例如购物中心在圣诞节时的人流流量比平时要大许多。在这种情况下，出于安全考虑，应在设计中采用最大的预计人员数量。人员容量可按照“人员容量 = 人员密度 × 建筑面积”计算。

6.4.2 疏散速度

人员的疏散速度是人员密度的函数。如果人与人之间的空间很大，则人可以以正常步态迅速行走。当人与人间的距离越小时，人的运动就越受到限制，当离得非常近时，他们只能缓慢行走。因此，人员的疏散速度随人员密度的增加而减小，当密度达到 4 人/m^2 或 5 人/m^2 时，疏散速度接近于零。在低密度情况下，由于人员之间的相互影响小，人员的行走速度是可变的，此时用相应公式计算出的高行走速度未必精确。事实上，在低密度情况下，决定速度的主要因素更可能是人的行为特性，如年龄、缺陷和编组。例如，一个家庭的步行速度可能取决于其内最慢成员的速度，如小孩或老人。

1. K. Togawa 公式

1955 年，日本的 K. Togawa 第一个尝试用数学方法模拟人员通过门、走道、坡道以及楼梯的行走，提供了以下计算行走速度的公式：

$$v = v_0 D^{-0.8} \tag{6-7}$$

式中 v——人群行走速度（m/s）；

v_0——速度常数（m/s），取值为 1.3，是在自由流动情况下的速度；

D——人员密度（人/m^2）。

另外，人员的疏散速度还跟疏散通道的坡度有关系，在水平通道、上行楼梯及下行楼梯上的人员行走速度是不一样的。

2. Predtechenski 和 Milinskii 公式

对于正常情况下水平通道内的人流速度，学者 Predtechenski 和 Milinskii 提出了如下计算公式：

$$v = 112D^4 - 380D^3 + 434D^2 - 217D + 57 \tag{6-8}$$

紧急情况下人员在水平通道内的行走速度为：

$$v_e = v\mu_e \tag{6-9}$$

$$\mu_e = 1.49 - 0.36D \tag{6-10}$$

3.《SFPE 消防工程手册》中提出的疏散速度计算方法

当人员密度为0.54～3.8人/m^{2}时，《SFPE 消防工程手册》给出了人员密度和速度之间的关系式：

$$v = k - 0.266kD \tag{6-11}$$

式中　k——常数，见表6-6；

　　D——人员密度（人/m^2）。

表6-6　疏散速度公式中的常数 k 的取值

疏散路径因素		k
走道、走廊、斜坡、门口		1.40
楼梯		
梯级竖板/in	梯级踏板/in	
7.5	10	1.00
7.0	11	1.08
6.5	12	1.16
6.5	13	1.23

注：1in = 0.0254m，下同。

4. Fruin 的研究成果

Fruin 对建筑内人员的疏散行为进行了专门研究，他将走道、楼梯划分为不同的疏散能力，在每种疏散能力下，人员密度及人流速度在一定的范围内变化，并对各种疏散能力进行了描述。在应用 Fruin 的研究成果时，可根据空间内的人员密度确定人员的行走速度。

（1）走道的疏散能力。走道疏散能力分为 A～F 共六种情况，如图6-3a～f 所示。

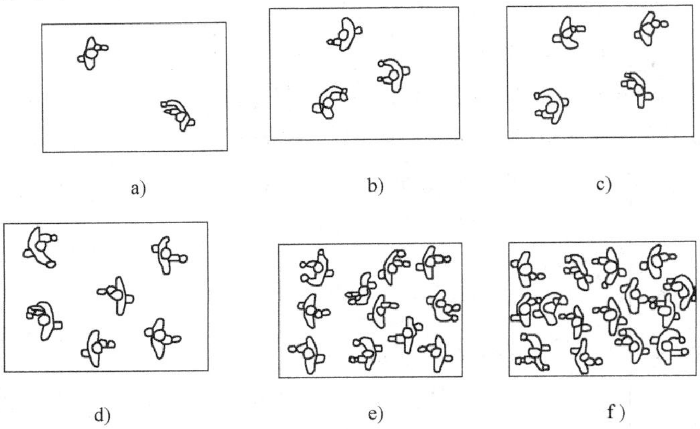

图6-3　走道疏散能力的不同情况

a）情况 A　b）情况 B　c）情况 C　d）情况 D　e）情况 E　f）情况 F

A：

平均流量：≤0.3827 人/(m·s)。

平均速度：1.32m/s。

平均单人占有面积：3.25m^2/人或更大。

描述：人员可以不受限制地以不同速度行走，可不费力地超越前方人员；人掉转方向行走不受限制。流量约为最大流量的25%。

B：

平均流量：0.3827~0.5468 人/(m·s)。

平均速度：1.27~1.32m/s。

平均单人占有面积：2.32~3.25m^2/人。

描述：人以正常速度行走时偶尔会受到限制，当试图超过前方人员时会偶尔相互影响；人可以交错行走或掉转方向行走，但偶尔会相互冲突。流量大约为最大流量的35%。

C：

平均流量：0.5468~0.82 人/(m·s)。

平均速度：1.168~1.27m/s。

平均单人占有面积：1.39~2.32m^2/人。

描述：行走速度在一定程度上受到限制，人员在超过前方人员时会受到限制，但可以通过调整行进方向以避免与前方人员发生冲突。流量为最大流量的40%~65%，较为合理。

D：

平均流量：0.82~1.09 人/(m·s)。

平均速度：1.016~1.168m/s。

平均单人占有面积：0.929~1.39m^2/人。

描述：行走速度受到限制并减小，在超过前方人员时很少不会与前方人员发生冲突，人员交错行走或掉转方向行走时会由于发生多次冲突而严重受限。当人员宽度间歇性达到临界值时，可能会出现瞬间的流动停止。流量为最大流量的65%~80%。

E：

平均流量：1.09~1.367 人/(m·s)。

平均速度：0.558~1.016m/s。

平均单人占有面积：0.464~0.929m^2/人。

描述：行走速度受到限制，并经常减小到人员不得不拖着脚慢慢移动，需要不时地调整步伐，在超过前方人员时肯定会发生冲突。人员交错行走或掉转方向行走时会由于不可避免的冲突而严重受限。流量达到了最大值，但人流流动会经常停止和中断。

F：

平均流量：≥1.367 人/(m·s)。

平均速度：0~0.558m/s。

平均单人占有面积：等于或小于0.464m^2/人。

描述：行走速度减小到人员不得不拖着脚慢慢移动的程度，人员不可能超越前方人员，亦不可能相互交错行走或掉转方向行走，身体接触频繁且不可避免，人流偶尔移动，但接近于停止。

（2）楼梯的疏散能力。楼梯疏散能力分为A~F六种情况，如图6-4a~f所示。

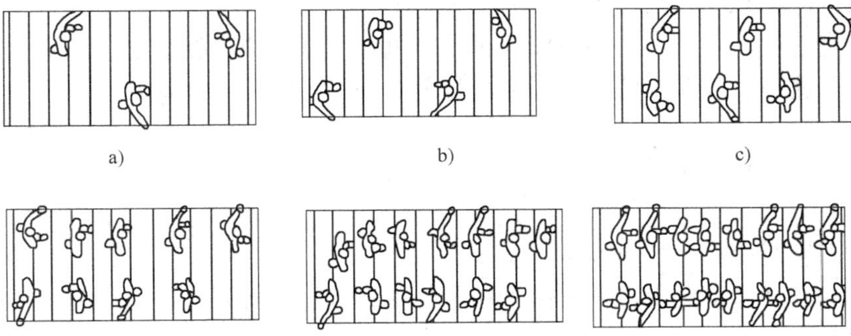

a) b) c) d) e) f)

图6-4 楼梯疏散能力的不同情况

a）情况A b）情况B c）情况C d）情况D e）情况E f）情况F

A：

平均流量：小于或等于0.273人/(m·s)。

平均速度：大于等于0.635m/s。

平均单人占有面积：1.858m^2/人。

描述：人员可以不受限制地以不同速度行走，可较容易地超越前方人员，掉转方向行走时不会有太大的困难。流量约为最大流量的30%。

B：

平均流量：0.273~0.382人/(m·s)。

平均速度：0.609~0.635m/s。

平均单人占有面积：1.393~1.858m^2/人。

描述：人员在选择不同的速度行走时会受到限制，当试图超越前方人员时会受到影响，当掉转方向行走时偶尔会发生冲突。流量约为最大流量的34%。

C：

平均流量：0.382~0.546人/(m·s)。

平均速度：0.584~0.609m/s。

平均单人占有面积：0.929~1.393m^2/人。

描述：行走速度在一定程度上受到限制，人员在超过前方人员时会受到限制，掉转方向行进时会受到一定程度的限制。流量约为最大流量的50%。

D：

平均流量：0.546~0.71人/(m·s)。

平均速度：0.533~0.584m/s。

平均单人占有面积：0.65~0.929m^2/人。

描述：行走速度受到限制，不可能超越前方人员，掉转方向行进也受到严重限制。流量为最大流量的50%~95%。

E：

平均流量：0.71~0.929人/(m·s)。

平均速度：0.43~0.533m/s。

平均单人占有面积：0.371~0.65m^2/人。

描述：行走速度严重受限，不可能超越前方人员，掉转方向行进也受到严重限制，可能出现间歇性的人流流动停滞。流量为最大流量的65%~85%。

F：

平均流量：大于0.929人/(m·s)。

平均速度：0~0.43m/s。

平均单人占有面积：0.371m^2/人。

描述：行走速度严重受限，人流由于经常性的停滞而几乎停顿，不可能超越前方人员，也不可能掉转方向行进。

6.4.3 有效疏散宽度

人员在行走时，为了保持身体的平衡而需要摆动两侧的手臂，因而人员在通道内疏散时，要与侧壁保持一定的距离，而不是紧贴着侧壁或扶手行走，从而在疏散通道或疏散出口的边界存在一个边界层，这一部分宽度不能被人员疏散利用。所以，在进行疏散计算时应扣除边界层的宽度，疏散通道或出口净宽度减去边界层宽度后的宽度称为有效疏散宽度。表6-7是各类通道内存在的边界层的宽度值。

表6-7 边界层宽度

疏散路线因素	边界层	
	in	cm
楼梯-梯级的墙壁或墙面	6	15
栏杆，扶手	3.5	9
剧场椅子，运动场长凳	0	0
走道，斜坡	8	20
障碍物	4	10
宽阔的场所，过道	<18	46
门，拱门	6	15

各部分疏散通道的净宽为：

1）对于走廊或过道，为走廊或过道两侧墙之间的距离。

2）楼梯间内为台阶踏步的宽度。

3）一扇门在其开启状态时的实际通道宽度。

4）沿走道布置的座位之间的距离。

5）两排座位间最狭窄位置处之间的距离。

当疏散通道内有扶手时，有效宽度采用按无扶手时计算的有效宽度和按有扶手时计算的有效宽度两者中的较小值。当扶手突出大于6.25cm时，需要考虑采用表6-7中的数值。

6.4.4 比流量

比流量为单位时间内通过单位宽度疏散路线上一点的人数，实际上就是流量系数，可用下式计算：

$$f = Dv \tag{6-12}$$

式中 f——比流量（人/m·s）；

D——人员密度（人/m^2）；

v——人员行走速度（m/s）。

6.4.5 流量

流量是单位时间内通过疏散通道某处的人数，可用下式计算：

$$F = fW_e = DvW_e \tag{6-13}$$

式中 F——流量（人/s）；

W_e——有效疏散宽度（m）。

6.4.6 穿行时间

穿行时间是指人员从初始位置行走至疏散出口或安全出口所需要的时间，可用下式计算：

$$t_w = \frac{L}{v} \tag{6-14}$$

式中 t_w——穿行时间（s）；

L——人员从初始位置行走至疏散出口或安全出口的距离（m）。

6.4.7 通过时间

通过时间是指人员通过疏散出口或安全出口所需要的时间，可用下式计算：

$$t_p = \frac{P}{F} \tag{6-15}$$

式中 t_p——通过时间（s）；

P——总人数（人）。

当计算建筑内某区域的疏散时间时，需要考虑穿行时间 t_w 和通过时间 t_p 之间的关系：

当 $t_w < t_p$ 时，说明人员从区域内的最远一点到达出口时，人员并没有全部通过出口，因此人员将会在出口处出现滞留现象。此时，人员从该区域内疏散出去的时间即为通过出口的时间 t_p。

当 $t_w > t_p$ 时，说明位于区域内最远点的人员在到达出口时，其他人员已经通过了出口，因而不必再在出口处排队等候。此时，人员疏散时间就是最远点的人员步行至出口的时间 t_w。

6.5 人员疏散时间的构成及其计算方法

人员疏散时间一般由报警时间、预动作时间和疏散行动时间这三段离散的时间间隔构成。

$$RSET = T_d + T_{pre} + T_t \tag{6-16}$$

式中 T_d——报警时间；

T_{pre}——人员的预动作时间或响应时间；

T_t——人员疏散行动时间。

人员疏散时间的构成图 6-5。

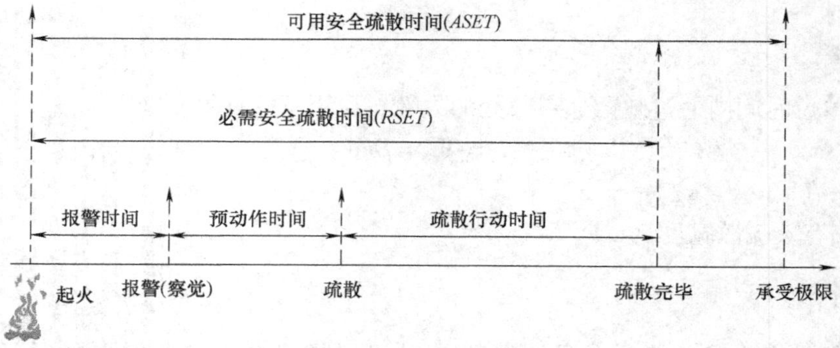

图 6-5 人员疏散时间的构成

6.5.1 报警时间

火灾发展到一定阶段，产生的热烟气或热辐射触发火灾报警装置动作并产生报警信号，使人们意识到有异常情况发生，或者人员通过本身的味觉、嗅觉及视觉系统察觉到火灾征兆并且报警，这段时间通常视为报警时间。

报警时间的长短取决于所采用的报警装置的类型及其布置、火灾的规模及其发展速度等因素，另外还取决于当时建筑内人员的密度及人员的清醒状态。

报警装置对火的反应时间可以通过相应的软件进行计算，美国国家标准及技术研究院（NIST）开发的软件工具包 FPETools 中的 DETECT-QS 工具可以计算自动喷水灭火系统的动作时间，此时间可推荐作为报警时间。

6.5.2 预动作时间

人员预动作时间指人员接收到警报之后到疏散行动开始之前的这段时间间隔，它包括两段时间：识别时间和反应时间。

1. 识别时间

识别时间是指报警或信号发出后但人员还未开始反应的时间段。

在识别期间，人员会持续报警前的活动，如工作、购物等。根据建筑类型、人员性质及建筑报警和管理系统等因素的不同，识别时间的长短差别很大。

在管理完善的剧院、超市或办公建筑（有定期火灾训练）中，识别时间相当短。在具有多室的建筑中，有的可能离火灾地点较远，尤其在那些具有住宿功能的旅馆、居住公寓和宿舍等建筑中，不同位置的识别时间各不相同。当人员接受火灾信息并开始作出反应时，识别阶段即结束。表 6-8 给出了各种用途的建筑物采用不同报警系统时的人员识别时间统计结果。

表 6-8 各种用途的建筑物采用不同报警系统时的人员识别时间统计结果

项　　目	人员响应时间/min		
报警系统类型	W1	W2	W3
办公楼、商业建筑或工业厂房、学校（居民处于清醒状态，对建筑物、报警系统和疏散措施熟悉）	<1	3	>4
商店、展览馆、博物馆、休闲中心等（居民处于清醒状态，对建筑物、报警系统和疏散措施不熟悉）	<2	3	>6
旅馆或寄宿学校（居民可能处于睡眠状态，但对建筑物、报警系统和疏散措施熟悉）	<2	4	>5
旅馆、公寓（居民可能处于睡眠状态，对建筑物、报警系统和疏散措施不熟悉）	<2	4	>6
医院、疗养院及其他社会公共设施（有相当数量的人员需要帮助）	<3	5	>8

表中的报警系统类型为：

W1—实况转播指示，采用声音广播系统，例如从闭路电视设施的控制室。

W2—非直播（预录）声音系统、和/或视觉信息警告播放。

W3—采用警铃、警笛或其他类似报警装置的报警系统。

在应用表6-8时，还要考虑火灾场景的影响，因此将表6-8中的识别时间需根据人员所处位置的火灾条件进行适当调整：

1）当人员处于较小着火房间/区域内，人员可以清楚地发现烟气及火焰或感受到灼热，这种情况下无论是否安装了W2或W3报警系统，均可采用表6-8中与W1报警系统相关的识别时间。

2）当人员处于较大着火房间/区域内，人员在一定距离外也可发现烟气及火焰时，如果没有安装W1报警系统，则无论是否安装了W3报警系统，均可采用表6-8中给出的与W2报警系统相关的识别时间。

3）当人员处于着火房间/区域之外时，采用表6-8中相关报警系统的识别时间。

如果人们非常熟悉W3系统，反应可能会很迅速（取决于人员类型）。相应地，如果人员不熟悉W3系统，他们可能根本就没有反应。然而，即使使用了W3系统，可以在附近看到烟/火的人员如果感到危险，也会如同采用了W1系统一样迅即产生反应。

当识别报警与向出口运动之间没有延迟时（如办公室中），设计中可以假设表6-8给出的识别时间与预动时间相等（即反应时间是0）。

2. 反应时间

反应时间是指人员识别报警或信号并开始作出反应至开始朝出口方向行走之间的时间。与识别阶段类似，反应阶段的长短也取决于环境状况，从数秒钟到数分钟不等。

在反应时间内会采取的行动有：

1）确认行为，包括确定火源、实际情况或火灾报警或其他警告的重要性。

2）停止机器或生产过程，保护现金或其他风险区域。

3）寻找和聚集儿童及其他家庭成员。

4）扑救火灾。

5）寻找和决定合适的出口路径。

6）不完全对有效疏散有用的行为（如不准确或误解信息下的行动）。

7）警告其他人员。

目前，有关人员反应时间的参考资料还非常有限，有待进一步研究。

3. 日本《建筑基准法》中疏散开始时间的计算方法

这里所说的疏散开始是指现场的所有人员开始疏散。

（1）着火房间的疏散开始时间

发生火灾时，肯定是火灾发生区域的现场人员最先感触到危险并开始疏散行动。可以将火灾发生区域的现场人员察觉火灾所需要的时间作为由火源产生的烟气其气味影响到区域内或室内全体人员的时间（单位：min），即：

$$t_{start,\ room} = 2\sqrt{A}(s) = \frac{\sqrt{A}}{30} \tag{6-17}$$

式中　A——室内面积（m^2）。

【例 6-1】 共用一个出口的房间（见图 6-6）。

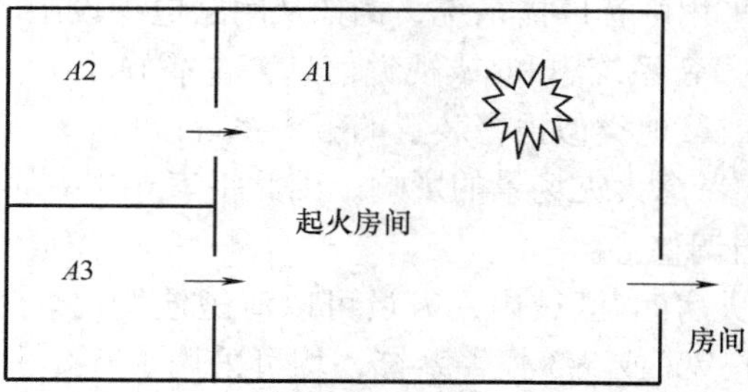

图 6-6　算例一平面图

$$t_{start} = \frac{\sqrt{\sum A_{area}}}{30} = \frac{\sqrt{A1 + A2 + A3}}{30}$$

【例 6-2】 共用一个出口的房间，及有单独出口的房间（见图 6-7）。

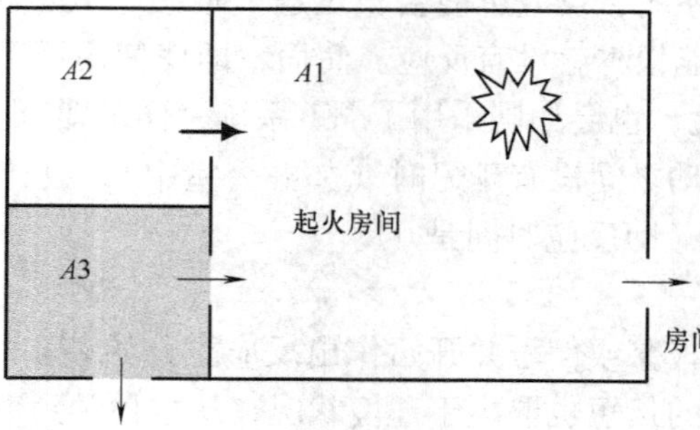

图 6-7　算例二平面图

$$t_{start} = \frac{\sqrt{\sum A_{area}}}{30} = \frac{\sqrt{A1 + A2}}{30}$$

还有一种观点认为可以根据烟气下降的时间，当烟层下降到屋顶高度 H(m) 的 90% 时

（见图6-8）能察觉火灾。此时，火源的发热速度为 $Q = Q_0 t^n$（单位：kW），并提出可以使用以下公式：

$$t_{start,\ room} = \left(\frac{(0.9H + z_0)^{-2/3} - (H + z_0)^{-2/3}}{(2/(n+3))(k/A)Q_0^{1/3}} \right)^{3/(n+3)} \tag{6-18}$$

式中　z_0——设想发热源位置的修正值（m）（当设想发热源的位置在火源的下方时为正号）；

k——用烟层密度 p_s（kg/m^3）除以 Q^* 火灾特性系数（$kg \cdot s^{-1} \cdot kW^{-1/3} \cdot m^{-5/3}$）所得的数值；

n——相对于时间的火灾的发展常数。

Q_0——发热速度（kW）（恒定燃烧火源，$n=0$）；火灾发展率（kW/s^2），（火源以时间的平方的速度扩展，则 $n=2$）。

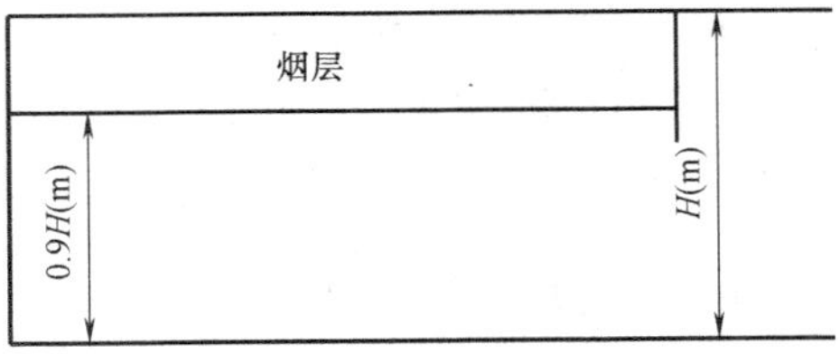

图6-8　疏散开始时的室内状况

（2）着火楼层的疏散开始时间

着火楼层的疏散开始时间（$t_{start,floor}$，单位：s）是指发生火灾的房间以外的，本楼层的全体现场人员开始疏散之前的那段时间。按照与房间疏散同样的观念，不只是由火源产生的烟气，同时也考虑到已经察觉火灾人员将火灾信息传达给现场其他人员的因素，提出以下公式：

$$t_{start,\ floor} = 2\sqrt{A_{floor}} + \alpha \tag{6-19}$$

式中　A_{floor}——发生火灾楼层里所存在的需要疏散的人员所占据的房屋的地面面积之和；

α——参数，从建筑物的用途上讲，当建筑作为住宅楼、宾馆等使用时，$\alpha = 300$，作其他用途时，则设定为 $\alpha = 180$。有时 α 的取值也可简单地将非火灾层设定为火灾层的2倍。

还有一种方法是将现场人员开始疏散之前的过程细分以后再计算出避难开始时间 $t_{tstart,floor}$（单位：s）。

$$t_{start,\ floor} = t_{detection} + t_{operation} + t_{response} + t_{finding} + t_{report} + t_{announce} \tag{6-20}$$

式中　$t_{detection}$——探测器的开始工作时间；

$t_{operation}$——探测器开始工作后，火灾警报系统报警的时间；

$t_{response}$——系统报警后，消防报警控制中心的管理人员到达探测器报警区域的时间；

$t_{finding}$——管理人员在警戒区内发现火灾所需的时间；

t_{report}——发现火灾后与消防报警控制中心等部门取得联系的时间；

$t_{announce}$——由中控室进行信息播报、疏散引导播报的时间。

6.5.3　疏散行动时间

所谓的疏散行动时间是指从疏散开始到所有的疏散人员完成疏散所需要的时间。

1. 基于单位出口宽度概念的计算方法

1935 年的《建筑出口的设计与施工》是经美国标准局（NBS）技术委员会审议的一份文件，它并不是一份研究文件。该报告将一些设计上的惯例要求与实验研究结果结合在一起。英国的《战后建筑研究第 29 号研究报告》引用了《建筑出口的设计与施工》的许多内容，可以说是该报告的英国版本。这份报告确定了标称疏散时间为 2. 5min（1911 年，爱丁堡皇家剧院的成功疏散时间为 2. 5min，这份报告基于此报导），建议利用高流量进行人口容纳能力计算（即每 530mm 的安全出口宽度可通过 40 人/min）。

基于单位出口宽度的方法几十年来为许多国家的建筑规范所引用，目前我国的《建筑防火设计规范》也不例外。但是，此规范中将单位出口宽度定义称为一股人流。在《建筑设计防火规范》等规范的规定中，就是已假定一股人流的宽度为 0. 55m，相当于人体的平均肩宽，水平通道一股人流的流量为 40 人/min，阶梯地面每股人流的流量为 37 人/min。在设计出口的宽度时，往往以单股人流的宽度作为模数进行设计，如 1. 1m（两股人流的宽度）、1. 65m（三股人流的宽度）。在计算出口的流量时，也以单股人流的流量作为基础。如果水平通道上的一个宽度为 W（单位：m）的出口，则其流量 f（单位：人/min）为：

$$f=\frac{w}{0.55}\times 37 \tag{6-21}$$

2. Pauls 的经验公式

加拿大学者 Pauls1980 年对人员疏散演习进行了大量观测，认真记录了每次实验的详细数据，在此基础之上，总结出了能说明真实疏散的各个参数间关系的经验公式。该公式首先需要定义出口的有效宽度。有效宽度概念的提出，主要考虑了人群在行走时，摆动手臂的倾向，即人员在通道内疏散时，要与侧壁保持一定的距离，而不是紧贴着侧壁或扶手行走，从而在疏散通道或疏散出口的边界存在一个边界层，这一边界层的宽度不能被人员疏散利用。

因此，有效疏散宽度为疏散通道或出口净宽度减去边界层宽度后的宽度。计算时，有效宽度可从距离边界墙 150mm 处或距离扶手中线 88mm 处算起。它不像上述单位宽度模型那样，将人体的双肩设定为一个静止尺寸。

Pauls 提出了未对疏散过程加以控制时，疏散流量与单位有效宽度人数之间的关系式为：

$$f=0.206p^{0.27} \tag{6-22}$$

式中　p——每米有效楼梯宽度的疏散人数（人）。

人员的总疏散时间 t(min) 为：

$$t=0.68+0.081p^{0.73} \tag{6-23}$$

这一公式适用于每米楼梯有效宽度容纳人数小于或等于 800 人的情况。在运用上式计算 50 幢 8 ~ 15 层建筑物的疏散时间时，误差为 0. 2%。当线性处理简化后，可得到下式：

$$t=2.00+0.0117p \tag{6-24}$$

对于楼梯每米有效宽度容纳人数超过 800 人的高层建筑，可以通过下式计算未加控制时的疏散时间：

$$t=0.70+0.0133p \tag{6-25}$$

3. Melinek 和 Booth 公式

英国学者 Melinek 和 Booth1978 年提出了主要用于计算高层建筑的最短总疏散时间公式：

$$T_e = \frac{\sum_{i=r}^{n} Q_i}{N' b_r} + r t_s \tag{6-26}$$

式中 r——楼层数；

Q_i——楼层 i 内的人数；

b_r——楼层 r-1 与楼层 r 之间的楼梯间的宽度；

N'——人员通过楼梯下行的单位出口宽度的流量；

t_s——行动不受阻挡的人流下行一个楼层的时间。

Melinek 和 Booth 考虑了两种不同的情况：

1）人员密度较低的建筑物内，两个楼层之间的穿行时间大于同一楼层上所有人员进入出口的时间。

2）人口密度较高的建筑物内，人员从同一楼层进入出口的时间大于楼层间的穿行时间。

如果各楼层上的人数以及楼梯间的宽度均相等时，则上述两种情况下的总疏散时间分别由以下两式计算：

$$T_e = \frac{Q}{N' b} + n t_s \tag{6-27}$$

$$T_e = \frac{nQ}{N' b} + t_s \tag{6-28}$$

4. 我国《地铁设计规范》事故疏散时间计算方法

我国现行的《地铁设计规范》8.3.10 条给出了站台层的事故疏散时间计算方法公式：

$$T = 1 + \frac{Q_1 + Q_2}{0.9[A_1(N-1) + A_2 B]} \tag{6-29}$$

式中 T——站台事故疏散时间(min)；

Q_1——1 列车乘客人数(人)；

Q_2——站台上候车乘客和站台上工作人员(人)；

A_1——自动扶梯通过能力[人/(min · m^{-1})]；

A_2——人行楼梯通过能力[人/(min · m^{-1})]；

N——自动扶梯台数(台)；

B——人行楼梯总宽度(m)；

1——人员的响应时间(min)；

$N-1$——计算中应考虑 1 台自动扶梯损坏不能运行(台)；

0.9——（$N-1$）台自动扶梯和人行楼梯通行能力折减系数。

5. 日本《建筑基准法》中疏散行动时间的计算方法

日本《建筑基准法》中，疏散行动时间分为由火灾发生区域的疏散（房间疏散）和由火灾发生楼层开始的疏散（楼层疏散）。由步行时间和停留解除时间计算出，以下具体介绍计算方法。

疏散人员利用步行距离最大 L（单位：m）的疏散路线进行疏散，步速为 v（单位：m/s），所需要的步行时间 t_L（单位：s）为：

$$t_L = \frac{L}{v} \tag{6-30}$$

关于步行速度的典型数值可参考表6-9的数值。

表6-9 用于疏散预测计算的步行速度

建筑物或房间的用途	建筑物各部分分类	疏散方向	步行速度/(m/s)
剧场及其他具有类似用途的建筑	楼梯	上	0.45
		下	0.6
	坐席部分	—	0.5
	楼梯及坐席以外的部分	—	1.0
百货商店、展览馆及其他具有类似用途的建筑或公共住宅楼，宾馆及具有类似用途的其他建筑（医院、诊所及儿童福利设室等除外）	楼梯	上	0.45
		下	0.6
	楼梯以外的其他部分	—	1.0
学校、办公楼及具有类似用途的其他建筑	楼梯	上	0.58
		下	0.78
	楼梯以外的其他部分	—	1.3

建筑物内人员特征和运动特征与建筑物使用功能的关系见表6-10。

表6-10 建筑物内人员特征和运动特征与建筑物使用功能的关系

建筑物类别	人员特征与运动特征	建筑物示例
剧院等	人员密度大，人员不固定	宴会厅等公众聚集场所
百货店	人员不固定	图书馆、美术馆、博物馆
旅馆	人员不固定且有可能处于就寝状态	
医院	自理能力差，行动困难	盲人学校、敬老院
学校、办公楼、住宅	人员相对固定，对建筑物较熟悉	

另外，疏散人员 P 聚集在宽度为B的出口前，由停留状态到全体人员通过出口所需要的时间，也就是停留解除时间 t_B（单位：s），计算公式为：

$$t_B = \frac{P}{NB} \tag{6-31}$$

式中 N——流动系数[人/(m·s)]，表示单位宽度的通过人数。一般取值为1.5。

以上介绍的是计算火灾发生房间以及火灾发生楼层的疏散时间时所用的基本公式，以下介绍它们之间的关联事项。

(1) 起火房间的疏散行动时间

设想发生火灾房间的人员察觉火灾后一起向室外开始疏散行动。首先，在疏散行动路线设计方面，以均匀分布于房间内的现场人员按照制定的活动路线行动为条件，计算出由房间到达出口所需的步行时间 t_{travel}（单位：s）：

$$t_{travel} = \frac{l_{max,\ room}}{v} \tag{6-32}$$

式中 $l_{max,room}$——最大步行距离(m);

v——步行速度(m/s)。

出口疏散流开始时刻是从所有的现场人员到达出口时开始，这里的疏散流出所需要的停留解除时间 t_{queue}（单位：s）可以用下式来计算：

$$t_{queue}=\frac{P_{room}}{NB} \tag{6-33}$$

式中 P_{room}——现场人数（人），由现场人员密度 p（人/m^2）与室内地面面积 A(m^2）之乘积求得。

疏散行动时间 $t_{move,room}$（单位：s）以上参数之和，用下式表示：

$$t_{move,\ room}=t_{travel}+t_{queue}=\frac{l_{max,room}}{v}+\frac{P_{room}}{NB} \tag{6-34}$$

（2）起火楼层的疏散行动时间

起火楼层的疏散行动时间是指从疏散开始到楼层所有人员疏散到楼梯间的时间，即按照预先设定的由各个房间开始的疏散路线进行的疏散流动计算出时间。在计算起火楼层的疏散行动时间时，各个房间疏散人员的移动以及门口部位的流动如图6-9、图6-10所示，该图也就是疏散行动时间计算方法的图解。

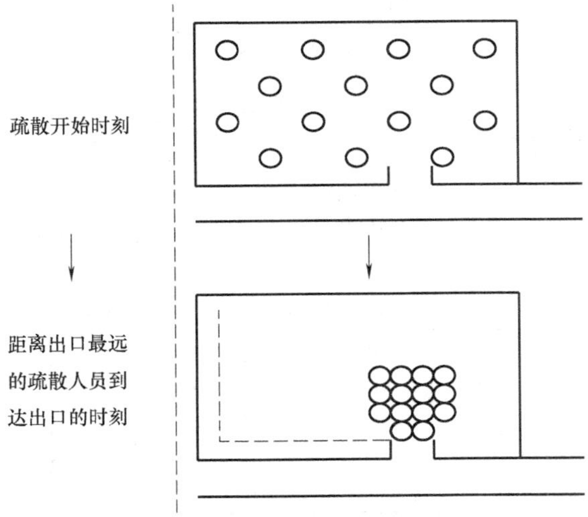

图6-9 疏散行动时间计算模式

但是，由于从起火楼层的各个房间到达楼梯室所产生时间差，会使为计算疏散行动时间而进行的疏散流动预测比较繁复，所以建议使用时将每个时刻简化，用到达楼梯室的最大步行时间和疏散路径上的最大停留解除时间之和来进行计算。将房间出口处的疏散人数，位于前往楼梯室的出口处的疏散人数，用于疏散的楼梯室内所有的疏散人数等各项之和作为最大停留人数来计算解除时间。根据这种方法，在疏散设计方面如果将楼梯室配置于距离房间较远的位置，则会受到相当的限制。基于这种方法，楼层疏散的疏散行动时间 $t_{move,floor}$（单位：s）的计算如下式：

$$t_{move,\ floor}=\frac{l_{max,\ floor}}{v}+\frac{P_{floor}}{NB_{min}} \tag{6-35}$$

式中右边的第一项表示从疏散楼层的各个部位到预测的火灾楼层疏散场所的最大步行时间；右边第二项表示疏散路线上，在最小宽度出口处的停留解除时间。

式中 $l_{max,floor}$——疏散对象区域的各个部位到达火灾楼层的指定疏散场所的最大步行距离（楼梯室或者楼梯间）；

P_{floor}——利用通向火灾楼层的疏散场所出口的疏散人数（人）（$P_{floor} = \Sigma P_{room} = \Sigma p A_{room}$）；

B_{min}——疏散过程中最小的出口宽度（m）。

这里提出的关于疏散预测计算的方法大多都考虑了其实用性，是手算就可以简单进行的方法，但如果要求精确结果，则需要利用计算机程序进行模拟实验及计算。疏散流动图表如图 6-10 所示。

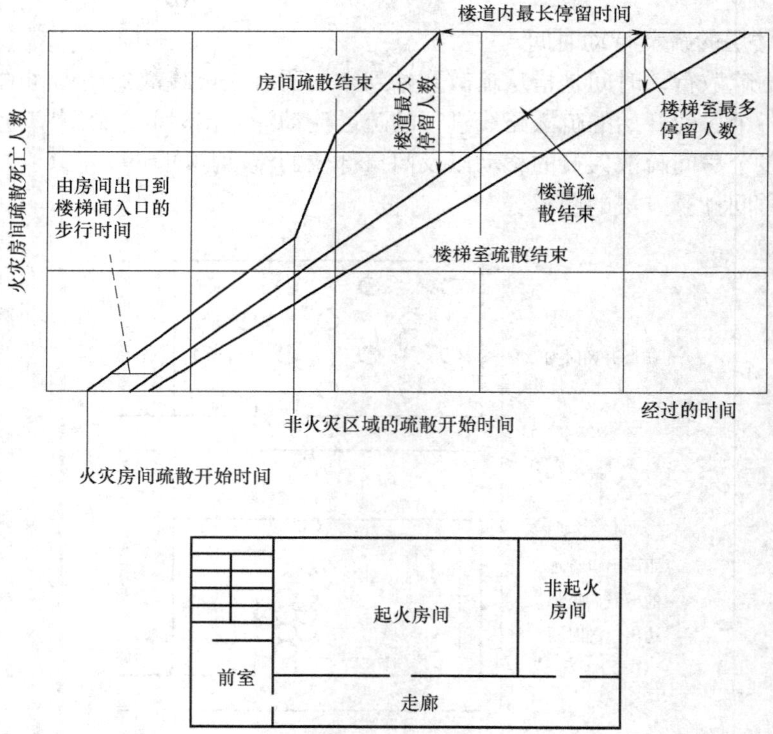

图 6-10　疏散流动图表

【例 6-3】 一个出口的房间（见图 6-11）。

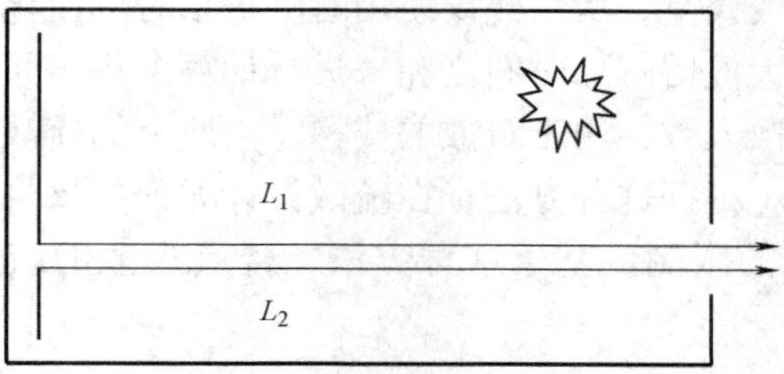

图 6-11　算例一平面图

$$t_{\text{travel}}=\max\left(\frac{L_1}{v_1},\ \frac{L_2}{v_2}\right)$$

【例6-4】　两个出口的房间（见图6-12）。

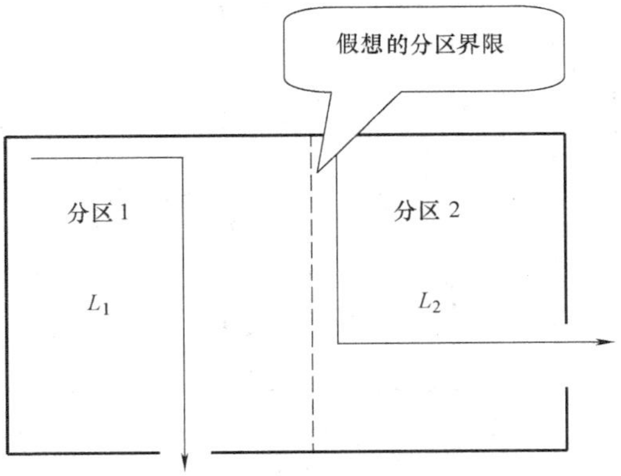

图6-12　算例二平面图

$$t_{\text{travel}}=\max\left(\frac{L_1}{v_1},\ \frac{L_2}{v_2}\right)$$

虚线所示为假想的划分区域，划分的方式无需过于严格，但最恰当的方法是大致在两个开口的中间处划分。

【例6-5】　不同层人员的疏散的 t_{travel}。

图6-13中第二层人员的行走路线先为水平通道，其次为楼梯，最后为水平通道；第一层的人员行走路线均为水平通道。

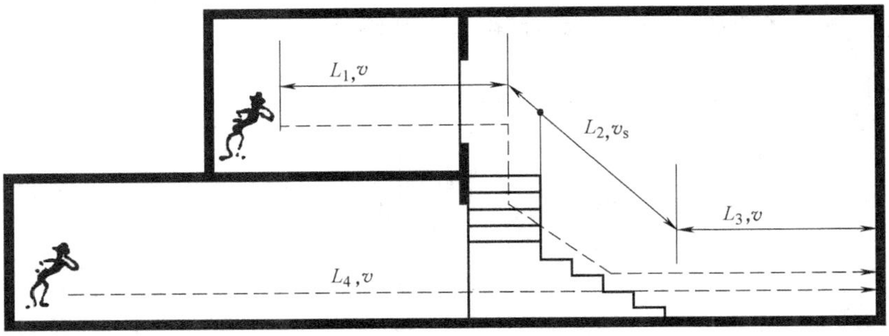

图6-13　算例三平面图

$$t_{\text{travel}}=\max\left(\frac{L_1}{v}+\frac{L_2}{v_s}+\frac{L_3}{v},\ \frac{L_4}{v}\right)$$

式中　v_s——人员在楼梯上的行走速度（m/s）。

【例6-6】　会议室出口通过时间。

各房间的情况如图6-14所示，会议室的面积为200m²。根据其用途，人员密度确定为1.5人/m²。

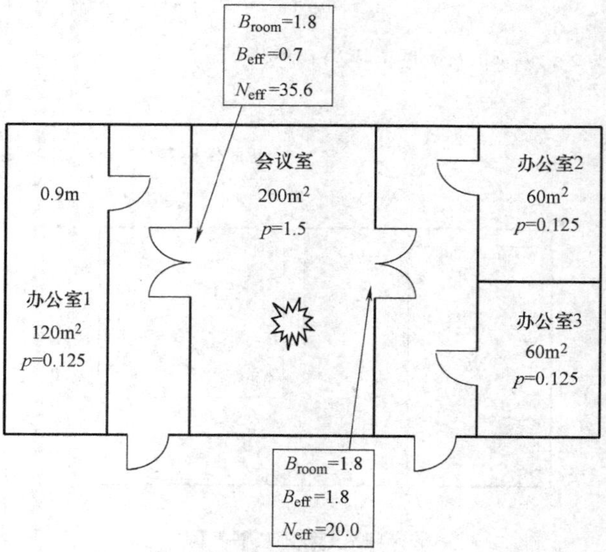

图 6-14　算例四平面图

$$t_{queue} = \frac{\sum pA_{area}}{\sum B_{eff}N_{eff}} = \frac{1.5 \times 200}{35.6 \times 0.7 + 20.0 \times 1.8}\text{min} = 4.92\text{min}$$

6. 计算所涉及的一些参数的确定

(1) 房间内的总人数 $\sum pA_{area}$

人数要根据该场所的面积 A_{area} 乘以人员密度 p 来计算，对于使用用途复杂的房间要分别计算，例如：

【例 6-7】 用途复杂的房间总人数计算（见图 6-15）。

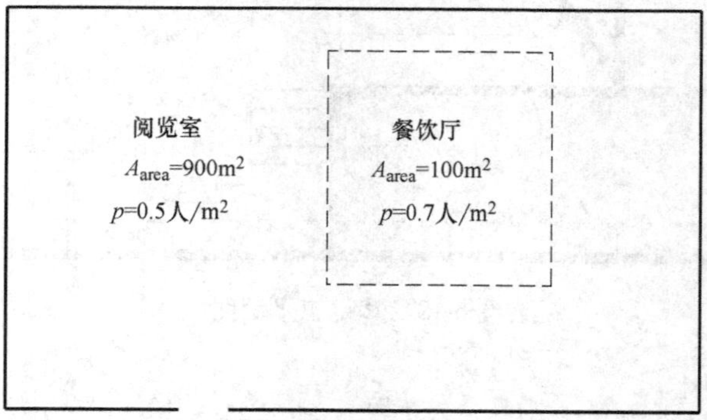

图 6-15　例 6-3 平面图

$$\sum pA_{area} = (0.5 \times 900 + 0.7 \times 100 = 450 + 70)\text{人} = 520\text{人}$$

表 6-11 给出了不同种类建筑物的人员密度值。

表 6-11　根据建筑物用途而定的人员密度值

建筑或房间种类		场内人员密度/(人/m^2)
住宅居室		0.06
非住宅建筑物中的寝室	床固定时	用地面面积除以床数
	其他情况	0.16
办公室，会议室以及其他类似情况		0.125
教室		0.7
百货商店或经营物品销售的店铺	柜台部分	0.5
	柜台附近的通路部分	0.25
餐饮厅		0.7
剧场、电影院、演技场、公共礼堂、集会场所、其他与此具有相似功能的场所	有固定座位的场所	用地面面积除以座位数
	其他场所	1.5
展览室及其他类似的场所		0.5

（2）有效流动系数 N_{eff}

N_{eff}指单位时间通过单位宽度疏散通道的人数（单位：人/(m · min)），其取值见表 6-12。

表 6-12　有效流动系数 N_{eff}

疏散通道类型	通道可能容纳人数	有效流动系数 N_{eff}/(人/(m · min))
当房间有直通室外的出口	—	90
其他场合	$\sum \frac{A_{co}}{a_n} \geqslant \sum pA_{load}$	90
	$\sum \frac{A_{co}}{a_n} < \sum pA_{load}$	$\max\left(\frac{80B_{neck}}{B_{room}} \frac{\sum \frac{A_{co}}{a_n}}{\sum pA_{load}}, \frac{80B_{neck}}{B_{load}}\right)$

注：表中 N_{eff}为有效流动系数（人/(m · min)）；A_{co}为通道的面积（m^2）；a_n 为疏散通道上必要的滞留面积（m^2/人）；p 为人员密度（人/m^2）；B_{neck}为疏散通道上所有出口的最小宽度，在此出口处产生瓶颈效果（m）；B_{room}为房间的出口宽度（m）；$\sum pA_{load}$ 为通道里通过的疏散人员的数量（人）。

人员必要的滞留面积 a_n见表 6-13。

表 6-13　人员必要的滞留面积 a_n

疏散通道的部位	每人所需的最小的滞留面积/(m^2/人)
楼梯前室	0.2
楼梯间	0.25
走廊等其他部分	0.3

1）有直通室外地面的出口（见图 6-16）。

$$N_{eff} = (1.5 \times 60)\text{人/m} \cdot \text{min} = 90\ \text{人/(m} \cdot \text{min)}$$

2）无直通室外地面的出口（见图 6-17）。

① 通道能够容纳下房间内人员时的情况。

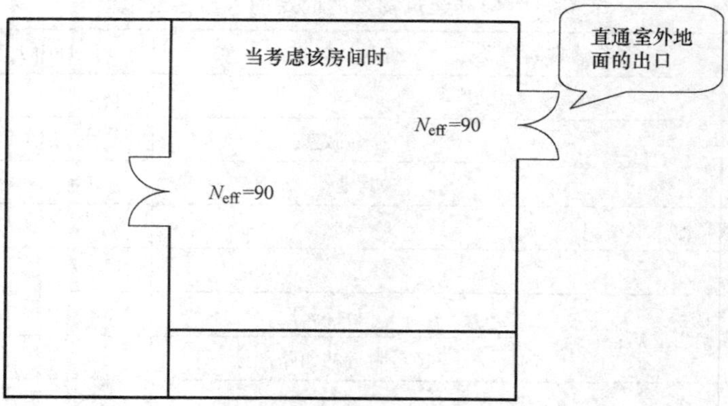

图 6-16　有直通室外地面出口平面图

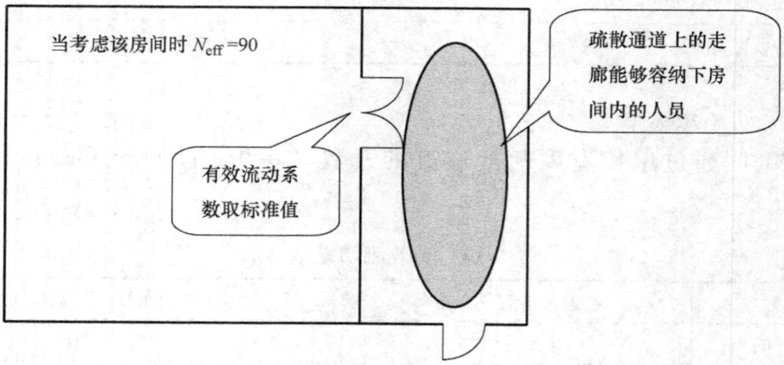

图 6-17　无直通室外地面出口平面图

$$\sum \frac{A_{co}}{a_n} \geqslant \sum pA_{load}$$

左式代表通道等部分可能容纳的人数，右式代表房间内的人数。

这时 N_{eff}和有直接通向室外出口的值 N_{eff}相同，即：

$$N_{eff} = (1.5 \times 60)\text{人}/(\text{m} \cdot \text{min}) = 90\ \text{人}/(\text{m} \cdot \text{min})$$

② 通道不能容纳下房间内人员时的情况（见图 6-18）。

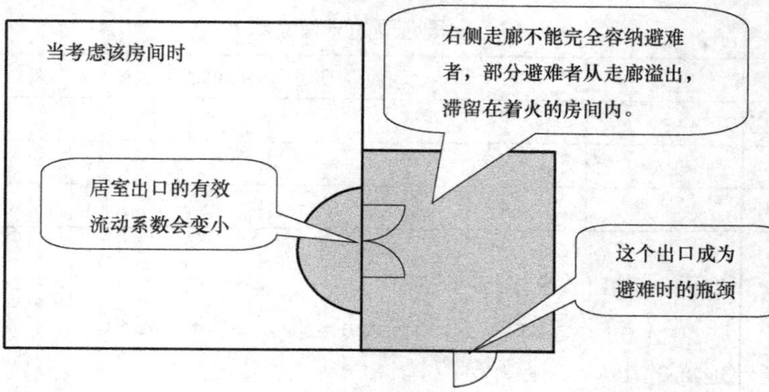

图 6-18　通道不能容纳下房间内人员平面图

当 $\sum \frac{A_{co}}{a_n} < \sum pA_{load}$ 时，N_{eff}将变小。

（3）有效宽度（见图 6-19、图 6-20）。

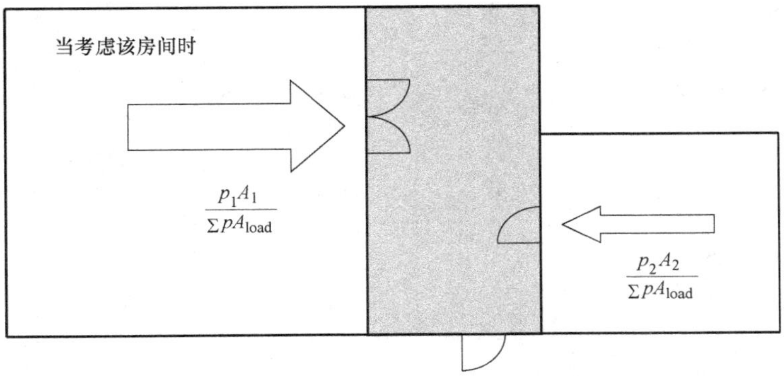

图 6-19　房间有效宽度平面图

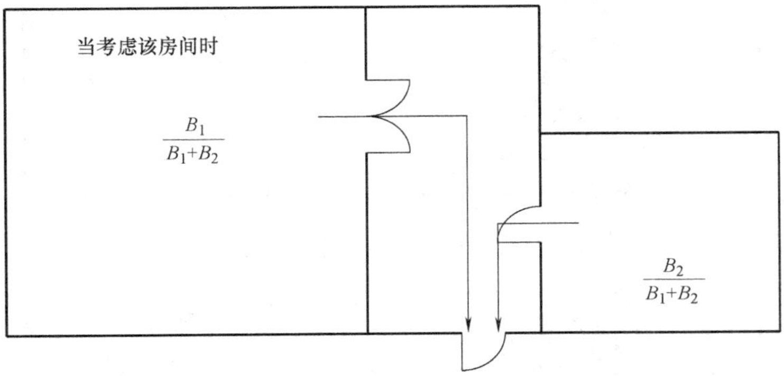

图 6-20　房间出口有效宽度平面图

【例 6-8】 有效宽度的计算（见图 6-21）。

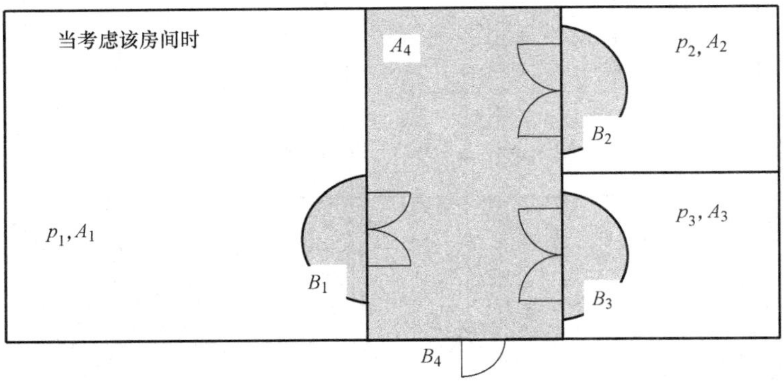

图 6-21　例 6-4 平面图

$$A_{co} = A_4，\sum pA_{load} = p_1A_1 + p_2A_2 + p_3A_3$$

$$B_{room} = B_1，B_{neck} = \min(B_1，B_4)，B_{load} = B_1 + B_2 + B_3$$

（4）A_{co}及A_{load}（见图 6-22 ~ 图 6-26）

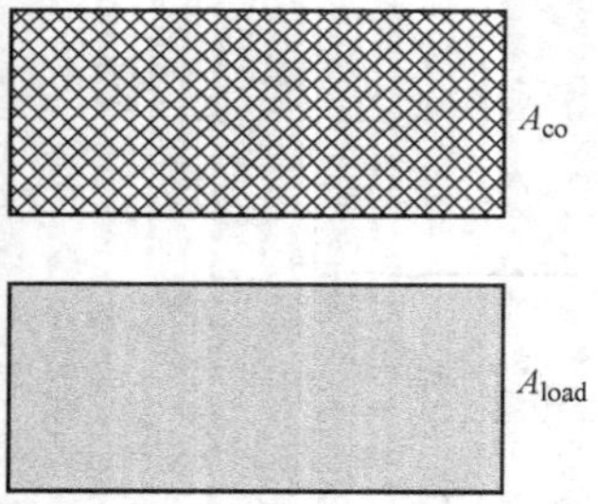

图 6-22 A_{co}及A_{load}平面图（一）

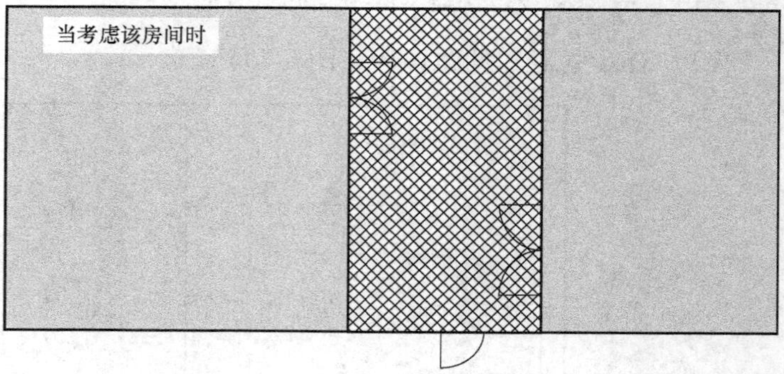

图 6-23 A_{co}及A_{load}平面图（二）

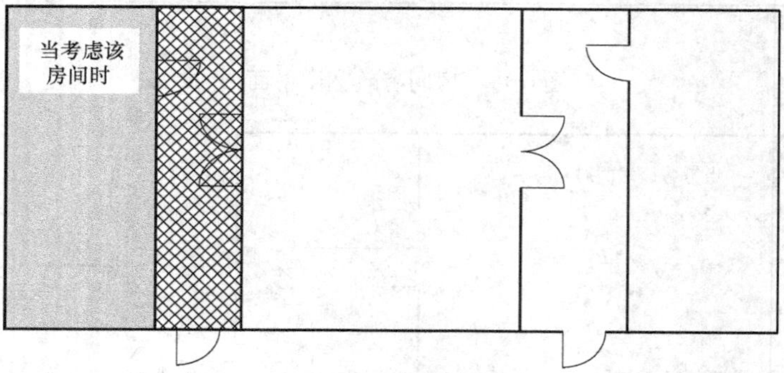

图 6-24 A_{co}及A_{load}平面图（三）

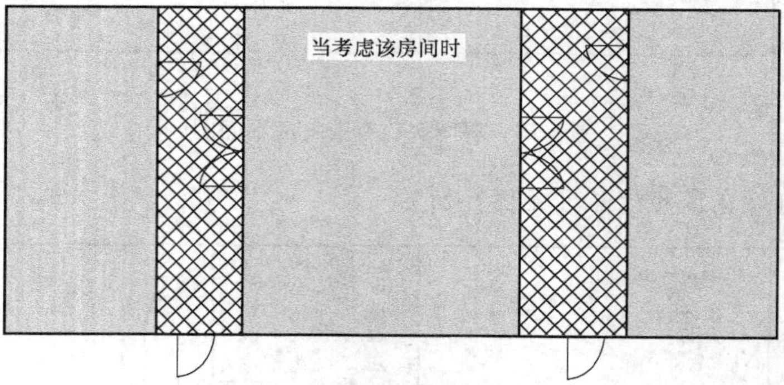

图 6-25 A_{co}及A_{load}平面图（四）

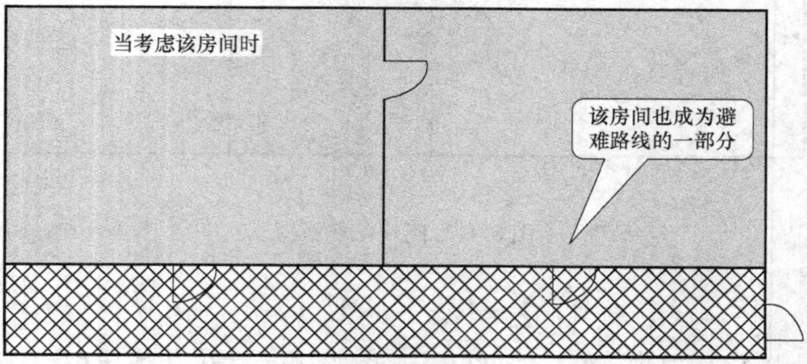

图 6-26 A_{co}及A_{load}平面图（五）

（5）B_{neck}和B_{load}（见图6-27～图6-30）。

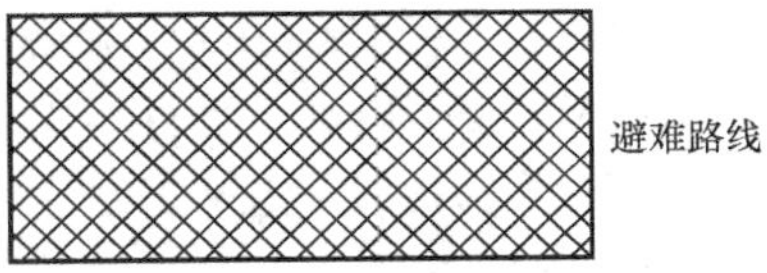

图6-27 B_{neck}和B_{load}平面图（一）

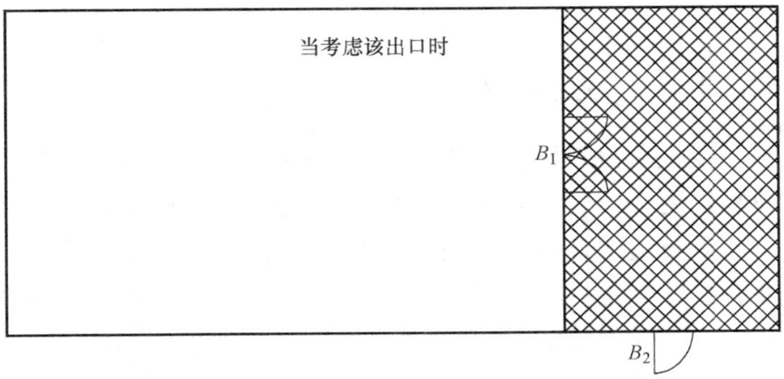

图6-28 B_{neck}和B_{load}平面图（二）

$$B_{room}=B_1，B_{neck}=\min(B_1，B_2)，B_{load}=B_1$$

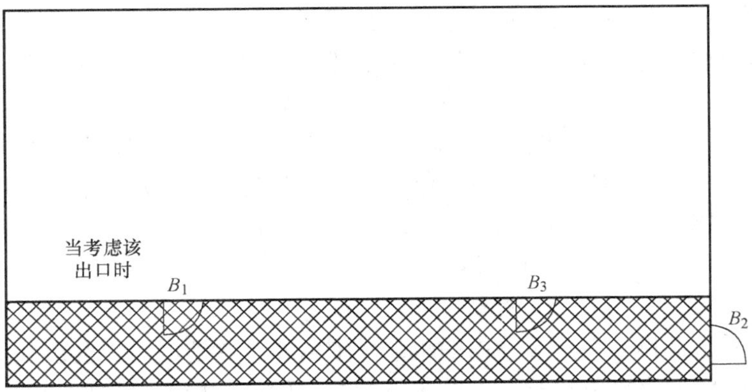

图6-29 B_{neck}和B_{load}平面图（三）

$$B_{room}=B_1，B_{neck}=\min(B_1，B_2)，B_{load}=B_1+B_3$$

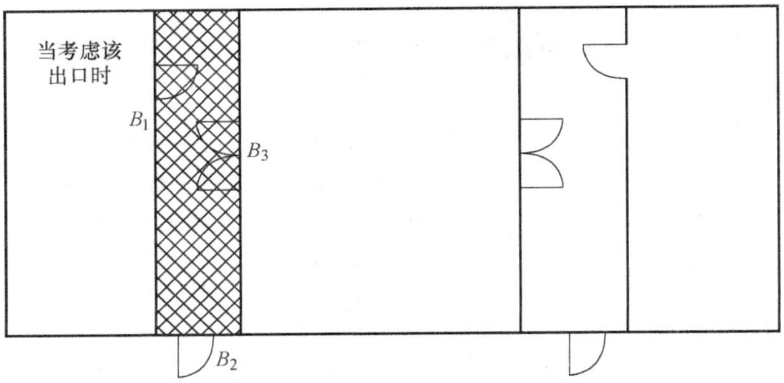

图6-30 B_{neck}和B_{load}平面图（四）

6.6 常用的人员疏散模拟软件

6.6.1 人员疏散软件概述

在人员疏散设计过程中，疏散模型和软件是一种重要的计算疏散行动时间的工具。本小节将简要介绍目前常用的人员疏散软件的发展历程和选择使用时需要注意的一些问题。

人员疏散基础数据研究的目的是试图从试验观测数据中总结出人员疏散流动的基本规律，这方面主要的研究以英国的 J. Fruin，前苏联的 Predtechenski 和 Milinski knotig 及日本的 Togawa 等为代表，经过多年的收集，得到了大量的有关人的步行行动能力，以及建筑物出口的流动系数等观测数据，之后总结出根据人员密度确定人员流动速度的方法，以及建筑物疏散通道的数量和宽度的方法，这些早期的成果被广泛应用到后来的研究当中。通过对人流运动规则的研究，后来的学者提出了一种名为“排队网络”的疏散仿真模型。这种模型结构简单，理论难度小，曾经一度成为了疏散仿真模型研究的重点。

随着计算机技术尤其是数值模拟技术的迅速发展，国内外许多学者以及相关研究人员利用网络技术、虚拟现实等技术方法，在两维或三维建筑空间开发了多个关于火灾状态下人员应急疏散行为的计算机模型，据 Fire Model Survey 网站不完全统计，世界上有文献记载的人员疏散模型共有 20 多个。这些模型大致可以分为两类：一种是水力模型，例如 EVACNET +、Takahashi's model；另一种是人员行为模型，例如 BGRAF、EXITT、EGRESS、E-SCAPE、DONEGAN'S ENTROPY MODEL、EVACSIM、EXIT89、EXODUS、PAXPORT、STEPS、Simulex、VEGAS、MAGNETMODEL、CRISP、WAYOUT 等。

1. 水力疏散模型

水力疏散模型通常将人在建筑物内的疏散模拟为水在管道内的流动或滚珠在管道内的滚动。因此水力疏散模型完全忽略掉了人的个体特性，而将人群的疏散作为一种整体运动。水力疏散模型通常对人员疏散过程作如下保守的假设：

1）疏散人员具有相同的个体特征，并且都具有足够的体力，能够疏散到安全地点。

2）疏散人员都是清醒的，在疏散开始的时刻一起井然有序地进行疏散，忽略中途折返的因素。

3）疏散过程中人员疏散的速度始终保持一致，忽略性别、年龄等差异。

2. 人员行为模型

人员行为模型与水力模型不同，需要综合考虑人与人、人与建筑物以及人与环境之间的相互作用，因此这类模型能够从一定程度上反映火灾环境下的人员个体特性、建筑结构特征等对人员疏散的影响，但由于火灾中人的响应行为仍旧是一个较新的领域，火灾环境下影响人员疏散的因素众多，人员疏散行为模型尚不够成熟，在选用该类模型时要慎重考虑它的适用性，以经过实际疏散实验或演习验证的模型为首选。

一般情况下，当建筑的结构简单、布局规则、疏散路径容易辨别、功能较为单一且人员密度较大时，适合采用水力模型来进行人员疏散的模拟计算，而其他情况则应采用人员行为模型。主要原因是，适合采用水力模型的情况下发生火灾，人员可以较为快速准确地获取关键信息并采取疏散行动，人员疏散通常很快由个体行为转化为群体行为，符合水力模型的适用条件。而其他情况下，人员获取信息的渠道相对较少，从接到报警信号到识别火灾以及疏散过程中寻找合适的疏散路径都在很大程度上依赖于个体的判断。因此，人员疏散由个体行为转化为群体行为的时间非常长，有时候可能自始至终都是个体行为，这种情况下选用人员行为模型显然更为合适。

虽然目前各种疏散模型都取得了一定的成果，但通用的人员疏散建模方法还处于初步研究阶段，大多只能作为研究参考。而如果在限定模拟场景并给定人员疏散目标的情况下，研究人员的疏散行为特征、建立疏散运动模型则相对容易。因此这些模型可以在特定场景中得到很好的实践应用。

6.6.2　EVACNET4 软件简介

EVACNET4 是由美国佛罗里达大学开发的一个水力疏散模型，是目前世界上被广泛采用的人员疏散模型之一。它可以模拟人员在建筑物内行走并最终疏散至安全地点的全过程，其主要用来确定：① 整个建筑内所有人员疏散完毕所用的时间；② 各个楼层内人员疏散完毕所用的时间；③ 各个节点内人员疏散完毕所用的时间；④ 人员在各个疏散出口的分配情况；⑤ 疏散过程中的瓶颈状态。

1. 基本假设

EVACNET4 软件将人群在建筑内的走动模拟为水在管网内的流动，软件的基本假设包括：

1）疏散人员具有相同的特征，且均具有足够的身体条件疏散到安全地点，一般不考虑残疾人员的疏散。

2）疏散人员是清醒的，在疏散开始的时刻同时井然有序地进行疏散，且在疏散过程中不会中途返回选择其他疏散路径。

3）在疏散过程中，人流的流量与疏散通道的宽度成正比分配，即从某一出口疏散的人数按其宽度占出口总宽度的比例进行分配。

4）人员从每个可用的疏散出口疏散，而且所有人的疏散速度一致、保持不变。

以上假设是人员疏散的一种理想状态，与人员疏散的实际过程可能存在一定的差别，为了弥补疏散过程中的一些不确定性因素的影响，在采用该类模型进行人员疏散的计算时，通常保守地考虑一个安全系数，一般取 1.5～2，即实际疏散时间为计算疏散时间乘以安全系数后的数值。

2. 建筑网络模型

EVACNET4 对建筑物的结构布局以网络的形式描述，模拟人员在这一网络内的流动，直至所有人员最终到达规定的安全地点为止，因此模拟之前首先要建立建筑的网络模型。

其建筑网络模型由一系列的节点以及连接各个节点的路径组成。节点代表建筑物内的不同的厅、室、通道、楼梯间、安全出口以及其他的空间部分，模型将室外或建筑内的其他安全地点定义为目标结点，人员疏散以人员到达目标结点算作结束。空间上相邻的节点通过虚拟的路径来连接，这些路径在空间上实际并不存在，只是通过它们来反映各个节点之间的连接关系，还需要设定路径的方向，以反映人员在网络内的流动方向。

（1）节点和路径

对于每个节点，需要定义两个参数：① 模拟开始时节点内的初始人数；② 节点所能够容纳的最多人数。对于目标节点，初始人数可设为 0，能够容纳的最多人数缺省值为无穷大。

节点容量和初始人员的确定方法如下：① 计算出可用房间面积；② 选取人员密度水平；③ 用可使用面积除以人员密度水平；④ 必要的情况下修改节点容量。具体步骤可参见其操作手册。

对于每条路径，也需要定义两个参数：

1）人员通过该路径所用的时间，由下面的公式确定：

$$TT = \frac{DIST}{v} \tag{6-36}$$

式中 TT——人员通过路径所用的时间（s）；

$DIST$——路径的长度，为所连接的两个节点中点之间的距离（m）；

v——人员通过该路径的行走速度（m/s）。

2）单位时间通过该路径的人数，可由下式确定：

$$DC = W_e q \tag{6-37}$$

式中 DC——单位时间通过该路径的人数（人/s）；

W_e——路径的有效宽度（m）；

q——单位宽度路径上的人流流量（人/(m·s)）。

节点容量和初始人员的确定方法如下：① 选取人员密度水平；② 用平均流量系数乘以走廊宽度得到每分钟人员通过上限；③ 用人员上限除以与每分钟相等的时间单位，选取接近它的整数，结果就是路径的容量，路径流量的上限，每个时间单位通过的人数。

（2）节点的划分与路径的设置

节点的划分分为节点的合并与拆分，为什么要进行节点的合并与拆分呢，是因为由于计算机运行速度的限制，EVACNET4 只能对一定规模的网络进行计算。当建筑物规模很大时，可能划分的节点数目过多，建立的网络模型过大，最终造成程序无法运行，此时需要将有关节点合并，从而将网络简化；一般将单独的一个建筑结构单元划分为一个节点，但有时该单元的面积过大，若将其划分为一个单独的节点，则无法反映其内部人员流动的具体细节，此时需要将该节点进一步拆分为更多个节点。例如在一个放映厅内，可以将走道之间的座位区划分为相应的节点。有时建筑内的走道过长，而且走道的宽度在整个长度上会经常发生变化，同时通向该走道的节点非常多，若仍将该走道划分为一个单独的节点，则无法具体反映它同周边各节点的连接关系，此时可以将该走道划分为几段，将各段分别作为不同的节点。

图 6-31 所示为一双层建筑的平面图，图 b 是经过节点合并与拆分后得到的系统图。注意到图 a 中房间 201 和房间 202 都通向中间的走道，两个房间分别对应着图 b 中的节点 N1 和 N2，走道对应着图 b 中的节点 N3，可以看出，N1 和 N2 均与 N3 相连，且路径方向指向 N3，这种情况下节点 N1 和 N2 可以合并为一个节点，当然合并后形成的新的节点与路径的特性参数也需要作相应的改动，这里不再详述。同时对走道的详细划分应遵循以下两点原则：

1）当走道中途分叉或拐弯时，在分叉或拐弯位置处作为划分节点的边界。

2）当走道的宽度发生变化时（扩大或缩小），在宽度发生变化的位置处作为划分节点的位置。

对于路径的设置可以根据连接的两个节点的类型，划分为以下几种情况：① 房间节点-

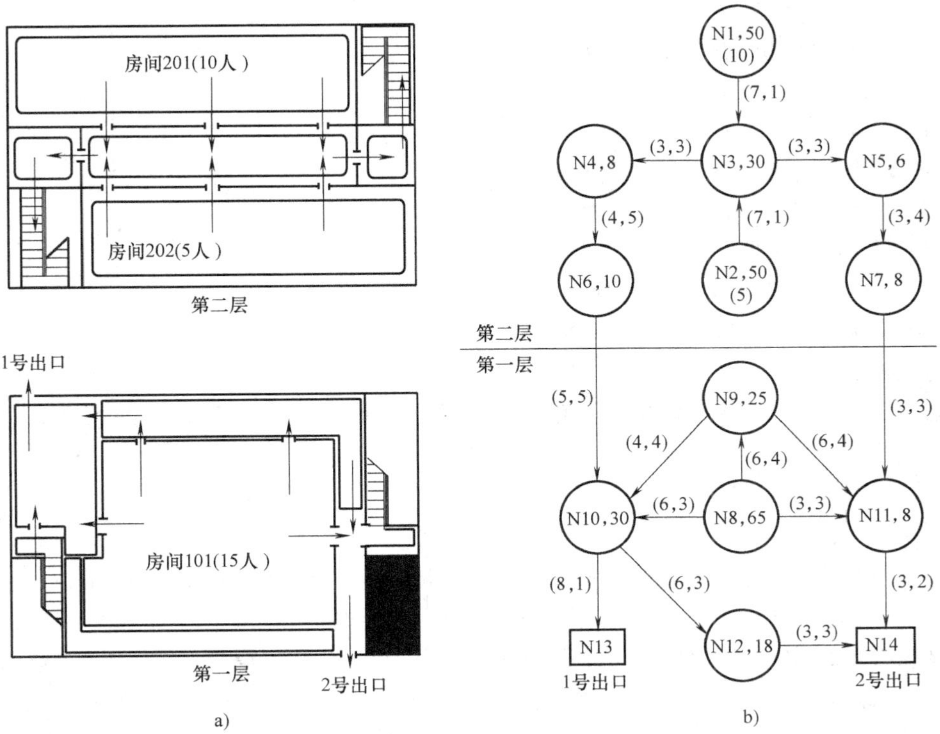

图 6-31　某两层建筑节点划分

房间节点；② 房间节点-走道节点；③ 走道节点-走道节点；④ 走道节点-楼梯间节点；⑤ 楼梯间节点-目标节点。

对于路径，需要根据人流流动的方向来设定路径的方向，按路径方向的不同路径可分为单向路径和双向路径两类，如图 6-32 所示。如果模型用户想人为控制人流的流向，则可以将路径设为具有特定流向的单向路径；如果模型用户不清楚在疏散时某条路径上人流的具体流向，则可以先将该路径设为双向路径，在进行实际模拟计算时，模型会根据建筑内各区域的人员密度、建筑布局及安全出口的设置情况，来最终确定该路径上人流的流向。发生火灾时，人流从总体上表现出的疏散方向是：房间→走道→疏散楼梯间→室外或其他安全地点，但在局部区域也表现出一定的随机性。人员在找到疏散楼梯间后，疏散方向是确定的，也就是走道→楼梯间→安全地点，因此，第④、⑤类路径为单向路径。但人员在找到楼梯间之前，人流的流动方向有一定的不确定性。例如，人员由于对疏散路径不熟悉，在走道内有可能向这个方向疏散，也有可能向相反方向疏散，在这种情况下需要将路径设定为双向路径，上面第③类路径就是这种情况。第①、②类路径可以是单向路径，也可以是双向路径，需要根据建筑物的布局及疏散设施的具体设置情况来加以确定。

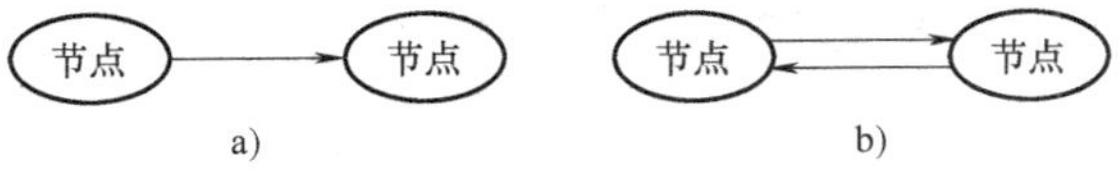

图 6-32　单向路径和双向路径示意图

a）单向路径　b）双向路径

3. 软件的运行顺序

EVACNET4 软件的运行顺序如下：

1）划分建筑图节点。

2）测量节点使用面积。

3）根据情况选取各区域人员密度。

4）计算节点容量，设置初始人数。

5）设定节点间的路径。

6）选取路径容量系数，计算 DC、TT。

7）模型输入。

8）结果分析。

步骤 1）~6）前面都已经讲过这里不再赘述，步骤 7）、8）可以参阅软件的用户手册。

6.6.3 Simulex 软件简介

1. 软件功能

Simulex 软件由苏格兰集成环境解决有限公司（Integrated Enironmental Solutions Ltd）的 Peter Thompson 博士开发，它是一种用于解决大空间及结构复杂建筑物内人员疏散问题的软件包。该软件允许用户利用建筑物的 CAD 平面图（各层之间以楼梯相连）创建建筑物的三维模型。当用户定义了最终安全出口的位置后，该软件将自动计算整个建筑物空间内所有的疏散距离与路径。待疏散人员在建筑空间内的位置可以一个接一个的布置，也可以成组布置。当建筑物内疏散人员的可能疏散路径（Potential Routers）计算完成后，就可以开始人员疏散的模拟了。当然，用户可以通过计算机屏幕来查看整个疏散的过程，也可以通过局部放大来观察那些你感兴趣的区域。另外，疏散结果也可以存储在硬盘上，以便以后查看。

2. 原理与假设

Simulex 软件可以模拟大型、复杂几何形状、带有多个楼层和楼梯的建筑物，可以接受 CAD 生成的定义单个楼层的文件。Simulex 把一个多层建筑物定义为一系列二维楼层平面图，它们通过楼梯连接，从每一个楼层进入楼梯的出口要在楼层平面窗口和楼梯窗口中分别指定，楼梯和楼层平面由“link”连接。模型中的人员可以通过连接从楼层进入楼梯，反之亦然。人员由最终出口“exit”离开建筑物，完成疏散模拟。

在软件中可容纳上千人，用户可以看到在疏散过程中，每个人在建筑物中的任意一点、任意时刻的移动。仿真结束后，会生成一个包含疏散过程详细信息的文本文件，通过该文本文件可以了解疏散中的相关信息。

同时，Simulex 软件对人员疏散模拟作了如下的假设：

1）人员的疏散速度是指正常情况下，人员行走不受阻条件下的行走速度。

2）人员行走速度随人员密度的增加而下降。

3）人员向出口行走的方向总是与等距图中的等值线垂直。

4）模拟过程中允许疏散人员超越、旋转、侧向行走和小幅后退。

3. 建筑网格模型

构建建筑模型是人员疏散模拟的第一步。

（1）楼层

Simulex 软件中，建筑物的各个楼层应分别由标准 CAD 程序创建的 DXF 图形文件导入。Simulex 软件是使用墙体线来定义建筑空间的，因此，导入的 DXF 文件中只能留有描述建筑平面结构的墙线，类似于门的旋转线，文本和其余不相关的线都必须预先删除，否则 Simulex 软件将无法识别和继续运行。

（2）安全出口

楼层导入后，开始设置最终的通往室外的安全出口，一个楼层可以设置几个安全出口。安全出口在楼层平面图中用一个类似于“⊥”的符号表示。在同一个建筑物中可设置多个安全出口。

（3）楼梯

对于多层建筑的人员疏散模拟，建筑模型中各楼层之间必须通过楼梯相连，此处所说的楼梯是指 Simulex 软件中设置的楼梯。Simulex 中所有的楼梯都是按直跑楼梯来对待的，而不考虑其实际的外形。而楼梯长度由用户计算后设置，是指楼梯斜坡的真实长度，带平台的楼梯还应加上平台的长度，其余类型的楼梯也可通过等效计算来设置。

（4）连接

在 Simulex 软件中，每个楼梯必须通过“连接”（link）与两个楼层相连，这两个“连接”分别位于楼梯的两端。每个“连接”在窗口中以“┬”形符号标识，而实际上一个“连接”包含了两个相同的“┬”，一个位于楼层中，一个位于楼梯中，共同构成了一个由楼层通往楼梯的“连接”。

4. 人员模型

（1）人员几何模型

Simulex 用三个圆来代表每一个人的垂直投影，精确地模拟了实际的人员。模拟实验中人体的垂直投影可以抽象为3个圆圈，一个大圆代表躯干，其半径为 R_t，2个小圆代表肩膀，其半径为 R_s。大圆与小圆的圆心之间的距离为 S。如图6-33所示，确定了 R_t、R_s 和 S，则可以确定一个人的几何尺寸。

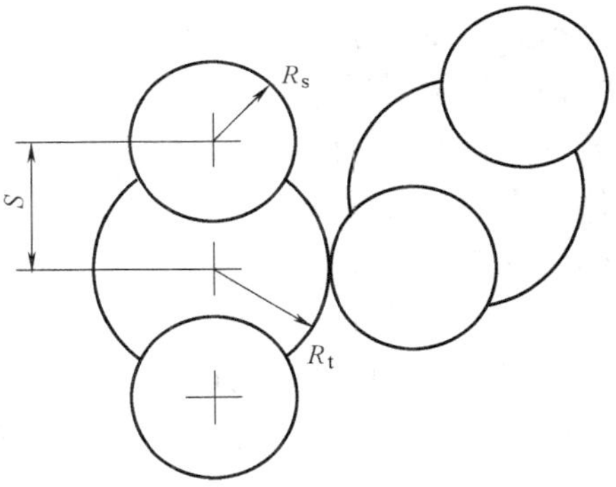

图6-33　用三个圆来表示人体

在 Simulex 软件中定义了多种不同类型的人体，常用的四种人员的几何尺寸见表6-14。

表6-14　Simulex 软件中四种人员的身体几何尺寸

人体种类	R_t	R_s	S
成年男性	0.235	0.125	0.08
成年女性	0.218	0.125	0.08
儿童	0.195	0.11	0.065
老年人	0.25	0.15	0.09

当用户成组定义疏散人员时，所选择的人员类型将决定其中各种人员所占的比例。不同类型人员中各种人员所占的比例分布见表6-15。

表 6-15 Simulex 软件中各类人员的组成分布比例一览表

人员类型	“Average”所占的比例（%）	成年男性所占的比例（%）	成年女性所占的比例（%）	儿童所占的比例（%）
办公室人员	30	40	30	0
通勤人员	30	30	30	10
商场人员	30	20	30	20
学生	10	10	10	70
老年人	100	0	0	0
男人	100	0	0	0
女人	0	0	100	0
儿童	0	0	0	100

（2）人员的速度模型

在 Simulex 中人员的行走速度取决于行进方向前方相邻人员与其之间的距离（见图 6-34）。当一个行走的人的正前方有其他人员时将会降低这个人的行走速度。这里所说人员之间的距离指人员几何中心之间的直线距离。人在楼梯的行走速度比在水平地面的行走速度要小。下楼梯的行走速度为水平地面行走速度的 1/2，上楼梯的行走速度为其 0.35 倍。正常条件下，如果行走不受阻碍，人的行走速度一般在 0.8～1.7m/s 之间随机选取。

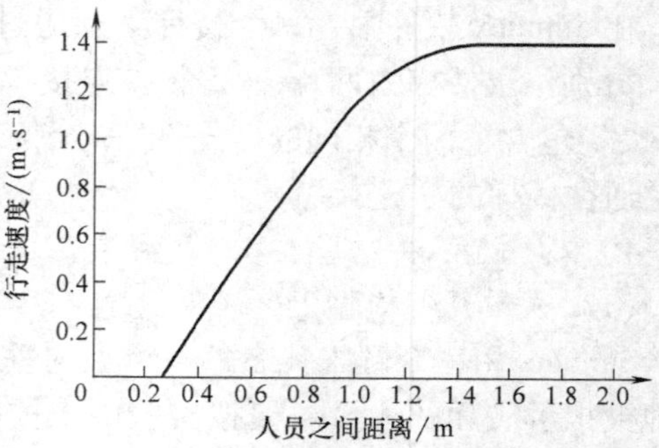

图 6-34 Simulex 中人员疏散速度与人员密度的关系

（3）等距图

当建筑物的几何形状确定了，Simulex 就可以开始分析建筑空间，每一个楼层平面和楼梯被分割成 0.2m×0.2m 的网格，每一个网格都在计算机内存中被分配一个数值。然后，计算建筑物中任意网格到最近出口的距离。以 1m 为色带宽度，按照距离由近及远，依次填充不同颜色，其输出即所谓的“等距图”。等距图绘制出了从建筑物的任意一点到出口的示意图（见图 6-35）。

通过使用等距图可以为每一个人指定其疏散的楼梯和安全出口。Simulex 允许用户对于同一建筑定义多个等距图。不同的等距图可以采用不同的最终出口、连接等。例如，用户可以首先创建一个等距图，包含所有的出口，然后创建另外一个等距图，只包含用户平常使用的出口。最多可以创建和使用 10 个不同的等距图。合理地利用多个等距图功能，可以真实地模拟某些情况下人员的一些心理状况，例如选择自己熟悉的出口，或者采用进入建筑物时所经过的入口进行疏散。

Simulex 软件的建模过程和运行步骤可以参考其操作手册。由于 Simulex 软件的易用性以及它能够较为真实地反映出疏散过程中可能出现的各种情况，它已经被越来越多地应用于性能化防火设计和火灾风险评价。但是，至今 Simulex 还没有尝试模拟能见度和毒性危害等可能对人员产生的影响。

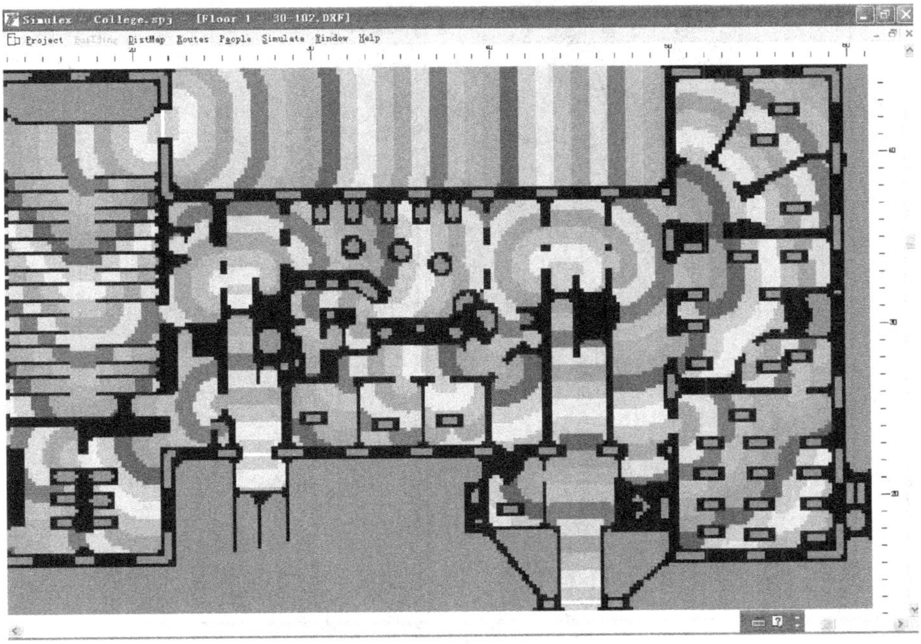

图 6-35　等距图示意图

6.6.4　STEPS 软件简介

STEPS（simulation of transient evacuation and pedestrian movements，瞬态疏散和步行者移动模拟）是一个三维疏散软件，已经被应用于一些世界级的大项目，包括加拿大埃得蒙顿机场、印度德里地铁、美国明尼阿波利斯 LRT、英国生命国际中心和伦敦希思罗机场第五出口铁路/地铁。办公区、体育场馆、购物中心和地铁车站等这些场所要求确保在正常情况下的简单运输，而且在紧急情况下确保可以快速疏散。在大而拥挤的地方，通过模拟所获得的最优化的人流可以提供一个更适宜的环境和更有效的消防安全设计，这些场所都适用于该软件。

STEPS 软件通过生成一种容易理解的图形形式的实时三维模拟结果，非专业人士和设计师等都可看懂，这有助于设计人员辨别自然瓶颈和首选的出口，也可以针对不同的紧急场景测试疏散路径并计时。

1. 软件简介

（1）环境

对环境的描述是 STEPS 的一个关键特性，它有很大的灵活性来模拟各种建筑类型，例如地铁检票口的模拟（见图 6-36 ~ 图 6-38）。在这些建筑物之内，自然瓶颈和限制，例如走廊、座位、零售店、电话亭、分割墙、文件柜和桌子，可以与滚梯和直梯一起被模拟，并按照需要改变它们的速度、方向和运输能力。模拟汽车的移动也是可能的，例如列车和公共汽车的到达和离开。

图 6-36　地铁检票口人员流动

图 6-37　对地铁检票口的模拟

图 6-38　地铁站台疏散

（2）人员

STEPS 具有很大的灵活性，因为它可以分配具有不同属性的人员，给予他们各自的耐心等级和适应性，也可以指定年龄、几何尺寸和性别。在任意时刻，可以模拟无限制的人员，每一次都可以具有他们自己的行程，例如停下来打电话和等公共汽车的动作。

还有一个问题是熟悉性，它也将影响个体的行为，例如事先知道出口的位置。熟悉一栋建筑物和各个出口的人，与那些从没有到过这里的人相比，可能反应不同，会选择不同的方向。与之相关的是耐心等级，如果出口附近的人群太多，他们就移向下一个最近的出口，而不是排队等候。

（3）模拟

一旦模拟开始，人群就依照他们预置的特性执行。影响行为的因素与现实生活完全相同，人们向相反的方向移动、阻塞、减速以及排队。当一个紧急情况产生，每一个人的行程将为了疏散被重新设定，但是仍旧遵循他们的特性。

STEPS软件具有在疏散过程中改变条件的能力，像日常生活中发生的那样。例如，模拟时可实现：烟气封闭特定的出口，紧急设施开始向人群服务，并且人员在不同的时间从不同的区域开始疏散。

（4）输出

除了提供正常和紧急状态下的令人信服和信息丰富的可视化人员移动，输出还包括详细的流速和每个区域疏散完毕的时间，通过在虚拟现实模型中采用屏幕计数器、路径和场所的流速图加上含有带标志人员的路径等。

（5）应用

通过与指令性人员疏散设计作比较，STEPS的有效性已经得到验证。因此，它能够按照推荐的方法（如NFPA等法规）计算疏散和行走时间。然而，高级可视化技术意味着用户可以以一种非常直观的方式获得人员移动信息，以更加直接地优化设计。

2. 基本原理

（1）网格系统

STEPS模型中的人员可在两种平面上行走：使用者定义的行走途径或者楼层平面。行走途径是模型中相接两点的直线。而方形楼层平面则是用户用来增加障碍物，以便模拟复杂的实际建筑物的主要方式。

当模型使用者定义一个平面，同时，使用者也需确定此平面所使用的“网格系统”。使用者可按照其需要将模型平面界定为不同大小的网格系统（见图6-39、图6-40、图6-41）。

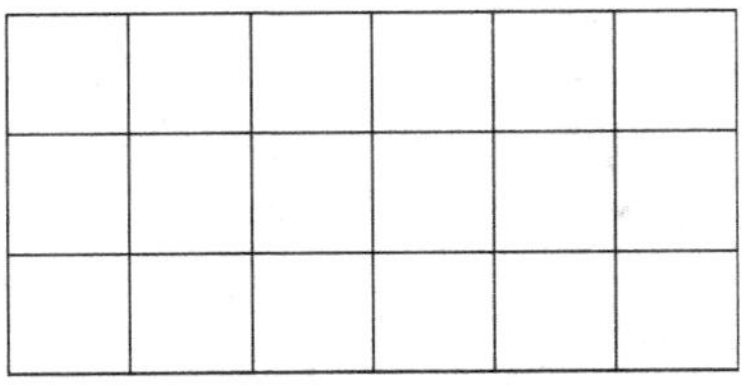

图6-39　网格系统范例一（长=3m，宽=1.5m，网格大小=0.5m×0.5m）

除非启用精细网格选项，否则每一个网格只可容纳一个人，目前STEPS的版本只允许每个人占据一个网格。

（2）可能性表格

当使用者在模型系统中定义了“出口”位置时，STEPS模型在执行逃生模拟前，会计算出一个“可能性表格”，用以计算人员的逃生方向。可能性表格主要用来计算目标到出口

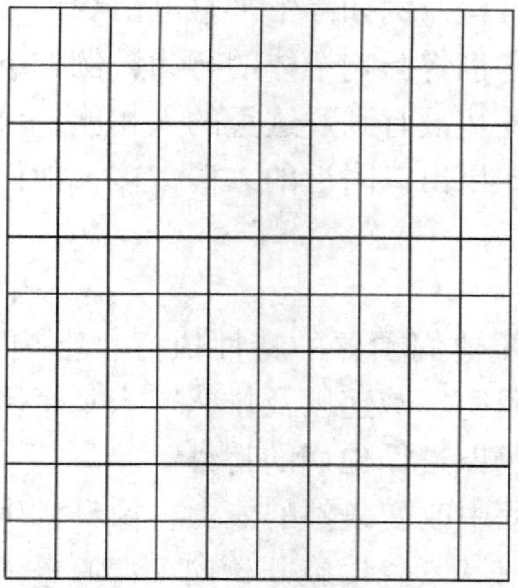

图 6-40　网格系统范例二（长 = 2m，宽 = 2m，网格大小 = 0.2m × 0.2m）

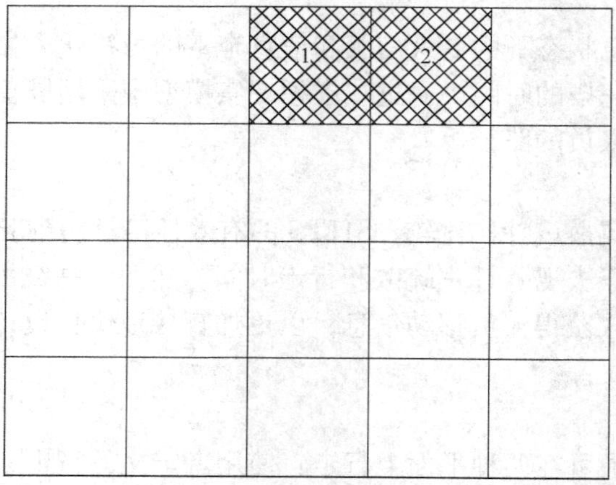

图 6-41　网格系统范例三（长 = 5m，宽 = 4m，网格大小 = 1m × 1m，阴影部分为出口）

的最短距离。如图 6-41 所示，人员的初始位置以“0”来表示（见图 6-42），平面上所有的格数都依其与出口间的关系计算出其可能性的值。

当开始计算时，STEPS 会使用一种递归算法来寻找每一个网格与出口之间的距离。为了执行这种算法，STEPS 需要在开始前在每个网格里设定一个可能性变量，之后程序会在每一个出口的网格进行回路计算（即图 6-41 的网格 1 和网络 2）。由于是出口，这两个网格的可能性定义为 0。之后程序便会跳至邻近的网格作计算，如果跳至对角线的网格，可能性变量便会是原来网格的可能性加“网格大小” $\times\sqrt{2}$，如程序跳至左右上下的网格，可能性变量便会是原来网格的可能性加“网格大小”。STEPS 便是以这种方式跳至所有的网格，并改

2	1	0	0	1
$1+\sqrt{2}$	$\sqrt{2}$	1	1	$\sqrt{2}$
$2\sqrt{2}$	$1+\sqrt{2}$	2	2	$1+\sqrt{2}$
$1+2\sqrt{2}$	$2+\sqrt{2}$	3	3	$2+\sqrt{2}$

图 6-42　模拟前所计算的可能性表格

变可能性变量。

网格系统范例三（见图 6-41）的计算结果如图 6-42 所示。

如果网格被阻拦，它的可能性便会设置为 -1。

（3）逃生路线的设计

逃生路线的设计主要分为两个阶段：决定所要使用的出口；找出到达此出口的最短距离。

为了找出最近的出口，模型会根据其中每一个人员个体，按照图 6-41、图 6-42 所示的方法为平画的每一格计算积分，人员将选择往其中分数最低的网格移动。当平面中有多个网格分数相同时，人员将随机移动。

为平面网格系统计算分数的算法主要分为 8 个阶段：

1）到达目标出口所需的行走时间。

2）在目标出口所需的排队时间。

3）人员排队时行走时间的调整。

4）计算到达队列后端所需的时间。

5）调整之前所计算的排队时间，因为当人员正在往出口移动时，部分排队的人已先期到达出口，离开此建筑物。

6）计算所需排队时间。

7）考虑人员的耐性程度。

8）计算最终的分数。

（4）计算过程

1）到达目标出口所需的行走时间。STEPS 将计算各人员到达目标出口的距离（D），再除以其行走速度（W）来计算所需时间（$T_{行走}$）：

$$T_{行走}=\frac{D}{W} \tag{6-38}$$

式中，D 由此目标的可能性表格获得；W 由使用者输入。

2）在目标出口所需的排队时间。STEPS 将计算模型中有多少人员（N）将比此人先到达选定的出口，然后用此出口所设定的人员流量（F）计算所需排队时间（$T_{排队}$）：

$$T_{排队}=\frac{N}{F} \tag{6-39}$$

式中，N 由同一平面中所有人员的行走时间相比较所得，当其他人员所需行走时间小于此个体时，其他人员将较早到达目标出口；F 由使用者输入。

3）人员行走时间的调整。先前 $T_{行走}$ 所计算的行走时间是在目标出口没有人员排队的情况下计算出的。因此，如果只是单纯地把 $T_{行走}$ 和 $T_{排队}$ 相加，逃生时间将会比实际情况大为增加。系统需要对于其中一些人员正在排队而并非在行走的时间进行调整。

首先，系统假设人员将会占据系统中分数较低的网格，则系统可以依序整体计算出所有人员的可能性表格，进而可以找出前一个人的可能路线/逃生距离（D_2）。用此距离则可进一步找出人员并非在行走的时间：

$$T_{行走时间调整}=\frac{D_2}{W} \tag{6-40}$$

式中，W 由使用者输入。

4）实际所需的行走时间。现在可以求得到达队列后端所需的实际行走时间：

$$T_{实际行走时间} = T_{行走} - T_{行走时间调整} \tag{6-41}$$

5）排队时间的调整。之前所计算的排队时间 $T_{排队}$ 是考虑了所有将比此人员先到出口的其他人员。但当此人员正往出口移动时，部分前面的人员已到达出口，离开建筑物，所以必须对计算出的排队时间进行进一步的调整。

STEPS 将计算系统在 $T_{实际行走时间}$ 的时间内，有多少人员会达到出口（N_2），所需排队时间根据此数据而有所调整：

$$T_{排队时间调整} = \frac{N_2}{F} \tag{6-42}$$

6）实际所需排队时间。现在可以求得的实际排队时间：

$$T_{实际排队时间} = T_{排队} - T_{排队时间调整} \tag{6-43}$$

7）人员的耐性程度。模型中人员的耐性程度是依据其人员种类输入，由 0~1 代表人员是否准备在出口处排队。当人员的耐性高时，他们会在出口排队等待较长的时间，反之则会寻找下一个可能出口。

人员的耐性程度为 0.5 时，代表此人有较适中的耐性程度，高于 0.5 表示很有耐性，低于 0.5 表示很没有耐性。

此系数将会影响人员的排队时间：

$$C_{排队时间调整} = 1 - C_{人员耐性} \times (0.5 - 耐性系数)/0.5 \tag{6-44}$$

耐性系数是由使用者输入；$C_{排队时间调整}$ 是由使用者输入的 0~1 之间的系数。

可以用 $C_{排队调整时间}$ 来预估人员所需排队时间：

$$T_{预估人员所需排队时间} = T_{排队时间调整} C_{排队时间调整} \tag{6-45}$$

8）计算最终的分数。目标出口的最终分数是：

$$T_{总和} = T_{实际行走时间} C_{行走} + T_{预估人员所需排队时间} C_{排队} \tag{6-46}$$

$C_{行走}$ 是使用者输入 0~1 之间的系数；$C_{排队}$ 是使用者输入 0~1 之间的系数。

3. STEPS 与 Simulex 软件的对比

STEPS 软件和 Simulex 软件的对比分析见表 6-16。

表 6-16 STEPS 与 Simulex 软件特点对比

项　目	STEPS	Simulex
分类	精细网格法	精细网格法
空间维数	三维	二维模拟三维
输入图	CAD 图	CAD 图
网格大小可调	是	否
网格与人员关系	每个人占据一个网格，每个网格只能有一个人	不同类型的人员占据不同面积，不受网格约束
方向选择	动态决策系统	等距图
人员行走方向	45°角的 8 个方向	任意方向
初始人员行走速度	用户设置	通过用户设置的人员属性自动设置、随机分布
人员行走速度是否可调	否，除非被阻挡而停止	是，随密度动态调整
是否可以动态改变出口	是	否
计算时间步长	0.5s	0.1s

由上表可以看到，这两个疏散软件各有特色：

1）Simulex 软件易用性极强，所有的内部参数，例如步速快慢、网格大小，都由系统设置，用户只需要设置人员的类型，如职员、顾客、学生等，系统会自动分配男人、女人和儿童的比例、速度；而 STEPS 的使用则要求使用者具有更高的专业素质，人员的行走速度、男女老幼的比例等，皆需要由用户自行设置。

2）Simulex 软件为二维平面软件，显示效果直观，但是较为简单，与此相比，STEPS 则显示效果相当出众，这得益于其三维显示技术，各种障碍物、交通工具、平面等通过栩栩如生的建模技术，使用户可以身临其境地分析疏散过程。

3）Simulex 软件采用基于等距图的行走算法，此方法虽然不能够动态选择出口，只能预先分配疏散路径，但是在对人员行走过程中各种动作的模拟，包括避让、超越、速度变化、排队、身体摆动等，确是在基于大量实验统计数据的基础上总结出的算法，因此对疏散中的人员行走过程刻画得异常真实；而 STEPS 在行走算法上则相形见绌，人员只能够以成 45°角的 8 个方向行走，同一组人员在同一个平面上以相同的速度前进，避让、超越、速度随人员密度动态调整等现象均无法描述，STEPS 的特色在于其出口的选择上，它的动态打分系统能够让模拟人员根据拥挤程度、耐心程度、距离远近等随时随地地进行出口的调整，这是该软件在模拟算法上出众的地方。

总之，这两个软件都属于用于人员疏散模拟计算的精细网格模型，都可以用于大型的、拥有大量人员的多层建筑的模拟计算。由于它们在各自擅长的领域的出众特点，它们在工程中的应用也越来越广泛。

6.6.5 EXIT89 软件简介

EXIT89 由国际防火协会的 Rita F. Fahy 开发。EXIT89 是一个疏散模型，用于模拟大型的、有高密度人员的建筑的疏散，它可以跟踪个体在建筑物内的行动轨迹。从消防安全的视角来评估建筑设计时，该模型可以处理一些疏散场景中最相关的因素，包括：

1）考虑各种不同行动能力的人员，包括限制行动能力人员和儿童。

2）延迟时间，既包括可以用来代替移动前的准备活动的时间（由用户根据每个位置指定），也包括随机的额外时间，可以当做人员开始疏散的时间的差异时间。

3）提供选择路径功能——使用模型计算出来的最短路径，可以用来模拟经过良好训练的或者有工作人员协助的疏散过程，或者使用用户指定的路径，可以用来模拟人员使用熟悉的出口或者忽略某些紧急出口的疏散过程。

4）提供选择步速功能，可以反映正常移动和紧急状况下移动的差别，前者可能适于演习情况下，后者更适宜于人员在紧急情况下的反应。

5）反流，当沿着疏散路径发生堵塞时就会发生。

6）具备上下楼梯功能，从而扩展模型的应用范围，例如有人层位于地下，或者更多的需要上楼梯而不是下楼梯的建筑。

EXIT89 也可以模拟烟气对疏散的影响，通过用户定义的烟气阻塞或者从 CFAST 输出。

有效性验证已经证明 EXIT89 的有效性，这些案例模拟几个由各种人员参与的疏散演习。尽管这个模型最初是为了高密度、大数量的人群应用而制作，最终这些案例显示该模型可以用于较小的建筑。虽然在较小的建筑物中，排队和拥挤现象可能不是很重要的，但是对限制行动能力的人员、出口选择的影响和行动前时间的差异的模拟都是通用的，这些都可以被EXIT89 模拟。

EXIT89 可以处理的建筑物的大小、人数仅仅受限于所采用的计算机的存储容量。现在的存储矩阵允许在总共 308 个节点或者建筑空间中人数最多为 700 个人，并超过 100 个时间段。用户可以修改这些配置以处理较大的问题。按照本程序所采用的节点的命名习惯，每一个楼层可以包含多达 89 个节点，建筑中可以最多包含 10 个楼梯。

程序可以打印出每一个人从一个节点移动到另外一个节点的移动。它可以记录每一个人员在每一时间段的位置，所以其输出结果可以用来作为 TENAB 的输入。TENAB 将利用 CFAST 的燃烧产物输出计算每一个人员暴露的风险，并计算何时会发生丧失行动能力或者死亡。用户可以禁止这项输出，并且让模型只输出一个总结，以显示楼层疏散完毕时间，楼梯疏散完毕时间和每一个出口的最后使用时间，以及每一个出口的使用人数。

6.6.6 BuildingExodus

BuildingExodus 软件是由格林威治大学的 Exodus 团队开发的。它是一个模拟个人、行为和封闭区间的细节的计算机疏散模型。模型包括了人与人之间、人与结构之间和人与环境之间互相作用。它可以模拟大建筑物中的上千人，并且包括火灾数据。

BuildingExodus 尝试着考虑人与人之间、人与火之间以及人与结构之间的交互作用。模型跟踪每一个人在建筑物中的移动轨迹，他们或者走出建筑物，或者被火灾（例如热、烟和有毒气体）所伤害。

BuildingExodus 由 5 个互相交互的子模型组成，它们是人员、移动、行为、毒性和危险子模型。该软件用采用面向对象技术的 C ++ 编写，是基于规则的，每一个人的前进和行为由一系列启发或者规则决定。

BuildingExodus 中，空间和时间用二维空间网格和仿真时钟（SC）表示。空间网格反映了建筑物的几何形状、出口位置、内部分区、障碍物等。多层几何形状可以用由楼梯连接的多个网格组成，每一层放在独立的窗口中。建筑物平面图可以或者用 CAD 产生的 DXF 文件，或者用交互工具提供，然后存储在几何库中以备将来之用。网格由节点和弧线组成，每一个节点代表一个小的空间，每一段弧代表节点之间的距离。人员沿着弧线从一个节点到另外一个节点。

基于一个人员的个人属性，行为子模型决定了人员对当前环境的响应，并将其决定传递给移动子模型。行为子模型在两个层次起作用。这就是众所周知的全局和局部行为。全局行为包括实现这样一个疏散策略，导致人员采用最近的可用疏散出口或者最熟悉的出口来逃生。人员对一个特定的建筑物的熟悉程度取决于用户之前是否来过。可以分配给人员一项任务，例如参观一个预先确定的地方，这个任务必须在疏散之前完成。

用户可以设置希望的局部行为，但是也可以被修改或者被局部行为指令所覆盖。局部行为是为了模拟这些现象。例如决定人员对疏散警报的初始响应（人员将立即作出反应还是等一小段时间再作反应，还是根本不作出反应）、冲突的解决、超越以及选择可能的绕行路径。人员对局部环境作出反应的方式部分取决于他们的属性。至于特定的行为规则，例如冲突解决，本质上是概率的，如果重复模拟，模型不会产生同样的结果。

毒性子模型决定环境对人员的生理影响。为了决定火灾对于人员的影响，Exodus 采用比例效果剂量毒性模型（FED），假设火灾危险的影响与接受到的而不是暴露的浓度剂量相关。模型计算一段时间内，接受到的剂量与导致丧失能力或者死亡的有效剂量之间的比例，并且累计暴露期间的比例。当累加和达到1，就预测发生了毒性效果。在 BuildingExodus 中，当 FED 达到1，人员的行动、灵活性和行走速度要降低，对于受影响的人来说，将难于疏散。BuildingExodus 中的核心毒性模型是 Purser 的 FED 模型。这个模型考虑了毒性和物理危险，包括升高的温度、热辐射、HCN、CO、CO_2 以及 O_2 过低，并且估计了失去能力的时间。另外，按照 Jin 的数据，人员可以蹒跚着通过烟气封锁的环境，或者慢下来。基于人员对建筑物的熟悉程度，当前面被烟气封锁了，也就给了人员选择其他出口的能力。

热和毒性环境由 Hazard 子模型决定。这些在整个环境中都存在的危险是时间和位置的函数，BuildingExodus 不预测这些危险，但是可以接受实验数据或者从其他模型得到的数值数据。在 BuildingExodus 和 CFAST 之间已经建立了一个软件连接。允许 CFAST（4.0 版）的历史数据自动传送到 BuildingExodus 中。因此，允许 BuildingExodus 和 CFAST 以一种直接的方式交互。

6.6.7 探路者（PATHFINDER）软件简介

探路者（PATHFINDER）软件是由美国 Rolf Jensen & Associates 公司（RJA）开发的私有软件，已经被 RJA 公司成功地应用于许多项目中了。美国消防工程师协会 SFPE 手册第2版记述了一个计算疏散时间的液压紧急疏散模型。探路者软件采用这个算法来计算人员疏散时间，同时它可以通过动画显示人员位置。

1. 模型发展

该软件的目标是开发一个解析的疏散仿真工具，可以与火灾模型耦合来进行危险性分析。探路者软件实现的疏散算法遵循 Nelson 和 MacLennan 在 SFPE 手册紧急疏散章节中的精神。在探路者软件和 SFPE 手册中的疏散算法中有一个不同点，探路者软件跟踪个体，而 Nelson 和 MacLennan 模型不跟踪。这个特点的优点是探路者软件可以逐房间或者逐层地跟踪疏散的过程。而 SFPE 手册中的方法只能够提供一次分析结束时的时间。值得注意的是，SFPE 模型可以产生指定房间的信息；然而，这个方法难以决定层疏散时间，因为来自各层的人员在疏散楼梯中混合，而且处理人员的方法的非离散性。

探路者软件通过一个用户界面（以密度的方式或者指定人数的方式）来指定人员荷载。初始情况下，人员被随机地分配给每一个房间。房间以及疏散路径的边界层、人流速度和行走速度都与 SFPE 手册一致。

2. 模型平台

此软件的一个重要目的是使用 . DWG 和 . DXF 图形作为模型数据输入和输出动画的背景。在比较了几个平台程序后，探路者软件选择 Actrix（Autodesk 出品）作为平台。Actrix 是一个基于 CAD 图形的软件包，与 AutoCAD 类似，但是它的功能更少。

探路者模型接受 . dwg 和 . dxf 文件。使用探路者软件，并不需要图形文件来构成疏散模型。尽管目的是使用图形文件，用户可以不用 CAD 文件而是自己绘出楼层平面的草图。然后用户逐层输入建筑物的拓扑图形。这个图形描述了不同房间空间是如何互相连接的。

3. 拓扑图形

建筑图形可以被简单描述为：建筑平面是如何连接以及如何构成的。这些空间包括房间、走廊和楼梯。特别的平面——那些具备开口能力能够让人员通行——在不同空间之间形成人员通道。这些通道必须在正常情况下，或者紧急情况下，例如火灾，最终允许任何建筑内部人员移动到外部或者避难区域。这些平面和空间的几何形状决定了到出口、避难区以及外部的路径的长度。人员到达出口、避难区和建筑外部的时间可以通过行走速度以及建筑物的几何形状计算出来。

电子图形文件几乎不包括直接的拓扑信息。拓扑信息由用户给出，用户指定什么样的拓扑结构是互相连接的平面，由房间和具有特定宽度的门构成。一旦建筑或者建筑的一部分的拓扑从图形文件指定了，就被存下来作为探路者分析的一部分，并且可以升级以改进建筑几何和拓扑。

4. 模拟数据

从模拟中可以提取各种数据。模拟数据结构允许用户取得下述模拟数据：

（1）使用一个出口的人员。

（2）对于一个给定房间，人员出到建筑物外部的最小、最大和平均时间。

（3）房间、大厅或者楼梯清空的时间。

（4）楼层清空的时间。

（5）建筑物清空的时间。

（6）楼层中所有人员都安全的时间（进入楼梯、进入水平出口或者离开建筑物到达外部）。

（7）对于一个给定的出口，在任意时刻，最大排队人数，即持续时间。

（8）对于一个给定的楼梯段，在任意时刻，最大排队人数，即持续时间。

（9）建筑物中所有人员都安全的时间（离开建筑物、进入出口或者进入水平出口）。

（10）房间内、楼层内或者建筑范围内，到一个安全点（一个出口或者一个疏散口）的最小、最大和平均距离。

由于人员疏散的行为方式不包括在模型中，所以模拟程序提供了疏散时间的优化。而且，用户可以在模拟结果中添加人员动作效果，例如调查或者帮助别人。

6.6.8 FDS + Evac 软件简介

1. 模型发展

FDS（Fire Dynamics Simulateor）是美国国家标准研究所（NIST：National Institute of Standards and Technology）建筑火灾研究实验室（Building and Fire Research Laboratory）开发的模拟火灾中流体运动的计算流体动力学软件。该软件采用数值方法求解受火灾浮力驱动的低马赫数流动的 NS 方程（粘性流体 NavisStokes），重点计算火灾中的烟气和热传递过程。

第 1 版的 FDS 在 2000 年 1 月发布，FDS 自发布以来就得到广泛的应用。如今，越来越多的工程技术人员、火灾研究人员及教育科研人员都利用其进行火灾相关问题的研究。如今我们应用的 FDS5 是该软件的升级版本。

Evac 是芬兰技术研究中心（VTT）开发的基于连续空间模型的人员疏散模拟软件。该软件可作为FDS的子程序，从而实现火灾和疏散模拟。第1版本的Evac于2006年正式发行，现今，Evac已集成在FDS5里，因此FDS5又被称为FDS + Evac，模拟的结果可以用FDS软件自带的可视化软件Smoke View进行动画演示。

2. 疏散模型

（1）人体的运动模型。FDS + Evac模型基础以机械运动的规律来描述人员在疏散过程中的运动轨迹。FDS + Evac将人员的疏散描述成三个圆圈在二维平面上的运动。人的身体可简化为近似的椭圆，因此身体和两条胳膊可近似看做是三个相互重叠的圆，参见图6-43、图6-44。这种设置类似于Simulex软件的假设。表6-17列出了人体的基本尺寸以及不同的人的步行速度，这些数据在FDS + Evac中均有给出。

表6-17 人的自由步行速度和身体尺寸

人员类型	R_d/m	R_t/R_d	R_s/R_d	d_s/R_d	*Speed*/(m/s)
成年人	0.225 ±0.035	0.5882	0.3725	0.6275	1.25 ±0.30
男性	0.270 ±0.020	0.5926	0.3704	0.6296	1.35 ±0.20
女性	0.240 ±0.020	0.5833	0.3750	0.6250	1.15 ±0.20
儿童	0.210 ±0.015	0.5714	0.3333	0.6667	0.90 ±0.30
老年人	0.250 ±0.020	0.6000	0.3600	0.6400	0.80 ±0.30

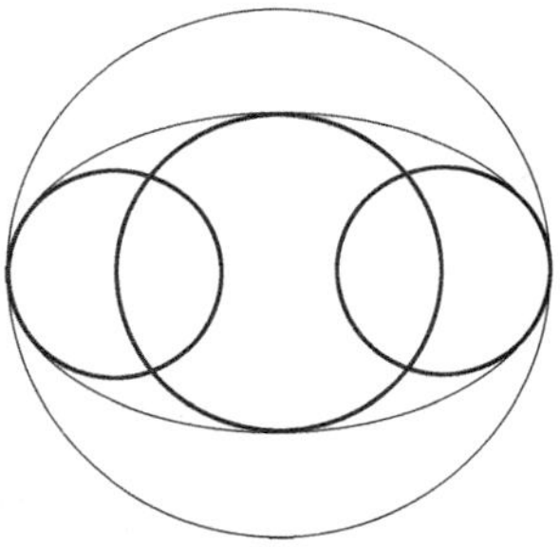

图6-43 由三个相互重叠的圆近似组成的人体

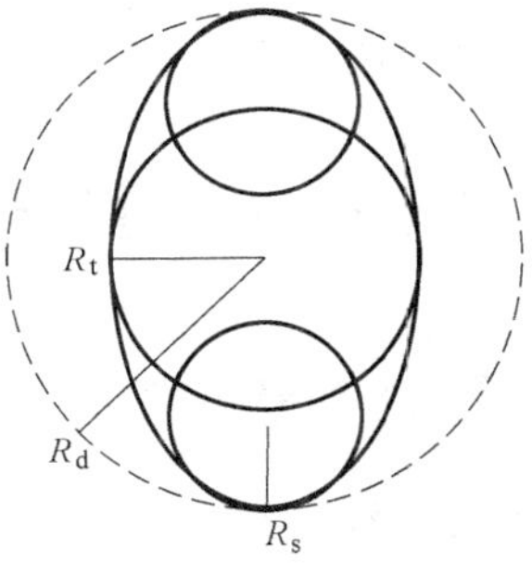

图6-44 人体身体尺寸变量示意图

在FDS + Evac中，人员以首选的步行速度向出口移动，这个流动场的动态可由FDS解决。由于所有的墙体都是惰性的，出口则看做是一个风扇，可以抽出空间内的流体。这种方法为通往出口提供了一个很好的方向流场。这个流场将持续地将疏散人群引向安全出口。流场所形成的路线可能不是最短的路线，但通常是最接近的。在这个流场指引下，疏散人群会选择相对宽阔的路线而不是狭窄的路线。

（2）出口选择

在模拟疏散过程中出口路线的选择时，每个疏散者都首先观察其他人员所处的位置和所采取的行动，从而以便选择最快到达安全出口的路线。因此在疏散过程中，疏散者自疏散行动开始后最先考虑的问题就是出口的路线，所有疏散者都在努力选择一个最佳出口以缩短撤离的时间。预测的疏散时间由预测的移动时间和预测的等待时间构成，通过步行速度来确定到出口的距离估算的方法，一般可用来估算移动时间。等待时间则是由其他疏散者的行动和周围环境的共同作用来决定的。

3. 应用的局限性

FDS + Evac 作为 FDS 的子程序，可以实现火灾和疏散模拟过程的耦合，这也代表着未来人员疏散软件的发展趋势，但是由于火灾和疏散过程的耦合十分复杂，因此目前该软件还有一定的局限性。

（1）出口路线选择的局限

FDS + Evac 模型提供了出口选择的算法规则，详细内容在 FDS + Fvac 用户指南和技术说明书中给出。出口和疏散路线选择算法较简单，Evac 并没有考虑群组行为、从众行为等社会心理因素对疏散决策的影响。而高密度人群的疏散中常会有群组行为，亦即从众行为，这就对出口路线的选择造成困难。

（2）探测和响应时间的限制

FDS + Evac 模型中火灾探测时间和预作用时间都依据经验设置为一定值，不同的时间对模型结果影响不同。人员疏散前的时间是根据给出的发现和反应时间来决定的。在性能化设计下，人员疏散时间计算选取疏散准备时间为一定值是不合理性的，不能反映真实的疏散过程，从而可能使得疏散时间的计算结果不准确。因此简单地将疏散准备时间取为定值，不能反映出不同建筑物类型下的实际疏散过程的差异。

（3）人体尺寸特征的限制

人体尺寸特征也会影响人员疏散的模拟结果。FDS + Evac 模型中人的默认尺寸使用的为欧美标准，如成年男性的平均体重为 80kg，这与亚洲人的平均体重相差较大，在使用中用户需要自行设置这些数值。

6.7 人员疏散安全性评估的模拟计算实例

6.7.1 地铁站工程概况

成都地铁 1 号站为地下一层岛式明挖车站，车站中心里程为 YDK9 + 620. 0，车站结构外缘起讫里程为 YDK9 + 526. 4 ~ YDK9 + 692，车站全长 165. 6m。车站总宽 38. 05m，标准段宽度 17. 8m，车站总高 13. 46m。总建筑面积 10275m^2，主体部分建筑面积 6881m^2，出入口、通道建筑面积 916m^2，风亭、风道建筑面积 2112m^2，物业开发部分建筑面积 366m^2。

站台层位于地下，公共区净高 4. 6m，站台宽度 10m，有效站台长 120m，在中间设有 1000mm × 800mm 的柱，在有效站台范围内设置屏蔽门公共区和必要的设备及管理用房，将车站长度压缩到最短。在有效站台外的南端布置屏蔽门控制室、高压开关柜室、控制室和设备用房；在有效站台外的北端布置必要的设备用房。站台层的公共区均匀地分布扶梯和楼梯，使客流能够均匀地疏散，并且保证扶梯、楼梯设置满足技术要求和防火疏散要求。沿站台边缘设屏蔽门，总高度为 2. 8m，其中玻璃部分高度为 2. 2m，上部 0. 6m 为钢结构，屏蔽门的总长度为 136m，其中屏蔽门门洞尺寸为 1. 9m × 2. 2m。站台与站厅之间设有两组对称的上行自动扶梯和单向下行楼梯，扶梯宽 1m，水平长度 13m，楼梯宽 1. 9m，水平长度 12m（见图 6-45）。

站厅层位于地面以上，公共区净高 4. 5m，有效长度 63m，由检票机和栅栏分割成了非付费区和付费区，非付费区设有自动售票机和自动验票机，付费区两组楼（扶）梯与站台

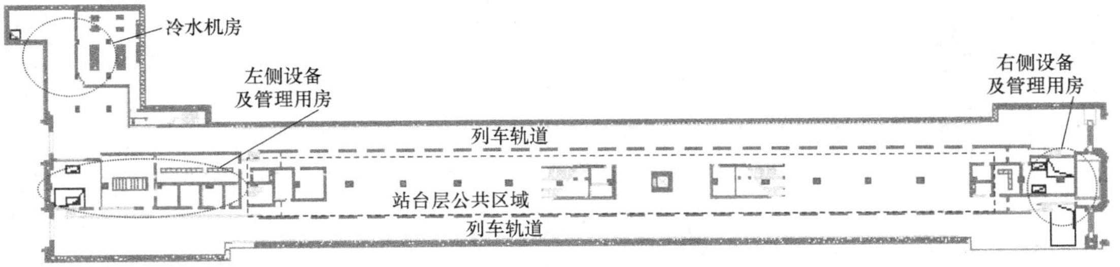

图 6-45　地铁站站台层平面图

层相连接。两端分别布置有环控机房和设备及管理用房，站厅层设有 3 个通往外部的出口（见图 6-46）。

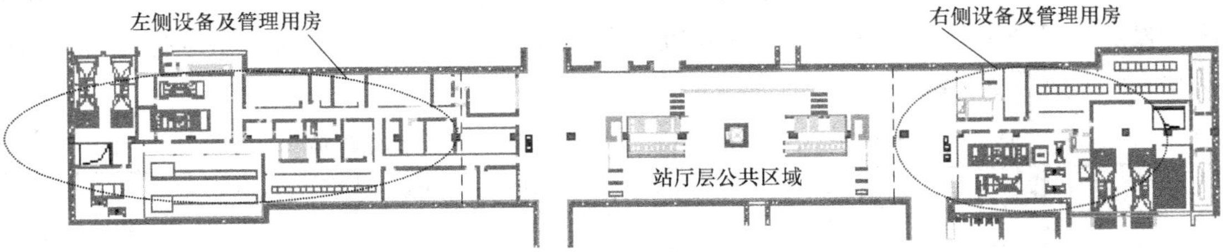

图 6-46　地铁站站厅层平面图

地铁车辆采用目前世界先进技术，为地下铁道制式、B 型车，初期、近期、远期采用 4 动 2 拖 6 节车厢的编组形式。地铁列车长 118m，宽 2.8m，高 3.8m，最高运行速度为 80km/h，旅行速度为 37km/h，列车乘客数量：坐席为 240 人，定员为 1468 人，超员为 1880 人。

6.7.2　地铁站人员属性分析

目前我国对于一般人员特征的统计数据非常缺乏，而对于地铁中的人员特征参数及人员的行为反应数据到目前为止统计不多。数据的缺乏是人员安全疏散研究的瓶颈。因此，迫切地需要对中国人在地铁火灾中的行为反应及一般人员特征进行深入的调查和分析。本文地铁人员属性设置参照广州大学田娟荣的研究结果，地铁站人员性别、年龄比例详见表 6-18。

表 6-18　地铁站人员年龄比例

年龄 性别	儿童（0～15 岁）（%）	成年人（16～60 岁）（%）	老年人（61～80 岁）（%）
男	2.0	41.6	1.7
女	2.4	50.2	2.1

根据查阅国内外相关的资料、本工程相关设计文件和现场调查结果，成都地铁 1 号站人员的设置按照远期超高峰小时客流量最不利情况进行设置，列车上超员载客人数 1880 人，站台层候车乘客 300 人和工作人员 10 名，站厅层候车乘客 100 人和工作人员 10 名，共计 2300 人，具体人员情况详见表 6-19。

表 6-19 地铁站人员分布

性别	位置 \ 年龄	儿童（0~15 岁）/人	成年人（16~60 岁）/人	老年人（61~80 岁）/人
男	列车	38	782	32
	站台	6	130	5
	站厅	2	47	2
女	列车	45	943	40
	站台	7	155	6
	站厅	2	55	2

但是由于 FDS + Evac 和 Simulex 软件本身的局限性，在列车上布置不了 1880 人，所以把 1500 人布置到列车上，其余 380 人布置到了站台上，表 6-20、表 6-21 是两种软件中人员的几何尺寸及其他参数。

表 6-20 Simulex 中设定的人员几何尺寸及其他参数

人员类型	R_t/m	R_s/m	S/m	行走速率/(m/s)	上楼行走速率因数	下楼行走速率因数
成年男性	0.235	0.125	0.08	1.35 ±0.2	0.5	0.6
成年女性	0.218	0.125	0.08	1.15 ±0.2	0.5	0.6
儿童	0.195	0.11	0.065	0.9 ±0.3	0.5	0.6
老年人	0.25	0.15	0.09	0.8 ±0.3	0.5	0.6

表 6-21 FDS + Evac 中设定的人员几何尺寸及其他参数

人员类型	R_t/m	R_s/m	S/m	行走速率/(m/s)	上楼行走速率因数	下楼行走速率因数
成年男性	0.32	0.2	0.10	1.15 ~1.55	0.5	0.6
成年女性	0.28	0.18	0.09	0.95 ~1.35	0.5	0.6
儿童	0.24	0.14	0.07	0.6 ~1.2	0.5	0.6
老年人	0.30	0.18	0.09	0.5 ~1.1	0.5	0.6

6.7.3 人员疏散数值模拟分析

1. 模拟目的

模拟的目的是经计算预测出人员疏散时间和图形化显示疏散过程，对比分析两软件的模拟结果。

2. 建筑描述与人员布置

(1) Simulex 模型

该车站站厅层设置 3 个安全出口，分别命名为出口 1、出口 2、出口 3。站厅层与站台层之间有两个 1.9m 宽的楼梯和两个 1m 宽的扶梯。人员分布按照表 6-19 设置，地铁站站台层和站厅层人员布置如图 6-47、图 6-48，楼（扶）梯和出口参数相见表 6-22。

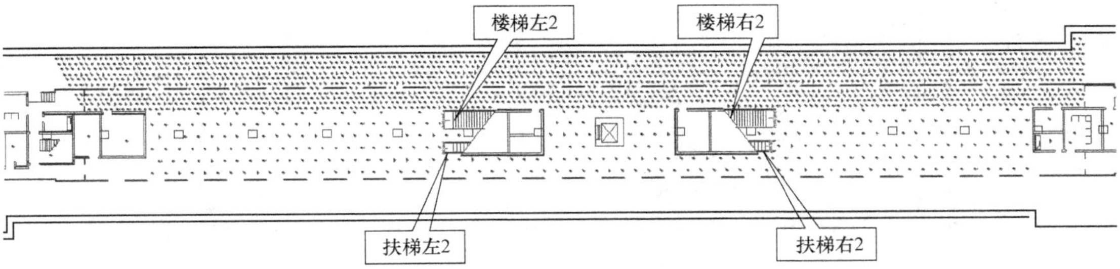

图 6-47　地铁站站台层人员分布图

注：图中红色小点代表待疏散人员

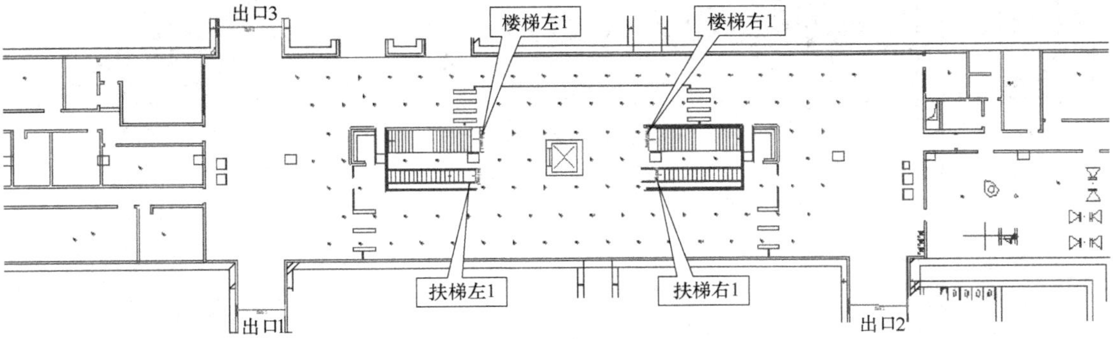

图 6-48　地铁站站厅层人员分布图

表 6-22　出口、楼（扶）梯参数

	楼梯左	楼梯右	扶梯左	扶梯右	出口 1	出口 2	出口 3
等效长度/m	13.37	13.37	14.35	14.35	—	—	—
有效宽度/m	1.9	1.9	1.0	1.0	4.0	5.0	5.5
所属 Link 或 Exit	楼梯左 1 楼梯左 2	楼梯右 1 楼梯右 2	扶梯左 1 扶梯左 2	扶梯右 1 扶梯右 2	出口 1	出口 2	出口 3
Link 或 Exit 宽度/m	2.0	2.0	1.1	1.1	4.2	5.2	5.7

（2）FDS + Evac 模型

运用 FDS + Evac 软件对该地铁站建模分析，此软件考虑人员疏散与火场的相互影响，使人员疏散过程更加直观真实，结果更加准确可信。地铁站站台层和站厅层模型如图 6-49、图 6-50 所示，站台层人员分布情况如图 6-51 所示。

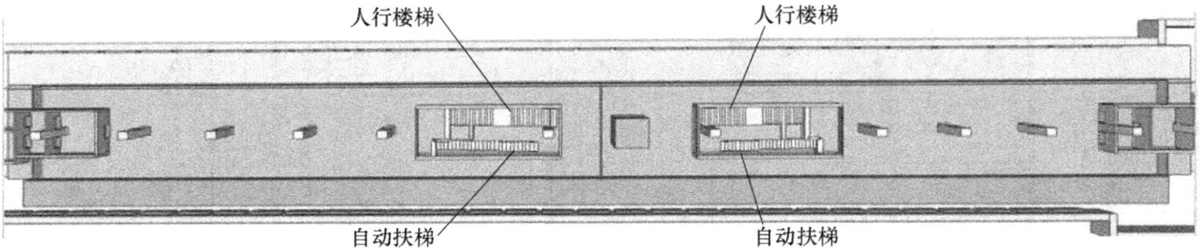

图 6-49　地铁站站台层平面图

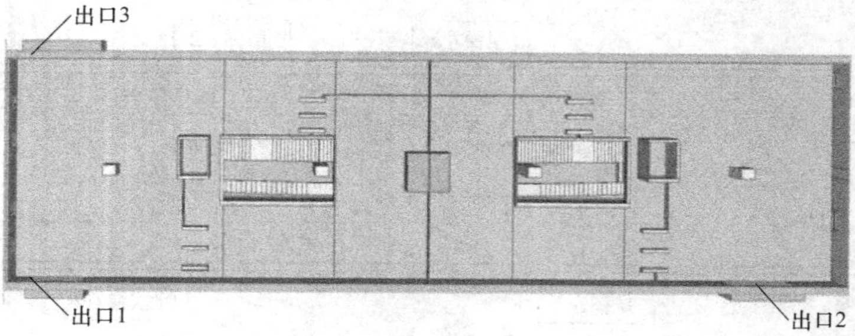

图 6-50 地铁站站厅层平面图

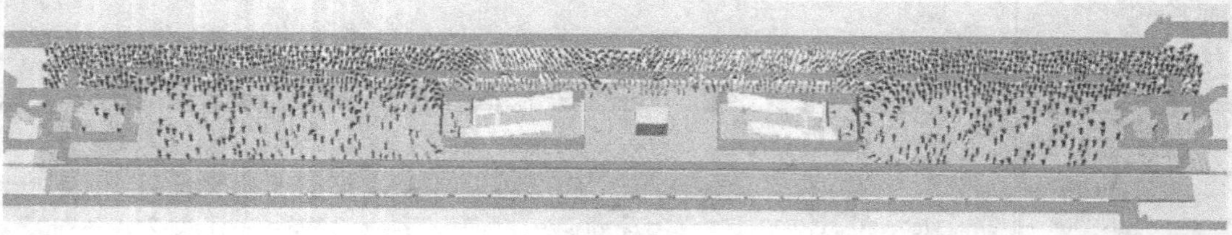

图 6-51 地铁站站台层人员分布图

3. 结果分析

（1）疏散过程

由模拟结果可得，地铁站人员疏散过程如图 6-52 所示。

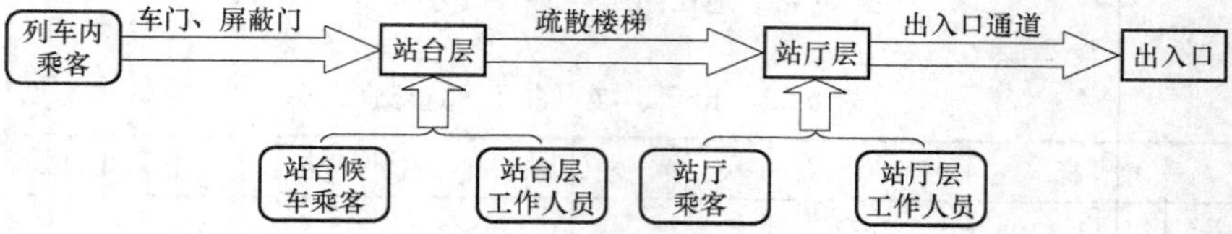

图 6-52 地铁站人员疏散过程

（2）人员拥堵情况

1）各安全出口在人员疏散过程中均未发生拥堵（见图 6-53、图 6-54），相同时间间隔里疏散人数基本上呈稳定态势，Simulex 模拟结果中出口的疏散速度为 160 人/min，FDS + Evac 模拟结果中出口的疏散速度为 168 人/min。如图 6-55 所示各出口疏散速度处于一个不饱和的状态，疏散效率低。

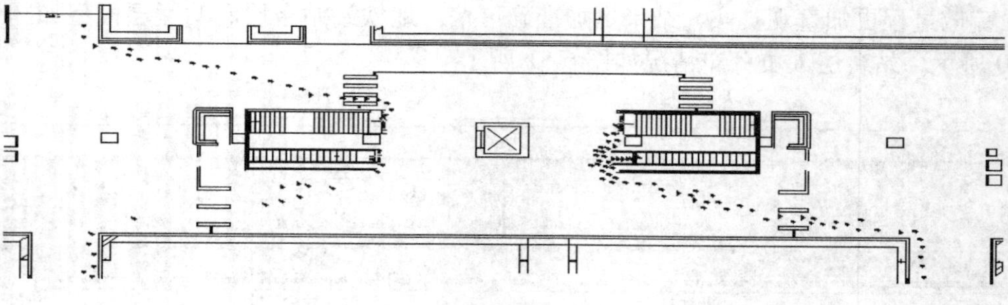

图 6-53 Simulex 中站厅层人员疏散情况

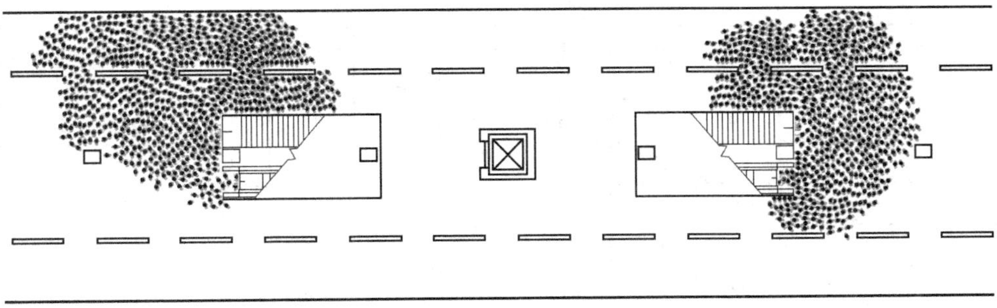

图 6-54 Simulex 中站台层人员疏散情况

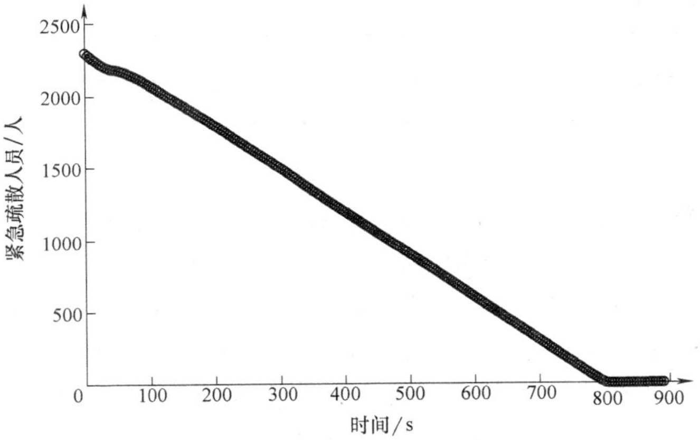

图 6-55 FDS + Evac 中人员通过所有出口情况

2）各楼梯口形成大面积扇形人流，拥堵严重（见图 6-56）。从开始疏散 1min 后，各楼（扶）梯口出现堵塞现象，直至疏散结束，严重影响了人员的疏散速度。

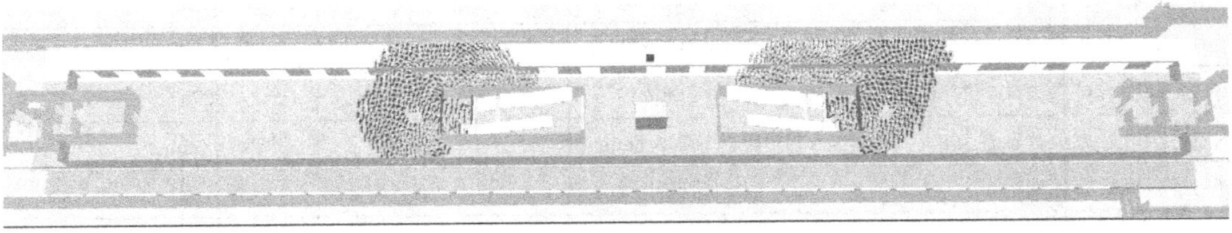

图 6-56 FDS + Evac 中站台层人员疏散情况

Simulex 计算结果见表 6-23。

表 6-23 Simulex 计算结果

时间出口及楼梯口	所有出口	出口1	出口2	出口3	楼梯左1	楼梯左2	楼梯右1	楼梯右2	扶梯左1	扶梯左2	扶梯右1	扶梯右2
1	144	35	68	41	37	96	43	122	25	51	15	70
2	177	48	69	60	59	94	70	74	52	49	16	17
3	180	39	82	59	63	57	75	75	39	42	14	9

（续）

时间出口及楼梯口	所有出口	出口1	出口2	出口3	楼梯左1	楼梯左2	楼梯右1	楼梯右2	扶梯左1	扶梯左2	扶梯右1	扶梯右2
4	219	49	99	71	66	70	70	74	41	40	14	20
5	183	42	82	59	69	67	71	67	50	46	16	16
6	180	35	79	66	62	64	71	70	36	40	12	19
7	204	54	90	60	59	64	72	73	51	54	12	11
8	176	48	69	59	61	60	65	70	48	44	13	12
9	196	45	85	66	65	63	74	54	45	45	13	17
10	185	38	81	66	68	47	69	12	41	41	11	10
11	198	43	85	70	62	0	17	7	39	44	37	18
12	149	52	61	36	11	0	2	1	46	17	52	42
13	107	11	96	0	0	0	0	0	0	0	69	33

（3）疏散时间

Simulex 最终计算出一列车乘客和站台上候车的乘客及工作人员全部撤离站台的时间是 8min29s，总疏散时间为 13min43s。FDS + Evac 计算出一列车乘客和站台上候车的乘客及工作人员全部撤离站台的时间是 8min07s，总疏散时间为 13min18s。此地铁站有效疏散宽度不满足站台层人员撤离站台 6min 疏散时间的要求。两者总疏散时间取最不利值 13min43s，考虑报警时间与预动时间为 1min，最终可得必需安全疏散时间（*RSET*） = 探测报警时间（*Talarm*） + 预动时间（*Tpre*） + 疏散行动（*Tmove*），结果为 14min43s。

4. Simulex 和 FDS + Evac 模拟结果对比分析

Simulex 和 FDS + Evac 这两个软件的模拟结果对比分析见表 6-24。

表 6-24　两软件模拟结果对比

	Simulex	FDS + Evac
总疏散时间	13min43s	13min18s
站台层人员撤离站台时间	8min29s	8min07s
出口处人员疏散速度	160 人/min	168 人/min
楼梯口拥堵情况	拥堵严重	拥堵严重

两软件模拟结果的差异主要由于其不同的疏散模型与原理所致。由两种软件疏散结果得出，此地铁站疏散时间较长，一旦发生火灾，人员的生命安全受到较大威胁。所有安全出口疏散情况均未达到饱和状态，疏散效率低。开始疏散 1min 后，各楼梯口都会出现较大面积的堵塞，拥堵严重。

通过对比分析，疏散时间过长的原因有以下几点：

1）楼梯宽度只有 1.9m，宽度明显不够，人员拥挤在楼梯内（见图 6-53、图 6-55）。

2）整个地铁站只有两座楼梯和两座扶梯可供疏散，且楼（扶）梯设置过于集中，楼梯口处容易发生堵塞。

3）地铁站内待疏散人员总数为 2300 人，人员密度较大。

思考题

1. 简述安全疏散的概念。
2. 简述指令性规范和性能化规范的主要区别，性能化规范的主要优点。
3. 简述性能化的人员疏散设计的步骤。
4. 简述人员安全疏散的性能化判定标准。
5. 简述火灾环境下疏散开始前后人员的心理和行为特征。
6. 简述影响的火灾条件下人员疏散的主要因素。
7. 性能化设计和火灾风险评估中常用的保障人员安全疏散的基本环境条件有哪些?
8. 简述人员疏散时间的构成，以及报警时间和预动作时间的确定方法。
9. 简述 EVACNET4 软件的基本假设。
10. 简述 Simulex 软件的基本原理和假设。
11. 简述 STEPS 软件的基本原理。
12. 简述 FDS + Evac 软件的疏散模型及应用的局限性。

第 7 章

火灾防治对策措施

7.1 火灾防治的基本原则

火灾发生后人们主动采取防治对策对于减少火灾损失具有十分重要的作用。这些防治措施在一定程度上均能影响火灾的发生与发展，从而使相当多的火灾尚未达到充分发展阶段就被扑灭，或者不会出现大范围的火灾蔓延。采取的消防行动越及时、越合理，越有助于保护建筑物内人员与财产的安全，并使建筑本身少受损失。

总的来说，防治火灾的手段包括安全管理与技术措施两个基本方面，并且这两个方面总是相辅相成的。建立强有力的灭火队伍，制定严格合理的防火安全管理的规章制度和消防预案，有助于有效地减少火灾的发生，一旦发生火灾也能迅速作出反应并扑灭火灾。但有效的安全管理必须有一定的技术作为支撑，而且技术水平越先进，安全管理措施就越能发挥作用。尤其对于现代化的大型建筑来说，简单地依靠人海战术进行防火检查或灭火行动并不能取得好的效果。

7.2 火灾探测与报警

7.2.1 火灾探测器的基本功能和分类

1. 火灾探测器的基本功能

在火灾的初期阶段，是会出现不少特殊现象或征兆的，如发光、发热、发声以及散发出烟尘和可燃气体等。火灾的探测，就是以响应其附近区域由火灾产生的这些物理、化学现象为机理的。

《火灾探测和报警系统》（ISO 7240-1）中对火灾探测器的定义是：火灾探测器是火灾自动报警系统的组成部分，它至少含有一个能够连续或以一定频率周期监视与火灾有关的适宜的物理和（或）化学现象的传感器，并且至少能够向控制和指示设备提供一个适合的信号，是否报火警或操作自动消防设备，可由探测器或控制和指示设备作出判断。简而言之，火灾探测器是及时地探测和传输与火灾有关的物理和（或）化学现象的探测装置。

2. 火灾探测器的分类

根据探测器对不同火灾现象的响应，以及响应方式的不同，可以将火灾探测器划分为感烟式、感温式、感光式火灾探测器和可燃气体探测器，以及烟温、烟光、烟温光等复合式火灾探测。火灾探测器的分类如图7-1所示。

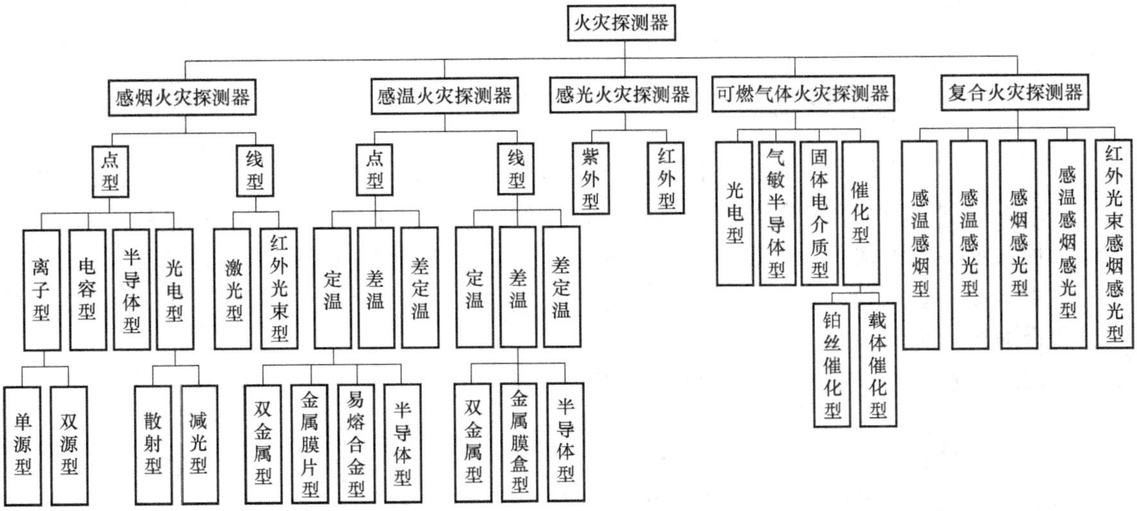

图7-1　火灾探测器的分类

（1）感烟式火灾探测器

这种探测器是利用一个小型烟雾传感器响应悬浮在其周围附近大气中的燃烧和热解产生的烟雾气溶胶的一种火灾探测器。由于传感器的形式和原理不同，所以一般制成点型和线型。点型主要有：离子型感烟探测器，如单源型与双源型两种；光电型感烟探测器，如减光型与散光型两种。线型主要有：红外光束型及激光型感烟探测器。

（2）感温式火灾探测器

这种探测器是利用一个点型或线型火灾参数传感器来响应其周围附近气流的异常温度或升温速率的火灾探测器，其结构有点型和线型两种。点型主要有：定温式，如双金属型、易熔合金型、酒精玻璃球型、热电偶型、水银接点型、热敏电阻型、半导体型等；差温式，如膜盒型、热敏电阻型、双金属型等；差定温式，如膜盒型、热敏电阻型等。线型主要有：定温式，如缆式线型、半导体线型等；差温式，如金属膜盒型等；差定温式，如膜盒型、热敏电阻型等。

（3）感光式火灾探测器

这种探测器是根据物质燃烧过程中火焰的特征和火焰的光辐射强度而构成的用于响应火灾时火焰光特性的火灾探测器，通常又称火焰探测器。主要有被动式紫外或红外火焰探测器。

（4）可燃气体火灾探测器

这种探测器是采用各种灵敏元件或传感器来响应火灾初期物质燃烧产生的烟气体中某些气体浓度，或液化石油气、天然气等环境中可燃气体浓度以及气体成分的探测器，一般其结构为点型。可燃气体探测器主要有：催化型，如铂丝催化型和铂铑催化型；气敏半导体型；固体电介质型和光电型。

（5）复合式火灾探测器

两种或两种以上火灾探测方法组合使用的复合式火灾探测器和双灵敏度火灾探测器通常

是点型结构，它同时具有两个或两个以上火灾参数的探测能力，或者是具有一个火灾参数两种灵敏度的探测能力。复合式火灾探测器主要有：把感烟和感温两种探测器传感功能组合在一起，如感温感烟探测器；红外光束感烟感光探测器；感烟感光探测器及感温感光探测器。

7.2.2 火灾探测器的选用

火灾探测器的选用和设置，是构成火灾自动报警系统的重要环节，直接影响着火灾探测器性能的发挥和火灾自动报警系统的整体特性。目前研制的火灾探测器种类很多，应该说，任何一种火灾探测方法都有自己的优点，也都具有一定局限性。性能再好的火灾探测器安装在不适当的场所或位置，也无法很好地发挥作用。因此，必须结合建筑物的具体条件和火灾特征选择适用的火灾探测器。（见表 7-1）

根据我国现行的《火灾自动报警系统设计规范》规定，火灾探测器的选择应符合下列要求：

1）对火灾初期有阴燃阶段，产生大量的烟和少量的热，很少或没有火焰辐射的场所，应选择感烟探测器。探测器的感烟方式和灵敏度级别应该根据具体使用场所来确定，见表 7-1。

表 7-1 感烟火灾探测器适用场所、灵敏度与感烟方式的关系

序号	适用场所	灵敏度级别选择	感烟方式及说明
1	饭店、旅馆、写字楼、教学楼、办公楼的厅堂、卧室、办公室、展览室、娱乐室、会议室等	厅堂、办公室、大会议室、值班室、娱乐室、接待室等可用中低档，可延时工作；吸烟室、小会议室采用低档，可延时工作；卧室、病房、休息室、展览室、衣帽室等采用高档，一般不延时工作	早期热解产物中，烟雾气溶胶微粒很小的，宜采用离子感烟式；微粒较大的，宜采用光电感烟式；还可以按价格选择感烟方式，不必细分
2	计算机房、通信机房、影视放映室等	高档或高、中档分开布置联合使用，不用延时工作方式	考虑装修情况和探测器价格选择：有装修时，烟雾浓度大，粒度大，宜采用光电感烟方式；无装修时，宜采用离子感烟方式
3	楼梯间、走道、电梯间、机房等	高档或中档均可，采用非延时工作方式	按照价格选定感烟方式
4	博物馆、美术馆、图书馆等文物古建单位的展览室、书库、档案库等	灵敏度级别采用高档，采用非延时工作方式	按照价格、使用寿命选定感烟方式，同时还应该设置火焰光探测器，提高反应速率和可靠性
5	有电气火灾危险的场所，如电站、变压器间、变电所和建筑的配电间	灵敏度级别必须选择高档，采用非延时工作方式	① 早期热解产物微粒小、采用离子式，否则，采用光电式 ② 必须与紫外光火烟探测器配用
6	银行、百货商场、仓库等	高档或中档均可，采用非延时工作方式	有联动探测要求时，可以采用具有中、低档灵敏度的双信号探测器，或与感温探测器配用，或采用烟温复合式探测器
7	可能产生阴燃火，或发生火灾不是早期报警将造成重大损失的场所	灵敏度级别必须选用高档，必须采用非延时工作方式	① 烟温光复合式火灾探测器 ② 烟温光配合使用方式 ③ 应按有联动要求考虑

2）对火灾发展迅速，可产生大量热、烟和火焰辐射的场所，可选择感温探测器、感烟

探测器、火焰探测器或其组合。

3）对火灾发展迅速，有强烈的火焰辐射和少量的烟、热的场所，应选择火焰探测器。

4）对火灾形成特征不可预料的场所，可根据模拟试验的结果选择探测器。

5）对使用、生产或聚集可燃气体或可燃液体蒸气的场所，应选择可燃气体探测器。

1. 点型火灾探测器的选用

（1）根据房间高度选择火灾探测器

对火灾探测器适用高度加以限制，是为了在整个火灾探测器保护面积范围内，使火灾探测器有相应的灵敏度，确保其有效性。一般地，感烟火灾探测器的安装适用高度不宜超过12m，随着房间高度上升，使用的感烟火灾探测器灵敏度相应提高。感温火灾探测器的使用高度不超过8m，房间高度也与感温火灾探测器的灵敏度有关，灵敏度高，适用于较高的房间。感光火灾探测器的使用高度由其光学灵敏度范围确定，房间高度增加，要求感光火灾探测器灵敏度提高。房间高度与火灾探测器选用的关系见表7-2。

表7-2　根据房间高度选择点型火灾探测器

房间高度/m	感烟探测器	感温探测器			感光探测器
		Ⅰ级	Ⅱ级	Ⅲ级	
$12<h\leqslant 20$	不适合	不适合	不适合	不适合	适合
$8<h\leqslant 20$	适合	不适合	不适合	不适合	适合
$6<h\leqslant 8$	适合	适合	不适合	不适合	适合
$4<h\leqslant 6$	适合	适合	适合	不适合	适合
$h\leqslant 4$	适合	适合	适合	适合	适合

（2）根据适用场所选择火灾探测器

通常，为了便于火灾探测器的选用，在民用建筑中可以按照各种类型的火灾探测器性能来确定其适用或不适用的场所，具体选择可参考表7-3。

表7-3　根据适用场所选择点型火灾探测器

设置场所	火灾探测器类型及灵敏度											
	差温式			差定温式			定温式			感烟式		
	Ⅰ级	Ⅱ级	Ⅲ级	Ⅰ级	Ⅱ级	Ⅲ级	Ⅰ级	Ⅱ级	Ⅲ级	Ⅰ级	Ⅱ级	Ⅲ级
剧场、电影院、礼堂、会场、百货商店、旅馆、饭店、集体宿舍、公寓、住宅、医院、图书馆、博物馆、展览馆等	□	○	○	□	○	○	○	□	□	☆	○	○
电视演播室、电影放映室	☆	☆	□	☆	☆	□	○	○	○	☆	○	○
差温式及差定温式有可能不预报火灾发生的场所	☆	☆	☆	☆	☆	☆	○	○	○	☆	○	○
发动机室、立体停车场、飞机库	☆	○	○	☆	○	○	○	☆	☆	☆	□	○
厨房、锅炉房、开水间、消毒室	☆	☆	☆	☆	☆	☆	□	○	○	☆	☆	☆

（续）

设置场所	火灾探测器类型及灵敏度											
	差温式			差定温式			定温式			感烟式		
	Ⅰ级	Ⅱ级	Ⅲ级	Ⅰ级	Ⅱ级	Ⅲ级	Ⅰ级	Ⅱ级	Ⅲ级	Ⅰ级	Ⅱ级	Ⅲ级
进行干燥、烘干的场所	☆	☆	☆	☆	☆	☆	□	○	○	☆	☆	☆
有可能产生大量蒸气的场所	☆	☆	☆	☆	☆	☆	□	○	○	☆	☆	☆
发生火灾时温度变化缓慢的场所	☆	☆	☆	○	○	○	○	○	○	□	○	○
楼梯及倾斜走道	☆	☆	☆	☆	☆	☆	☆	☆	☆	□	○	○
走廊及通道	※	※	※	※	※	※	※	※	※	□	○	○
电梯竖井、管道井	※	※	※	※	※	※	※	※	※	□	○	○
电子计算机房、通信机房	□	☆	☆	□	☆	☆	□	☆	☆	□	○	○
书库、地下仓库	□	○	○	□	○	○	○	☆	☆	□	○	○
吸烟室、小会议室	☆	☆	○	○	○	○	○	☆	☆	☆	☆	○

注：○表示适用；☆表示不适用；※表示不确定可被取代；□表示安装场所情况，限于能有效探测火灾发生的场所才适用。

2. 线型火灾探测器的选择

线型火灾探测器的种类主要有：红外光束感烟探测器、缆式线型定温探测器和空气管式线型差温探测器，功能各异，应根据具体使用场所及具体建筑物的特点来选择火灾探测器，见表7-4。

表7-4 根据适用场所选择线型火灾探测器

场所或类型 \ 探测器类型	红外光束感烟探测器	缆式线型定温探测器	空气管式线型差温探测器	说明
无遮挡大空间或有特殊要求的空间	○			
电缆隧道、电缆竖井、电缆夹层、电缆桥架等		○		
配电装置、开关设备、变压器等		○		
各种带式输送装置		○		
控制室、计算机室的闷顶内、地板下及重要设施隐蔽处等		○		
其他环境恶劣不适合点型探测器安装的危险场所		○		
可能产生油类火灾且环境恶劣			○	
不易安装点型探测器的夹层			○	

注：○表示适用；空白无符号表示需谨慎使用。

7.2.3 感温型火灾探测装置响应时间的计算

1. 感温型火灾探测装置的工作原理

火灾探测器的响应时间是指从火灾开始发生，到火灾探测报警系统发出报警信号所需的时间，这段时间对于促使室内人员及时觉察到火灾具有重要的作用。不少火灾探测装置是依靠接触到火灾烟气起动的，有的是依靠烟气的浓度增大到一定值起动的，有的是依靠烟气的温度升高到一定值起动的。为分析方便，这里以感温探测器为例，讨论火灾探测器响应时间的计算。实际上，现在常用的自动洒水喷头也是依靠烟气温度起动的，其工作原理与感温探测器基本相同。

感温探测器的工作原理是：由于接收到由火灾高温烟气传递的热量，感受元件本身的温度逐渐上升，达到设定的报警温度后，即可向报警装置发送危险信号，再由报警装置发出报警信号。由烟气向感受元件传送热量的过程是一个对流换热的过程，其传递的热量可以用下式计算：

$$q = hA\Delta T \tag{7-1}$$

式中　q——烟气向感受元件传递的热量；

A——感受元件的面积；

h——表面换热系数；

ΔT——烟气与感受元件之间的温差。

感受元件的体积一般很小，可认为其内部温度均匀。于是可写出能量守恒方程：

$$Ah(T_g - T)d_t = mcd_T \tag{7-2}$$

式中　T_g——烟气温度；

T——感受元件的温度；

m——感受元件的质量；

c——比热容。

积分上式得：

$$\frac{T_g - T}{T_g - T_0} = \exp\left(-\frac{hA}{mc}t\right) \tag{7-3}$$

式中　T_0——环境气体的温度，进一步整理可得：

$$t = \frac{mc}{Ah}\ln\left(\frac{T_g - T_0}{T_g - T}\right) \tag{7-4}$$

由传热学的理论可知，此种情况下地表面换热系数 h 与雷诺数的平方根近似成正比，而与普朗特数无关：

$$Re = ul/\nu \tag{7-5}$$

式中　Re——雷诺数

u——烟气的速度；

l——探测元件的特征尺寸；

ν——运动粘度。

于是有：

$$h \propto \sqrt{Re} \propto \sqrt{u} \tag{7-6}$$

令 $\tau = \frac{mc}{hA}$，它具有时间的量纲，称为感受元件的时间常数。这样：

$$\tau \propto h^{-1} \propto u^{-\frac{1}{2}} \tag{7-7}$$

$$\tau u^{\frac{1}{2}} = 常数 \tag{7-8}$$

$\tau u^{\frac{1}{2}}$通常称为探测器的特征响应时间指数，用 *RTI* 表示。因此，

$$t=\tau\ln\left(\frac{T_g-T_0}{T_g-T}\right)=\frac{RTI}{\sqrt{u}}\ln\left(\frac{T_g-T_0}{T_g-T}\right) \tag{7-9}$$

为了使火灾探测装置能够及时作出响应，应当将其安装在顶棚射流的速度最大及温度最高的位置，即 $T_g=T_{max}$、$u=u_{max}$，于是：

$$t=\frac{RTI}{\sqrt{u_{max}}}\ln\left(\frac{T_g-T_0}{T_g-T}\right) \tag{7-10}$$

假设起火房间的顶棚为水平的，顶棚距地面的高度为 H(m)，烟气羽流以轴对称的形式撞击顶棚，离开撞击区中心的水平距离为 r(m)，这样，在顶棚之下 $r>0.18H$ 的任意半径方向范围内，顶棚射流的最高温度可用下面的稳态方程描述：

$$T_{max}-T_0=\frac{5.38}{H}(\dot{Q}_c/r)^{2/3} \tag{7-11}$$

如果，$r\leqslant 0.18H$，即表示出于羽流撞击顶棚所在区域内，射流烟气的最高温度用下式计算：

$$T_{max}-T_0=\frac{16.9\,\dot{Q}_c^{2/3}}{H^{5/3}} \tag{7-12}$$

式中　$\dot{Q}_c$——火源的热释放速率的对流分量(kW)；

　　　T_0——环境温度（℃）。

与温度的分布类似，顶棚射流的最高速度值也有如下的分布特征：

$$u_m=0.96\left(\frac{\dot{Q}_c}{H}\right)^{1/3}\qquad (r\leqslant 0.15H) \tag{7-13}$$

$$u_m=0.195\left(\frac{\dot{Q}_c^{1/3}H^{1/2}}{r^{5/6}}\right)^{1/3}\qquad (r>0.15H) \tag{7-14}$$

对于给定的火灾探测器，其特征响应时间指数 *RTI* 和响应温度 T 均为已知，因此可以根据上式及式计算得到其感受元件的响应时间。

2. 计算机模拟

目前已有许多软件用于计算感温探测器或水喷淋的响应时间，例如 DETACT-QS、DETACT-T2、G-JET、LAVENT、TDISX、Fire Dynamics Tools（FDT）、Fire Protection EngineeringTools（FPETools）、CFAST（Consolidate Fire And Smoke Transport）及 FDS 等。International survey of Computer Models for Fire and Smoke 网站（http：//www. fire modelsurvey. com/DetectorResponseModels. html）列出许多模型。

【例 7-1】 功率为 1000kW 的火源，天花板距离火源高度为 3.0m，喷头距离火源的水平距离为 3.0m，喷头的 $RTI=130\ (\text{m}\cdot\text{s})^{1/2}$，喷头动作温度 74℃，室温为 25℃，试计算喷头的响应时间。

解： 利用 FDT 软件计算喷头响应时间，输入参数界面如图 7-2 所示。

程序计算结果见表 7-5。

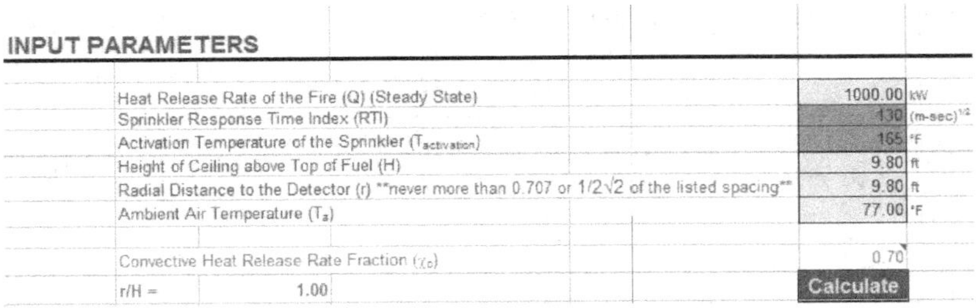

图 7-2　FDT 输入参数界面

表 7-5　FDT 计算结果

输 出 参 数	Q_c/kW	T_{jet}/℃	u_{max}/(m/s)	$t_{activation}$/s
数　　值	700	93.46	1.354	139.89

【例 7-2】　一快速增长型火灾（火灾增长系数 $\alpha = 0.04679\text{kW/s}^2$），顶棚高度为 3.5m，火源距离喷头水平距离为 3m，室温为 25℃，喷头动作温度为 68℃，喷头的 $RTI = 120(\text{m}\cdot\text{s})^{1/2}$，计算喷头响应时间。

解：利用 FPETools 软件计算，程序输入界面如图 7-3 所示。

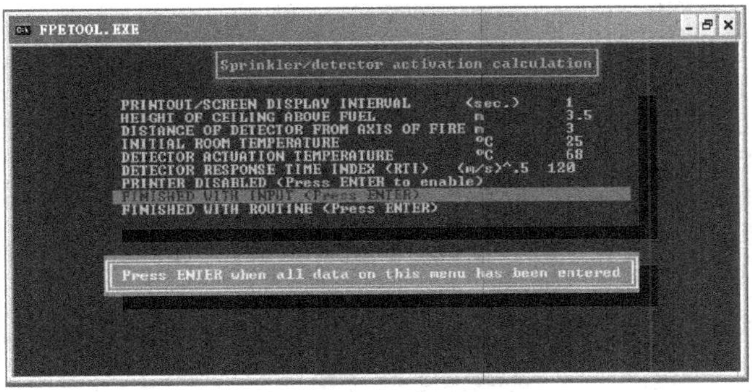

图 7-3　FPETools 软件输入截面

FPETools 还需要输入火源功率随时间变化的曲线，可以通过程序输入，也可以通过文件读入。当输入完火源功率曲线后，程序就能够计算出喷头响应时间，对于本例，计算结果为 $t_{activation} = 169\text{s}$，此时火源功率发展到 $Q = 1422\text{kW}$（见图 7-4）。

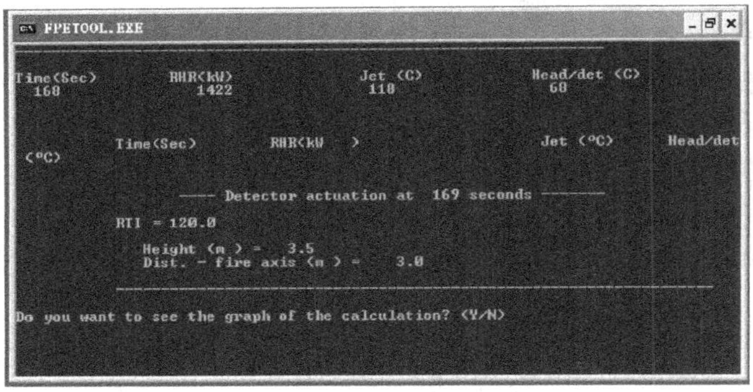

图 7-4　计算结果输出界面

改变 RTI，可以得到响应时间随 RTI 的变化见表 7-6（喷头动作温度为 68℃）。

表 7-6 响应时间随 *RTI* 的变化

序 号	$RTI/(m\cdot s)^{1/2}$	T_{jet}/℃	$t_{activation}$/s	Q/kW
1	1	68	99	457
2	28	83	123	705
3	50	93	138	887
4	75	103	153	1091
5	105	113	168	1315
6	120	118	169	1422

对于感温探测器，其 $RTI=1\ (m\cdot s)^{1/2}$，动作温度 $t_{activation}$ 通常取值为室温加 13℃，对于本例，感温探测器的响应时间为 44s，见表 7-7，可以看出，感温探测器比水喷淋响应速度要快的多。

表 7-7 探测器距离喷头的水平距离对响应时间的影响

探测器距离喷头的水平距离/m	$RTI\ (m\cdot s)^{1/2}$	T_{jet}/℃	$t_{activation}$/s	Q/kW
3	1	39	44	90
0	1	40	21	21

7.2.4 火灾报警

火灾自动报警系统的设计，必须遵循国家有关方针、政策，针对保护对象的特点，做到安全适用、技术先进、经济合理。火灾自动报警系统的设计除执行现行的《火灾自动报警系统设计规范》外，还应符合现行的有关强制性国家标准规范的规定。我国标准对火灾自动报警系统及其产品提出了以下基本要求：

1）确保火灾探测和报警功能，保证不漏报。

2）减小环境因素影响，减少系统误报率。

3）确保系统工作稳定，信号传输准确可靠。

4）系统的灵活性、兼容性强，产品成系列。

5）系统的工程适应性强，布线简单、灵活、方便。

6）系统应变能力强，调试、管理、维护方便。

7）系统性能价格比高。

8）系统联动控制方式有效、多样。

设置火灾自动报警系统的工业与民用建筑，按照其适用性质、火灾危险性、疏散和扑救难度分为特级、一级、二级。火灾自动报警系统保护对象分级见表 7-8。

表7-8 火灾自动报警系统保护对象分级

等 级	保护对象	
特级	建筑高度超过100m的高层民用建筑	
一级	建筑高度不超过100m的高层民用建筑	一类建筑
	建筑高度不超过24m的民用建筑及建筑高度超过24m的单层公共建筑	1. 200床及以上的病房楼，每层建筑面积$1000m^2$及以上的门诊楼。 2. 每层建筑面积超过$3000m^2$的百货楼、商场、展览楼、高级旅馆、财贸金融楼、电信楼、高级办公楼。 3. 藏书超过100万册的图书馆、书库。 4. 超过3000座位的体育馆。 5. 重要的科研楼、资料档案楼。 6. 省级（含计划单列市）的邮政楼、广播电视楼、电力调度楼、防灾指挥调度楼。 7. 重点文物保护场所。 8. 大型以上的影剧院、会堂、礼堂
	工业建筑	1. 甲、乙类生产厂房。 2. 甲、乙类物品库房。 3. 占地面积或总建筑面积超过$1000m^2$的丙类物品库房。 4. 总建筑面积超过$1000m^2$的地下丙、丁类生产车间及物品库房
	地下民用建筑	1. 地下铁道、车站。 2. 地下电影院、礼堂。 3. 使用面积超过$1000m^2$的地下商场、医院、旅馆、展览厅及其他商业或公共活动场所。 4. 重要的实验室、图书馆、资料室、档案库
二级	建筑高度不超过100m的高层民用建筑	二类建筑
	建筑高度不超过24m的民用建筑及建筑高度超过24m的单层公共建筑	1. 设有空气调节系统的或每层建筑面积超过$2000m^2$，但不超过$3000m^2$的商业楼、财贸金融楼、电信楼、展览楼、旅馆、办公楼、车站、海河客运站、航空港等公共建筑及其他商业或公共活动场所。 2. 市、县级的邮政楼、广播电视楼、电力调度楼、防灾指挥调度楼。 3. 中型以下的影剧院。 4. 高级住宅。 5. 图书馆、书库、档案楼
	工业建筑	1. 丙类生产厂房。 2. 建筑面积大于$50m^2$，但不超过$1000m^2$的丙类物品库房。 3. 总建筑面积大于$50m^2$，但不超过$1000m^2$的地下丙、丁类生产车间及地下物品库房
	地下民用建筑	1. 长度超过500m的城市隧道。 2. 使用面积不超过$1000m^2$的地下商场、医院、旅馆、展览厅及其他商业或公共活动场所

注：1. 一类建筑、二类建筑的划分，应符合现行国家标准《高层民用建筑设计防火规范》的规定；工业厂房、仓库的火灾危险性分类，应符合现行国家标准《建筑设计防火规范》的规定。

2. 本表未列出的建筑等级可按同类建筑的类比原则确定。

火灾自动报警系统的组成是触发器件、火灾报警装置、火灾警报装置以及具有其他辅助功能的装置组成的火灾报警系统。火灾自动报警系统设计，一般应根据建设工程的性质和规模，结合保护对象、火灾报警区域的划分和防火管理机构的组织形式等因素，确定不同的火灾自动报警系统。常用的火灾报警系统有如下三种基本形式。

1. 区域报警系统

一个报警区域宜设置一台区域报警控制器或一台火灾报警控制器，系统中区域报警控制器或火灾报警控制器的数量应超过两台。区域报警控制器或火灾报警控制器应设在有人值班的房间或场所。区域报警系统宜用于二级保护对象，系统组成如图 7-5 所示。

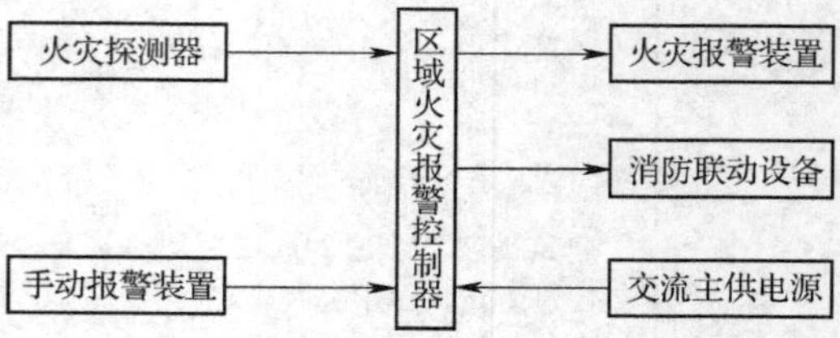

图 7-5 区域报警系统框图

2. 集中报警系统

集中报警系统宜用于一级和二级保护对象，系统组成如图 7-6 所示。集中报警系统的设计应符合以下要求：

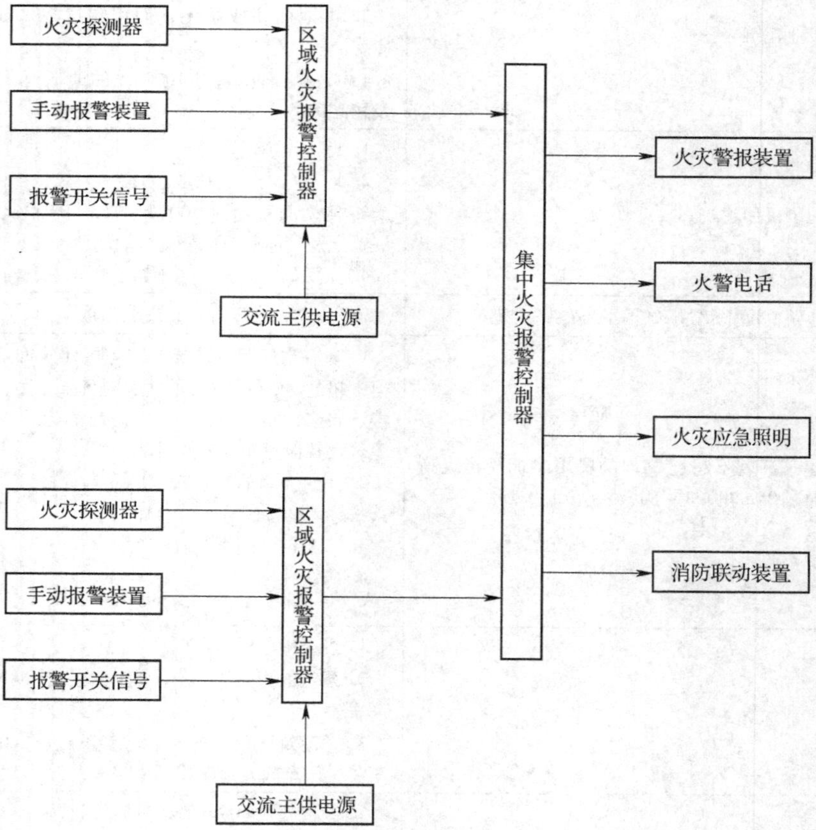

图 7-6 集中报警系统框图

1）系统中设置一台集中火灾报警控制器和两台以上区域火灾报警控制器，或设置一台报警控制器和两台以上的区域显示器。

2）系统中应设置消防联动控制设备。

3）集中火灾报警控制器或火灾报警控制器，应能显示火灾报警信号和控制信号，也可进行联动控制。

4）集中火灾报警控制器或火灾报警控制器应设置在有专人值班的消防控制室或值班室内。

3. 控制中心报警系统

工程建筑规模大、保护对象重要、设有消防控制设备和专用消防控制室时，采用控制中心报警系统，系统组成如图 7-7 所示。该系统宜用于特级和一级保护对象。控制中心报警系统的设计，应符合下列要求：

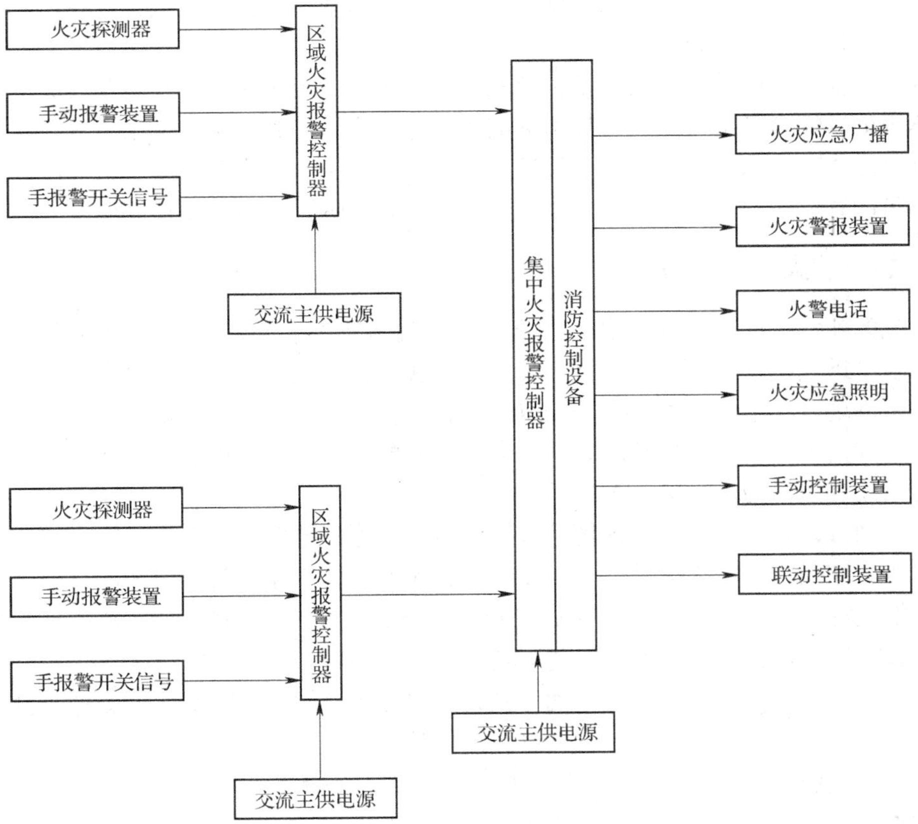

图 7-7　控制中心报警系统框图

1）系统中至少应设置一台集中火灾报警控制器、一台专用消防联动设备和两台及以上区域火灾报警控制器；或至少设置一台火灾报警控制器，或一台联动控制设备和两台及以上区域显示器。

2）系统应能集中显示火灾报警部位信号和联动控制状态信号。

3）系统中设置的集中火灾报警控制器或火灾报警控制器和消防联动控制器应设置在有专人值班的消防控制室内。

7.3 防火的对策措施

为了预防建筑火灾，人们研究制定了多种防火对策。现在发展出多种火灾防治技术，总的来说大体可分为主动对策和被动对策两大类。

主动对策指的是直接限制火灾发生和发展的技术，即采用预防起火、早期发现（如设置火灾自动报警系统）、初期灭火（如设置自动喷水灭火系统）等措施，尽可能做到不失火成灾。采用这类防火对策为重点进行防火，可以减少火灾发生的起数，但却不能排除遭受重大火灾的可能性。被动性对策指的是提高或增强建筑构件或材料承受火灾破坏的能力的技术，即建筑防火设计，提高建筑构件耐火性技术，建筑内部装修防火设计等措施，尽量不使火势扩大并疏散人员和财物。

有的技术实际上既涉及主动对策也涉及被动对策，如建筑防火设计对建筑物的火灾防治作出总体规划，综合考虑各类消防技术的应用，但它主要是被动防火对策。以主动防火对策为重点进行防火，虽然会发生火灾，但却可以减少发生重大火灾的概率。被动防火对策和主动防火对策的目的是一致的，都是为了减轻火灾损失、保证人员的生命安全。

7.3.1 主动防火对策措施

现代化的建筑规模大、标准高，人员密集，设备繁多，对防火要求极为严格，一旦起火，火灾容易迅速蔓延，而且难以扑灭。因此，在现代建筑火灾中，主要指望外来人员进行扑救已经很不现实，这样往往会延误灭火时机，造成重大损失。依靠主动灭火措施进行自防、自救将成为现代化大型建筑的基本火灾防治手段。火灾自动报警系统和室内自动喷水灭火系统是当前应用最为广泛的两个方面。

火灾自动报警系统就是将火灾信号转换成声、光等报警信号，并同时输出起动消防设备的控制信号，该系统具有火灾报警、火警电话、火灾事故广播、防火设施与自动灭火系统联动、显示控制等功能。在前文中已对火灾自动报警系统的应用范围及组成进行了详细的介绍，下面就自动喷水灭火系统的应用范围及分类做简要讨论。

自动喷水灭火系统，简单地说，就是在火灾情况下，能自动喷水，以保障人身和财产安全的一种灭火系统。当发生火灾后，火焰和热气流上升至顶棚，顶棚内的火灾探测器因光、热、烟等作用报警。当温度继续升高时，喷头自动打开喷水灭火。

自动喷水灭火系统因不需要人员操作灭火，有以下的特点：

1）火灾初期自动喷水灭火，故着火面积小，用水量少。

2）灭火成功率高，达90%以上，损失小，无人员伤亡。

3）目的性强，直接面对着火点，灭火迅速，火势不会蔓延。

4）工程造价高。

7.3.1.1 自动喷水灭火系统的设置场所

我国现行的《自动喷水灭火系统设计规范》（GB 50084—2001，2005 年版）规定：自动喷水灭火系统应在人员密集、不宜疏散、外部增援灭火与救生较困难的性质重要或火灾危险性较大的场所中设置。规范同时又规定自动喷水灭火系统不适用于存在较多下列物品的场所（如火药、炸药、弹药、火工品厂及核电站、飞机库等特殊功能建筑）：

1）遇水发生爆炸或加速燃烧的物品。

2）遇水发生剧烈化学反应或产生有毒有害物质的物品。

3）洒水将导致喷溅或沸溢的液体。

7.3.1.2　自动喷水灭火系统分类

自动喷水灭火系统按喷头是否开启分为闭式自动喷水灭火系统和开式自动喷水灭火系统。闭式自动喷水灭火系统有湿式、干式和预作用式。开式有雨淋式、水喷雾式和水幕式。

1. 湿式自动喷水灭火系统

湿式自动喷水灭火系统为喷头常闭的灭火系统。管网中充满有压水，当建筑物发生火灾，火点温度达到开启闭式喷头，喷头喷出水。该系统有灭火及时、扑救效率高的优点。但由于管网中充有压力水，当渗漏时，会损坏建筑装饰和影响建筑的使用。该系统适用于环境温度为4～70℃的建筑物。

2. 干式自动喷水灭火系统

干式自动喷水灭火系统为喷头常闭的灭火系统 。管网中平时不充水，充有有压空气（或氮气）。当建筑物发生火灾，火点温度打开开启闭式喷头时，喷头开启，排气，充水，喷水，灭火。该系统灭火时需先排气，故喷头出水灭火不如湿式系统及时。但管网中平时不充水，对建筑装饰无影响，对环境温度也无要求，适用于采暖期长而建筑内无采暖的场所。但因在启动过程中增加了排气和充水两个环节，延缓了喷头出水时间。

3. 预作用喷水灭火系统

预作用喷水灭火系统为喷头常闭的灭火系统。管网中平时不充水（无压），发生火灾时，火灾探测器报警后，自动控制系统控制闸门排气、充水，由干式变为湿式系统。只有当着火点温度达到开启闭式喷头时，才开始喷水灭火。该系统弥补了干式和湿式两种系统的缺点，适用于准工作状态时，严禁管道跑冒滴漏或严禁系统误喷的场所。预作用系统需配套设置用于起动系统的火灾自动报警设备。

4. 雨淋喷水灭火系统

雨淋喷水灭火系统为喷头常开的灭火系统。当建筑物发生火灾时，由自动控制装置打开集中控制闸门，使整个保护区域所有喷头同时喷水灭火。该系统具有出水量大，灭火及时的优点。雨淋系统适用于火灾的水平蔓延速度快、需及时喷水、迅速有效覆盖着火区域的场所，或建筑内部容纳物品的顶部与顶板或吊顶的净距大。发生火灾时，能驱动火灾自动报警系统，而不易迅速驱动喷头开放的场所。

5. 水幕系统

水幕系统采用水幕喷头，喷头沿线状布置，喷出的水形成水帘状。水幕系统不是直接用来扑灭火灾的设备，而是与防火卷帘、防火幕配合使用，用于防火隔断、防火分区及局部降温的。

6. 水喷雾自动灭火系统

水喷雾自动灭火系统，用喷雾喷头把水粉碎成细小的水雾滴之后喷射到正在燃烧的物质表面，通过表面冷却、窒息以及乳化、稀释的共同作用实现灭火。由于水喷雾具有多种灭火机理，因此适用范围广，可以提高扑灭固体火灾的灭火效率。同时由于水雾具有不会造成液体火飞溅、电气绝缘性能好的特点，在扑灭可燃液体火灾、电气火灾中均得到了广泛的运用。

7.3.2 被动防火对策措施

被动性防火措施主要包括建筑防火设计，提高建筑结构耐火性能，设置防排烟系统、设置安全疏散楼梯等措施。

7.3.2.1 建筑防火设计

建筑防火设计是保证建筑安全的基本环节，通过防火设计能够消除造成火灾隐患的“先天性”缺陷，从源头防止，减少建筑火灾的危害。为了搞好建筑的防火设计，各国均制定了一系列建筑防火设计规范，对不同建筑物提出必须遵守的防火安全要求。一般认为建筑防火设计主要应考虑以下一些方面：

1）建筑总平面防火设计，在城区内各类建筑的合理布局和防火建筑设置，防止火灾在相邻建筑物之间相互蔓延，为人员疏散、消防人员的救援和灭火提供条件。

2）建筑平面防火设计，根据建筑物的耐火等级在建筑物内合理地设计防火分区，把火灾限制在可控制的范围内，保证疏散安全和及时地控制、扑救火灾。

3）安全疏散设计，根据建筑物的使用性质、人们在火灾事故时的心理状态与行动特点、火灾危险性大小、容纳人数、面积大小等因素合力布置交通疏散设施，为人员的安全疏散设计一条安全路线。

4）建筑物内部设置适当的火灾自动报警、自动喷水灭火、防排烟等设备，并且综合考虑与室内通风、取暖、空调及其他电气设备的搭配。

本节主要根据现行的《建筑设计防火规范》，就建筑总平面防火设计、建筑物的耐火等级划分、平面防火设计与安全疏散设计进行简要讨论。

1. 建筑总平面防火设计

建筑总平面防火设计是城市建筑规划的一部分，它主要从火中安全的角度，考虑处理好一栋建筑物与周围的地形和其他建筑物的协调关系。一栋建筑的占地面积、长度、高度等都应适当。面积和体积很大的建筑物内，容纳的人员和可燃物数量多，起火后的燃烧时间长、强度大，人员疏散难度也大。因此，设计建筑物时首先应当考虑一旦发生的火灾对其周围的影响。

为了防止火灾由一栋建筑物蔓延到周围的建筑，设计需考虑保持适应火灾扑救、人员安全疏散和降低火灾时热辐射等的必要距离，通称防火间距。防火间距的影响因素很多，如热辐射、热对流、建筑物外墙门窗洞口的面积、建筑物的可燃物种类和数量、风速、相邻建筑物的高度、建筑物内消防设施水平和灭火时间等，对防火间距的设置都有一定的影响。

影响防火间距的因素很多，在实际工作中不可能完全考虑。通常主要考虑热辐射的影响和实际灭火作战的需要。火灾实例表明，一、二级耐火等级的低层民用建筑，保持7～10m的防火间距，在有消防队扑救的情况下，一般不会蔓延到相邻建筑物。市政道路的宽度不应小于街道两侧的建筑物的防火间距，在建筑物的周围应当留出一定宽度的消防车道，以便消防车能够接近起火建筑物。消防车道的宽度不应小于4m。对横跨主通道的建筑还应规定通道的净宽度，避免发生消防车无法通过的情况。为了消防车能迅速靠近高层建筑，展开有效的救助活动，高层建筑周围应设置环形消防车道。

防火间距因场地等各种原因无法满足国家规定的要求时，可依据具体情况采取以下相应的措施：

1）改变建筑物内的生产或使用性质，尽量减少建筑物的火灾危险性；改变房屋部分的耐火性能，提高建筑物的耐火等级。

2）调整生产厂房的部分工艺流程和库房储存物品的数量；调整部分构件的耐火性能和燃烧性能。

3）将建筑物的普通外墙改成有防火能力的墙，如开设门窗，应采用防火门窗。

4）拆除部分耐火等级低、占地面积小、使用价值低的影响新建建筑物安全的相邻的原有建筑物。

5）设置独立的室外防火墙等。

2. 建筑物的耐火等级

耐火等级是衡量建筑物耐火程度的分级标准。规定建筑物的耐火等级是建筑防火设计技术措施中最基本的措施之一。建筑物应当具有足够的耐火等级，以防建筑物的主体结构受火后被破坏。一旦建筑物发生倒塌等情况，不仅会造成巨大的财产损失，而且会造成严重的人员伤亡。在建筑防火设计中，首先应按建筑物的使用性质确定其耐火极限，制定合理的防火方案，选择防火建筑材料，采取有效的构造措施。

建筑物的耐火等级是根据建筑物构件的燃烧性能和耐火极限的最低值决定的。目前，我国把建筑材料按其燃烧性能分为四类。

（1）不燃烧材料

不燃烧材料是指在空气中受到火烧或高温作用时不起火、不微燃、不炭化的材料，如金属材料和无机矿物材料。

（2）难燃烧材料

难燃烧材料是指在空气中受到火烧或高温作用时，难起火、难微燃、难炭化，当火源移走后，燃烧或微燃立即停止的材料。如刨花板和经过防火处理的有机材料。

（3）可燃烧材料

可燃烧材料是指在空气中受到火烧或高温作用时，立即起火或微燃，且火源移走后，仍能继续燃烧或微燃的材料。如木材等。

（4）易燃性材料

凡达不到可燃性等级的材料均为易燃材料。如油毡、装饰用品的锦缎等。

耐火极限是指在标准耐火试验条件下，建筑构件、配件或结构从受到火的作用时起，到失去稳定性、完整性或隔热性时为止的时间，一般以小时计。

失去稳定性，即失去支持能力，是指构件在受到火焰或高温作用下、由于构件材质性能的变化，自身解体或垮塌，失去承载能力或抗变形能力。例如受火作用后的钢筋混凝土梁失去支承能力，钢柱失稳破坏；非承重构件自身解体或垮塌等，均属失去支持能力。

失去完整性，即完整性被破坏，是指分隔构件在火的高温作用下，构件出现穿透性裂隙，火穿过空隙，使其背面可燃物燃烧起火。例如预应力钢筋混凝土楼板的钢筋失去预应力，发生爆裂，出现孔洞，火苗蹿到上一楼层。

失去隔热性，即失去隔火作用，具有分隔作用的构件，背火面任一点的温度达到220℃时，就失去隔火作用。以背火面温度升高到220℃作为界限，主要是因为构件上如果出现穿透裂缝，火能通过裂缝蔓延，或者是构件背火面的温度到达220℃，这时虽然没有火焰过去，但这种温度已经能够使靠近构件背面的纤维制品自燃了。

在建筑结构中，楼板直接承受着人和物品的重量，并将之传给梁、墙、柱等构件，是一个最基本的承重构件。因此，在划分建筑物耐火等级时是选择楼板的耐火极限作基准的。将各耐火等级建筑物中楼板的耐火极限确定以后，其他建筑构件的耐火极限则根据其在建筑结构中的地位，与楼板相比较而定。

按照我国建筑设计、施工及建筑结构的实际情况，并考虑到今后建筑的发展趋势，将建筑物的耐火等级划分为四个级别，见表7-9。建筑所要求的耐火等级确定之后，其各种建筑构件的燃烧性能和耐火极限不应低于表中相应的耐火等级的规定。

表7-9　建筑物构件的燃烧性能和耐火极限　　（单位：h）

名称		耐火等级			
构件		一级	二级	三级	四级
墙	防火墙	不燃烧体 3.00	不燃烧体 3.00	不燃烧体 3.00	不燃烧体 3.00
	承重墙	不燃烧体 3.00	不燃烧体 2.50	不燃烧体 2.00	难燃烧体 0.50
	非承重外墙	不燃烧体 1.00	不燃烧体 1.00	不燃烧体 0.50	燃烧体
	楼梯间的墙 电梯井的墙 住宅单元之间的墙 住宅分户墙	不燃烧体 2.00	不燃烧体 2.00	不燃烧体 1.50	难燃烧体 0.50
	疏散走道两侧的隔墙	不燃烧体 1.00	不燃烧体 1.00	不燃烧体 0.50	难燃烧体 0.25
	房间隔墙	不燃烧体 0.75	不燃烧体 0.50	难燃烧体 0.50	难燃烧体 0.25
柱		不燃烧体 3.00	不燃烧体 2.50	不燃烧体 2.00	难燃烧体 0.50
梁		不燃烧体 2.00	不燃烧体 1.50	不燃烧体 1.00	难燃烧体 0.50
楼板		不燃烧体 1.50	不燃烧体 1.00	不燃烧体 0.50	燃烧体
屋顶承重构件		不燃烧体 1.50	不燃烧体 1.00	燃烧体	燃烧体
疏散楼梯		不燃烧体 1.50	不燃烧体 1.00	不燃烧体 0.50	燃烧体
吊顶（包括吊顶搁栅）		不燃烧体 0.25	难燃烧体 0.25	难燃烧体 0.15	燃烧体

注：1. 除规范另有规定者外，以木柱承重且以不燃烧材料作为墙体的建筑物，其耐火等级应按四级确定。
2. 二级耐火等级建筑的吊顶采用不燃烧体时，其耐火极限不限。
3. 在二级耐火等级的建筑中，面积不超过100m^2的房间隔墙，如执行本表的规定确有困难时，可采用耐火极限不低于0.3h的不燃烧体。
4. 一、二级耐火等级建筑疏散走道两侧的隔墙，按本表执行确有困难时，可采用0.75h的不燃烧体。

在建筑物的某些部位，除了应规定构件的耐火性能外，还应规定构件的燃烧性能。概括地说，一级耐火等级建筑物的主要建筑构件，全部为不燃烧体；二级耐火等级建筑物的主要建筑构件，除吊顶为难燃烧体外，其余为不燃烧体；三级耐火等级建筑物的屋顶承重构件为燃烧体；四级耐火等级建筑物除防火墙为不燃烧体外，其余构件均为难燃烧体和燃烧体。

建筑物的耐火等级是按建筑物的重要性、火灾危险性、建筑物的高度和火灾负荷等因素确定的。根据各耐火等级中建筑构件的燃烧性能和耐火极限特点，可大致判定不同结构类型建筑物的耐火等级。一般来说，钢筋混凝土结构，钢筋混凝土砖石结构建筑可基本定为一、二级耐火等级；砖木结构建筑可基本定为三级耐火等级；以木柱、木屋架承重又以砖石等非燃烧或难燃烧材料为墙的建筑可基本定为四级耐火等级。

3. 建筑内的防火分区

当建筑物内的某一个房间失火时，燃烧产生的对流热、辐射热和传导热，能把火灾向周围区域传播，最终导致整个建筑物全部起火。为了防止火灾在建筑物内的蔓延，必须按建筑耐火等级的限制对其进行防火分隔，将其分为若干个小区。

所谓防火分区，就是用具有一定耐火极限能力的墙、楼板、防火门等分隔构件作为一个区域的边界构件，能够在一定时间内把火灾控制在某一范围的空间中。防火分区既是控制火灾蔓延的区域，同时也是人员安全疏散的区域，因为对起火区域来讲，未起火区域（防火分区）也是相对安全的区域。

防火分区按照其作用，可分为水平防火分区和竖向防火分区。水平防火分区是用以防止火灾在水平方向扩大蔓延，而竖向防火分区主要是防止多层或高层建筑竖向火灾蔓延。

（1）水平防火分区

水平防火分区是指在建筑物内用防火墙、防火门等防火分隔物在建筑物的水平方向所划分的防火空间。防火分区面积的划分主要考虑两个方面的因素，即消防队控制火灾的能力及使用建筑物的人员疏散要求。

建筑面积过大，室内容纳的人员和可燃物的数量相应增大，火灾时过火面积大，燃烧时间长，辐射热强烈，对建筑结构的破坏严重，火势难以控制，对消防扑救和人员、物资疏散都很不利。为了减少火灾损失，对建筑物防火分区的面积，按照建筑物耐火等级的不同给予相应的限制。

一、二级耐火等级民用建筑的耐火性能好，除了未加防火保护的钢结构以外，导致建筑物倒塌的可能性较小，一般能较好地限制火灾蔓延，有利于人员安全疏散及扑救火灾，所以，规定其防火分区为2500m^2。三级建筑物的屋顶是可燃的，可导致火灾蔓延扩大，其防火分区面积应比一、二级小，一般不超过1200m^2。四级耐火等级建筑的构件大多数是难燃或可燃的，其防火分区面积不宜超过600m^2。同理，除了限制防火分区面积外，还对建筑物的层数提出了限制，详见表7-10。

表7-10 民用建筑的耐火等级、最多允许层数和防火分区最大允许建筑面积

耐火等级	最多允许层数	防火分区的最大允许建筑面积/m^2	备注
一、二级	按《建筑防火设计规范》第1.0.2条规定	2500	1. 体育馆、剧院的观众厅，展览建筑的展厅，其防火分区最大允许建筑面积可适当放宽。 2. 托儿所、幼儿园的儿童用房和儿童游乐厅等儿童活动场所不应超过3层或设置在四层及四层以上楼层或地下、半地下建筑（室）内

（续）

耐火等级	最多允许层数	防火分区的最大允许建筑面积/m^2	备注
三级	5层	1200	1. 托儿所、幼儿园的儿童用房和儿童游乐厅等儿童活动场所、老年人建筑和医院、疗养院的住院部分不应超过2层或设置在三层及三层以上楼层或地下、半地下建筑（室）内。 2. 商店、学校、电影院、剧院、礼堂、食堂、菜市场不应超过2层或设置在三层及三层以上楼层
四级	2层	600	学校、食堂、菜市场、托儿所、幼儿园、老年人建筑、医院等不应设置在二层
地下、半地下建筑（室）		500	—

注：1. 建筑内设置自动灭火系统时，该防火分区的最大允许建筑面积可按本表的规定增加1.0倍。局部设置时，增加面积可按该局部面积的1.0倍计算。

2. 当住宅建筑构件的耐火极限和燃烧性能符合现行的《住宅建筑规范》的规定时，其最多允许层数执行该标准的规定。

民用建筑划分防火分区时还应遵循以下规定：

1）其防火分区面积应按上下层相连通的面积叠加计算；当多层建筑物内设置自动扶梯、敞开楼梯等上、下层相连通的开口时，当其建筑面积之和大于表7-10的规定时，应划分防火分区。

2）建筑物内设置中庭时，其防火分区面积应按上下层相连通的面积叠加计算；当超过一个防火分区最大允许建筑面积时，应符合下列规定：

① 房间与中庭相通的开口部位应设置能自行关闭的甲级防火门窗。

② 与中庭相通的过厅、通道等处应设置甲级防火门或防火卷帘；防火门或防火卷帘应能在火灾时自动关闭或降落。防火卷帘应按规范的规定设置。

③ 中庭应按本规范的规定设置排烟设施。

3）防火分区之间应采用防火墙分隔。当采用防火墙确有困难时，可采用防火卷帘等防火分隔设施分隔。采用防火卷帘时应按照规范的规定设置。

4）地上商店营业厅、展览建筑的展览厅符合下列条件时，其每个防火分区的最大允许建筑面积不应大于10000m^2：

① 设置在一、二级耐火等级的单层建筑内或多层建筑的首层。

② 按规范规定设置有自动喷水灭火系统、排烟设施和火灾自动报警系统。

③ 内部装修设计符合现行的《建筑内部装修设计防火规范》的有关规定。

5）地下商店应符合下列规定：

① 营业厅不应设置在地下三层及地下三层以下。

② 不应经营和储存火灾危险性为甲、乙类储存物品属性的商品。

③ 当设有火灾自动报警系统和自动灭火系统，且建筑内部装修符合现行国家标准《建筑内部装修设计防火规范》的有关规定时，其营业厅每个防火分区的最大允许建筑面积可增加到2000m^2。

④ 应设置防烟与排烟设施。

⑤ 当地下商店总建筑面积大于20000m^2时，应采用不开设门窗洞口的防火墙分隔。相

邻区域确需局部连通时，应选择采取下列措施进行防火分隔：

a. 下沉式广场等室外开敞空间。该室外开敞空间的设置应能防止相邻区域的火灾蔓延和便于安全疏散。

b. 防火隔间。该防火隔间的墙应为实体防火墙，在隔间的相邻区域分别设置火灾时能自行关闭的常开式甲级防火门。

c. 避难走道。该避难走道除应符合现行国家标准《人民防空工程设计防火规范》的有关规定外，其两侧的墙应为实体防火墙，且在局部连通处的墙上应分别设置火灾时能自行关闭的常开式甲级防火门。

d. 防烟楼梯间。该防烟楼梯间及前室的门应为火灾时能自行关闭的常开式甲级防火门。

6）歌舞厅、录像厅、夜总会、放映厅、卡拉 OK 厅（含具有卡拉 OK 功能的餐厅）、游艺厅（含电子游艺厅）、桑拿浴室（不包括洗浴部分）、网吧等歌舞娱乐放映游艺场所，宜设置在一、二级耐火等级建筑物内的首层、二层或三层的靠外墙部位，不宜布置在袋形走道的两侧或尽端。

7）当歌舞厅、录像厅、夜总会、放映厅、卡拉 OK 厅（含具有卡拉 OK 功能的餐厅）、游艺厅（含电子游艺厅）、桑拿浴室（不包括洗浴部分）、网吧等歌舞娱乐放映游艺场所必须布置在袋形走道的两侧或尽端时，最远房间的疏散门至最近安全出口的距离不应大于 9m。当必须布置在建筑物内首层、二层或三层外的其他楼层时，尚应符合下列规定：

① 不应布置在地下二层及地下二层以下。当布置在地下一层时，地下一层地面与室外出入口地坪的高差不应大于 10.0m。

② 一个厅、室的建筑面积不应大于 200m^2，并应采用耐火极限不低于 2.00h 的不燃烧体隔墙和 1.00h 的不燃烧体楼板与其他部位隔开，厅、室的疏散门应设置乙级防火门。

③ 应按规范设置防烟与排烟设施。

民用建筑的地下室或半地下室，其防火墙间最大面积应小于等于 500m^2。

表 7-11 列出了《高层民用建筑设计防火规范》中对高层民用建筑的防火分区面积限制。

表 7-11　每个防火分区的允许最大建筑面积

建筑类别	每个防火分区建筑面积/m^2
一类建筑	1000
二类建筑	1500
地下室	500

注：1. 设有自动灭火系统的防火分区，其允许最大建筑面积可按本表增加 1.00 倍；当局部设置自动灭火系统时，增加面积可按该局部面积的 1.00 倍计算。

2. 一类建筑的电信楼，其防火分区允许最大建筑面积可按本表增加 50%。

高层民用建筑防火分区时应遵循以下规定：

1）高层建筑内的商业营业厅、展览厅等，当设有火灾自动报警系统和自动灭火系统，且采用不燃烧或难燃烧材料装修时，地上部分防火分区的允许最大建筑面积为 4000m^2，地下部分防火分区的允许最大建筑面积为 2000m^2。

2）当高层建筑与其裙房之间设有防火墙等防火分隔设施时，其裙房的防火分区允许最大建筑面积不应大于2500m²，当设有自动喷水灭火系统时，防火分区允许最大建筑面积可增加1.00倍。

3）高层建筑内设有上、下层相连通的走廊、敞开楼梯、自动扶梯、传送带等开口部位时，应按上下连通层作为一个防火分区，其允许最大建筑面积之和不应超过表7-11的规定。当上下开口部位设有耐火极限大于3.00h的防火卷帘或水幕等分隔设施时，其面积可不叠加计算。

4）高层建筑中庭防火分区面积应按上、下层连通的面积叠加计算，当超过一个防火分区面积时，应符合下列规定：

① 房间与中庭回廊相通的门、窗，应设自行关闭的乙级防火门、窗。

② 与中庭相通的过厅、通道等，应设乙级防火门或耐火极限大于3.00h的防火卷帘分隔。

③ 中庭每层回廊应设有自动喷水灭火系统。

④ 中庭每层回廊应设火灾自动报警系统。

（2）竖向防火分区

为了把火灾控制在一定的楼层范围内，在建筑物的垂直方向上，用耐火性能比较好的楼板及墙壁（含上下连通的井壁及外墙壁）等防火分隔物沿建筑物高度划分出的防火空间，即竖向防火分区。

竖向防火分区主要是由具有一定耐火能力的钢筋混凝土楼板做分隔构件。火灾实验表明，一、二级耐火等级的楼板，分别可经受一般火灾1.5h和1.0h的作用。这对于80%以上的火灾来说是安全的。

在普通高层建筑中，虽然规定在每个楼层内设置防火分区，但对于火灾通过外墙窗口向上层蔓延的危险性并没有作出明确规定，而这一部位恰恰又是火灾向上层蔓延的最危险的部位。火场经验表明，两个楼层之间的窗槛墙的高度（即上下窗间墙的高度）如果不足1m，则很难起到防火作用。为了确保火灾不通过外墙窗口向上层蔓延，还可以设置防火挑檐，檐板挑出墙面的宽度不宜小于0.5m，檐板的长度应大于窗宽外加1.5m，防火挑檐可视具体情况灵活设置。

（3）防火分隔物

具有阻止火势蔓延，能把整个建筑空间划分成若干较小防火空间的建筑构件称为防火分隔物。防火分隔构件可分为固定式和可开启关闭式两种。固定的防火分隔物包括：防火墙、耐火楼板、防火隔墙等；可开启关闭式防火分隔物包括：防火门、防火窗、防火卷帘、防火幕、防火水幕。

1）防火墙是指用具有3h以上耐火极限的非燃烧材料砌筑在独立的基础（或框架结构的梁）上，用以形成防火分区，控制火灾范围的部件。

① 防火墙应为不燃烧体，耐火极限不应低于3.0h。

② 防火墙应直接设置在建筑物的基础上或钢筋混凝土框架等承重结构上，轻质防火墙体可不受此限。

③ 防火墙的构造，即使任意一侧的屋架、梁、楼板等受到火灾的影响而破坏时，防火墙也不得倒塌。

④ 当建筑物的外墙为难燃烧体时，防火墙应凸出墙的外表面0.4m以上，且在防火墙两

侧的外墙应为宽度不小于2m的不燃烧体，其耐火极限不应低于该外墙的耐火极限。

⑤ 紧靠防火墙两侧的门、窗洞口之间最近边缘的水平距离不应小于2.0m。

⑥ 在建筑内的防火墙不宜设置在转角处。如设置在转角附近，内转角两侧墙上的门、窗洞口之间最近边缘的水平距离不应小于4m。

⑦ 防火墙横截面中心线距天窗端面的水平距离小于4m，且天窗端面为燃烧体时，应采取防止火势蔓延的措施。

⑧ 防火墙上不应开设门、窗洞口，当必须开设时，应设置固定的或火灾时能自动关闭的甲级防火门、窗（耐火极限不应低于1.20h）。

⑨ 可燃气体和甲、乙、丙类液体的管道严禁穿过防火墙。

⑩ 防火墙内不应设置排气道。

2）防火门是具有一定耐火极限，且在发生火灾时能自行关闭的门。防火门也是一种防火分隔物，由于防火门制造上的困难，现在对防火门耐火极限的要求比防火墙低，一般规定为甲、乙、丙三级，其耐火极限分别是1.20h、0.90h、0.60h；按燃烧性能的不同，可以分为非燃烧体防火门和难燃烧体防火门。

非燃烧体防火门采用薄壁型钢材做骨架，外敷1~1.2mm厚的薄钢板，内填60mm厚的矿棉或玻璃棉等耐火材料；难燃烧体防火门主要用经过阻燃处理的木材制造，这种门比用钢板制造的轻，且比较美观，因此其使用量很大。

防火门不仅要有较高的耐火极限，而且还应能保证关得严密，使之不窜烟、窜火。目前国内以广泛采用与火灾探测器直接连锁，或由控制室远距离操纵的自动关闭式防火门。

3）防火卷帘是用钢板、铝合金板等金属板材用扣环或铰接的方法组成的可以卷绕的链状平面，平时卷起放在门窗上口的转轴箱中，起火时将其放下展开，用以防止火势从门、窗洞口蔓延的防火分隔物，在建筑中应用比较广泛。

防火卷帘主要由帘板、支架、卷轴、导轨、配重、防护罩、电气控制箱及控制按钮等组成。按安装位置可分为外墙用钢质防火卷帘和室内用钢质防火防烟卷帘；按耐火时间可分为普通型钢质防火卷帘和复合型钢质防火卷帘；按开启方式可分为电动式和手动式防火卷帘。

防火卷帘的构造要求：门扇、各接缝处、导轨、卷筒等缝隙应有防火防烟密封措施，防止烟火窜入；设在疏散走道上的防火卷帘应在卷帘的两侧设置启闭装置，并应具有自动、手动和机械控制的功能；代替防火墙的防火卷帘，其耐火极限应符合防火墙的判定条件或在其两侧设闭式自动喷水灭火系统，其喷头间距不应小于2m，计算水量时按3h考虑。在选用防火卷帘时，应注意采取保护措施，使之充分发挥作用。

4. 安全疏散设计

安全疏散设计，是根据建筑物的使用性质、人们在火灾事故时的心理状态与行动特点、火灾危险性大小、容纳人数、面积大小合理布置交通疏散设施，以保证建筑中的所有人员在危险来临之前疏散至安全地点。

建筑物发生火灾后，人员能够疏散到安全场所的时间叫允许疏散时间（*ASET*）。建筑物发生火灾时，人员疏散到安全区域（绝对安全区域和相对安全区域）所需的时间称为需要的安全疏散时间（*RSET*）。

对于建筑内人员生命安全而言，最重要的安全标准是火灾发生时，火灾发展到致使环境条件达到人体耐受极限的时间（*ASET*，允许疏散时间）必须大于火灾发生到人员疏散到安全地点所用的时间（*RSET*，需要的安全疏散时间）。如果能满足这个条件，则这个安全疏散设计方案是可行的，否则要对该设计方案提出调整意见，直到其满足消防安全性能要求。

安全疏散设计首先应当根据建筑物内可能的人员流量设定足够宽的人行通道，其次在一定长度和面积的建筑物内必须设置足够多的安全出口，以保证从建筑物任何位置到出口的安全疏散距离小于预定值。高层建筑内走道的宽度，应按通过人数每100人不小于1m计算；首层疏散外门的宽度，应按人数最多的一层每100人不小于1m计算。且两个安全出口的间距不应小于5m。为了保障房间内的人员允许迅速疏散，从房间内最远点到房门或住宅户门的距离不宜超过15m。

目前，在建筑设计中常用“百人宽度指标”确定疏散通道宽度，可按下式计算：

$$B=\frac{N}{At}b \tag{7-15}$$

式中 B——百人宽度指标，即每100人安全疏散需要的最小宽度(m)；

N——疏散总人数(人)；

t——允许疏散时间(min)；

A——单股人流通行能力，平坡时 $A=43$ 人/min；阶梯地时，$A=37$ 人/min；

b——单股人流的宽度，人流不携带行李时，$b=0.55$m。

建筑物失火后，经常形成浓烟到处蔓延，这对人员安全疏散影响严重。因此应当在楼内典型位置设置事故照明灯和疏散诱导标志。事故照明灯应当自备电源，一旦发生火灾或电器故障便自动开始工作。为了便于人们在紧急情形中发现，在疏散出口和楼梯口的指示标志一般设在门口，安装在走廊内的标志一般设在距地面1.0m以下。

7.3.2.2 建筑构件耐火设计

1. 钢结构耐火设计

随着我国钢产量的增加，钢结构在建筑中的应用也日益广泛。钢结构由于其强度高、塑性、韧性好以及自重轻等诸多优点，建筑设计时，在高层、大跨度、重荷载等条件下应为首先考虑的形式。

钢材是不燃烧材料，可是在高温条件下，裸露的钢结构其力学性能如屈服强度，弹性模量等随温度升高而降低。当温度低于175℃时，受热钢材强度略有升高，随后强度伴随温度的上升而急剧的下降；当温度达到500℃，受热钢材强度仅为其常温强度的30%；而当温度达到750℃时，可认为钢材强度已全部丧失。钢材的弹性模量随着温度的升高而连续降低，在高温作用下钢材产生膨胀，钢材的热膨胀量与温度成正比。

由于钢结构由单一材料组成，温度分布均匀，截面呈薄壁状，受火面积大，火灾中升温快，强度降低严重，所以火灾对钢结构的威胁远远大于钢筋混凝土结构。一般情况下，裸露钢结构的耐火极限仅15min。若采取措施，对钢结构进行保护，使其在火灾时温度升高不超过临界温度，结构在火灾中就能保持稳定性。

目前对钢结构的保护方法主要有以下几种：

1）现浇法。一般用普通混凝土、轻质混凝土或加气混凝土，是最可靠的钢结构防火方法。其优点是，防护材料费低，而且具有一定的防锈作用，无接缝，表面装饰方便，耐冲击，可预制。缺点是，支模、浇筑、养护等施工周期长，用普通混凝土时，自重较大。

2）喷涂法。喷涂法是目前钢结构防火保护使用最多的方法，可分为直接喷涂和先在工字型钢构件上焊接钢丝网，而将防火保护材料喷涂在钢丝网上，形成中空层的方法，喷涂材料一般用岩棉、矿棉等绝热性材料。

3）粘贴法。先将石棉硅酸钙、矿棉、轻质石膏等防火保护材料预制成板材，用粘结剂粘贴在钢结构构件上，当构件的结合部有螺栓、铆钉等不平整时，可先在螺栓、铆钉等附近粘垫衬板材，然后将保护板材再粘到在垫衬板材上。

4）吊顶法。在有些大跨度的建筑使用了较长的钢梁。为了防止火灾烟气直接作用于钢梁，可在梁下安装耐火材料吊顶，使吊顶具有防火性能，而省去钢桁架、钢网架、钢屋面等的防火保护层。

5）组合法。用两种以上的防火保护材料组合成的防火方法。将预应力混凝土幕墙及蒸压轻质混凝土楼板作防火保护材料的一部分加以利用，从而可加快工期，减少费用。

2. 混凝土构件的耐火设计

混凝土是由粘结作用的水泥、起骨架作用的石子和砂子与水混合而成，经搅拌后入模浇筑，经养护硬化后形成的人工石材。

大量的试验结果表明，混凝土在受热作用下，受压强度随温度的上升基本呈直线下降。当温度达到600℃时，混凝土的抗压强度仅是常温下强度的45%；而当温度上升到1000℃时，强度值变为零。混凝土在低于300℃时，对强度的影响不大。相当一部分试验中，出现了300℃以前混凝土的抗压强度高于常温的现象。

在防火设计中，抗拉强度是混凝土在正常使用阶段计算的重要物理指标之一，它的特征直接影响构件的开裂、变形和钢筋锈蚀等性能。这是因为构件过早的开裂会将钢筋直接暴露于火中，并由此产生大的变形。试验结果表明，混凝土抗拉强度在温度50~600℃时的下降规律基本上可用一直线表示，当温度达到600℃时，混凝土的抗拉强度为零。与抗压强度相比，抗拉强度对温度的敏感度更高。

弹性模量是结构计算中的一个重要物理参数，此性能的好坏对结构的稳定性具有极大的影响。当温度低于50℃时，混凝土的弹性模量变化很小；200℃时弹性模量只为正常温度下弹性模量的一半；400℃的弹性模量下降到正常时的15%；600℃只有常温弹性模量的5%。实际建筑火灾的温度经常达到800℃以上。建筑物可由于混凝土弹性模量的急剧下降，而导致整体结构稳定性丧失，以致坍塌。

7.4 灭火的对策措施

7.4.1 灭火的基本原理

火灾燃烧是一种快速的化学反应，可燃物与氧化剂的共同存在并可以发生相互作用是火灾得以维持的基本条件，消除或限制其中的任一条件均可使燃烧反应中断。概括起来，灭火主要有四种机理，即隔离、冷却、窒息和化学抑制。

隔离法是指通过限制或减少燃烧区的可燃物而使火灾熄灭的过程，由于把未燃物与已燃物隔开，从而中断可燃物向燃烧区的供应；冷却法是通过降低温度来控制或使火灾熄灭的过程；窒息法则是通过限制氧气供应而使火灾熄灭的过程；化学抑制法是通过使用某些可干扰火焰化学反应的物质而使火灾熄灭的过程。

可燃物的性质是决定火灾特性的主要因素，可燃物不同，其燃烧特性差别很大。根据可燃物的性质，现一般将火灾分为A、B、C、D四类，A类火灾指普通固体物质燃烧而引起的火灾；B类火灾指液体与可熔化固体物质引起的火灾；C类火灾指可燃气体火灾；D类火灾指金属引起的火灾。对于不同类型的火灾应采取不同的灭火方法，为了有针对性地扑灭火灾，在建筑防火设计中应慎重选择最适用的灭火剂和灭火方法 。因此，应当客观、真实地了解各类灭火系统和灭火方法的优缺点，为合理选择灭火方法提供理论依据。

7.4.2 水灭火系统

水主要通过冷却、隔离、窒息等作用灭火。将冷水喷到可燃物表面可使其温度降低，同时在高温环境中，水温升高并汽化，吸收大量的热量，降低火区温度，使燃烧反应速度降低，最终停止燃烧。水在火区汽化时，产生大量的蒸汽，降低了火区的氧浓度。当空气中的水蒸气体积含量达到35%时，燃烧就停止。

水灭火系统主要包括供水部分（如水源、消防水泵、消火栓、管网等）和喷水装置（如洒水喷头、水枪、水炮等）。

消火栓是消防给水的重要组成部分，可分为室内消火栓和室外消火栓这两种类型。室外消火栓对扑灭大型火灾起决定作用。在火场中，一个消火栓只能供一台消防车使用。普通消防水泵最大的供水距离约为180m，加上铺设输水带时发生弯曲的影响和灭火水龙等所占的长度，一般认为室外消火栓的保护直径为150m。两个相邻消火栓的距离不应超过120m。室外消火栓的位置应利于取水和安全，通常应沿道路两旁设置。

但是，在有些区域的建设和改造中，出现过原有室外消火栓的位置和数量与新建筑严重不协调的问题。有的单位为了局部的需要，自行取消了某些室外消火栓，从而破坏了消火栓的合理布局。结果造成了因缺水而导致无法灭火的惨痛教训，这建筑防火设计中需要足够重视这一问题。

近年来，自动喷水灭火系统发展很快，已成为许多建筑物的主要灭火设施。不过系统设计中，应当注意所选喷头的适用性。现在常见的水喷头在固定压力下喷出的水滴粒径较小，一般为几毫米。一般只有当建筑物的层高小于6m时，这些水滴才能穿透火灾烟气羽流达到燃烧物体表面，才有有效扑灭火焰的效果。当建筑物的层高较高时，传统的水喷淋系统的效果便会大受影响。

随着建筑技术的提高，大空间建筑的数量增长十分迅速，其中很多具有相当高的净空高度，如大型车间和仓库、大型会展中心、大型体育场馆等。对于这类大空间场所的火灾，传统的水喷淋系统所喷出来的水滴的粒径和流速都较小，一般水滴还来不及到达火焰面，就已经被羽流蒸发或者冲散，达不到预期的灭火效果。在这类建筑中选择何种水灭火系统是需要认真考虑的。

对于内部空旷的公用大空间建筑，没有比较确定的火灾危险部位，故不宜采取针对某些局部区域强化的灭火装置，也不宜采用在顶棚安装固定式喷水系统，而且这样的做法既不方便，也不美观。采用远程数控水炮则是扑灭这类建筑火灾的有效方式。

用水灭火时应注意使用场合，例如不能用水龙扑灭电气火灾，因为水的导电性较强，连续的水柱有可能对持水龙的人造成电击伤害。又如用水扑灭油火时应控制好水滴的大小，水滴过小可能到达不了液面，而水滴过大则可能使水大量沉到油面之下。非但起不到灭火效果，还可能引发沸溢现象。

水还能与多种物质发生化学反应，因此不能用水扑灭遇水燃烧物质的火灾，例如活泼金属的火灾，某些金属粉末、金属氧化物火灾等。

尽管水是最常用、最廉价的灭火剂，但在许多火灾情况下水又是非常宝贵的。在很多情况下，大量的灭火用水尚未发挥作用便白白流失。研究在水中适当加入一些添加剂，改变水的流动性或黏附性，可以更好地发挥灭火效果。尤其在缺水地区，这种技术更具有重要的意义。

7.4.3 二氧化碳灭火系统

二氧化碳灭火系统主要通过冷却和窒息作用灭火。二氧化碳是碳的完全燃烧产物，在常温下为气体，但容易液化，通过加压容易装在钢瓶内。当液化二氧化碳从钢瓶内喷出时，由于压力下降迅速汽化，这可使燃烧区的氧浓度降低到不能维持燃烧的程度。这些气态物质在汽化过程中可以吸收大量的热量，因此还对可燃物表面有冷却作用。二氧化碳灭火系统的最大特点是将火扑灭后不留任何自身的痕迹，它是一种环保型灭火剂，因此特别适于存放文物、档案和贵重仪器等场合的灭火。

但气体灭火系统有较大的局限性，由于气体容易流动，因而不宜用它扑灭对流很强区域的火灾。如果起火室的壁面上有较大的开口，则可造成二氧化碳的大量流失，使其灭火气氛减弱。另外，二氧化碳对固体可燃物没有浸渍作用，故不能扑灭深层火。对于钠、钾、镁、钛等活泼金属或氢化金属火灾不能用二氧化碳扑灭，因为它们可使二氧化碳分解。二氧化碳也不适用于扑灭硝酸纤维之类的含氧物质火灾。

如果大气中二氧化碳的含量达到3%时便会使人呼吸加快；达到9%时，大多数人只能坚持几分钟之后就会晕倒。在喷注二氧化碳的灭火区域，其含量可达30%以上。因此，使用二氧化碳灭火器时，应当特别注意人身保护，只有确认火场中的人员已全部撤离后才可喷射。在安装了二氧化碳自动喷射设备的地方，需要严格防止设备的误动作。在设置二氧化碳灭火系统的场所应当配备专用的空气或氧气呼吸器。缺乏配套的人员安全配套措施，应视其为设计不合格。

7.4.4 泡沫灭火系统

泡沫灭火系统是通过大量泡沫覆盖在可燃物表面来实现灭火的。当将发泡药剂与水混合后，通过化学反应或机械搅拌便产生大量泡沫。泡沫是一种体积小、表面被液体包围的气泡群，相对密度为0.001～0.5。由于泡沫的密度远远小于一般可燃液体的密度，因而可以漂浮在液体的表面，形成泡沫覆盖层。同时泡沫又具有一定的粘性，可以粘附在一般可燃固体的表面。

泡沫灭火剂的灭火机理主要有：

1）由于泡沫的相对密度较小，可漂浮于可燃液体的表面，或粘附在可燃固体的表面，形成泡沫覆盖层，可使燃烧物表面与空气隔离。

2）泡沫层封闭了燃烧物表面，可以遮断火焰对燃烧物的热辐射，阻止燃烧物的蒸发或热解挥发，使可燃气体难以进入燃烧区。

3）泡沫析出的液体对燃烧表面的冷却作用。

4）泡沫受热蒸发产生的水蒸气有稀释燃烧区氧浓度的作用。

根据泡沫灭火剂发泡倍率的大小，灭火剂分为低、中、高三类：低倍率泡沫的发泡倍率小于20，中倍率泡沫的发泡倍率为20～200，高倍率的发泡倍率为200～1000。为了取得最好的灭火效果，应当注意不同泡沫灭火剂所适用的火灾场合。低倍率泡沫容易形成粘附的覆盖层，适用于扑灭可燃和易燃液体的流淌火灾和油罐火灾。高、中倍率泡沫也主要用于油、气火灾，还常用来充填某些封闭空间，以扑灭其中的火灾。

进入市场的泡沫灭火剂必须符合国家或消防部门的行业标准，在标准中规定的各种性能指标可综合评价灭火剂的优劣和灭火性能。其指标主要有：抗冻结、融化性能、pH值、沉淀物、流动性、扩散系数、发泡倍数、25%析液时间和50%析液时间、灭火时间、抗烧时间等。

现在常用的泡沫灭火剂主要有蛋白、氟蛋白、水成膜、抗溶性和高倍数等种类。蛋白泡沫灭火剂分动物蛋白和植物蛋白两种，其优点是稳定性好（25%的析液时间长），缺点是流动性较差，灭火速度较慢，抵抗油类污染的能力低，不能以液下喷射的方式扑救油罐火灾。此外，由于泡沫与干粉接触时，很快就被破坏，故蛋白泡沫灭火剂不能与干粉灭火剂联合使用。氟蛋白泡沫灭火剂的结构和蛋白泡沫类似，其成分为在蛋白泡沫中加入适量的“6201”氟碳表面活性剂、异丙醇。这使得氟蛋白泡沫表面张力和界面张力显著降低，泡沫的流动性能好，灭火速度快。氟蛋白泡沫抵抗油类污染的能力强，可以液下喷射的方式扑救大型油罐火灾，可与干粉联用。水成膜泡沫灭火剂具有表面活性剂，能使泡沫迅速在燃油表面上形成水溶液薄膜，对于扑灭具有水溶性或水混性的可燃物的火灾效果较好。抗溶性泡沫灭火剂用于扑救一般液体烃类的火灾，还可以有效扑灭水溶性有机溶剂的火灾。高倍数泡沫灭火剂具有气泡直径大、发泡倍数高、发泡量大等优点，可以迅速充满着火的空间，使燃烧物与空气隔绝、火焰窒息，适用于仓库、飞机库、地下室、巷道等场所。

使用泡沫灭火剂灭火后，会残留相当多的泡沫液，它浸透到设施中或物品内部的间隙里很难清除，有的还影响设施日后的使用性能。因此，主要适用于扑灭室外油品火灾。除特别需要时，在建筑火灾中一般不宜选用。

7.4.5 干粉灭火系统

干粉灭火剂又称化学粉末灭火剂，是一种干燥易于流动的固体粉末。一般是以某些盐类作基料，添加少量的添加剂，经粉碎、混合、加工而制成。用干燥的二氧化碳或氮气作为动力，将干粉从容器中喷出，形成粉雾喷射到燃烧区，以粉气流的形式扑灭火灾。当干粉喷洒到火区中就会发生热分解，生成CO_2、H_2O及一些活性物质。CO_2和H_2O具有窒息灭火作用，而活性物质则能消除燃烧反应生成的活性基，具有抑制燃烧作用。

干粉灭火剂分为BC类干粉（即普通干粉）、ABC类干粉（即通用型干粉）和D类火灾专用干粉。普通干粉用于扑灭可燃液体、可燃气体和电气火灾，通用干粉除了具备上述性能外，还可扑灭固体火灾。在常温下，干粉是稳定的，当温度较高时，其中的活性成分将分解为挥发成分，提高其灭火作用。为了保持良好的灭火性能，一般规定干粉灭火剂的储存温度不超过49℃。

干粉灭火剂本身一般是无毒的，由于它是干燥、易于流动的细微粉末，喷出后形成粉雾。在室内使用不恰当时也可能对人的健康产生不良影响，如人吸进了干粉颗粒会引起呼吸系统的炎症。另外将不同类型的干粉掺混在一起后，它们可以发生化学反应，产生二氧化碳并结块，有时还可能引起爆炸。在发挥灭火作用的同时，干粉也会造成严重的粉尘污染，灭火后遗留的干粉进入仪器设备的内部或缝隙时，还会影响它们的正常工作。

7.4.6 卤代烷灭火系统

某些具有灭火作用的卤代烷碳氢化合物统称为卤代烷灭火剂，还常称其为哈龙灭火剂。卤代烷灭火剂主要是通过中断燃烧的链式反应达到灭火目的的。这类物质的灭火效率高、用量省、易汽化、空间淹没性好、洁净、不导电，对扑灭高压电气设备火灾尤佳，对油类、有机溶剂、精密仪器、文件档案等火灾的扑救均有效。

但卤代烷灭火剂有一定的毒性，测试表明，1301 的毒性最小，当其在空气中的含量低于10%时，人处于这种环境中 10min 对健康也没有影响；1211 的毒性次之，当其在空气中的含量达到4% ~5%时，便可使人轻微中毒。但是卤代烷的热解产物的毒性会显著增大，主要是其中会有较多的 HF、HCl、HBr 及游离态的卤素 Cl_2、Br_2 等。因此用卤代烷灭火后，应当及时通风，以清除残留的灭火剂及其分解产物。

另一个重要问题是环境污染。使用卤代烷灭火后，残余的灭火剂及其分解产物进入大气后，对大气臭氧层具有严重的破坏作用。目前世界上已就逐步淘汰卤代烷灭火剂达成共识，研究新型卤代烷灭火剂的替代物已成为热门研究课题。

7.4.7 其他灭火系统

开发清洁、高效、低污染的新型灭火剂是当前消防技术研究中的一个急需解决的问题。尤其是哈龙替代灭火剂的开发显得更为急迫。经过十几年的研究，现在已经开发出了若干新产品。如七氟丙烷灭火剂、惰性混合气体灭火剂、气溶胶灭火剂等，这些新技术也存在着正确使用的问题，为此应当及时了解它们各自的局限性。

1. 七氟丙烷灭火剂

七氟丙烷（HFC-227ea，又称 FM200）也是一种卤代烃，主要是通过抑制化学链反应发挥灭火作用。七氟丙烷具有 1301 灭火剂的众多优点，达到哈龙替代物的基本要求。其无色无味，不含溴和氯元素，因而对大气中臭氧层无破坏作用，能有效地扑灭 A 级、B 级、C 级各类型火灾，能安全有效地使用在人畜使用的任何场所。

七氟丙烷虽具有众多的优点，然而在灭火过程中会分解产生一氧化碳（CO）、氟氢酸（HF）以及烟气等对人体有伤害的气体，对此应当引起重视。另外，对其毒性的长期效应还需要进一步研究。

2. 气溶胶灭火剂

所谓气溶胶，是指微小的液滴或固体颗粒均匀、稳定地分散在气体介质中形成的混合体。因所用的分散介质和固体液体的性质的不同，有些气溶胶可以作为灭火剂使用，它们可通过降温、气相化学抑制、固体颗粒表面对燃烧物质的负催化反应等作用而灭火。

作为一种新型气体灭火剂，气溶胶具有无毒、无腐蚀、无污染、不损耗大气层和快速高效、全方位自动灭火等特点。但是灭火时形成的大量烟雾，使室内的能见度大大降低。这种烟雾对人的呼吸系统也有较强的刺激作用。因此使用时，应当特别注意人员的安全。在人员未撤离着火区域前，不要轻易喷出气溶胶灭火剂灭火，而且应当严格防止其喷射系统的误操作，如避免在温度变化较大、毗邻明火、有爆炸危险的场合使用。用气溶胶灭火剂灭火时应当尽快通风，以将残留灭火剂排除。若任其中固体和液体沉积下来，会对某些设施的性能造成一定的影响。

3. 烟烙尽（IG-541）灭火剂

烟烙尽是三种惰性气体的混合物，其中氮气占52%，氩气占40%，二氧化碳占8%。它是一种无毒、无色、无味、惰性及不导电的压缩气体，其灭火机理是窒息，通过降低氧浓度，直至火灾熄灭。但是烟烙尽与二氧化碳灭火剂相比安全性更好，有利于人员撤退。烟烙尽是由大气中的基本气体组成的，因而对大气臭氧层没有耗损，在灭火时也不会参与化学反应，且灭火后没有残留物，故不污染环境。此外，它还有较良好的电绝缘性。

但是这种灭火剂的灭火浓度较高，通常须达到37.5%以上，故灭火剂的消耗量要比哈龙1301灭火剂多得多。在应用中，需要较长的喷放时间，故灭火时间长于1301灭火剂。烟烙尽的组分对人没有毒性影响，但当其浓度过高时，会导致氧浓度过低，这也会对人的呼吸造成一定影响。因此应当与使用二氧化碳灭火剂一样，防止发生烟烙尽灭火系统的误操作。此外，与其他灭火系统相比，这种系统的成本较高，设计时应当综合考虑性能价格比。

7.5 烟气的控制与管理

现代化的高层民用建筑使用了大量可燃材料装饰，配有大量家电和家具，这些可燃物在燃烧过程中会产生大量的有毒烟气和热量。这些烟气是阻碍人们逃生和进行灭火行动，导致人员死亡的主要原因之一。所以防止建筑物火灾危害，很大程度上是解决火灾发生时烟气的控制问题。

烟气控制有防烟和排烟两种方式。防烟是防止烟气的进入，是被动的；相反，排烟是改变烟气的流向，使之排出户外，是主动的；防烟和排烟两者互为补充。根据《高层民用建筑设计防火规范》的规定，按建筑的使用功能、建筑规模、疏散和扑救难度以及对人员疏散的重要程度等，防烟、排烟设施的设计范围相应的有所不同。对于一类高层建筑和建筑高度超过32m的二类高层建筑的下列部位，应采取可开启外窗的自然排烟和设置机械排烟设施：

1）长度超过20m的内走道，即不能直接对外采光和自然通风的内走道，或虽有直接采光和自然通风，但长度超过60m的内走道。

2）面积超过100m^2，且经常有人停留或可燃物较多的房间（如大型办公室、储存较多的可燃物的库房等）。

3）超高层建筑封闭避难层。

4）高层建筑室内中庭。

5）总面积超过200m^2，或一个房间超过50m^2，而且经常有人停留或可燃物较多的地下室。防烟楼梯及其前室，消防电梯前室或两者合用前室，也必须设置防排烟设施。

7.5.1 防烟分区

防烟分区系指采用挡烟垂壁、隔墙或从顶棚下突出不小于50cm的梁而划分的防烟空间。划分防烟分区的目的是为了在火灾初期阶段将烟气控制在一定范围内，以便有组织地将烟气排出室外，使人们在避难之前所在空间的烟层高度和烟气浓度在安全允许值之内。

根据《高层民用建筑设计防火规范》的规定，防烟分区的设置应遵循下列原则：

1）没有设置排烟设施的房间（包括地下室）和走道不划分防烟分区；走道和房间（包括地下室）按规定需要设置排烟设施时，可视具体情况划分防烟分区；一座建筑物的某几层需要设置排烟设施，且采用垂直排烟道（竖井）进行排烟时，其余各层（不需要设置排烟设施的楼层），如投资增加不多，也宜设置排烟设施，并划分防烟分区。

2）每个防烟分区所占据的建筑面积一般应控制在 $500m^2$ 以内，当建筑物顶棚高度在3m以上时，防烟分区面积可适当扩大，但不宜超过 $1000m^2$。

3）防烟分区不应跨越防火分区。

4）防烟分区不宜跨越楼层，有些情况，如低层建筑且面积又过小时，允许包括一个以上的楼层，但以不超过三个楼层为宜。

5）对有特殊要求的场所，如地下室、防烟楼梯间及其前室、消防电梯及其前室、避难层（间）等，应单独划分防烟分区。

7.5.2　隔烟设施

隔烟设施是指在烟气扩散流动的路线上设置的某些耐火性能好的构件（如隔墙、隔板、楼板、梁、挡烟垂壁等），能够把烟气阻挡在某些限定区域，不让它流到可对人或物产生危害的地方。

1. 挡烟垂壁

挡烟垂壁是为了阻止烟气沿水平方向流动而垂直向下吊装在顶棚上的一道幕墙。挡烟垂壁应用非燃烧体材料制造，或外贴非燃烧材料。挡烟垂壁可采用固定式或活动式。当建筑净空较高时，可采用固定式，将挡烟垂壁长期固定在顶棚面上。对于人们经常活动的场所或当建筑物的净空较低时，宜采用活动式的挡烟垂壁。

根据排烟口的排烟效果，即建筑物内的烟层厚度和侧窗的排烟情况，从顶棚下垂不小于500mm的固定和活动的挡烟设施；考虑到人员活动的需要，如果垂壁的下端过低时，会妨碍受灾人员的疏散，因此，其下缘距地面高度不应小于1.8m。

挡烟垂壁常常设置在烟气扩散流动路线上烟气控制区域的分界处，有时也在同一防烟分区内采用，以便与排烟设备配合进行更有效的排烟。

挡烟垂壁从顶棚向下的下垂高度 h_0（一般距顶棚面要在50cm以上）称为有效高度。当室内发生火灾时，所产生的烟气由于浮力作用而聚积在顶棚下面，随时间的推移，烟层越来越厚。当烟层厚度小于挡烟垂壁的有效高度 h_0 时，烟气就被阻挡在垂壁和墙壁所包围的区域内而不能向外扩散，如图7-8a所示。有时，即使烟层厚度小于挡烟垂壁的有效高度 h_0，当烟气流动高于一定速度时，由于反浮力壁面射流的形成，烟层可能克服浮力作用而越过挡烟垂壁的下缘继续水平扩散。当挡烟垂壁的有效高度 h_0 小于烟气层厚度或小于烟气层厚度 h 与其下降高度 Δh 之和时，挡烟垂壁防烟失效，如图7-8b所示。

烟气流动的动能与和所克服的浮力有如下关系：

$$\frac{\rho_y W_y^2}{2} \geqslant (\rho_k - \rho_y) g \Delta h \tag{7-16}$$

式中　W_y——烟气水平流动的速度（m/s）；

ρ_y——烟气的密度（kg/m^3）；

ρ_k——空气的密度（kg/m^3）；

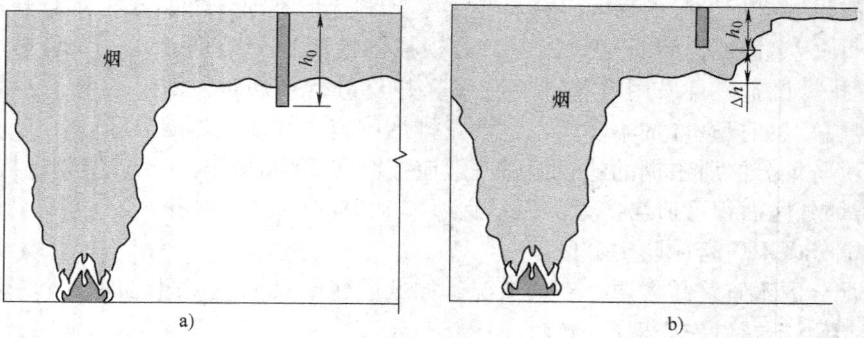

图 7-8　挡烟垂壁的作用机理

Δh——烟气层下降的高度(m)。

烟气层的下降高度 Δh 与烟气的温度（烟气的温度与密度成反比关系）有很大关系，由式（7-16）可以看出，在相同的流速下，烟气温度越低，烟气下降的高度越大。当挡烟垂壁的有效高度小于烟气层厚度 h 及其下降高度 Δh 时，其防烟是无效的，故挡烟分隔体凸出顶棚的高度应尽可能大。

2. 挡烟隔墙

从挡烟效果看，挡烟隔墙比挡烟垂壁的效果要好。因此，要求成为安全区域的场所，宜采用挡烟隔墙。在高层建筑设计和施工中，要求隔墙应砌至梁板底部，且不宜留有缝隙的部位有：走廊两侧的隔墙、面积超过 100m^2的房间隔墙、贵重设备房间隔墙、火灾危险性较大的房间隔墙以及病房等房间隔墙。

3. 挡烟梁

挡烟梁为在顶棚某处下垂一梁式构造。其高度应超过挡烟垂壁的有效高度，宽度应小于顶棚总宽度的十分之一 。从挡烟效果上看，挡烟隔墙比挡烟垂壁的效果要好些，有条件的建筑物可利用钢筋混凝土梁或钢梁进行挡烟。

7.5.3　自然排烟

自然排烟是在室内外气体温度差引起的热压和室外风力所造成的风压作用下，利用外窗、阳台、凹廊或专用排烟口、竖井等将烟气排走，或稀释烟气的浓度。图 7-9 为自然排烟图示。

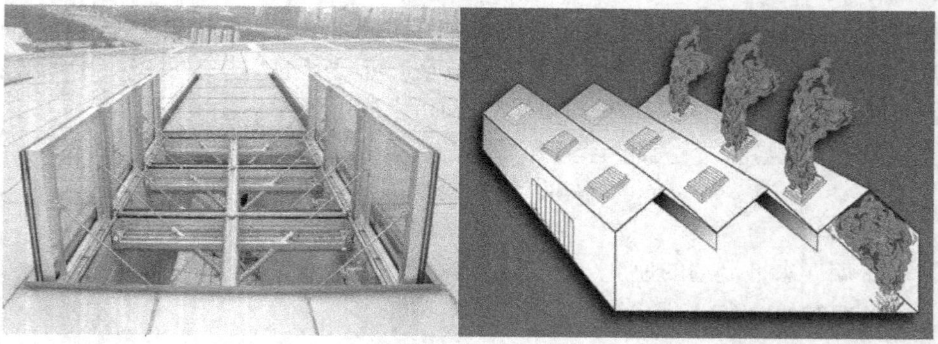

图 7-9　自然排烟图示

根据《高层民用建筑设计防火规范》要求，采用自然排烟应满足下列规定：

1）除建筑高度超过50m的一类公共建筑和建筑高度超过100m的居住建筑外，靠外墙的防烟楼梯间及其前室、消防电梯间前室和合用前室，宜采用自然排烟方式。

2）采用自然排烟的开窗面积应符合下列规定：

① 防烟楼梯间前室、消防电梯间前室可开启外窗面积不应小于2.00m^2，合用前室不应小于3.00m^2。

② 靠外墙的防烟楼梯间每5层内可开启外窗总面积之和不应小于2.00m^2。

③ 长度不超过60m的内走道可开启外窗面积不应小于走道面积的2%。

④ 需要排烟的房间可开启外窗面积不应小于该房间面积的2%。

⑤ 净空高度小于12m的中庭可开启的天窗或高侧窗的面积不应小于该中庭地面积的5%。

3）防烟楼梯间前室或合用前室，利用敞开的阳台、凹廊或前室内有不同朝向的可开启外窗自然排烟时，该楼梯间可不设防烟设施。

4）排烟窗宜设置在上方，并应有方便开启的装置。

自然排烟的优点是：构造简单、经济，不需要专门的排烟设备及动力设施；运行维修费用低，排烟口可以兼做平时通风换气使用，避免设备的闲置；对于顶棚较高的房间（中庭），若在顶棚上开设排烟口，自然排烟的效果很好。其缺点是：排烟的效果不稳定；对建筑设计的制约；存在着火灾通过排烟口向紧邻上层蔓延的危险性等。

1. 自然排烟的效果不稳定

由于自然排烟是利用热烟气的浮力作用、室内外温差引起的热压作用和外部风力作用，而这些因素本身又是不稳定的，譬如火灾时烟气温度随时间发生变化、室外风向和风速随季节变化、高层建筑的热压作用随季节发生变化等，这就导致自然排烟的效果不稳定。特别是排烟口设置在建筑物的迎风面时，不仅排烟效果大大降低，还可能出现烟气倒灌现象，并使烟气扩散蔓延到未着火的区域，如图7-10所示。

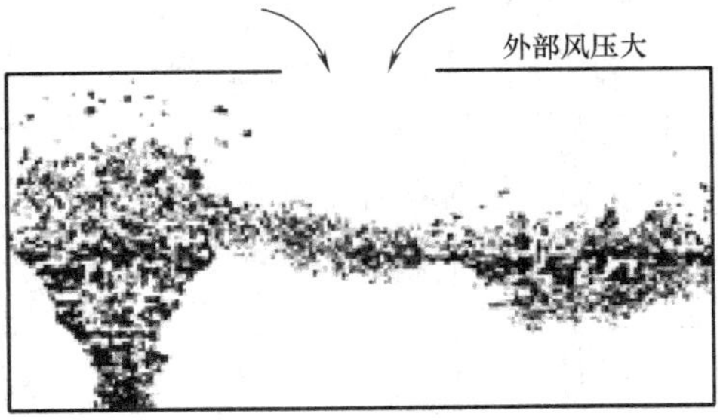

图7-10 自然排烟时烟气倒灌现象

2. 对建筑设计的制约

由于自然排烟是通过外墙或顶棚上的外窗或专用的排烟口将烟气直接排至室外，所以需要排烟的房间必须靠室外，而且房间的进深不能太大，且排烟口还需要一定的开窗面积。这样，即使有明确要求作分隔的房间，也必须设置外窗或排烟口，所以带来诸如隔声、防尘、防雨等问题。

由于自然排烟是依靠浮力通过可开启的外窗、排烟竖井将烟气排出，这就要求烟气流动距离不能太长，以免浮力降低，导致烟气滞留室内。

另外，建筑排烟使用自然排烟方式时，其设置高度是个必须考虑的问题。随着烟气的上升，其浮力下降后，出现“层化现象”，这将不利于排烟。因此，我国规定可以采用自然排烟的中庭的最大高度是12m。但目前关于自然排烟的最大高度还没有形成统一的认识，例如日本对自然排烟没有限定高度，关于自然排烟系统的设计使用也未限定高度。

3. 存在火势蔓延至上层的可能性

由外窗或排烟口向外排烟时，当烟气排出时的温度很高，如果烟气中含有大量未燃尽的可燃物质，则烟气排至室外后会形成火焰。因为火焰四周的补气条件不同，靠近外墙面的火焰内侧，空气得不到补充，形成负压区，致使火焰有扑向墙壁面的贴壁现象，如图 7-11 所示。

图 7-11 烟气贴壁现象

此外，起火建筑物从外墙口喷出的热烟气和火焰，能通过辐射把火灾传播给相当距离内的相邻建筑。因此在建筑物之间设置防火间距，主要是为了避免热辐射对相邻建筑的威胁。

4. 补风的影响

自然排烟系统有效性的前提条件之一就是要确保充分的补风量。排烟口打开后，以可靠的方式迅速进风是必须的。排烟过程是烟气与空气的对流置换过程，从理论上讲，自然排烟系统的进、出空气量一样，该系统才是正常的系统。补风最简单的办法是通过直接通向外部的开口，例如敞开的门或窗户；从实用的角度看，进风口可设计成下述的任一种或几种组合的方式：

1）利用邻近的非着火区域的进风口向着火区域自然送风。

2）在着火区域的下部空间开设入风口，使其与上部的排烟口实现气流循环。

3）在建筑的相关部位设置若干可在火灾中自动开启的门，以保证外部新鲜空气的流入。

为了能达到建筑排烟系统的设计功能，需要在低水平位置有大量的新鲜空气进口。目前国内外还没有关于补风口面积的具体规定。有试验结果表明，当上部热层温度高于环境温度 400℃时，进风口与排烟口面积比为 1∶1，排烟流量可达到预定流量的 80%；面积比为 2 时，可达到 90%。当上部热层温度相对较低时，例如高于环境温度 200℃，如果进风口与排烟口面积比为 1∶1，可达到预定排烟流量的 70%，面积比为 2∶1 时，则可达到 90%。

另外，在实际火灾情况中，可以用于补风的开口在发生火灾时通常不能全部用于补风，往往被疏散人流或门窗堵塞。所以，在设定自然排烟的自然补风面积时，应注意使用于补风的开口总面积不小于自然排烟口面积。

7.5.4 机械加压送风防烟

机械加压送风防烟系统的作用，是为了在建筑物发生火灾时提供不受烟气干扰的疏散路线和避难场所。因此，加压部位在门关闭时，必须与着火楼层保持一定的压力差（该部位空气压力值为相对正压）；同时在打开加压部位的门时，在门洞断面处能有足够大的气流速度，以有效地阻止烟气入侵。此时着火区应处于负压，着火区开口部位必须保持如图 7-12 所示的压力分布，即开口部位不出现中性面，开口部位上缘内侧压力的最大值不能超过外侧加压疏

图 7-12 加压送风原理图

散通道的压力。

《高层民用建筑设计防火规范》对机械加压送风防烟系统的设计作了如下规定：

1）下列部位应设置独立的机械加压送风的防烟设施：

① 不具备自然排烟条件的防烟楼梯间、消防电梯间前室或合用前室。

② 采用自然排烟措施的防烟楼梯间，其不具备自然排烟条件的前室。

③ 封闭避难层（间）。

2）高层建筑防烟楼梯间及其前室、合用前室和消防电梯间前室的机械加压送风量应由计算确定，或按表 7-12 ~ 表 7-15 的规定确定。当计算值和本表不一致时，应按两者中的较大值确定。

表 7-12　防烟楼梯间（前室不送风）的加压送风量

系统负担层数	加压送风量/(m^3/h)
<20 层	25000 ~ 30000
20 ~ 32 层	35000 ~ 40000

表 7-13　防烟楼梯间及其合用前室的分别加压送风量

系统负担层数	送风部位	加压送风量/(m^3/h)
<20 层	防烟楼梯间	16000 ~ 20000
	合用前室	12000 ~ 16000
20 ~ 32 层	防烟楼梯间	20000 ~ 25000
	合用前室	18000 ~ 22000

表 7-14　消防电梯间前室的加压送风量

系统负担层数	加压送风量/(m^3/h)
<20 层	15000 ~ 20000
20 ~ 32 层	22000 ~ 27000

表 7-15　防烟楼梯间采用自然排烟，前室或合用前室不具备自然排烟条件时的送风量

系统负担层数	加压送风量/(m^3/h)
<20 层	22000 ~ 27000
20 ~ 32 层	28000 ~ 32000

注：1. 表 7-12 ~ 表 7-15 的风量按开启 2.00m × 1.60m 的双扇门确定。当采用单扇门时，其风量可乘以系数 0.75 计算；当有两个或两个以上出入口时，其风量应乘以系数 1.50 ~ 1.75 计算。开启门时，通过门的风速不宜小于 0.70m/s。

2. 风量上下限选取应按层数、风道材料、防火门漏风量等因素综合比较确定。

3）层数超过 32 层的高层建筑，其送风系统及送风量应分段设计。

4）剪刀楼梯间可合用一个风道，其风量应按两个楼梯间风量计算，送风口应分别设置。

5）封闭避难层（间）的机械加压送风量应按避难层净面积每平方米不小于 $30m^3/h$ 计算。

6）机械加压送风的防烟楼梯间和合用前室，宜分别独立设置送风系统。当必须共用一个系统时，应在通向合用前室的支风管上设置压差自动调节装置。

7）机械加压送风机的全压，除计算最不利环管道压头损失外，尚应有余压。其余压值应符合下列要求：

① 防烟楼梯间为40～50Pa。

② 前室、合用前室、消防电梯间前室、封闭避难层（间）为25～30Pa。

8）楼梯间宜每隔2～3层设一个加压送风口；前室的加压送风口应每层设一个。

9）机械加压送风机可采用轴流风机或中、低压离心风机，风机位置应根据供电条件、风量分配均衡、新风入口不受火、烟威胁等因素确定。

加压送风防烟主要有两种机理，一种是使用风机可在防烟分隔物的两侧造成压力差从而抑制烟气，另一种是直接利用空气流阻挡烟气。

加压送风采用的主要方式有两种：当建筑物某墙上的门关闭时，设门的左侧是疏散通道或避难区，通过风机可使该侧形成一定的正压，以阻止门右侧的热烟气通过各种建筑缝隙（诸如建筑结构缝隙、门缝等）侵入到正压侧，如图7-13a所示；若门开启时，空气以一定风速从门洞流过以阻挡烟气进入疏散通道或避难区，如图7-13b所示。

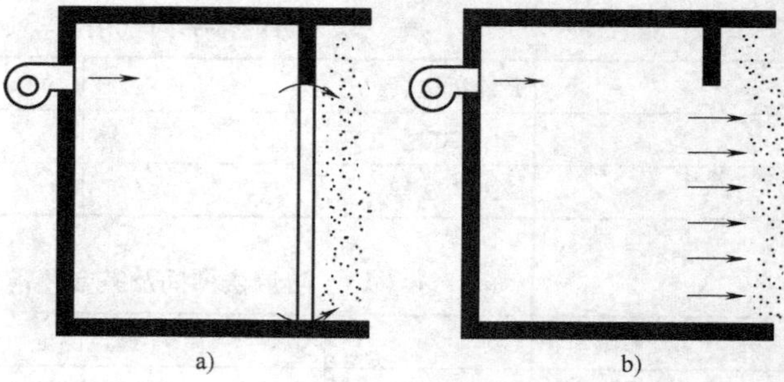

图7-13 加压防烟示意图

a）门关闭时 b）门开启时

在挡烟物两边形成一定的压差称之为加压。加压的结果是使空气在门缝和建筑结构缝隙中正向流动，从而阻止热烟气通过这些缝隙逆向蔓延。实际上，对有较大开口的挡烟物而言，在设计计算和验收试验过程中，空气流速都是很容易控制的物理量。而当挡烟物只有很小的缝隙时，在实际过程中要想确定缝隙中的空气流速是十分困难的，在这种情况下选择压差作为烟气控制的设计参数则相当方便。因此在不同情况下，对上述两个原则应作单独考虑。

7.5.5 机械排烟系统

根据《高层民用建筑设计防火规范》的规定，机械排烟的设置部位应按表7-16设计。

表7-16 机械排烟设置部位

建筑类别	机械排烟设置部位	
一类建筑和高度超过32m的二类建筑	长度超过20m的无直接自然通风	走道
	长度超过60m有自然通风	
	面积超过$100m^2$且经常有人停留或可燃物较多	地上无窗房间或固定窗房间
	不具备自然排烟	中庭
	净空高度超过12m	
	各房间面积之和超过$200m^2$，且经常有人停留或可燃物较多	地下室
	单个房间面积超过$50m^2$，且经常有人停留或可燃物较多	

1. 机械排烟的形式

机械排烟是按照通风气流组织的理论，利用电能产生的机械动力，将火灾产生的烟气及时排出室外的一种方式。机械排烟的优点是能有效地保证疏散通路的安全，使烟气不向其他区域扩散。其缺点在于：火灾猛烈发展阶段排烟效果会降低，排烟风机和排烟管道需耐高温，初投资和维修费用高。

机械排烟系统由挡烟壁（活动式或固定式挡烟壁，挡烟隔墙、挡烟梁）、排烟口（或带有排烟阀的排烟口）、防火排烟阀门、排烟道、排烟风机和排烟出口组成。

机械排烟可分为局部排烟和集中排烟两种方式。局部排烟方式是在每个需要排烟的部位设置独立的排烟风机直接进行排烟；集中排烟方式是将建筑物划分为若干个区域，在每个区域内设置排烟风机，烟气通过排烟口进入排烟管道引到排烟风机直接排至室外（见图7-14）。由于局部机械排烟方式投资大，且排烟风机分散，维修管理麻烦，所以很少采用。若采用，一般与通风换气要求相结合，即平时可兼作通风排风使用。

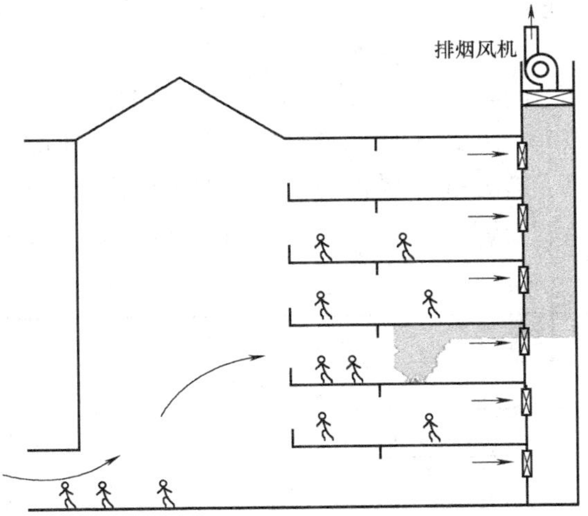

图7-14 机械集中排烟方式

根据补气方式的不同，机械排烟可分为机械排烟-自然进风、机械排烟-机械进风两种方式，图7-15和图7-16分别表示了这两种方式。机械排烟-自然进风方式适合于大型建筑空间的烟气控制；机械排烟-机械进风方式则多用于性质重要，对防排烟设计要求较为严格的高层建筑或大型建筑空间的烟气控制。

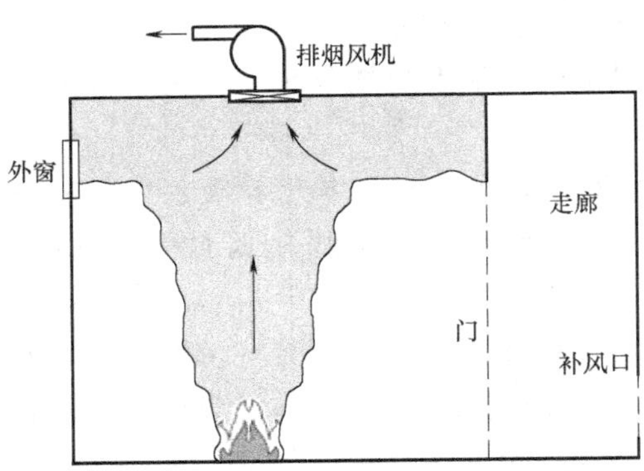

图7-15 机械排烟与自然进风方式

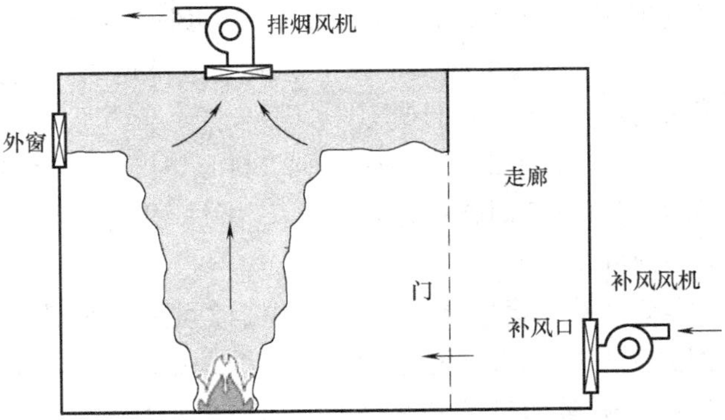

图7-16 机械排烟与机械进风方式

2. 机械排烟系统的设计要求

1）排烟口应设在顶棚上或靠近顶棚的墙面上，且与附近安全出口沿走道方向相邻边缘之间的最小水平距离不应小于1.50m。设在顶棚上的排烟口，距可燃构件或可燃物的距离不应小于1.00m。排烟口平时关闭，并应设置有手动和自动开启装置。

2）防烟分区内的排烟口距最远点的水平距离不应超过30m。在排烟支管上应设有当烟气温度超过280℃时能自行关闭的排烟防火阀。

3）走道的机械排烟系统宜竖向设置；房间的机械排烟系统宜按防烟分区设置。

4）排烟风机可采用离心风机或采用轴流风机，并应在其机房入口处设有当烟气温度超过280℃时能自动关闭的排烟防火阀。排烟风机应保证在280℃时能连续工作30min。

5）机械排烟系统中，当任一排烟口或排烟阀开启时，排烟风机应能自行起动。

6）排烟管道必须采用不燃材料制作。安装在吊顶内的排烟管道，其隔热层应采用不燃烧材料制作，并应与可燃物保持不小于150mm的距离。

7）机械排烟系统与通风、空气调节系统宜分开设置。若合用时，必须采取可靠的防火安全措施，并应符合排烟系统要求。

8）设置机械排烟的地下室，应同时设置送风系统，且送风量不宜小于排烟量的50%。

9）排烟风机的全压应按排烟系统最不利环管道进行计算，其排烟量应增加漏风系数。

10）所有机械排烟、防烟系统的最大允许风速按表7-17所给数据采用。

表7-17 机械排烟、防烟系统的最大允许风速

风道、风口类型	允许最大风速/(m/s)
金属风道	≤20
内表面光滑的混凝土风道	≤15
排风口	≤10
送风口	≤7

3. 机械排烟风量的计算

1）设置机械排烟设施的部位，其排烟风机的风量应符合下列规定：

① 担负一个防烟分区排烟或净空高度大于6.00m的不划防烟分区的房间时，应按每平方米面积不小于$60m^3/h$计算（单台风机最小排烟量不应小于$7200m^3/h$）。

② 担负两个或两个以上防烟分区排烟时，其排风量应按最大防烟分区面积每平方米面积不小于$120m^3/h$计算。

③ 中庭体积小于或等于$17000m^3$时，其排烟量按其体积的6次/h换气计算；中庭体积大于$17000m^3$时，其排烟量按其体积的4次/h换气计算，但最小排烟量不应小于$102000m^3/h$。

2）带裙房的高层建筑防烟楼梯间及其前室，消防电梯间前室或合用前室，当裙房以上部分利用可开启外窗进行自然排烟，裙房部分不具备自然排烟条件时，其前室或合用前室的局部机械排烟量按前室每平方米不小于$60m^3/h$计算。当几个前室共用一台风机时，风机的排烟量应按前室面积每平方米不小于$120m^3/h$计算。

3）一个排烟系统可以担负几个防烟分区，其最大排烟量为$60000m^3/h$，最小排烟量为$7200m^3/h$。选择排烟风机，应附加漏风系数，一般采用10%～20%，排烟系统的管道，应选择最不利条件考虑，也就是按最远两个排烟口同时开启的条件计算。

4. 排烟口的设计要求

设置排烟口时，应注意下列几点：

1）当用隔墙或挡烟壁划分防烟分区时，每个防烟分区应分别设置排烟口。

2）排烟口应尽量设置在防烟分区的中心部位，排烟口到该防烟分区最远点的水平距离不应超过 30m，如图 7-17 所示；走道的排烟口与防烟楼梯的疏散口的距离无关，但排烟口应尽量布置在人流疏散方向相反的位置处，如图 7-18 所示。

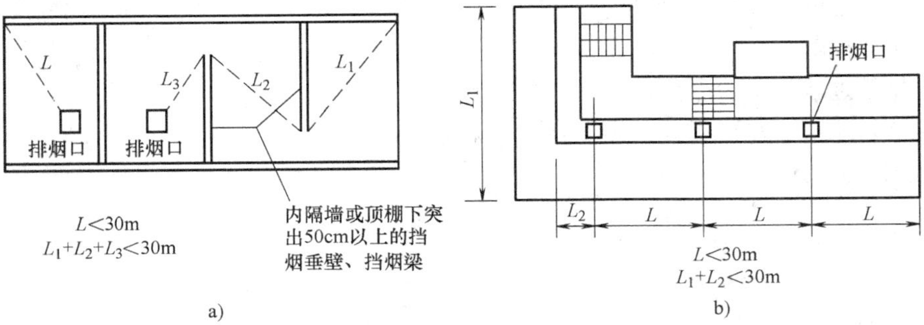

图 7-17　房间、走道排烟口至烟区最远水平距离

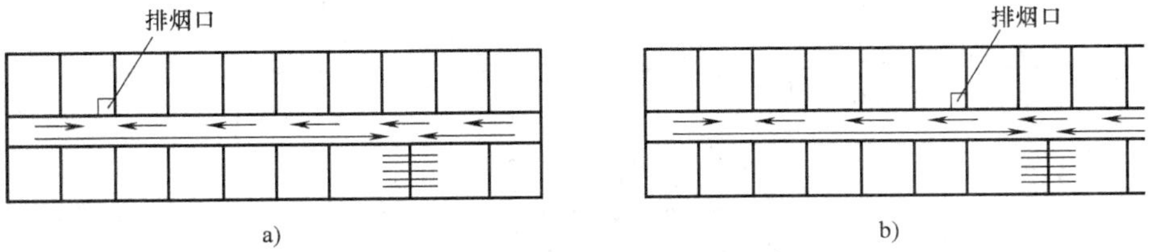

图 7-18　走道排烟口与疏散口的位置

a）好　b）不好

3）排烟口必须设置在距顶棚 800mm 以内的高度上。对于顶棚高度超过 3m 的建筑物，排烟口可设在距地面 2. 1m 的高度上，或者设置在地面与顶棚之间 1/2 以上高度的墙面上，如图 7-19 所示。

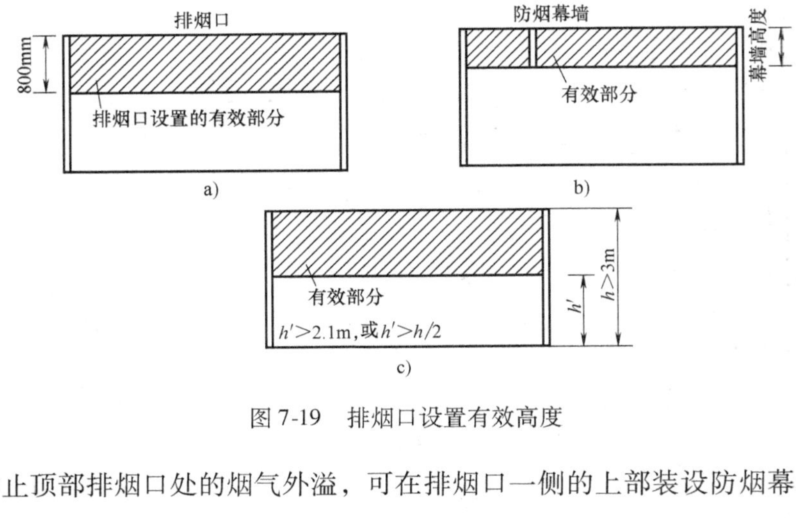

图 7-19　排烟口设置有效高度

4）为防止顶部排烟口处的烟气外溢，可在排烟口一侧的上部装设防烟幕墙，如图 7-20 所示。

5）排烟口的尺寸，可按烟气通过排烟口有效断面时的速度不大于10m/s进行计算。排烟口的最小面积一般不应小于$0.04m^2$。

6）同一分区内设置数个排烟口时，要求做到所有排烟口能同时开启，排烟量应等于各排烟口排烟量的总和。

7）在排烟通道中，条缝形排烟口对于整个通道都是有效的，而方形排烟口则不容易排掉通道两侧的烟气，如图7-21所示。

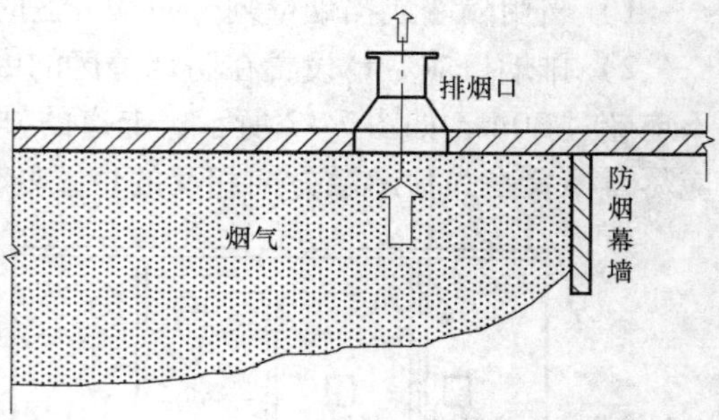

图7-20 防烟幕墙与排烟口的位置

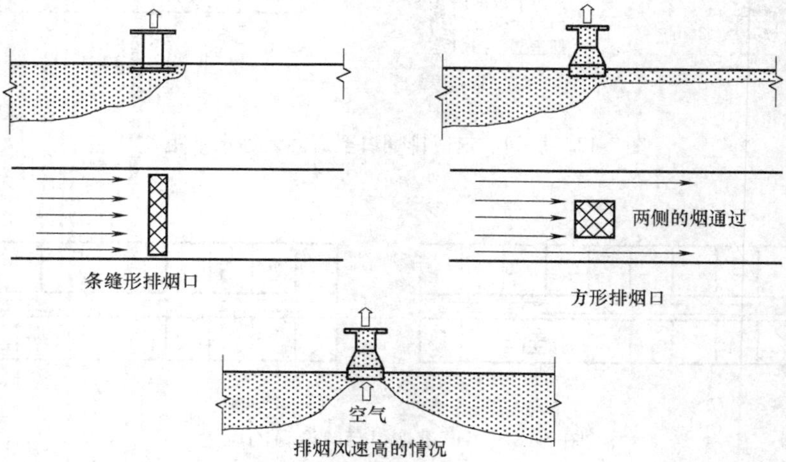

图7-21 排烟口吸入情况

8）排烟口均设有手动开启装置或与感烟器连锁的自动开启装置或消防控制中心远距离控制的开启装置等。除开启装置将其打开外，平时需一直保持闭锁状态。手动开启装置宜设在墙面上，距地板面0.8～1.5m处；或从顶棚下垂时，距地板面宜为1.8m处，如图7-22所示。

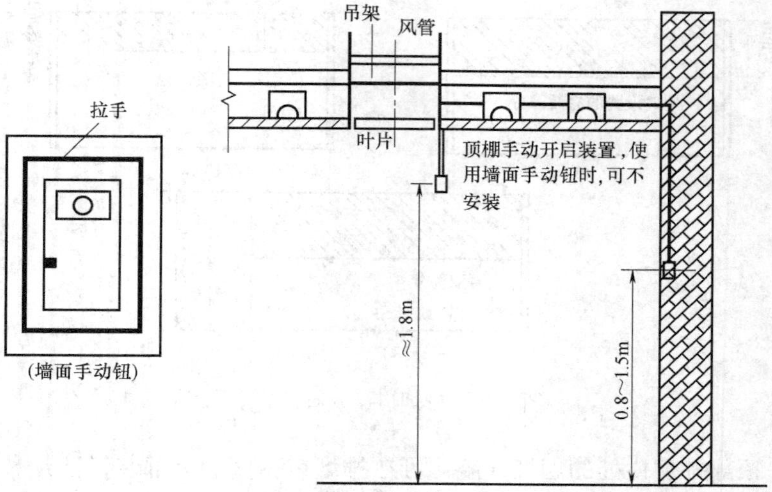

图7-22 排烟口和手动开启装置示意图

7.5.6　烟气运动的计算机模拟

火灾烟气运动的计算机模拟研究是现代火灾科学研究的基础性方法。结合火灾实验研究，利用数值模拟方法来模拟建筑火灾烟气运动过程，是当今火灾研究的前沿课题之一。火灾烟气模拟研究可以追溯到20世纪60年代，在过去的几十年里，这些模型不断改进、完善，并已用来指导建筑规划、防火设计、消防和人员疏散等。

目前在建筑火灾烟气扩散领域的研究已取得不少成果，火灾烟气运动数值模拟主要有四种基本方法，即专家系统、网络模拟、区域模拟和场模拟。

1. 专家系统

专家系统的主要思想是将实验研究的一些经验性模型，或是将一些经过简化处理的半经验性模型再加上热物性数据编制成应用软件，供一些从事建筑消防工作的非研究人员使用。操作简单，速度快，但专家系统往往只是针对火灾过程的某一局部问题，是对火灾过程浅层次的模拟。

2. 网络模型

网络模型将建筑物作为一个系统，其中的每一个房间为一个控制体（或网络节点），设定每个单元内的状态参数（如压力、组分体积分数、温度）均一，各个网络节点之间通过各种空气流通路径相连，利用质量、能量等守恒方程对整个建筑物内的空气流动、压力分布和烟气传播情况进行研究。全部单元设定一个初始压力，然后应用迭代方法校正压力，直到在所有单元之间达到流动平衡。典型的网络模拟输入数据是气象参数（空气温度、风速）、建筑特性（高度、渗透面积、开口条件）、送风量、火焰参数和室内空气温度。网络模型假设烟气与空气在单元内是立即混合并均匀的。

3. 区域模拟

区域模拟把所研究的受限空间划分为不同的控制体，通常把房间分为两个控制体，即上层的热烟气区和下层的冷空气区。假设在每一层内温度、烟气浓度等状态参数都是均匀的，通过求解每层质量和能量守恒方程能够得出上述参数的变化。能量交换除了由质量交换带来的能量传递以外，还考虑辐射和导热损失。

对于面积较大、长度较长的空间，传统的分层模型将存在较大误差，有学者在一般的区域模拟方法基础之上，提出多单元区域模拟的思想，结果表明，在大尺度空间中这种方法比传统的区域模拟方法更符合实际。

4. 场模拟

场模拟是在计算流体力学（Computational Fluid Dynamics，CFD）的基础上发展起来的。火灾的孕育、发生、发展和蔓延过程包含了流体流动、传热传质、化学反应和相变，涉及质量、动量、能量和化学成分在复杂多变的环境条件下相互作用，其形式是三维、多相、多尺度、非定常、非线性、非平衡态的动力学过程。涉及的因素非常多，问题比较复杂。

场模拟通过数值方法解出流体动态理论的平衡方程，如Navier-Stokes方程，直接描述速度场、温度场、浓度场的动态分布，它能给出建筑物某区域内火灾时各物理量的分布。所以，场模拟的模型建立过程是相当复杂的，它给出的一组方程也是非常复杂的，必须应用数值方法求解，故求解代价非常高，计算速度很慢，难以广泛应用于实际建筑物。

火灾烟气运动场模拟研究是伴随着湍流理论研究的深入和计算机性能的提高而不断发展

的。目前用场模拟方法来研究湍流问题主要有三种途径：直接数值模拟、大涡模拟和 Reynolds 平均法。

直接数值模拟（Direct Numerical Simulation，简称 DNS）方法就是直接用瞬时的 Navier-Stokes 方程对湍流进行计算。DNS 的最大好处是无需对湍流流动作任何简化或近似，理论上可以得到相对精确的计算结果。DNS 对内存空间及计算速度的要求非常高，目前还无法用于真正意义上的工程计算，但大量的探索性工作正在进行之中。随着计算机技术的发展，特别是并行计算技术的飞速发展，有可能在不远的将来，将这种方法用于实际工程计算。

大涡模拟（Large Eddy Simulation，简称 LES）是放弃对全尺度范围上涡的运动的模拟，而只将比网格尺度大的湍流运动通过 Navier-Stokes 方程直接计算出来，对于小尺度的涡对大尺度运动的影响则通过建立近似模型来考虑。LES 方法对计算机内存及 CPU 速度的要求比较高，但还是低于 DNS 方法。目前在工作站和高档 PC 机上已经可以开展 LES 工作。

Reynolds 平均法的核心是不直接求解瞬时的 Navier-Stokes 方程，而是想办法求解时均化的 Reynolds 方程。这样，不仅可以避免 DNS 方法的计算量大的问题，而且对工程实际应用可取得很好的效果。Reynolds 平均法是目前使用最为广泛的湍流数值模拟方法。由于时均化的 Reynolds 方程被简称为 RANS，因此，Reynolds 平均法也称为 RANS 方法。

场模拟的主要优点是在具有复杂几何体的开间内，因为 CFD 模型对空间细致划分的灵活性使得创造出一个这样复杂的划分体成为可能。所以尽管这些模型存在大量耗费和疑难问题，但是由于其提供给防火工程师一种独特的设计工具，人们还是努力完善这些方法。它们最占优势的应用领域是那些几何形体复杂、资金充足的火灾项目，这些项目采用 CFD 模型是一个很好的选择。

从总体看，场模拟是一种更加先进，但是更加复杂的方法，这种方法需要海量计算，在若干年前，即使理论研究深度足够，计算能力也不能满足其计算需要。近年来计算机工业的快速发展，使得计算流体力学的商业软件已经较为成熟，并逐渐应用到火灾科学的研究中来。下面简要介绍一下国际上广泛采用的 FDS 和 Fluent 软件。

FDS（Fire Dynamics Simulator）是美国国家标准研究所建筑火灾研究实验室（Building and Fire Research Laboratory）开发的模拟火灾中流体运动的计算流体动力学软件。该软件采用数值方法求解受火灾浮力驱动的低马赫数流动的 N-S 方程（粘性流体 Navis-Stokes），重点计算火灾中的烟气和热传递过程。FDS 提供了两种数值模拟方法，即直接数值模拟（DNS）和大涡模拟（LES）。由于 FDS 是开放的源码，在推广使用的同时，根据使用者反馈的信息持续不断地完善程序。因此，在火灾科学领域得到了广泛应用。

FDS 自 2000 年公开发布以来受到了普遍的关注，据统计，该模型大约一半应用于烟气控制系统和喷头、探测器的激活启动的研究设计，另一半应用于居民和工业建筑火灾后的重建和修复设计。通过一系列的发展，FDS 致力于解决火灾保护工程中的实际消防问题，与此同时，也为火灾动力学和燃烧的理论研究提供工具。

FDS 输出数据的图形显示通过一个名为 Smokeview 的程序来处理，这一程序专门开发用于显示 FDS 的输出数据。FDS 模型的输入数据包括：空间环境温度，建筑内物品的燃烧特性类型，灭火系统的影响，烟气的性质，考虑或不考虑某些障碍物的影响（例如挡烟垂壁），为收集有用数据所需的模拟时间、网格划分（计算精确度），所要测量的数据的类型及位置（数据采集）、设计火灾等。

除了未经处理的输出数据外，FDS模型还提供了多个图形输出模式，有助于直观地观察数据。“截面文件”、“等值面”、“热电偶”以及“边界文件”就是用于这一目的。

截面文件为彩色的“切片”，或贯穿整个控制体的断面，通过这个断面可以使用户直观地观察气体内的温度分布。允许用户观察随时间改变的温度分布及变化。对于本次分析，截面文件被用来评估空气温度、能见度及减光系数、温度、浓度、能见度等分布云图。

Fluent是通用的CFD软件，用来模拟从不可压缩到高度可压缩范围内的复杂流动。由于采用了多种求解方法和多重网格加速收敛技术，因而Fluent能达到最佳的收敛速度和求解精度。Fluent的网格生成器Gambit，具备突出的非结构化的网格生成能力，被公认为是目前商用CFD软件最优秀的前置处理器。灵活的非结构化网格和基于解算的自适应网格技术及成熟的物理模型，使Fluent在层流、转捩和湍流、传热、化学反应、多相流、多孔介质等方面有广泛应用。

Fluent软件提供了丰富的物理模型，包括理想气体、真实气体模型，多种燃烧模型，各种物性参数，旋转系统模型，传热模型，针对外流场与内流的特定的边界条件等。另外，Fluent软件包含了8种工程上常用的湍流模型，而每一种模型又有若干子模型。其他任何软件都没有像Fluent这样提供如此丰富的物理模型。

Fluent具有强大的后置处理功能，能够完成CFD计算所需求的功能，包括速度矢量图、等值线图、等值面图、流动轨迹图，并具有积分功能，可以求得力、力矩及其对应的力和力矩系数、流量等。对于用户关心的参数和计算中的误差可以随时进行动态跟踪显示。

思考题

1. 简述火灾探测器的基本功能和分类。
2. 火灾自动报警系统有哪些形式?
3. 自动喷水灭火系统有哪些种类?
4. 简述灭火的基本原理及灭火系统的分类。
5. 简述隔烟设施的功能及分类。

第 8 章

火灾风险评估案例

8.1 项目概述

某国际会展中心是集国际会议、展览、展销及商务功能为一体的综合性大型会展中心，占地面积约 83000m^2，总建筑面积约 5 万 m^2。主体建筑主要包括国际会议、展览展销和商业服务三部分功能。其中，会议部分包括能容纳 1500 人会议或 1000 人宴会的大型多功能厅，具有五种同声翻译系统的 328 座报告厅，具有两种同声翻译系统的 176 座国际会议厅以及各种小型会议室、贵宾室、商务洽谈室、休息室等；展览部分拥有可设置 1000 个标准展位的单层无柱大空间，且可自由分割。另有商务中心、中西餐厅、地下停车场等多种配套服务设施。

8.2 安全目标的确定

确定分析对象的防火安全目的和目标要求是进行火灾风险分析的出发点。基本的防火安全目的可分为与生命安全直接相关的目的和与其他安全相关的目的，前者考虑的是在火灾中的各类人员的安全，包括居住者、工作人员、顾客、消防人员等，通常这是大部分建筑物防火安全的主要目标。要达到该目标，应当根据烟气的流动特点和人员的行为特点，做好疏散通道、避难区的设计，选用合适的火灾探测报警系统和疏散诱导系统，保证所有人员能在有效安全时间内撤离起火建筑。其他安全目的包括保护财产安全、保证系统运行的连续性、保护环境等。围绕着这些基本目的，还需要细化出许多具体的目标。在开展具体分析时通常宜选择其中矛盾最为突出的几方面进行。

8.3 火灾危险源辨识

国际会议厅为外部呈球状，内部水平截面呈圆形的封闭建筑，面积为 452m^2。圆中心凹进，四周有台阶，构成圆形阶梯会议室。其中心铺有直径 8.4m 的手工羊毛绒地毯，其余地面为绿色地毯；中心及中心往四周方向两排是 0.76m 高的枫木实木会议桌，与会议桌相匹配的是大班椅（共 72 个）；外围是两排蓝色布面椅子（共 111 个）；墙面主体用五厘板装修，并在板上覆盖了相同面积的米黄色面布，共分 13 面，每面尺寸为 3.15m × 2.80m，其中间以方柱分隔，方柱构造为 18mm 厚木工板外加 3mm 厚的实木皮；翻译室外壁面与柱体用材相当。其中只有绿色地毯和蓝色布面座椅做过阻燃处理，其余均未经处理。

报告厅为外部呈椭球状，内部呈椭圆形的封闭建筑，椭圆面积约 524m^2（主厅面积 500m^2）。报告厅为阶梯报告厅，地面为蓝色地毯，共布置了 310 座固定连排布面座椅；主席台上铺木地板，一般放置主席台 3 个，外加 9 个椅子；墙面主体也用五厘板装修，在板上覆盖了等面积的米黄色面布，呈拱形，固定在有类似形状的木工板边框上。其中只有蓝色地毯和红色布面座椅做过阻燃处理，其余均未经处理。

根据对该国际会展中心的实地调研和甲方提供的资料，经分析认为，两会议厅内可燃物主要有两大类，一类是家具，还有一类是地毯和墙面装饰材料。选取椅子和典型的内饰材料进行了火灾实验研究，研究两会议厅内典型的可燃物的燃烧特性。对于本次评估，主要关心材料试件的释热速率（HRR）和总释热量（THR），这些实验数据为性能化安全防火设计提供依据。试件包括：布面椅子、大班椅、阻燃地毯、面布、五厘板和木工板。

通过实验以及文献调研，可得到国内常用建材和室内含物的燃烧热值。

8.3.1　火灾荷载密度计算

当火灾荷载在建筑设计寿命之内不可能有显著变化时，火灾荷载密度可以从其存在物品的质量和热值，通过下式计算得到：

$$q_{ki} = \frac{\sum m_c H_c}{A_f} \tag{8-1}$$

式中　q_{ki}——封闭空间内的火灾荷载密度（MJ/m^2）；

m_c——封闭空间内每一种可燃物材料的总质量（kg）；

A_f——封闭空间内的总面积（m^2）；

H_c——每一个可燃物材料的有效热值（MJ/kg），由下式求得：

$$H_c = H_u(1 - M) - 0.025M \tag{8-2}$$

式中　H_u——干材料的热值（MJ/kg）；

M——含水率（%，干质量）。

简化计算时令 $H_c = H_u$，由此可分析得到两会议厅内的火灾荷载密度情况。

8.3.2　火灾增长因子 α

根据 NFPA 的分类，火灾发展阶段可分为极快、快速、中速和缓慢四种类型。对于水平蔓延的情况，火灾增长因子应用 NFPA 标准具有更好的合理性。

而根据 Moc'S Notification 1441（2000），室内火灾增长因子 α 应综合考虑可燃物影响（α_f）、墙及吊顶影响（α_m），有：

$$\alpha = \alpha_f + \alpha_m \tag{8-3}$$

$$\alpha_f = 2.6 \times 10^{-6} q^{5/3} \tag{8-4}$$

式中　q——不同场所的火灾荷载密度；

α_f——可燃物影响因素；

α_m——墙及吊顶影响因素，由墙面内装修材料的可燃等级来确定。

根据火灾学的相关基础，火沿固体斜坡发展的速度比在水平面上发展要快，并与斜坡的倾斜程度有关，倾斜角度越大，火灾发展越快。火灾沿垂直的墙面发展比在水平面上发展要快得多。对于超快速火，水平发展的火灾增长因子一般只设定为0.1876，而火灾在墙面上的火灾增长因子可以设定为0.35。

由式（8-3）、式（8-4），可以计算得两会议厅的火灾增长速率如下：

国际会议厅：$\alpha_1=\alpha_f+\alpha_m=0.0029+0.35=0.3529$

报告厅：$\alpha_2=\alpha_f+\alpha_m=0.0021+0.35=0.3521$

利用上面确定的 α 值，再由下公式计算释热速率 Q_f：

$$Q_f=(t-t_0)^2 \tag{8-5}$$

式中 t——火灾有效燃烧发生的时间(s)；

t_0——开始有效燃烧所需要的时间；在火灾安全评估中不考虑火灾发展到有效燃烧需要的时间，仅仅关心火灾开始有效燃烧后的情况，故可取 $t_0=0$。

8.3.3 完全发展火的释热速率

轰燃后的释热速率可由如下方法确定：

$$Q_f=\begin{cases}1.6xA_f & (x\leqslant 0.081)\\ 0.13A_f & (0.081<x\leqslant 0.1)\\ (2.5x\exp(-11x)+0.048)A_f & (0.1<x)\end{cases} \tag{8-6}$$

Q_f 的单位是MW，x 是燃烧指数，并且：

$$x=A_{op}(H_{op})^{1/2}/A_f \tag{8-7}$$

$A_{op}(H_{op})^{1/2}/A_f$ 是起火房间的开口因子，A_f 由下式确定：

$$A_f=0.26q^{1/3}A_r+\sum\phi A_f \tag{8-8}$$

式中 q——火灾荷载密度(MJ/m²)；

A_r——着火房间的地板面积(m²)；

$\sum\phi A_f$——墙面和吊顶上可燃装修材料的有效暴露面积(m²)。

火灾持续时间可由下式估算：

$$t_f=\text{总的火灾荷载}/60Q_f \tag{8-9}$$

由以上计算方法和相关数据，计算得两会议厅的主要火灾参数参数见表8-1。

表8-1 两会议厅火灾部分参数计算表

位　置	q /(MJ/m²)	A_r /m²	Q /MJ	A_f /m²	$A_{op}(H_{op})^{1/2}$ /m$^{1/2}$	x	Q_f /MW	t_f /min
国际会议厅	270.0	452	122035.0	971.3	12.6	0.0129	20.0	101.7
报告厅	223.3	500	111667.2	1217	18.3	0.015	29.2	63.7

8.3.4 结论与建议

1）两会议厅火灾荷载密度较大，国际会议厅为270.0 MJ/m²，报告厅为223.3MJ/m²，一旦发生火灾，后果严重。

2）墙壁饰面材料对火灾发展速率的影响较大，墙面材料的易燃程度是影响室内火灾发展快慢的最主要因素之一。未经阻燃处理的墙面材料容易着火并可迅速蔓延（考虑墙面影响后，国际会议厅的火灾增长因子为 0.3529，报告厅的火灾增长因子为 0.3521），降低墙面材料的可燃性是减小两会议厅火灾发展速率的有效方法，建议对墙面用材作阻燃处理。

3）由于会议室内禁止吸烟，正常情况下可能发生的火灾主要是电气火灾。应加强对意外热源和电源的管理和控制，比如在会议厅布置或维修时，应注意防止高功率照明灯、电焊等高温物体的意外点火。

8.4　火灾场景的设定及火灾危害性评估

8.4.1　简述

该国际会展中心内建有两个会议厅：国际会议厅室（圆形，176 座）、报告厅（椭圆形，328 座）。两个会议厅内具有大量的可燃物：地面铺有地毯（经过阻燃处理）；在不同台阶放置供到会人员就座的桌椅（未经过阻燃处理）；内壁面在较多地方采用一定厚度的木板（胶合板和木工板复合结构），外层为未经阻燃处理的装饰用布料，且在国际会议厅的顶棚采用木料吊顶。

会议室内可能的点火源较多，如每个靠椅的下面都具有音频、视频及电源插口，电器着火以及各种人为因素都可能产生火灾。目前在两个会议厅内都安装有自动喷水灭火系统，可减小火灾发生后在室内蔓延的可能性，争取更多的人员安全疏散时间，同时兼具灭火的作用。但由于在两个会议室内都具有大量的可燃材料，特别是壁面采用未经过处理的装饰布料，火灾一旦发生极有可能会扩大成为毁灭性的火灾。现有的消防设施对火灾的控制能力如何以及人员是否有足够的安全疏散时间需要研究。

火灾危害性评估是根据危险源辨识结果及会场内可燃物着火特性，设置不同情况下的火灾场景，通过场模拟程序计算火灾发生后在会议厅内的增长过程以及烟气流动状况，得出不同情况下火灾达到对人员构成危害的时间，即建筑为人员提供的可用疏散时间（ASET），以便判断人员能否安全疏散出去，为评价当前建筑的安全情况和制定相应的消防措施提供依据。

场模拟是利用计算机求解火灾过程中状态参数的空间分布及其随时间变化的模拟方式。场是指状态参数如速度、温度、各组分浓度等的空间分布。场模拟的理论依据是自然界普遍成立的质量守恒、动量守恒、能量守恒以及化学反应的定律等。火灾过程中状态参数的变化也遵循这些规律。本评估使用的场模拟程序为美国 NIST 开发的 FDS 程序。

8.4.2　火灾场景的设定

根据危险源辨识结果，着火位置主要设置在中间座椅区和靠近壁面的区域，同时考虑了有无水喷淋保护和是否经过阻燃处理（JSFR1）等不同情况，目的在于评价喷水灭火系统的有效性以及经过阻燃处理后是否能达到抑制火灾、增加人员的可用安全疏散时间的目的。火灾场景的设置见表 8-2 和表 8-3。

表 8-2 国际会议厅内的火灾场景设置

算例编号	水喷淋	着火位置	辐射热源
KC1	正常	第二台阶靠椅下的地毯着火，引燃靠椅	100kW 20s 后移走
KS1	正常	壁面下方的地毯着火、引燃壁面（火源在面下水喷淋之间）	200kW 20s 后移走
KS11	正常	壁面下方的地毯着火、引燃壁面（着火位置在水喷头下方）	400kW 10s 后移走

表 8-3 报告厅内的火灾场景设置

算例编号	水喷淋	着火位置	辐射热源
JC1	正常	第二排中间沙发下面的地毯着火	100kW 20s 后移走
JS1	正常	第二排靠近壁面的沙发下面的地毯着火	200kW 20s 后移走
JSFR1	正常	第二排靠近壁面的沙发下面的地毯着火，壁面阻燃	100kW 20s 后移走

8.4.3 计算获取的主要参数

1. 单位体积的释热速率 HRRPUV、混合因子 Mix Fraction 等值面

释热速率是反映火灾规模的一个重要物理量，它表征了火灾的大小。而混合因子 Mix Fraction 等值面则可直接反映火灾面积的变化情况，通过这两个量的变化情况可以看出火灾随时间的发展情况。

2. 竖直截面温度变化

竖直截面温度变化主要是显示不同高度的温度随时间的变化情况。可以较细致地看出不同高度的温度大小和烟气分层状况。

3. 温度等值面

温度等值面反映的是某一温度值随时间在空间上的变化情况。烟气对人的危害主要体现在它的毒性、窒息性和高温。而毒性和窒息性主要是烟气层降到了人的高度，人吸入烟气引起对人员的伤害，高温主要是烟气层温度达到一定值之后对人构成了灼伤。根据不同的烟气温度等值面可以确定烟气层高度随时间的变化和灼伤温度面随时间的变化情况。本项目中所设定的等值面见表 8-4。

表 8-4 温度等值面的设定情况

温度值/℃	用途
24、30、36、45	判断烟气前锋的沉降
100	当人置于烟气中对人产生伤害的温度截面
183	当烟气层在人高度之上时，对人眼辐射伤害温度截面
400	对结构产生破坏性作用的温度

4. 烟气和水喷淋水滴的示踪粒子（Particles）

可观测烟气的运动和水喷头的动作及其保护范围。

8.4.4　火灾发展状况

以国际会议厅内火灾为例来研究火灾发展状况。

1. 释热速率的发展

图 8-1 ~ 图 8-3 为国际会议厅内发生所设置的各种火灾场景下释热速率随时间的变化情况。从图 8-1 中可以看出，当水喷淋发挥作用时，释热速率在 100s 时增加到最大值 4.5MW，这时火源上方的喷淋头起动，火被控制住，释热速率下降，到 170s 左右时，大部分的喷头起动，火基本上被扑灭了。当火源位于墙边且水喷淋发挥作用时，若起火位置位于两个喷头之间，如图 8-2 所示，30s 时释热速率增加到 2.5MW，这时水喷头起动，释热速率随后减小到 1.5MW，177s 时大部分喷头起动，火逐渐熄灭。当水喷头在火源正上方时，如图 8-3 所示，释热速率在 29s 增长到最大 1.3MW，然后很快下降到 300kW，之后保持稳定。这说明火源上方的水喷头起动，而且基本把火控制住，没有向外蔓延。但由于其他的喷头没有起动，火并没有完全灭掉。

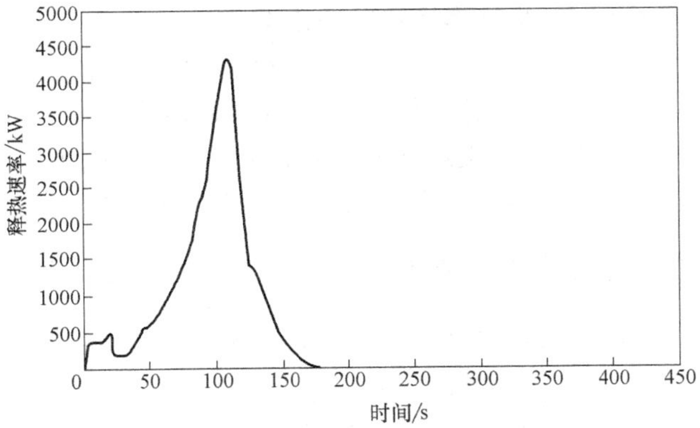

图 8-1　算例 KC1 中的释热速率

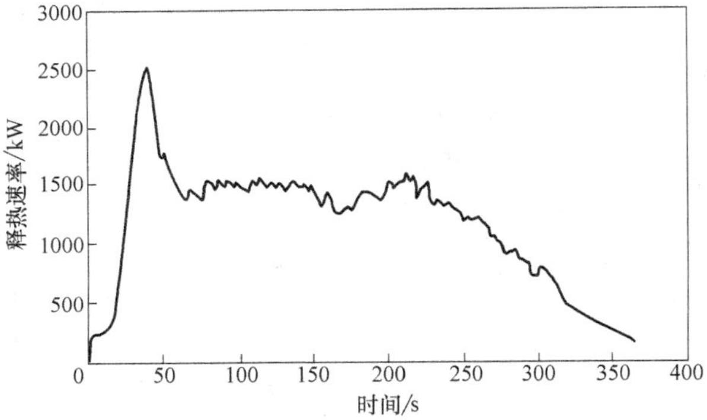

图 8-2　算例 KS1 中的释热速率

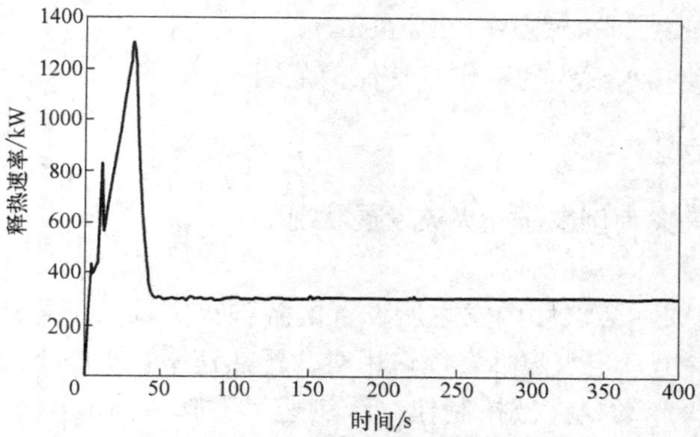

图 8-3 算例 KS11 中的释热速率

2. 火势发展等值面

相同火源情况下，当水喷淋发挥作用时，火源基本被控制在着火区域，没有向其他区域蔓延，且在 166s 时已基本熄灭。当水喷淋发挥作用时，火基本控制在着火区域，没有蔓延开来。这说明水喷淋对火的发展起到很好的抑制作用。

3. 温度发展

当水喷淋发生作用时，整个火灾发展过程中，厅内的温度基本保持在 150℃以下。因此水喷淋的正常起动对减小火灾的危害具有重要的作用。

没有水喷淋时发生轰燃的时间有所延后，此时所有的水喷头才起动，然后火逐渐被扑灭。当水喷淋发挥作用时，在 128s 时一侧壁面被引燃，火源发展到最大，这时水喷淋起动，壁面并没有完全发生轰燃，137s 时火基本上熄灭了。当壁面经过阻燃处理后，火并没有蔓延到壁面上，只在座椅区燃烧，没有发生轰燃，190s 时水喷淋起动，火基本上被控制在较小区域。

8.4.5 烟气沉降与有效逃生时间统计

本节中火灾到达危险状态的判据为烟气层高度低于人眼的特征高度，而人眼的特征高度取为 1.5m。

由于国际会议厅和报告厅的地面不在一个平面，没法用一个统一的高度作为危险高度。而门是人员疏散的必经之路，因此危险高度选为门槛以上 1.5m。图 8-4 ~ 图 8-9 为不同火灾场景下烟气层高度发展曲线。图中烟气层高度到达危险高度的时间为火灾达到危险状态的时间 t_2。

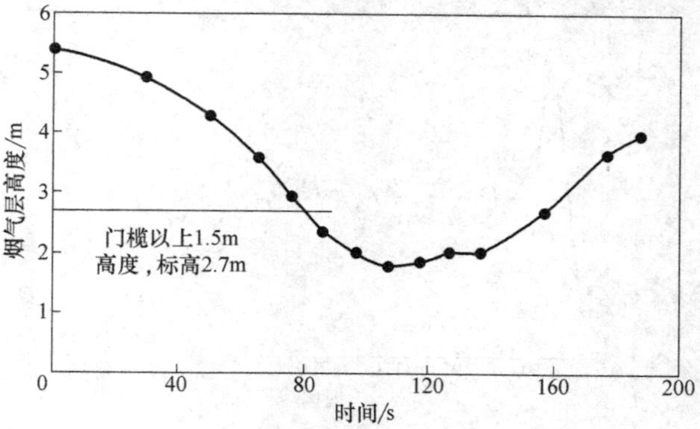

图 8-4 KC1 中烟气层高度的发展

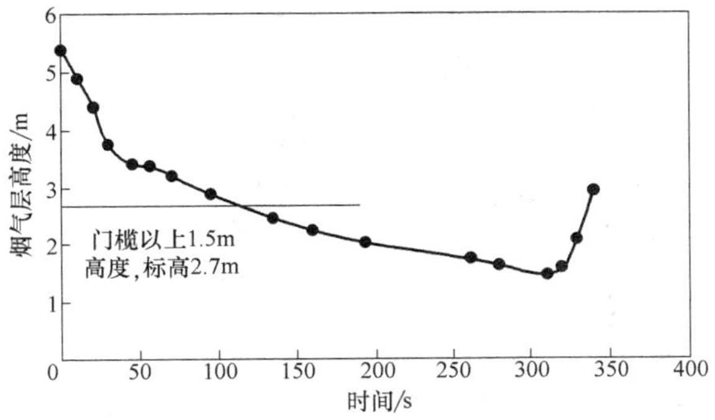

图 8-5　KS1 中烟气层高度的发展

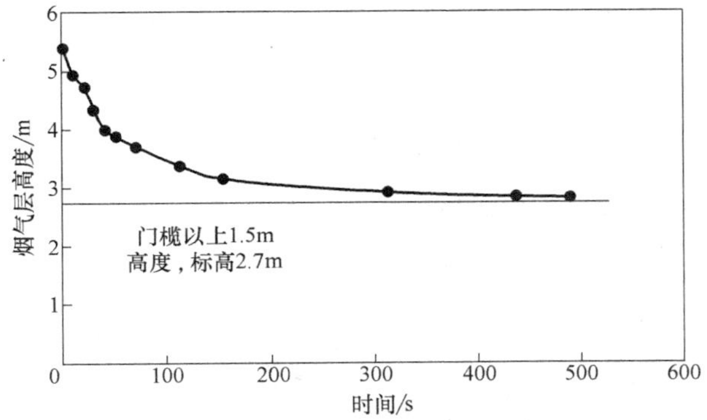

图 8-6　KS11 中烟气层高度的发展

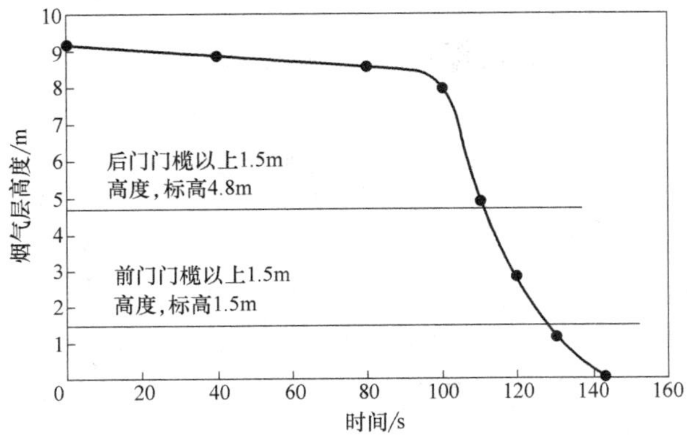

图 8-7　JC1 中烟气层高度的发展

由于在模拟计算时设置了一定功率的辐射热源，经过一段时间后，在辐射热源引燃可燃物之后移走，这时火源功率达到某一个值，而火源功率从火灾开始发生到增长到这个值需要一定的时间 t_1。t_1 可通过 t_2 发展火 $Q=\alpha(t_1)^2$ 得到。由于开始时火在地毯上燃烧，发展速度较慢，但考虑到电气火灾的突然性，设火灾增长因子 α 介于中速发展火和快速发展火之间，其值约为 $\alpha=0.0029$。t_1 与 t_2 相加为总的人员疏散可用的时间 *ASET*。各种火灾场景下的人员可用疏散时间如表 8-5 所示。最为突出的情况是 JC1 中，烟气还未到达危险高度

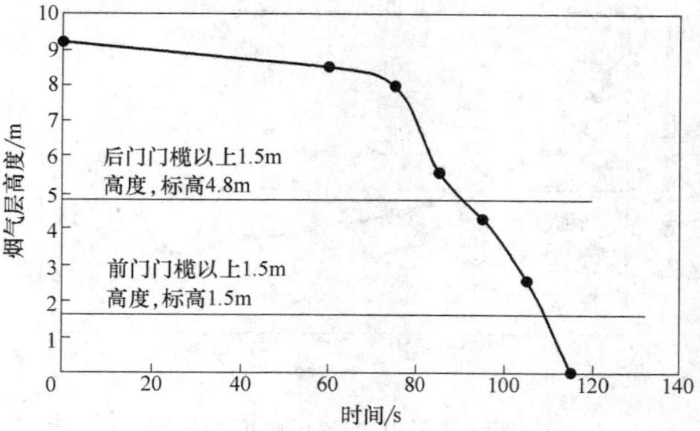

图 8-8 JS1 中烟气层高度的发展

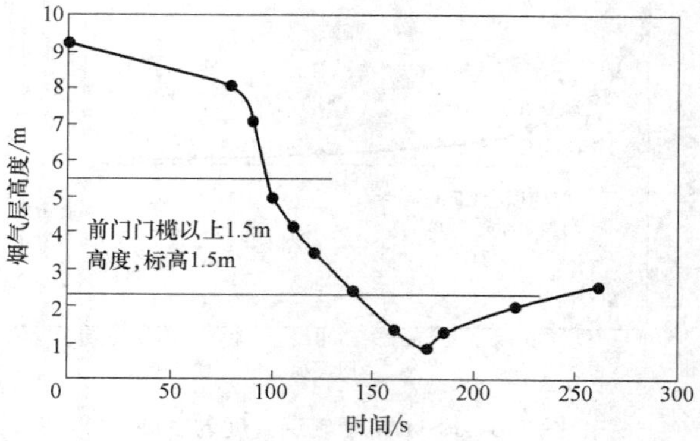

图 8-9 JSFR1 中烟气层高度的发展

(1.5m) 前，火势已基本被全面起动的水喷淋系统控制，因此人员逃生时间被无限延长。整个火场并无危险性。

表 8-5 人员安全疏散可用时间

算 例	t_1/s	t_2/s	$ASET$/s
KC1	83	80	163
KS1	90	115	205
KS11	117	440	557
JC1	59	130	189
JS1	67	110	177
JSFR1	66	160	226

8.4.6 结论和建议

通过对国际会议厅和报告厅设置了不同起火位置、消防措施失效与发挥作用等不同情况下的火灾场景，针对这些火灾场景进行了模拟计算，得到如下结果：

1）水喷淋系统发挥作用时，在国际会议厅内，喷淋头的起动时间较短，可以较好地控制火灾的蔓延，使火灾的面积和火源热释放速率不会进一步发展，温度也保持在150℃以下，但烟气下降到危险高度的时间仍然很短，火源在中央和墙边时分别为163s和205s。

2）当壁面经过阻燃处理以后，火灾发展的规模受到了很大的限制。烟气层下降到危险高度的时间为226s。阻燃可以有效地限制火灾，增加人员的可用疏散时间。

3）针对以上结果，应确保两会议厅内的水喷淋系统正常工作；另外，需要对两个会议厅的壁面装饰材料进行阻燃处理。由于会议厅内烟气下降到危险高度的时间较短，而可燃物燃烧放出的有毒气体在喷淋的作用下高度会下降，建议在可能的情况下增加排烟设施。

8.5　人员安全疏散评估

通过研究该会展中心会议厅与报告厅的建筑结构特征及其人员疏散特性，获得必需安全疏散时间 *RSET*，并结合该建筑到达火灾危险状态的可用安全疏散时间 *ASET* 的研究结果，综合分析是否达到人员安全疏散的设定火灾安全目标。

8.5.1　疏散问题概述

该会展中心的会议厅位于会展中心西北侧的K区，外观为圆球体，报告厅位于会展中心西南侧的J区，外观为椭圆球体。两个单元为相互独立的单一防火分区，其占地面积和防火分区面积均满足我国现行的《建筑设计防火规范》。本项目建筑面积见表8-6。

表8-6　本项目建筑面积统计表

项目名称	建筑面积/m^2	说　明
国际会议厅	452	由会议大厅、控制室和同声翻译室三部分组成
报告厅	524	分为会议大厅、茶水室、控制室和同声翻译室四部分

该项目主要特点为防火分区面积不是很大，疏散距离小于50m。会议期间，建筑内人员密度大，且绝大部分为参加会议的外来人员，不熟悉建筑结构和疏散通道，火灾情况下人员安全疏散危险性很大，火灾时人员的安全疏散有自己的特点。同时也应该看到，这些人员的主要任务为参加相关会议，故一般处于清醒状态，可适当减少火灾对人员安全疏散的危害性。根据本项目的总体建筑特点、人员数量及其分布特色，结合火灾模拟研究结果，以国际通行的人在火灾场景的耐受能力判据为依据（温度、烟气层高度、CO浓度、热辐射量等），计算在最不利情况下，各防火分区人员疏散所需时间和建筑物所能提供的疏散时间以及对应的疏散通道距离，为最佳人员疏散方案提供设计参考依据。

采用经验公式和智能模拟（格子气模型和多粒子-自驱动模型）相结合的评估方法，考虑无火灾条件下的疏散以及动态火灾下的人员疏散。确保多方向疏散路线，对人员疏散进行动态仿真研究。

8.5.2　疏散距离与疏散通道

该会展中心的国际会议厅由会议大厅、控制室和同声翻译室三部分组成，报告厅分为会议大厅、茶水室、控制室和同声翻译室四部分。

（1）疏散距离

该项目中两会议厅都位于超大空间的会展中心内，会展中心的内部空间高度远远超过会议厅的内部空间高度，因此会展中心在火灾情况下的蓄烟能力很强，由两个会议厅产生的火灾烟气进入会展大厅后很难下降到危险高度，从而可提供足够的人员安全疏散时间，不会影响到会议厅中的人员安全疏散至室外。同时，两个会议厅疏散房门至会展中心外部出口的最大疏散距离满足我国现行《建筑设计防火规范》的相关规定。所以，本项目认为，会议厅中的人员只要安全疏散出会议厅，就可以不受火灾发展及其产物的影响，也就可以认为他们已安全疏散，其生命安全得到保证。

（2）疏散通道

根据《建筑设计防火规范》，剧院、电影院、礼堂的观众厅安全出口的数目均不应少于2个。本项目中国际会议厅安全疏散出口为2个，报告厅安全疏散出口为3个，均满足规范要求，安全出口的详细信息见表8-7。两会议厅内均采取了开敞、大空间的处理方式，厅内人员在正常情况下对其中的功能分布，疏散通道走向都可看得很清楚。

表8-7　国际会议厅和报告厅安全出口信息表

项 目 名 称	安全出口宽度/m	安全出口数量/个	安全出口总宽度/m
国际会议厅	1.8	2	3.6
报告厅	1.3	2	5.2

图8-10和图8-11分别为正常情况下国际会议厅和报告厅的安全疏散方案，在正常的疏散过程中，当会议厅内某个地方起火时，同声翻译室、控制室和茶水室内一般为工作人员，比较熟悉建筑结构和疏散通道，所以一般选择最近的疏散方向进行疏散。而会议大厅由于不存在阻碍视线的障碍物，会议厅内的与会人员一般可以看到疏散出口的位置所在，在正确的疏散引导下也能够向最近的对外出口进行疏散。具体的疏散方向如图中箭头所示，这种疏散方向符合一般情况下人群的行走情况。

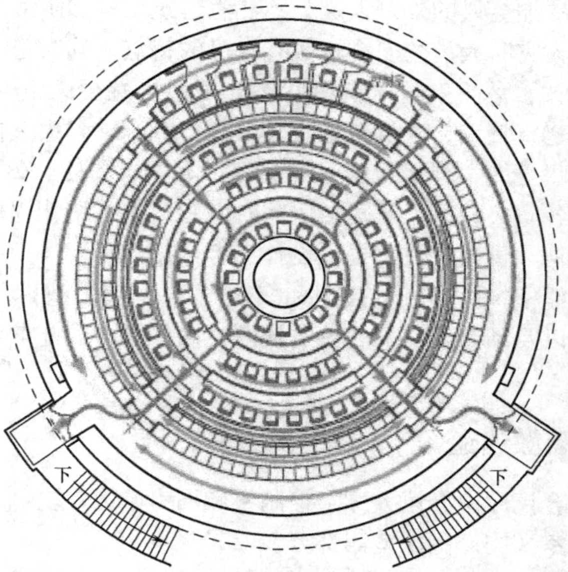

图8-10　国际会议厅通常火灾情况下的疏散路线

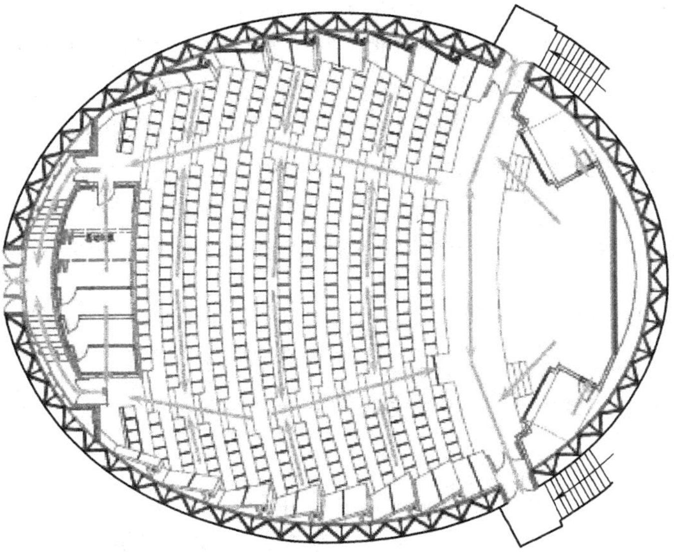

图 8-11　报告厅通常火灾情况下的疏散路线

8.5.3　人员荷载选取和计算

该国际会展中心国际会议厅和报告厅合理的人员疏散研究建立在正确的人员荷载统计的基础之上，两会议厅内的人员荷载主要为参加会议人员，分别由该国际会展中心提供和按照现场实际情况核算。则本项目总人员计算数量分为两种情况：其一，根据现场情况核算，总数量为 600 人，其中国际会议厅最大容纳 200 人，报告厅最大容纳 400 人；其二，根据该国际会展中心提供的数据，总数量为 504 人，其中，国际会议厅 176 人（1 人/座），报告厅 328 人（1 人/座），具体分布见表 8-8。根据《建筑设计防火规范》，剧院、电影院、礼堂的观众厅每个安全出口的平均疏散人数不应超过 250 人，故该项目的安全疏散出口的设置是合理的。

表 8-8　国际会议厅和报告厅人员荷载统计

项目名称	功能区名称	数量	人员荷载/人	说明
国际会议厅	会议大厅	1	185	该国际会展中心提供的人员荷载为 176 人：大厅内人数按照满员时的座位数统计，国际会议厅内合计 193 人，考虑到人员数量的可变性，评估中采用 200 人计算
	控制室	1	2	
	同声翻译室	6	1	
报告厅	会议大厅	1	310	大厅内人数按照满员时的座位数统计，主席台就坐人员按 10 计，则报告厅内合计 328 人，与会展中心提供数据吻合：考虑到人员数量的可变性，评估中同时采用 400 人计算
	控制室	1	2	
	同声翻译室	6	1	
	茶水室	2	1	
合计	600（称为核算人员荷载）和 504（称为提供人员荷载）			

同样根据《建筑设计防火规范》，剧院、电影院、礼堂、体育馆等人员密集的公共场

所，其观众厅内的疏散走道宽度应按其通过人数每100人不小于0.6m计算，但最小净宽度不应小于1.0m，边走道不宜小于0.8m。在布置疏散走道时，横走道之间的座位排数不宜超过20排。纵走道之间的座位数，剧院、电影院、礼堂等每排不超过22个，体育馆每排不宜超过26个，但前后排座椅的排距不小于0.9m时，可增至50个，仅一侧有纵走道时座位减半。本项目中疏散走道宽度最狭窄处为1.3m，前后排座椅的排距均大于0.9m，满足规范规定。其中，国际会议厅纵走道之间的座位数最大为17个，加上中间的主席台共有5排座位；报告厅纵走道之间的座位数最大为19个，共有13排座位，也满足规定。

8.5.4 人员疏散时间模拟计算

1. 人员疏散计算模型

紧急情况下的人员全部疏散完毕时间包括火灾探测时间（t_{alarm}）、人员反应时间（t_{resp}）和人员疏散运动时间（t_{move}）：

$$T_e = t_{alarm} + t_{resp} + t_{move} \tag{8-10}$$

会议期间，除了同声翻译室等房间内的工作人员一般对建筑结构和疏散通道的设置比较熟悉之外，会议厅内的其他人员虽然一般都处于清醒状态，但对建筑结构、报警系统和疏散通道不熟，其建筑使用类型和特征属于公共娱乐场所，参照国内外的统计数据（Proulx et al.，1991，1995，2001；BS DD240，1997；Shields and Boyce，2000），当采用扬声器或广播作为语音现场指挥时，t_{resp}小于2min，当采用非指示性（录音）作为疏散警告时，t_{resp}应为4min。但同时注意到，该项目中的两个会议厅又与一般的公共娱乐场所有所不同，建筑内部结构比较简单，也不存在阻挡视线的高大障碍，这些建筑特征有利于其中人员尽早察觉和发现火灾，也就是说，火灾探测时间主要取决于建筑物内的人员对早期火灾线索的敏感性，敏感性强的人一般可缩短火灾探测时间，本评估中将t_{alarm}设为30s。同时，这种建筑特征既有利于火灾中人员迅速对火灾烈度作出正确的估计，又方便厅内的工作人员进行快捷有效的疏散指挥，因此，也可适当减少人员发现火灾后的反应时间，即使采用一般的警铃等设备进行疏散警告和指示时，t_{resp}设为30s是合理的。t_{move}由Togawa经验公式和模型模拟获得。该项目建筑结构中的门、走道以及其他疏散通道的宽度按照Pauls（1982）提出的有效宽度模型计算。

Togawa经验公式（Togawa，1955）表述如下：

$$T_{et} = \frac{N_{tol}}{W_{eff}C} + \frac{L_{min}}{V} \tag{8-11}$$

式中 N_{tol}——功能区内待疏散总人数（人）；

W_{eff}——疏散出口的有效总宽度（m）；

C——疏散出口的疏散能力（人/（ms））；

L_{min}——疏散人员中距离疏散出口的最近距离（m）；

V——疏散时人员的平均速度（m/s）。

疏散模型是由中科大火灾科学国家重点实验室综合了格子气模型（Muramatsu et al.，1999）和多粒子-自驱动模型（Helbing et al.，2000）而提出的，分别针对两会议厅展开模拟和计算。模型中人员的水平投影面积按照Predtechenskii和Milinskii（1969）、Kendik（1985）和Schneider（2001）的统计数值选取。

2. 国际会议厅疏散模拟

对于具有两个对外疏散出口的国际会议厅，本评估设定两个不同的疏散场景进行模拟分析：其一，两个对外出口在疏散过程中都可用场景，称为 KE2M；其二，由于火灾的发生地位于其中一个对外出口附近而造成该出口不能作为正常的疏散出口使用的场景，称为 KE1M。同时，为作比较，此处选取除了核算荷载 200 人和提供荷载 176 人之外的其他人员荷载的情况进行了疏散模拟，分别为 150 人、100 人和 50 人荷载的情况。图 8-12 和图 8-13 分别为 KE2M 和 KE1M 场景下不同人员荷载情况下的疏散动态过程，横轴的时间为人员疏散时间（*RSET*），图中还增加了烟气填充和蓄积过程曲线作为比较。

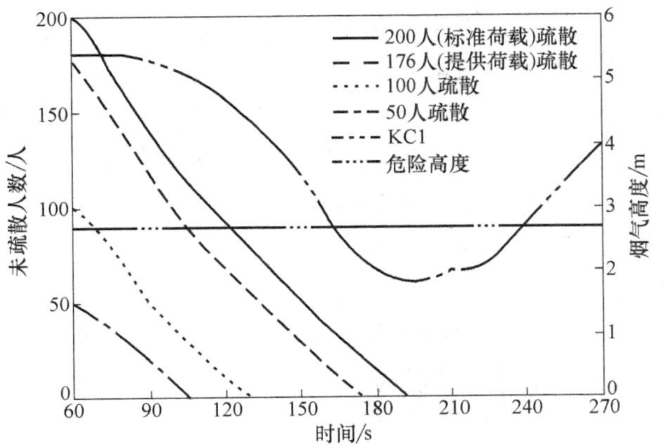

图 8-12　KE1M 场景下疏散动态过程与分析

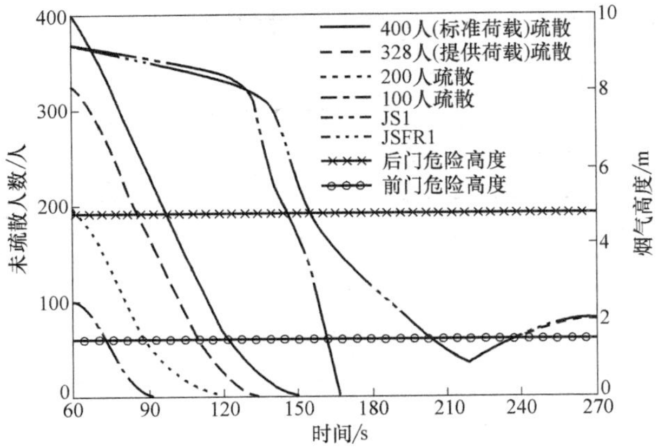

图 8-13　JE3M 场景下疏散动态过程与分析

3. 报告厅疏散模拟

对于具有三个对外疏散出口（两个前出口和一个后出口）的报告厅，本评估设定四个不同的疏散场景进行模拟分析：其一，所有对外出口在疏散过程中都可用场景，称为 JE3M；

其二，由于火灾的发生地位于一个前出口附近而造成该出口不能作为正常的疏散出口使用的场景，称为JE2MF；其三，由于火灾的发生地位于后出口附近而造成该出口不能作为正常的疏散出口使用的场景，称为JE2MB；其四，火灾的发生地位于大厅的前端，同时由于火灾烈度较大，造成两个前出口都不能作为正常的疏散出口使用的场景，称为JE1M。

同样，此处选取除了核算荷载400人和提供荷载328人之外的其他人员荷载的情况进行了疏散模拟作为比较，分别为300人、200人和100人荷载的情况。图8-15～图8-18分别四个设定场景下不同人员荷载情况下的疏散动态过程，横轴的时间为人员疏散时间（*RSET*），图中还增加了烟气填充和蓄积过程曲线作为比较（本处选取第章中最危险的火灾场景，即该场景所提供的*ASET*最短）。

4. 疏散模拟结果分析

影响人员疏散运动时间的直接因素是疏散时的人员步行速度，因此，人员步行速度的选取至关重要。项目中两个会议厅的疏散走道大部分为阶梯，这种结构必将影响人员疏散时的步行速度，因此，本评估中人员疏散速度不是简单地参考水平走道上人员行走速度，而主要参考人员在倾斜的楼梯上的行走速度。Proulx等人（1996）对两个不同办公建筑中疏散演习中统计到的楼梯上人员行走速度分别为0.78m/s和0.93m/s，因此，本章人员安全疏散评估中的人员平均速度v设为0.8m/s。

作为对人员疏散模拟程序结果的一种验证和比较，本评估中把两个会议厅在核算人员荷载情况下的人员疏散运动时间t_{move}同样采用经验公式即Togawa公式来评估计算，计算结果见表8-9，其中疏散出口的疏散能力C设为1.2人/(m·s)，经验公式中其余参数的选取参考本表。

表8-9　人员运动疏散时间t的经验公式计算

场景名称	人员荷载/人	W_{eff}/m	L_{min}/m	t_{move}/s
KE2M	200	3.0	5	61.8
	176			55.1
KE1M	200	1.5	5	117.4
	176			104.0
JE3M	400	3，7	5	96.3
	328			80.1
JE2MF	400	2.7	5	129.7
	328			107.5
JE2MB	400	2.0	5	172.9
	328			142.9
JE1M	400	1.7	5	202.3
	328			167.0

表8-10是两种计算方法最终结果的比较，从表中可以看出，对于*RSET*的计算，模型的模拟结果一般比Togawa经验公式计算结果长，也就是模型模拟对于*RSET*的计算控制得比经验公式强，因此，采用模型模拟结果来分析该项目的人员安全疏散问题是合理的。

表 8-10　标准人员荷载情况下人员疏散时间 *T* 计算结果比较

场景名称	人员荷载/人	人员密度/m^{-2}	模拟结果		Togawa 公式	
			t_{move}/s	*RSET*/s	t_{move}/s	*RSET*/s
KE2M	200	0.63	67.1	127.1	61.8	121.8
	176	0.55	64.5	124.5	55.2	115.2
KE1M	200	0.63	129.8	189.8	117.4	177.4
	176	0.55	114.6	174.6	104.0	164.0
JE3M	400	1.00	103.5	163.5	96.3	156.3
	328	0.82	86.3	146.3	80.1	140.1
JE2MF	400	1.00	148.1	208.1	129.7	189.7
	328	0.82	124.9	184.9	107.5	167.5
JE2MB	400	1.00	146.7	206.7	172.9	232.9
	328	0.82	125.3	185.3	142.9	202.9
JE1M	400	1.00	228.0	288.0	202.3	262.3
	328	0.82	187.8	247.8	167.0	227.0

对于国际会议厅，在两个对外疏散出口都可用的情况下，核算人员荷载 200 人和提供人员荷载 176 人安全疏散必需时间（*RSET*）分别为 127.1s 和 124.5s，由图 8-14 可知，烟气下降到危险高度 2.7m 在水喷淋起作用的情况下为 163s，因此，在这种场景下是能够保证人员的安全疏散。而当火灾发生在其中一个对外出口附近而造成该出口不能正常使用时，核算人员荷载 200 人和提供人员荷载 176 则分别需要 189.8s 和 174.6s 才能安全疏散完毕，超过了图 8-12 所示的安全疏散可用时间，也就不能保证人员安全疏散。不过，可以看到，在水喷淋系统正常工作的情况下，是能够控制该会议厅内的火灾增长的，这种对早期火灾有效的控制作用使得火灾烟气在 240s 后重新上升到危险高度之上，因此，保证水喷淋系统的正常工作就可以在一定程度上缓解国际会议厅在只有一个对外出口可用场景下的安全疏散压力。

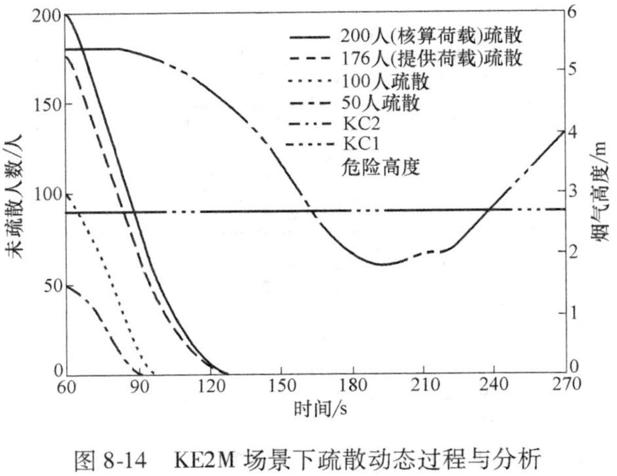

图 8-14　KE2M 场景下疏散动态过程与分析

由于报告厅的前后对外出口处于不同的标高位置，因此其安全疏散可用时间 *ASET* 的分析应该对前后出口分别考虑。

报告厅的安全疏散分析如图 8-14 ~ 图 8-17 所示。从图中不难看出，水喷淋系统在该会议厅中作用不大，具体原因可参见第 5 章的分析，因此，应该通过材料的阻燃来达到增长 *ASET* 的目的。报告厅三个对外出口在火灾时都可用时，核算人员荷载 400 人和提供人员荷载 328 人安全疏散必需时间（*RSET*）分别为 163.5s 和 146.3s，由图 8-15 可知，在未作阻燃保护情况下，烟气下降到后门危险高度 4.8m 和前门危险高度 1.5m 的时间分别为 157s 和 177s，在阻燃保护情况下，这个时间可增长为 166s 和 226s，即前后门提供的 *ASET* 均大于 *RSET*，因此，在所有对外出口可用情况下通过装饰材料的阻燃保护可以保证人员的安全疏散。

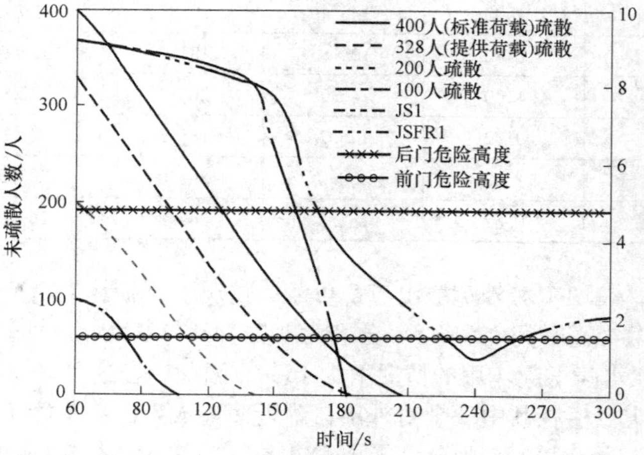

图 8-15 JE2M 场景下疏散动态过程与分析

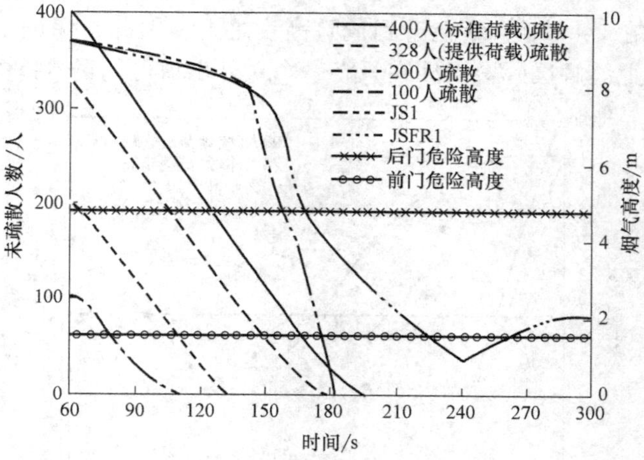

图 8-16 JE2MB 场景下疏散动态过程与分析

下面分析当火灾发生在报告厅内其中某一个对外出口附近而造成该出口不能正常使用时的安全疏散情况。

图 8-15 表示当两个前出口中的一个由于火灾的原因而不能作为疏散出口使用的情况，

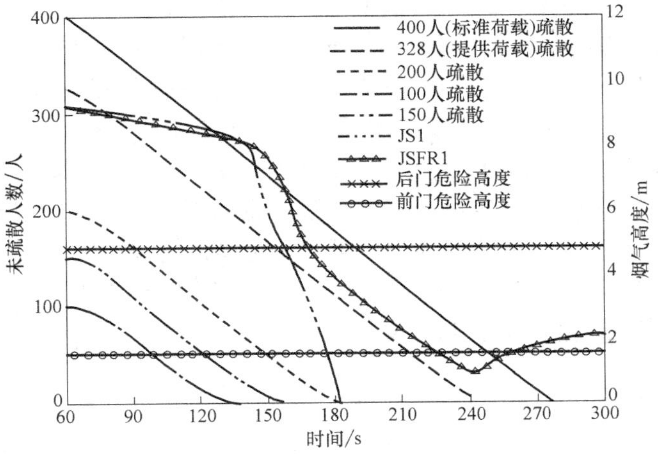

图 8-17　JE1M 场景下疏散动态过程与分析

核算人员荷载 400 人和提供人员荷载 328 人在这种情况下分别需要 208. 1s 和 184. 9s 才能安全疏散完毕，均超过了最大为 166s 的后门安全疏散可用时间 *ASET*，在该场景下后门不能保证安全疏散。但是同时也应该看到，报告厅经过阻燃处理后，其前门所提供的安全疏散可用时间 *ASET* 为 226s，因此，该场景下需要对前后门的人员疏散分别讨论。以核算人员荷载情况为例，由表 8-11 可知，只有当前、后门的人员疏散承载量分别为 235 人和 165 人时，对应的安全疏散必需时间 *RSET* 分别为 225. 5s、165. 2s 才同时小于阻燃保护情况下前后门的安全疏散可用时间。由表 8-11 可知，报告厅的前门基本能保证不超过 225 人的安全疏散，而后门则同时能提供不超过 150 人的安全疏散，总共能提供不超过 375 人的安全疏散。因此，在 JE2MF 的火灾场景下，328 人的人员荷载是可以从报告厅内安全疏散的。

表 8-11　核算人员荷载（400 人）前后门不同承载量下的疏散时间统计

前门疏散情况			后门疏散情况		
疏散承载/人	t_{move}/s	*RSET*/s	疏散承载/人	t_{move}/s	*RSET*/s
225	161. 7	221. 7	175	109. 7	169. 7
230	162. 9	222. 9	170	106. 7	166. 7
235	165. 5	225. 5	165	105. 2	165. 2
240	167. 7	222. 7	160	102. 9	162. 9
250	176. 0	236. 0	150	96. 4	156. 4

可见，核算人员荷载 400 人时 JE2MF 的火灾场景情况下的 *RSET* 只是勉强小于 *ASET*，并不能充分保证人员的安全疏散。为提供足够的人员安全疏散可用时间，建议报告厅内改进水喷淋系统，使水喷淋系统能够在火灾早期即响应动作，从而减缓烟气的下降。如果能保证报告厅内的人员数量在提供人员荷载 328 人以下，则可以不改进水喷淋系统。

在报告厅疏散后门不能正常使用（见图 8-16）的疏散场景 JE2MB 中，两种人员荷载情况下的 *RSET* 分别为 206. 7s 和 185. 3s。当报告厅经过阻燃处理后，其前门所提供的安全疏散可用时间 *ASET* 为 226s，基本保证了该场景的人员安全疏散。

对于图8-17所示的极端场景JE1M来说，核算荷载和提供荷载情况下的安全疏散必需时间分别为288.0s和247.8s，均大于报告厅疏散后门166s的安全疏散可用时间，由图8-17和表8-11可知，只有当人员荷载小于165人时，报告厅的安全疏散必需时间才小于后门提供的166s的*ASET*，因此，在标准人员荷载情况下，该场景中的人员是不可能从厅内安全疏散至厅外的。但由于该场景相当极端，只要加强消防管理，保证火灾情况下报告厅的两个前门至少有一个可用，从根本上杜绝这种极端的疏散场景，则该安全疏散的隐患是可以避免的。从该场景分析可知，在报告厅两个疏散前门可用的时候，只有当从后门疏散的人员数量小于165人时，才勉强解决后门的疏散隐患，为了进一步保证人员安全，建议在两疏散前门可用时，从后门疏散的人员数量控制在120人以内。

8.5.5 结论与建议

该国际会展中心国际会议厅和报告厅人员密度较大，且一般均为不熟悉建筑结构和疏散通道的参加会议人员，发生火灾时人员很有可能在疏散口形成堵塞，其疏散时间主要体现在等候的时间上。

两会议厅中的安全出口的疏散承载能力、疏散走道宽度及其设置均满足《建筑设计防火规范》的相关规定，所有对外安全出口都可用时基本能保证人员安全疏散。但由于会议厅中火灾荷载大，且会议期间人员密集，当安全出口由于火灾原因而不能全部可用时，存在一定的安全疏散隐患，也就是不能充分保证两个会议厅中火灾时的人员安全疏散。

要消除这些人员疏散的安全隐患，首先要保证会议厅内的水喷淋系统正常工作，同时还需要加强安全管理，建立行之有效的应急预案，提高厅内员工的疏散指挥和疏导能力，在本评估计算的范围内，也能实现人员的安全疏散。

人员安全疏散的相关建议如下：

1）对工作人员进行严格的疏散演习和培训，使他们能够对火灾作出快速的反应和判断，尽量减少火灾时的人员反应时间。

2）根据本评估分析的结果，制定切实有效的人员安全疏散应急预案，并由专人负责并保证实施，合理有效地进行安全疏散的指挥和疏导。

3）保证国际会议厅两个对外出口在火灾情况下能够同时进行正常的人员安全疏散，并需要对内墙面作阻燃处理。

4）至少保证报告厅一个前门出口在火灾情况下能够进行正常的人员安全疏散，从而避免极端的JE1M疏散场景的出现。

5）为保证从报告厅后门疏散的人员数小于120人，报告厅内除了紧靠后门的5排座位上的人员可以从后门疏散外，其余人员应从前门进行安全疏散。

6）在报告厅内两侧内墙上应增加明确的疏散指示，安装高度为该处地面以上1.5m，也可在该厅的座椅后背贴上明确的安全疏散线路图。

8.6 火灾探测与自动喷水灭火系统评估

对该国际会展中心内国际会议厅及报告厅的火灾探测和自动喷水灭火系统进行评估分析，其目的是评价国际会议厅和报告厅内设置的火灾探测和自动喷水灭火系统能否在降低火灾危险、保障人员安全疏散和建筑物的火灾安全方面满足要求及其为满足安全目标所必须采取的措施。理论和实践均表明，及时的火灾探测报警可以缩短人员全部疏散完毕时间 *RSET*、有效的联动扑救可以延长火灾到达危险状态的时间 *ASET*。因此，及时有效的火灾探测和自动喷水灭火系统可以为会展中心国际会议厅及报告厅火灾时的人员安全疏散提供更多的时间，并能有效地控制火灾以保护会展中心国际会议厅及报告厅本身和所涉及的财产的安全。

为了合理缩短报警时间、抑制火灾发展，需要对火灾探测系统与自动喷水灭火系统的有效性进行评估，以期在满足安全目标的前提下，在基本不改动现有建筑结构和不影响现有使用功能的基础上，实现人员疏散安全、国际会议厅和报告厅内财产安全和本身结构安全以及整个会展中心建筑物的结构安全的三重目标。

火灾探测与自动灭火系统评估分析的技术路线如图 8-18 所示。

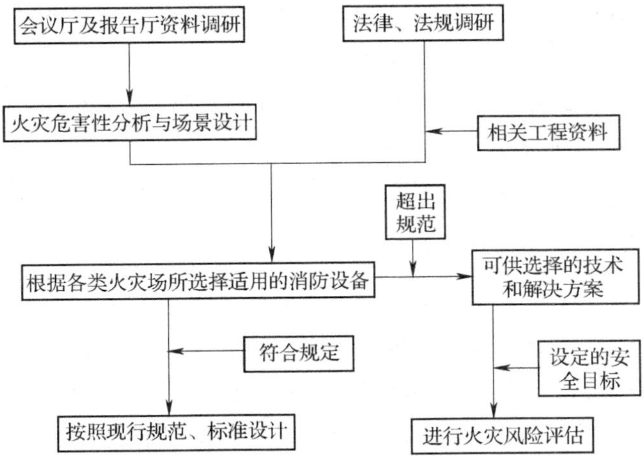

图 8-18 火灾探测与自动灭火系统评估分析技术路线

该国际会展中心内国际会议厅是一个球形会议厅，建筑面积为 $452m^2$；报告厅是一个椭球形会议厅，建筑面积为 $524m^2$。从建筑面积来看，国际会议厅和报告厅均符合现行《建筑设计防火规范》的要求。所以，会展中心国际会议厅和报告厅火灾探测报警、自动喷水灭火的评估分析主要按照现行相关的规范和标准要求进行。

由于不可能达到完全消除火灾所带来的风险的目的，所以在考虑采用消防系统来降低火灾风险时不可能面面俱到。一般是根据现实情况和有关方面的要求选择若干主要关心的目标进行分析。对于火灾探测与自动喷水灭火系统的评估，确定分析对象的防火安全要求，是进行分析的出发点，消防系统主要的防火安全目标主要为保证人员安全、防止火灾蔓延、防止火灾扩大。

8.6.1 火灾探测系统性能评估

火灾探测系统性能关键取决于火灾探测器的性能，火灾探测器的基本类型，决定了探测器的性能和火灾探测系统的特点。根据会展中心国际会议厅及报告厅的基本特点，从国家规范并结合当前国际国内火灾探测报警技术发展水平出发，对会展中心国际会议厅及报告厅火灾探测系统的性能进行评估。

（1） 火灾探测器类型及性能

火灾探测器的基本类型，决定了探测器的性能和火灾监控系统的特点。按照火灾探测器及其相应的系统特点，可分为三种类型：① 开关量火灾探测器。② 模拟量火灾探测器。③ 智能化火灾探测器。

在火灾监控系统中选用火灾探测器时重点考虑可靠性与灵敏度以及环境适应性。

（2） 火灾探测系统有效性分析。

会展中心国际会议厅建筑面积为452m^2，最大净空高度为4.8m，选用的火灾探测器是感烟探测器，共安装了9只感烟探测器，其中1只探测器安装在国际会议厅内控制室里。

会展中心报告厅建筑面积为524m^2，最大净空高度为7.5m，选用的火灾探测器是感烟探测器，整个报告厅共安装了24只感烟探测器，其中主席台两侧小室各装了1只感烟探测器，主席台正上方装有2只，报告厅进出口通道上方各装有1只，声光控制室装有1只，紧靠在声光控制室的小室也装有1只，其余14只感烟探测器装在报告厅主体部分。

通过分析，会展中心国际会议厅和报告厅现有的火灾探测系统符合规范要求。但是探测系统中缺少了声光报警装置。所以建议在国际会议厅主体部分和控制室内各加装一套声光报警装置。同时也在报告厅主体部分和控制室内各加装一套声光报警装置。

8.6.2 自动灭火系统评估

自动喷水灭火系统在国际会议厅及报告厅的消防安全中具有重要的地位和作用，它不仅可以延长火灾到达危险状态的时间，为国际会议厅及报告厅内的人员提供更多的安全疏散时间，而且可以保护国际会议厅及报告厅的人员安全、财产安全和建筑本身结构及毗邻建筑的安全。因此，对国际会议厅及报告厅自动灭火系统的有效性进行评估具有重要意义。

1. 自动喷水灭火系统的影响因素分析

建筑物内物品的性质、数量以及其结构的疏密、包装和分布状况，将决定火灾荷载及发生火灾时的燃烧速度与放热量，是划分自动喷水灭火系统设置场所火灾危险等级的重要依据。物品的摆放形式，包括密集程度及堆积高度，是划分设置场所火灾危险等级的另一个重要依据。松散堆放的可燃物，因与空气的接触面积大，燃烧时的供氧条件比紧密堆放要好，所以燃烧速度快，放热速率高，因此需要更强的灭火能力。

建筑物的室内空间条件也影响闭式喷头受热开启时间和喷水灭火效果。小面积场所，火灾烟气流因受墙壁阻挡而很快在顶板或吊顶下集聚并淹没喷头，而使喷头热敏元件迅速升温动作。而大面积场所，火灾烟气流则可在顶板或吊顶下不受阻挡地自由流散，喷头热敏元件只受对流传热的影响，升温较慢，动作较迟钝。室内净空高度的增加，使火灾烟气流在上升过程中，与被卷吸的空气混合而逐渐降低温度和流速，流经喷头热气流温度与速度的降低将造成喷头推迟动作。喷头开启时间的推迟，将为火灾继续蔓延提供时间，喷头开启时将面临放热速率更大，更难扑救的火势，使系统喷水灭火的难度增大。对于喷头的喷水，则因与上升热烟气流接触的时间和距离的加大，使被热气流吹离洒水轨迹以及汽化的水量增加，导致送达到位的灭火水量减少，同样也加大灭火的难度。

建筑物的高度（屋顶自动喷水系统至货物的距离）也影响保护要求。从国外有关标准提供的数据分析，各因素的变化均影响设计参数的改变。

2. 国际会议厅和报告厅自动灭火系统有效性分析

根据《自动喷水灭火系统设计规范》有关自动喷水灭火系统设置场所的火灾危险性等级的划分，以及参照设置场所火灾危险等级举例，国际会议厅和报告厅的火灾危险等级均属于中危险级Ⅰ级。国际会议厅和报告厅的自动喷水灭火系统均采用隐蔽式标准喷头，动作温度为68℃，国际会议厅和报告厅的系统设计基本参数均符合《自动喷水灭火系统设计规范》要求。

从计算机模拟的结果可知：在自动喷水灭火系统有效时，喷头能够及时动作并控制火势。报告厅是椭圆形会议厅，采用矩形布置，喷头与端墙最大距离为1.7m，同一根配水支管上喷头间最大距离为3.8m，喷水支管间最大距离为3.5m，每只喷头平均保护面积约为8.8m^2，虽然在喷头的布置方面符合规范要求，但是喷头装在顶棚下的装饰板上，而且装饰板没有完全封闭，火灾时，火灾热气流只是流经喷头，进入顶棚与装饰板之间的空间。然后，随着火灾的发展，热气流逐渐下降到装饰板以下，喷头才开始动作，这样就延迟了喷头动作的时间，不能起到早期灭火的作用。所以，现有的喷头布置方式虽能保证喷头的灭火性能，但是降低了喷头的热响应性能。从计算机模拟的结果可知：若喷头不能在火灾初期时由热烟气及时启动，而是等到火势发展很大时才开始动作，虽然也可能控制火势，但造成人员疏散困难。由于喷头布置在装饰板下，使闭式喷头在火场中的开放时间推迟，喷头动作时间的滞后使火灾得以继续蔓延，降低了闭式系统的控火能力。为缩短喷头动作时间，实现早期灭火，最好是能将报告厅现有湿式系统改为雨淋系统，把现有59只闭式喷头换成开式喷头，并分成6组，其中一组9只喷头，其余5组各10只喷头，每一组喷头与1只雨淋阀连接。在顶棚下增加感烟探测器和感温探测器，以实现早期报警和联动雨淋系统灭火。雨淋阀由火灾自动报警系统联动控制。但是，考虑到雨淋系统一般应用在火灾环境非常恶劣的场合，且在现有工程上施工改造非常困难，造价较高，因此可维持现有喷淋系统。

从危险源辨识的结果和火灾危害性分析的计算机模拟结果可知：国际会议厅和报告厅内可燃物较多，一旦出现火灾，侧墙装饰材料能够很快被点燃并迅速蔓延。因此，为了防止火灾沿墙面的可燃物蔓延，需要对国际会议厅和报告厅侧墙进行保护，建议在邻近侧墙的顶棚下布置喷头，使喷头的洒水能够喷湿墙面并沿墙面下流至墙根。同时，为了在火灾初期时，人可以及时灭火，建议在国际会议厅及报告厅适当位置配置手提式泡沫灭火器。另外，国际会议厅和报告厅目前没有设置排烟装置，致使烟气在火灾初期滞留在建筑物内，同时加上喷淋的动作，使烟气中的一氧化碳增多，以上两种因素均对人员疏散产生影响，为此，建议在国际会议厅及报告厅设置排烟口，并将排烟口同会展中心排烟系统连接起来。

8.6.3 结论和建议

综上所述，通过依据相关的规范对该国际会展中心国际会议厅和报告厅火灾探测报警和自动喷水灭火系统的评估分析，结论建议如下：

该国际会展中心国际会议厅和报告厅符合现行《建筑设计防火规范》的要求；现有火灾探测报警与自动喷水灭火系统的方案基本符合规范要求。但是，由于在报告厅内顶棚下存在装饰板，喷头装在装饰板下，其热响应性能降低，且国际会议厅及报告厅的火灾载荷密度均较大，火灾发展速度较快，因此建议在邻近侧墙的顶棚下布置喷头，以防止火灾沿墙面的可燃物蔓延，对国际会议厅和报告厅侧墙进行保护。

8.7 结论和建议

该国际会展中心是集国际会议、展览、展销及商务功能为一体的综合性大型会展中心，被列为某市2001年重点工程。然而，由于其中国际会议厅和报告厅内存在大量连续分布的可燃物，火灾载荷大，燃料种类多，地形复杂（坡度、水平和垂直），且其中多为人工聚合物（如座椅面料、地毯、壁面墙布等），加上事前并未采用有效合理的阻燃措施，一旦着火，燃烧范围广、蔓延快，不但会释放大量热，而且还产生大量有毒气体，势必造成非常危险的火灾场景。这种情况下，人员能否安全疏散和逃生，现场消防设备（如水喷淋系统）能否正常工作，如何提高现场的火灾安全性，都是需要考量的问题。这种潜在的火灾危险性使得整个场所不能顺利通过消防验收。为了更好地根据建筑防火安全规范和性能化设计要求进行整改，保证进入建筑中的人员的安全性，之前对现场进行细致而全面的火灾危险性评估是非常必要和重要的。在此前提下，本项目根据该国际会展中心会议厅的结构、功能和人员特点以及消防设施的安装与分布情况，运用火灾安全工程学的思想和方法，并结合最新的相关研究成果，通过理论分析、实验模拟和计算机模拟研究，开展了会展中心会议厅的危险源辨识、装饰材料着火特性、火灾危害性、人员疏散、探测报警和联动扑救等方面的评估研究，提出了如下一系列的结论和整改建议。

8.7.1 结论

1）两会议厅内多种可燃物并存并集中分布，火灾荷载密度较大，国际会议厅为270.0MJ/m^2，报告厅为223.3MJ/m^2，一旦发生火灾，后果严重。实验结果表明，未经阻燃处理的墙面材料容易着火并迅速蔓延，如壁面墙布在69s释热速率即达到最大值为280.0kW/m^2，且临界热通量仅为1.3kW/m^2，着火温度为116℃，属于易引燃且在瞬间剧烈燃烧的材料。考虑到墙面材料对火灾发展的影响，国际会议厅的火灾增长因子为0.3529、报告厅的火灾增长因子为0.3521，而国际上通用的超快速发展火的火灾增长因子为0.1878，因此壁面燃烧的速度很快。布面座椅燃烧释热速率较大，燃烧时间长，释放热量多，也具有较大的火灾危险性。另外，由于会议厅地面并不在一个平面上，而火灾沿坡度向上蔓延的速度远大于向下蔓延的速度，因此火灾发生在较低位置时的危险性较大，所以火灾场景主要设置在前排中央座椅和壁面附近地面两个位置处。

2）火灾特性测试实验（锥形量热）表明，经过阻燃处理后，壁面墙布的临界热通量由1.3kW/m^2增加到9.9kW/m^2，着火温度从116℃提高到373℃，最大释热速率降低了57%，且达到其最大值的时间推迟了126s，阻燃效果非常显著，大大提高了火灾安全性。木工板经过水基型阻燃剂处理后临界热通量和着火温度比原材料分别增加1.3kW/m^2和30℃，经防火涂料阻燃处理后，临界热通量和着火温度分别比原材料提高0.4kW/m^2和13℃。

3）采用阻燃技术后，各种材料的热分解分化为更多阶段（包括阻燃剂），分散了材料本体燃烧所需能量，且燃烧过程中成炭性能有一定提高，表面的炭层有效隔绝了外界热量和物质（可燃挥发份）传输，从而降低火灾危险性。可见，采用阻燃技术处理是阻碍可燃物从潜在火灾载荷变成实际燃料的有效途径。

4）壁面墙布、胶合板和木工板经过防火液浸渍处理后，均能够达到B1（难燃）级别；

胶合板和木工板经过饰面型防火涂料表面涂覆处理后，可达到一级合格要求。测试结果表明防火处理剂应用符合现行的《建筑内部装修设计防火规范》对墙体装修材料燃烧性能要求，可在实际措施中采用。

5）水喷淋系统发挥作用时，在国际会议厅内，喷淋头起动时间较早，可以较好地控制火灾的蔓延，使火灾的面积和功率不会进一步发展，厅内温度也保持在 150℃以下，但烟气下降到危险高度的时间仍然很短：火源在中央和墙边时分别为 163s 和 205s。在报告厅内，由于喷头设在装饰板下而非顶棚处，喷头和顶棚之间有一段空间，发生火灾时，喷淋头的起动时间因此大大推后，难以实现早期控火和灭火，具有较大危害性。

6）通过模拟计算发现，当壁面材料经过阻燃处理以后，火灾发展的规模受到了很大的限制，火灾不会达到轰燃状态；烟气层下降到危险高度的时间为 226s。由此可见，阻燃可以有效地限制火灾，增加人员的可用安全疏散时间。

7）人员疏散模拟计算结果表明，两会议厅中的安全出口的疏散承载能力、疏散走道宽度及其设置均满足现行《建筑设计防火规范》的相关规定，所有对外安全出口都可用时基本能保证人员安全疏散。但由于会议厅中火灾荷载大，且会议期间人员密集，当安全出口不能全部可用时，存在一定的安全疏散隐患，也就是不能充分保证火灾时两个会议厅中的人员安全疏散。

在对壁面材料进行阻燃处理的前提下，当火灾发生在一个前出口附近而造成该出口不能作为正常疏散出口使用时（JE2MF 场景），人员荷载 400 人时的 *RSET* 为 225. 5s，只比 *ASET*（226s）略小，并不能充分保证人员的安全疏散。为保证足够的人员安全疏散可用时间，建议加强管理，保证报告厅内人员数量不超过会场内实际人员载荷。

8）国际会议厅和报告厅的火灾探测报警与自动喷水灭火系统基本符合现行《建筑设计防火规范》的要求。

8.7.2　建议

由以上结论可以看出，由于两会议厅内存在大量的可燃物，特别是壁面墙布的易燃性是造成厅内火灾危险性大的主要原因。当发生火灾时，人员安全疏散不能够得到充分的保证，并且报告厅内的探测和喷水系统不能及时有效地发挥作用，财产也会受到较大损失，因此对消极和积极防火保护分别给出如下具体建议：

1）对两会议厅内的墙布进行阻燃处理，以避免火灾情况下墙布垂直燃烧造成的火势蔓延。根据会议厅和报告厅现场的情况，可对国际会议厅四周以及报告厅两侧的壁面墙布及其包盖的胶合板和木工板进行水基型阻燃剂阻燃处理或表面防火涂料涂覆处理。但考虑到防火阻燃处理剂的时效性，在对壁面材料进行阻燃浸渍或涂刷处理的同时，制作参比样板，运用同样的阻燃处理工艺，并露天放置在会场中某处，保证其周围条件与会议厅现场阻燃过的壁面材料相同。之后，每年定期对参比样板抽样并做进行验收检查试验，即按照相关标准进行燃烧性能等级标定，验证其是否仍能满足现行《建筑内部装修设计防火规范》。如果某次已不能达到要求，则需要对壁面重新进行阻燃处理。对已进行过阻燃处理（燃烧级别 B2）的座椅布面和绒毛地毯，本次可不考虑采取额外阻燃措施。

2）确保两会议厅内的水喷淋系统及其他消防设施正常运行。为加强对壁面的保护，建议在报告厅内增加对侧墙进行保护的侧喷喷头。

3）国际会议厅和报告厅目前没有设置排烟装置，致使烟气在火灾初期滞留在建筑物内，同时加上喷淋的动作，使烟气中的一氧化碳增多，以上两种因素均对人员疏散产生影响，为此，建议在国际会议厅及报告厅设置排烟口，并将排烟口同会展中心排烟系统连接起来。

4）为增加人员安全疏散的可用时间或减少人员安全疏散的必需时间，报告厅必须保证以下措施的实行：① 加强人员管理，将该厅内的人员数量控制在328人以下；② 保持会议时全部安全出口畅通；③ 根据本评估分析的结果，制定切实有效的人员安全疏散应急预案，对工作人员进行严格的疏散演习和培训，使他们既能够对火灾作出快速的反应和判断，又合理有效地进行安全疏散的指挥和疏导，尽量减少火灾时的人员反应时间。

5）在报告厅内两侧内墙上应增加明确的疏散指示，也可在该厅的座椅后背贴上明确的安全疏散线路图。

6）由于会议室内禁止吸烟，正常情况下可能发生的火灾主要是电气火灾。因此，应加强对意外热源和火源的管理和控制，如在会议厅布置或维修时，应注意防止高功率照明灯、电焊枪等高温物体的意外点火。对墙面的电器及线路宜采取一定的防火保护措施。

总之，根据会议厅现场状况、试验结果及模拟计算的结果说明，在保证会议厅安全疏散出口全部畅通、水喷淋防护系统状态正常和厅内人员载荷符合既定要求的前提下，对两个会议厅的墙壁构造采取有效防火处理，可实现灾时火灾的有效控制，保证人员的安全疏散。

8.7.3 说明

1）本项目主要通过性能化方法研究了超标的火灾防治问题，对常规普通空间的防火安全问题基本没有涉及，应严格遵守现行有关防火规范。

2）本项目只对该国际会展中心会议厅目前的结构、功能、人员密度、火灾荷载及消防设施进行评估分析研究，所得结果只对这些数据有效，如改变建筑结构与功能，或者增加人员密度，或者增加火灾荷载，或者改变消防设施，则本评估不能完全适用，需要重新开展进一步的研究以得到可靠的结果。

3）本评估结果仅对该国际会展中心会议厅有效，其他类似建筑不得引用。

参考文献

[1] 范维澄，孙金华，陆守香．火灾风险评估方法学［M］．北京：科学出版社，2004.
[2] 霍然，胡源，李元洲．建筑火灾安全工程导论［M］．合肥：中国科学技术大学出版社，1999.
[3] 霍然，袁宏永．建筑物的性能化防火分析与设计［M］．合肥：安徽科学技术出版社，2003.
[4] 吴宗之，高进东，魏利军．危险源评价方法及其应用［M］．北京：冶金工业出版社，2002.
[5] 景国勋，施式亮．系统安全评价与预测［M］．徐州：中国矿业大学出版社，2009.
[6] 王起全，徐德蜀．安全评价操作实务（方法·实例·模板·标准）［M］．北京：气象出版社，2009.
[7] 伍爱友．全国注册安全工程师执业资格考试例题分析与习题汇编［M］．武汉：华中科技大学出版社，2007.
[8] 伍爱友．城市区域火灾风险评估理论研究及应用［D］．湘潭：湖南科技大学，2008.
[9] 李引擎．建筑防火性能化设计［M］．北京：化学工业出版社，2005.
[10] 陈俊敏．地铁站事故疏散时间计算方法对比研究［J］．中国安全科学学报，2011，21（10）：64-70.
[11] 日本建筑省．建筑物综合防火设计［M］．孙金香，高伟，译．天津：天津科技翻译出版公司，1994.
[12] 王跃琴．火灾风险评估方法的选择与评价——《NFPA 551 火灾风险评估评价指南》［J］．消防技术与产品信息，2011，（1）：73-75.
[13] 董尧．某国际机场航站楼火灾风险评估研究［D］．西安：西安科技大学，2006.
[14] 肖建勇．海洋平台安全风险分析方法研究［D］．天津：天津大学，2003.
[15] 于作明．建筑火灾风险综合评估系统研究［D］．沈阳：沈阳航空航天大学，2007.
[16] 王明辉．大型商场火灾风险评价的研究［D］．沈阳：沈阳航空航天大学，2007.
[17] 王晓峰．基于模糊灰色理论纺织厂火灾风险分析［D］．苏州：苏州大学，2009.
[18] 胡又咏．城市地下多层客运综合交通枢纽火灾风险评估研究［D］．北京：北京建筑工程学院，2010.
[19] 赵德朝．大空间建筑火灾风险评估的研究［D］．北京：北京工业大学，2008.
[20] 贾子若．高等学校学生宿舍火灾风险综合评价研究［D］．北京：北京交通大学，2009.
[21] 刘天生．国内木构古建筑消防安全策略分析——古建筑火灾风险评估技术初探［D］．上海：同济大学，2006.
[22] 张岚．高校建筑火灾安全评价研究［D］．北京：北京化工大学，2010.
[23] 周天．城市火灾风险和防火能力研究——以中等城市防火能力优化为目标的消防安全研究［D］．上海：同济大学，2007.
[24] 陈衍泰，陈国宏，等．综合评价方法分类及研究进展［J］．管理科学学报，2004，7（2）：69-79.
[25] ChuGuanquan，Sun Jinhua. Decision analysis on fire safety design based oil evaluating building fire risk to life［J］. Safety Science，2008，46（7），1125-1136.
[26] 刘兴朋．基于信息融合理论的我国北方草原火灾风险评价研究［D］．长春：东北师范大学，2008.
[27] 连旦军，董希琳，吴立志．城市区域火灾风险评估综述［J］．消防科学与技术，2004，23（3）：240-242.
[28] 倪照鹏，王志刚，沈奕辉．性能化消防设计中人员安全疏散的确证［J］．消防科学与技术，2003，22（5）：375-378.
[29] 北京城建设计研究总院．地铁设计规范［S］．北京：中国计划出版社，2003.
[30] 姚小林，陈俊敏，叶海斌，等．《地铁设计规范》中自动扶梯和人行楼梯通行能力折减系数的探讨

[J]. 中国安全科学学报，2010，20（9）：71-74.
[31] 余明高. 防火与防爆 [M]. 徐州：中国矿业大学出版社，2007.
[32] D Rasbash. Evaluation of fire safety. New York：John Wiley & Sons Ltd，2004.
[33] Watts J M，Hall J R. Introduction to fire risk analysis [M]// SFPE Handbook of Fire Protection Engineering. Quincy：National Fire Protection Association，2008.
[34] 徐志胜. 安全系统工程 [M]. 北京：机械工业出版社，2007.
[35] Gustav A P. The evaluation of the fire risk as a basis for planning automatic fire protection systems [J]. Fire Technology，1972，8（4）：291-300.
[36] 顾祥柏. 石油化工安全分析方法及应用 [M]. 北京：化学工业出版社，2001.
[37] 舒中俊，徐晓楠. 工业火灾预防与控制 [M]. 北京：化学工业出版社，2010.
[38] Hasofer A M，Beck V R，Bennetts I D. Risk analysis in building fire safety engineering [M]. Burlington：Butterworth-Heinemann，2007.